上海教育丛书

冯容士　李鼎 / 著

DIS，上海创造
——数字化实验系统研发纪实

上海教育出版社

《上海教育丛书》编委会

1994年至2001年编委会

主　　编　吕型伟
副 主 编　姚庄行　袁　采　张民生　刘元璋（常务）
编　　委　于　漪　刘期泽　俞恭庆　江晨清
　　　　　陆善涛　陈　和　樊超烈

2002年至2007年编委会

主　　编　吕型伟
副 主 编　姚庄行　袁　采　张民生　刘元璋
　　　　　夏秀蓉　樊超烈
编　　委（以姓氏笔画为序）
　　　　　于　漪　王厥轩　尹后庆　冯宇慰
　　　　　刘期泽　江晨清　陆善涛　陈　和
　　　　　俞恭庆　袁正守

2008年至2014年编委会

顾　　问　李宣海　薛明扬
主　　编　吕型伟
执行主编　夏秀蓉
副 主 编　姚庄行　袁　采　张民生　尹后庆
　　　　　刘期泽　于　漪
编　　委（以姓氏笔画为序）
　　　　　王厥轩　王懋功　仇言瑾　史国明
　　　　　包南麟　宋旭辉　张跃进　陈　和
　　　　　金志明　赵连根　俞恭庆　顾泠沅
　　　　　倪闽景　徐　虹　徐淀芳　黄良汉

2015年至2018年编委会

顾　　问　姚庄行　袁　采　夏秀蓉　张民生
　　　　　刘期泽　于　漪　顾泠沅
主　　编　尹后庆
副 主 编　俞恭庆　徐淀芳
编　　委（以姓氏笔画为序）
　　　　　王　浩　仇言瑾　史国明　孙　鸿　宋旭辉
　　　　　苏　忱　杨振峰　邵志勇　金志明　郑方贤
　　　　　周　飞　赵连根　贾立群　缪宏才

前　言

建设一流城市，需要一流教育。办好教育，最根本的是要建设好教师队伍和学校管理干部队伍。

在长期的教育实践中，上海市涌现了一大批长期耕耘在教育第一线呕心沥血、努力探索，积累了丰富经验的优秀教师；涌现了一批领导学校卓有成效，有思想、有作为的优秀教育管理工作者。广大优秀教育工作者教育教学和管理工作的经验，凝聚着他们辛勤劳动的心血乃至毕生精力。为了帮助他们在立业、立德的基础上立言，确立他们的学术地位，使他们的经验能成为社会的共同财富，1994年上海市领导决定，委托教育部门负责整理这些经验。为此，上海市教育局、上海市中小学幼儿教师奖励基金会组织成立《上海教育丛书》编辑委员会，并由吕型伟同志任主编，自当年起出版《上海教育丛书》(以下称《丛书》)。1995年上海市教育委员会成立后，要求继续做好《丛书》的编辑出版工作。2008年初，经上海市教育委员会领导同意，调整和充实了《丛书》编委会，并确定夏秀蓉同志任执行主编，协助主编工作。2014年底，经上海市教育委员会领导同意，调整和充实了《丛书》编委会，确定尹后庆同志担任主编。至2018年11月，先后共编辑出版《丛书》121册。《丛书》的内容涵盖了基础教育和中等职业教育的各个方面，包含有较高理论水平和学术价值的著作，涉及中小学教育、学前教育、师范教育、职业教育、校外教育和特殊教育，以及学校的领导管理与团队工作，还有弘扬祖国优秀文化、促进国际教育交流等方面的著作，体现了上海市中小学教育改革与发展的轨迹，体现了上海市中小学教育办学的水平与质量，体现了优秀教师和教育工作者的先进教育思想与丰富的实践经验。《丛书》出版后，受到广大教师、教育工作者及社会的欢迎。

为进一步搞好《丛书》的出版、宣传和推广工作，对今后继续出版的《丛书》，我们将结合上海教育进入优质均衡、转型发展新时期的特点，更加注重反映教育改革前沿的生动实践，更加注重典型性、实用性和可读性。希望《丛书》反映的教育思想、理念和观点能起到抛砖引玉的作用，引发大家的思考、议论和争鸣；更希望在超前理念、先进思想的统领下创造出的扎实行动和鲜活经验，能引领当前的教育教学改革工作，使《丛书》成为记录上海教育改革历程和成果的历史篇章，成为广大教师和教育工作者的良师益友。限于我们的认识和水平，《丛书》会有疏漏和不尽如人意之处，诚恳地希望广大读者提出宝贵意见，帮助我们共同把《丛书》编好。

《上海教育丛书》编委会

2018年11月

序 一

初识冯容士老师，源于20世纪70年代《中学科技》杂志上的系列文章，文中介绍了如何用九寸显像管制作大屏幕教学示波器。要知道那个年代，示波器在中学还属于稀缺的高档仪器。冯容士老师反复钻研，经历数个寒暑，改善了示波器荧光屏过小导致演示效果差的弱点。我也是物理老师，对电子技术很有兴趣，也喜欢动手，所以一下子就被这些文章吸引住了。我觉得，冯容士老师对示波器的改进不仅专业性强，技术要求高，而且对当时的物理教学非常有价值。后经进一步了解得知，冯老师和我还是校友，我们都毕业于上海师范大学物理系。大学生时代，冯老师就是物理系航模实验室的骨干，难怪他车、铣、刨、磨、钻样样精通，是上海动手能力最突出的物理教师之一。后来，我到市教育局（市教委前身）工作，分管基础教育师资队伍建设、科研等工作，与冯老师接触的机会就更多了。我了解到这位校友，注意发挥他的专长，对中学物理教学，特别是物理实验教学起了很大的作用。

冯老师五十多年如一日地热衷于物理实验仪器的研究与改造，他利用一切机会收集有关资料。在那个资源和信息匮乏的年代，他搜集了诸如我国最早的物理实验书《形性学要》、日本的《物理大全》等各种有关物理实验教学、物理实验仪器的著作。每发现一本，他都如获至宝，资料堆满了他的居所。冯老师从有利于学生学习的角度设计了很多新实验，改进了很多传统实验，还设计制作了很多物理教具。令我印象特别深刻的是，冯老师与他团队制作的教具就像正式生产的产品。回忆我自己，就是因为在高中时有幸遇到了一位擅长实验的物理老师，自此便爱上物理。所以，我深知物理实验对老师教与学生学的重要性。我由衷地钦佩冯老师的求索精神和动手能力。

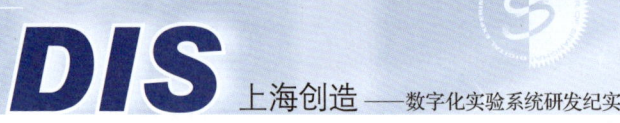

多年来，冯老师还把他的经验和创作汇编成书，如《中学物理实验汇编》《物理实验创造技法和实验研究》《一物多用做物理实验》《实验 制作 思考》等。这些著作不仅对实验方法、实验装置的改进做了详细的剖析，还揭示了对物理实验和仪器进行研究和创造的思维过程，这实在是难得的，书籍出版时我曾专门撰文进行推荐。冯老师还是一位优秀的管理者，曾担任风华中学的校长。他看上去不强势，说话温文尔雅、娓娓道来。包容大气、润物细无声，就是他的管理风格，让每一位接触过他的老师都心悦诚服，风华中学的办学水平也就在这个过程中不断提高。

20世纪90年代，上海市中小学开始全面推广教育信息技术。当时的物理课，师生们接触的依然是弹簧测力计、天平、各种电表等相对传统、经典的实验仪器。从物理教学的角度看，恒定不变或变化缓慢的物理量，比较容易观察和测量；而变化比较快的，涉及空间尺度很小的就难以观察和测量了，那些传统的仪器对此基本上是无能为力，如变速运动中即时速度和加速度的测量就是一个典型的例子。冯老师说，他要做用传统实验手段做不了、做不好的实验。这就萌发了应用数学技术和传感器开发新一代实验系统（即DIS系统）的想法。在二期课改的推动和市教研室、闸北区（现静安区）教育局的支持下，2002年在风华中学成立了上海市中小学数字化实验系统（DIS）研发中心，冯容士老师担任研发中心主任。研发中心实现了产、学、研一体化，从产品设计到成品生产周期比一般企业要短得多。研发的产品果然不负众望，首先得到了物理教材编写组的全面肯定，同时也获得了一线教师的普遍认同，而且很快就从上海走向了全国。实验的革新让学生和教师成为最大的受益者。在这个新平台上，他们对物理现象的认识更形象、更生动、更直观，对物理规律的提炼更信服，对物理学习的兴趣更浓厚。在开发DIS的过程中，不仅有系列的产品走向全国各地，同时还带出了一支专业队伍。山东远大朗威教育科技股份有限公司总经理、上海市中小学数字化实验系统研发中心副主任李鼎，就是一个典型代表，他说冯容士是师傅，更是改变了他人生轨迹的人。他弃文从理，从一名文科本科生成长为一名理科博士生，其勇气和能力就是来源于冯老师的影响。

如今，冯容士老师已经年近八旬，但他还是每天都出现在研发中心的实验室里。每一次讨论，冯老师都会从学生学习的角度提出一些出人意料的新点子。他与他的团队一起，不断求新，不断创新。他们的作品不仅好用，而且很有美感，这是精心设计、精致工艺、不断打磨、力求完美的结果。今年，研发中心又捧回了世界教具联合会颁发的创新产品奖。冯容士老师不愧是上海教育界的第一"创客"，在创客的名称还未出现时已是，到今天更是。最近在讨论工作时，我曾向他提出，希望他考虑如何培养学生创客。对此，他已有积极的回应。

冯老师退而不肯休，仍在关心和投入到他最钟爱的物理教育事业，我衷心地祝愿冯容士老师健康长寿，为物理教育贡献更多的智慧和能量。

张民生

2018年11月15日

序 二

实验是物理的基础,是物理研究的基本方法。物理实验形象真实、生动有趣,能为学生形成物理概念创设情景,为探索物理规律提供有效方法。"百闻不如一见,百看不如一做",学生在体验、实践中感悟现象、形成概念,提出假设、形成解释,发现问题、寻找规律。物理学习过程最有价值的就是不断经历实验活动,形成科学思维和探究能力,养成求真求实、质疑批判、缜密思考的理性精神和一丝不苟、认真负责、精益求精的责任担当。为此,长期以来,不少教师致力于改进实验装置、开发实验功能的研究,努力将物理实验教学更好地融于物理教学之中,并对此倾注了心血,作出了贡献。我的指导教师——冯容士,就是其中的一位佼佼者。

冯老师从踏上物理教学的讲台起,就已立志为改变我国物理实验教学的落后面貌而孜孜以求。那时,他就认为:实验是物理教学最权威的语言,深奥复杂的物理知识,借助实验就会变得具体简明;抽象枯燥的文字内容,通过实验就会变得形象生动。为此,冯老师翻阅了大量的书刊,做了几大包的卡片,摘录和整理了数百万字的笔记,并加以分门归类,从资料积累入手,通过学习前人的经验,开始了他的实验研究。至今,在冯老师的"一寸书屋"中,仍整齐地排列着各种书刊,保存着由他整理的珍贵资料。

20世纪70年代初,冯老师针对原教学示波器中存在的"线路复杂、构造笨重、价格昂贵、可见度低"等缺点,从改革教学示波器入手,全面改革中学物理实验教学。他受到电视机的启发,设想用电视机显像管来代替电子示波管,用晶体管代替电子管。为此,他刻苦钻研脉冲技术、开关电路技术等专门理论,独立思考、反复试验,经历了多次失败后,终于设计成功了一套具有"结构简单、重量轻、屏幕大、亮度高、性能稳定、成本低"的教学示波器,

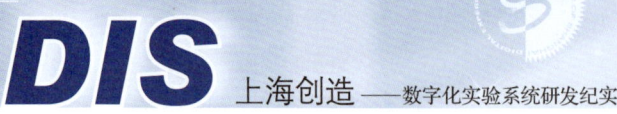

并在全国的城乡中学得到推广。此外，冯老师还因陋就简，利用这个示波器，设计了17项电磁学实验装置，20多项电子技术、声学、力学实验装置，并撰写了近30万字的专著——《教学示波器》。此专著发表后，其内容的先进性和制作的可行性得到有关专家的充分肯定，也备受广大中学物理教师的欢迎，对当时上海市乃至全国的实验教学改革起了积极的推动作用。

在此后的十多年中，冯老师又先后改进和创造了100多项物理实验仪器设备，其中全电路欧姆定律演示装置、斜抛平抛实验器、多功能测力器、微小压强计等10多个项目，均达到了国内先进水平。在这期间，冯老师还结合自己的实践经验和研究成果，编写了《中学物理实验汇编（力学）》《中学物理教师手册》[第四编（中）]、《自然王国》（第四、五册）等书，并得到了著名物理学家王竹溪教授的高度赞扬。

80年代初，冯老师对实验教学的作用和功能进行系统研究。他提出要在物理教学中"手中有物、授之有趣、言之有理"地开展课堂教学活动。

90年代，他从实验的创造功能和教育功能的角度，对实验的设计、安排和组织进行系统研究，以提高中学物理实验教学的质量。在总结多年教学经验的基础上，冯老师编写了《一物多用做物理实验》和《制作 实验 思考》两本学生课外用书，对如何发挥实验教学的创造功能和教育功能作了积极有效的尝试。

冯老师还致力于创造学的研究，并将创造学基本理论和方法引入中学物理实验教学之中，潜心研究并编写了《物理实验创造技法和实验研究》一书，开拓了中学物理实验教学研究的新领域。"技法"研究得到了市教委领导充分重视，市教委原副主任张民生先生指定"技法"作为上海市物理教学研究的"特色"之一，向中央电视台教育频道推荐，并通过卫星向全国播放。技法"的广泛传播引起中学物理界的重视和赞扬，有位读者这样写道："拜读冯老师的近作，我感到，我们可以获得多个科学——思维学、创造学、实验学乃至教师学——层面上的教益与启示。"这确实从一定的角度，对冯老师的研究作了概括。

2002年2月至今，冯老师一直致力于DIS实验的研发与应用，艰苦的实践结出了丰硕的成果。DIS实验已覆盖了中学物理中的力、热、声、光、电、磁、原子物理等各领域。DIS，自研发成功后经历了多次升级，从2002年的3.0版升级到了目前的8.0版。DIS培养了学生在数字化学习环境下自主学习、自主探究的能力，实现了物理课程与信息技术的整合。如今,DIS已成为上海"二期课改"的一个品牌。

我与冯老师相识已经30多年了,在不同的年代、场合,有幸聆听他对中学物理实验教学的精辟见解,欣赏他的精湛作品,领悟其中的奇思妙想,也从中感受到他对中学物理实验教学的酷爱和追求。

《DIS,上海创造——数字化实验系统研发纪实》是一本有关DIS的研发与应用的书。它概述了DIS实验的研究过程及成果,描述了DIS实验一边研发、一边实践、一边总结的创业过程,阐述了DIS在实践中前行、在探索中发展的轨迹,讲述了DIS创造技法。希望能给读者以启迪。

感谢冯老师为上海市物理实验教学所作的贡献,他的研究成果必将推动物理教学改革向更高的层次发展。如他所说:研究的成果固然重要,但产生成果的研究过程更为迷人,更能让人振奋。

衷心祝愿冯老师能创造出更辉煌的明天。

徐淀芳
2018年11月17日

目录

1 ▶ **第一章 DIS创造之旅**
  叙词：起 / 1
  第一节 DIS创造之问 / 2
  第二节 DIS创造之迹 / 3
  第三节 DIS创造之果 / 8
  第四节 DIS创造之效 / 12

17 ▶ **第二章 DIS艰难起步**
  叙词：承 / 17
  第一节 课改理念先行 / 18
  第二节 上海市中学物理课程标准走出DIS / 29
  第三节 DIS传感器走入物理课程 / 37
  第四节 DIS走进力学实验教学 / 49
  第五节 DIS走进电磁学实验教学 / 63
  第六节 DIS走进热学实验教学 / 82
  第七节 DIS走进原子物理实验教学 / 94
  第八节 DIS走进光学实验教学 / 106
  第九节 DIS走进声学实验教学 / 118
  第十节 DIS教材专用软件走到物理实验教学 / 127
  第十一节 DIS教材通用软件走访物理实验教学 / 150
  第十二节 DIS走向研究性学习 / 163

173 ▶ **第三章 DIS顶峰攀登**
  叙词：转 / 173
  第一节 DIS二维运动实验系统的研发之路 / 174
  第二节 DIS无线向心力实验器的研发之路 / 195

第三节　DIS法拉第电磁感应实验器的研发之路 / 207

第四节　DIS模块机器人的研发之路 / 222

第五节　DIS逻辑电路实验器的研发历程 / 231

第六节　DIS安培力实验器的研发历程 / 242

第七节　DIS智能力盘的研发历程 / 253

第八节　DIS二力平衡实验器的研发历程 / 267

第九节　DIS光电轨道系统的攀登之路 / 278

第十节　DIS静电计的攀登之路 / 290

第十一节　DIS光电计时测距实验器的攀登之路 / 303

第十二节　DIS电磁定位板的攀登之路 / 314

333 ▶ 第四章　DIS创造技法

叙词：合 / 333

第一节　物理实验创造技法及应用 / 334

第二节　DIS创造技法及应用 / 348

后记 / 364

第一章
DIS创造之旅
~ 叙词：起 ~

上海二期课改提出了"以学生发展为本"的理念，倡导转变学生的学习方式，培养学生的创新精神和实践能力，重点是加强课程与信息技术的整合，创建数字化学习环境。物理学科顺势而为，《上海市中学物理课程标准（试行稿）》明确提出在实验教学中要引入数字化实验系统，这是DIS的起源。

2002年4月，由上海市教委教研室、上海市风华中学和山东省远大网络多媒体有限责任公司三方联合组成的上海市中小学数字化实验系统研发中心成立，并开始运作，标志着DIS研发和应用的起航。

DIS研发和应用，主要解决四个问题：(1)观念转变与思想统一；(2)技术研发与器材生产；(3)人才培养与队伍建设；(4)课堂改革与学习转型。"基于问题"是DIS研发和应用的实践起点。

DIS研发和应用经历了研发起步、试点改进、推广应用、深化拓展等四个阶段，逐渐发展壮大，在助推物理教材编写、产品研发，提升物理教学质量，服务课改等方面取得了丰硕成果。本章内容主要摘自项目"中学物理教学的革新——数字化实验系统（DIS）的研发与应用"["国家级教学成果（基础教育）奖"的报告原文【2002—2014年5月】]，简明反映了DIS的创造之旅。

第一节　DIS 创造之问

一、研究的背景

21世纪初，人类已进入信息时代，在上海的中学物理实验教学中，仪器装备陈旧、测量手段粗糙、操作效率低下，导致物理学习缺乏探究性，不能适应现代社会的飞速发展，不能满足学生的需要，也不能保障实验教学的正常开展。

随着信息技术的发展，中学物理实验教学迎来了新的机遇。借鉴了国外传感器技术运用于物理实验教学的经验，上海研发自己的产品，使学生置身于数字化的学习环境中，不仅有迫切的需求，而且也有实施的可能。

作为国家教育改革的试验区，上海对中学物理实验教学的改革构想可谓由来已久。在1999年底发布的《上海市面向21世纪物理学科教育改革行动纲领》中，明确指出："积极探索多媒体计算机与物理实验的结合，实现对物理实验的实时控制及对实验数据的自动化采集和处理，以更好地发挥实验教学功能。"2002年上海市中小学课程教材改革第二期工程（以下简称"二期课改"）启动，围绕"转变学生的学习方式"和"创建数字化学习环境"等目标，在《上海市中学物理课程标准》中对实验教学明确提出引入数字化实验系统（以下简称DIS）的要求，革新实验手段，优化实验教学功能。

二、解决的主要问题

研发和应用DIS实验系统，拟解决的三个问题：

1. 技术研发与器材生产的问题

怎样研发与教材配套、满足课改需要、受到师生认可，并拥有独立知识产权的数字化实验系统？

2. 实验改革与学习转型的问题

怎样用信息技术改进物理实验，推动教学改革，实现学生学习方式的改变？

3. 人才培养与队伍建设的问题

怎样组建高水平、协作型、具有信息素养的教学和技术团队？

三、研究的价值和意义

研发和应用DIS实验系统，具有以下价值和意义：

一是创建数字化学习环境，提升教师和学生的现代意识、时代感，加快实现教育的现代化、国际化。

二是推动新课程改革，优化学习方式和教学方法，为学生科学素养提升和教师专业发展提供坚实的基础。

三是提供优良的技术平台，培养创新人才，弘扬创新精神，为中学物理实验教学的改革和创新展现广阔的发展前景。

第二节　DIS创造之迹

从2002年开始至今，DIS的研发与应用已坚守了整整十六年，整个过程可以分为研发起步、试点改进、推广应用、深化拓展等四个阶段。

一、研发起步阶段（2002—2003年）

以上海市中小学数字化实验系统研发中心（以下简称"研发中心"）的成立为标志，采用教材引领、人力资源整合的方法，根据教材的需要，研发产品，做到编研同步；研发中心凝聚了技术人员、教学专家和一线教师，做到三位一体，实现机制创新。技术上运用一键OK的"傻瓜"策略，开发了位移传感器，突破了测量的瓶颈，成功开局。

1. 机制创新——成为DIS引领中学物理实验教学改革的保障

上海"二期课改"启动后，上海市教委教研室（以下简称"市教研室"）就认识到：必须为实现培养学生自主探究和自主学习的能力目标寻求可靠的物质载体。为此，有关专家对物理实验教学领域的新技术进行了考察论证，发现国内外现有产品的设计思想、功能设置等都难以符合我国国情。市教研室决定：自行研发新教材所需的实验系统，以保证具有独立知识产权的实验产品能够紧密配合教材，为教学服务。技术研发、设备制造、教材编写与教学实践必须同步进行。为保证研发的顺利实施,必须打破常规,另辟蹊径,整合人力资源,组建包括技术人员、教学专家和一线教师的高水平、协作型的研发团队。

2002年由市教研室、风华中学和山东省远大网络多媒体有限责任公司三家单位合作组建的"中小学数字化实验系统研发中心",是国内首个中学数字化实验系统的研发机构,在普教系统形成了"研学产一体化"机制,创造了"联合研发、以教定产、监督制造"的运作模式。研发中心的成立标志着DIS研发的起步。

2. "分体式位移传感器"的研发——突破了实验测量技术的瓶颈

DIS研发之初,位移传感器核心器件的选择成为一大瓶颈。国外器件进口困难且价格昂贵。研发中心立足国产器件,积极进行结构创新,通过"收发分体"(图1-2-1),不仅满足了教材中实验的要求,而且一举攻克了国外产品长期存在的测量盲区问题。该项成果在2006年5月被授予实用新型专利(编号:ZL200420040210.5),进而被人教社新课标高中物理教材收录。

图1-2-1 分体式位移传感器:通过超声和红外信号的时间差异,可测定发射器与接收器的间距,进而获得发射器相对于接收器的位移、速度和加速度等实验数据。该传感器攻克了测量盲区的问题,获得专利

3. "傻瓜"策略——DIS成功开局的秘籍

软件是实验教学中重要的人机交互窗口,世纪之初的学生和教师,没有太多使用国际主流工具软件的经验,如果实验操作过程中使用的软件过于复杂,不仅会占用过多的课堂时间,增加教师负担,还会将学生的注意力转移到教学之外。因此,研发中心确定了"简单易用、分门别类"的原则,开发了一键OK的专用软件(因其易用性被称为"傻瓜"软件),从而打消了老师(特别是老教师)对使用DIS畏惧心理,成为师生迅速接受、认同DIS的开局机制。

二、试点改进阶段(2004—2005年)

以DIS通过课程教材鉴定为标志。采用选点试用、跟踪改进的方法,在上海

第一章 DIS创造之旅

"二期课改"53所试点学校免费试用；根据试用情况不断改进，做到用改同步，实现DIS根植教学。技术上运用"鱼骨"发散思维，开发了DIS向心力实验器等器材，其成果填补了国内实验教学的空白。

1. 根植教学——成为DIS不断完善的源泉

上海53所"二期课改"试点学校在试用新教材的同时免费试用DIS。自此，DIS走进课堂，开始了根植教学的试点改进阶段。

针对试点学校实践中反馈的配套器材欠缺的问题，研发中心接连推出"多用力学轨道""向心力实验器"等十几种成套的新型器材，创设与数字化实验相适应的实验环境。针对满足教师个性化教学的需求，研发中心开发了DIS通用软件，使实验方案更加多样，数据处理更加灵活。试点过程累积了大量实验案例和使用DIS的公开课案例，不仅为教材修订积累了素材，更促进了DIS的完善。

2. 研发"向心力实验器"——填补国内实验教学的空白

按照圆周运动标准物理模型开发的"向心力实验器"，涉及力传感器和光电门传感器的联用，填补了国内实验教学的空白，为教材量身定做的数字化实验在各种配套器材的支持下，教学作用才得以真正显现。"向心力实验器"（图1-2-2）的研发，为研发中心此后诸多创新与创造奠定了基础。

图1-2-2　无线向心力实验器：摆脱了传感器连线的限约，集向心力数据采集、前端数据处理和信号无线传输于一体，可完成任意角度下的向心力实验

3. "鱼骨"思维——成为DIS开发的创新指南

图1-2-3为研发中心基于微电流传感器开发实验的"鱼骨"发散思维导图。根据该图，微电流传感器好比鱼头，通过鱼身牵动脊骨上的无数"鱼刺"，这些"鱼刺"就是可以用微电流传感器开发完成的诸多实验，如纯水导电、温差电池、环境热辐射测量、人体电流等。"鱼骨"发散思维，也为教师设计创新实验提供了示范和思路。

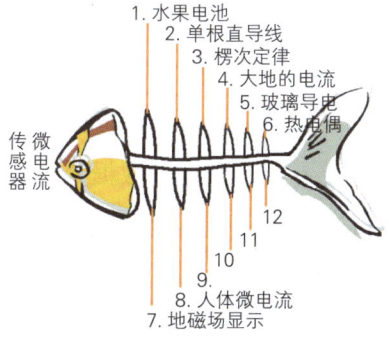

图1-2-3　"鱼骨"思维导图

三、推广应用阶段（2006—2010年）

以获得教育部基础教育课程改革教学研究成果一等奖为标志。采用培训保障、评价激励的方法，开展DIS专题培训，形成骨干教师团队；通过实验操作考试引入DIS内容、组织教师论文评选等措施，激励师生，实现课堂改变。技术上运用"组合"策略，开发了法拉第电磁感应定律实验器等智能化实验器材。

1. 改变课堂——成为DIS研发与应用的根本目标

随着涉及DIS的内容进入上海的考试评价体系，课堂教学发生了改变。首先，教学时空在改变。由于DIS具备"实时实验"的功能，数据采集、处理和图线描绘效率极高，师生们可以从烦琐的简单劳动中解脱出来，体验、合作和交流就有了更多时间和空间。教师可以利用节省出的时间，引导学生改变实验条件，对物理现象和物理规律进行更深入的分析和讨论。其次，教学方式在改变。定量测量工具的研发，实现了对许多物理规律的定量探究，增加了探究学习的机会。

研发中心在相关区县展开了多批次的DIS教师培训，参训物理教师和实验员人数达700人次。通过各类培训，组建了DIS骨干教师团队，夯实了新技术推广应用的基础。

2. "DIS法拉第电磁感应实验器"的研发——开启实验教学的数字化新里程

受限于实验手段的不足，传统教材中没有设置定量研究法拉第电磁感应定律实验。研发中心在解决了动生电动势公式的实验验证之后，又依托教学一线，通过观摩、听课，寻找到了进一步改进实验的方法，终于研发出智能电源解决了定量研究感生电动势的问题，该成果获得"第七届国际发明展览会"金奖。

3. 组合技法——成为DIS系统集成的基本策略

把两个或两个以上的不同结构，巧妙地组合在一起，使它成为一个新的东西，这种发明方法叫做"组合技法"。基于"组合技法"，研发中心实现了数据采集器与有线、无线接口模块的组合和自由更换；实现了传感器的无线发射和独立显示的模块组合；设计了适用于多种实验器的底座模块、USB通讯模块。系统的集成、简约、灵活、高效，极大地方便了教师的使用和学生的操作。"法拉第电磁感应实验器"（图1-2-4）就是采用了模块组合思想研发出来的。

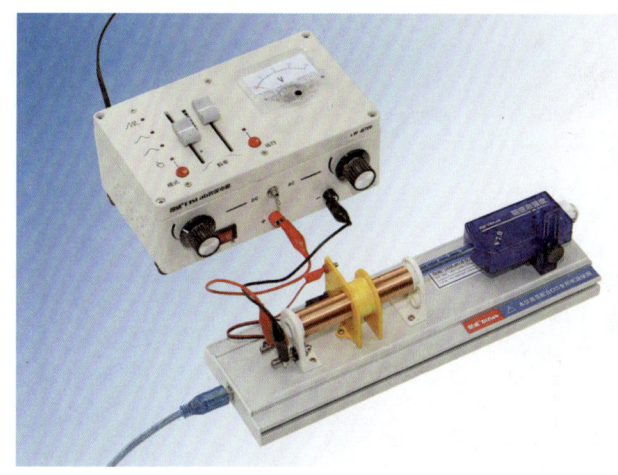

图1-2-4 法拉第电磁感应定律实验器Ⅱ：借助拥有"梯形波"和"连续锯齿波"输出功能的智能电源实现法拉第电磁感应定律的定量研究。在国际发明展览会上该成果荣获金奖

四、深化拓展阶段（2011—至今）

以获得国际发明博览会两项金奖为标志。采用典型示范、重点攻关的方法，举办教学评比、DIS高峰论坛等活动示范引领；对物理实验中的难题，用新技术加以突破，实现持续创新。技术上运用"移用"原理，开发了二维传感器实验系统、电磁定位板等系列化智能器材，使DIS得以向全国各地和其他学科深化推广。

1. 持续创新——成为DIS引领中学物理实验教学改革的动力

2011年起，DIS的发展进入从技术创新到教学创新的阶段，理论与实践的交互作用，促进了DIS"波浪式前进、螺旋式上升"。到目前，持续创新的DIS已经从中学物理迈向化学、生命科学、小学科学、环境教育和课外科技活动等基础教育学科领域。为生命科学量身定做的"心电图传感器"荣获首届全国中小学实验教学优秀案例展演特等奖。

2. "二维运动传感器系统"——开启了系列化智能实验器材的研发

二维运动传感器与随后开发的近十种配套实验装置组成的"二维运动传感器系统"（图1-2-5），解决了一系列研究平面内物体运动规律的实验难题，使教学中的"不可能"变成了"可能"，也使知识讲解过程中的"不可见"变得"可见"，扭转了教师对DIS的看法。该实验器不仅能够让学生更为透彻地认识二维运动规律，还能给学生以启示，自主设计实验进行探究。该成果夺得"第七届全国自制教具"一等奖。

3. 移用原理——成为本阶段DIS研发的源头活水

研发中心保持了对于行业外信息技术成果的持续追踪，一旦发现某种新技

DIS 上海创造——数字化实验系统研发纪实

(a)

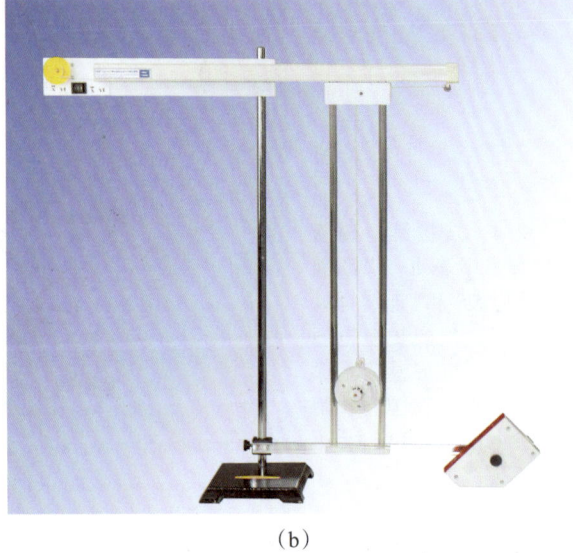

(b)

图1-2-5 二维运动实验系统：由二维运动传感器与多种运动学标准模型组合而成。图(a)为二维平抛实验器，图(b)为二维运动合成实验器，它们均可从垂直和水平两个维度对运动物体进行连续定位，描绘其运动轨迹并验证相关物理定律，获国际发明展览会金奖

术有用于实验教学的可能，马上结合实验创新需求展开"跨界移植"，此举有力促进了一系列新仪器、新装置的诞生，被尊为指导开发工作的"移用"原理。二维运动传感器的开发就是成功移用了白板定位技术解决了二维运动的实时测量问题，超越了当时国际上研究二维运动的主流手段（频闪照片和电火花描迹）。随后接踵推出的"无线向心力实验器"和"光电轨道系统"则分别得益于"蓝牙"技术、"光电扫码"技术以及"高密度光栅盘"技术的移植应用。

在"傻瓜"策略、"鱼骨"思维、组合技法、"移用"原理等综合策略指导下，DIS从解决单个实验问题的研发转变为攻克实验教学系统性需求的研发，从与教材配套拓展到服务于个性化学习，从物理学科拓宽到其他学科，从而实现了跨越式发展。

第三节 DIS创造之果

研发中心在十六年的发展历程中，以先进的技术手段创造性地开发了DIS，并将其编入教材，为课程改革服务，填补了国际、国内实验教学的空白，提高了中学物理教学质量。

第一章
DIS创造之旅

一、成功研发了拥有自主知识产权的DIS

截至目前,DIS已发展出了覆盖中学物理声、光、力、热、电、磁、原子物理等各个领域,支持化学、生命科学实验研究,兼顾小学科学探索的56种传感器、59种配套实验仪器,以及各学科专用软件和全国、上海两个版本的通用软件,实现了软硬结合、配套丰富、功能完善、持续升级,构成中学物理数字化实验系统(图1-3-1)。

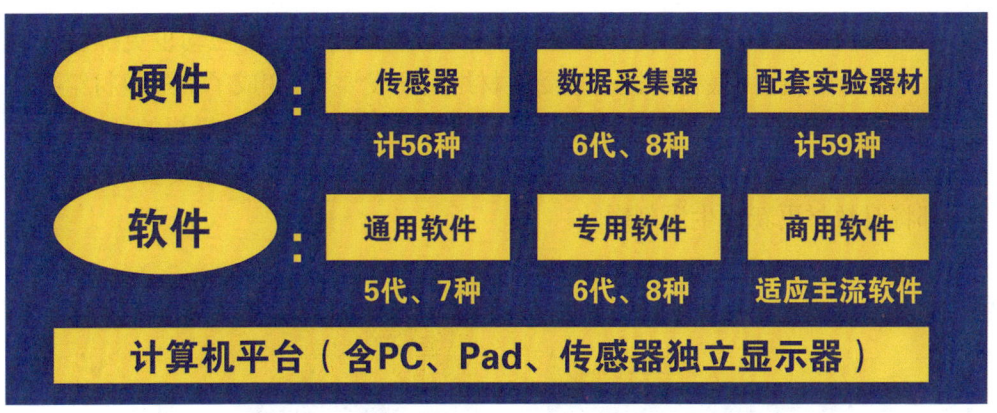

图1-3-1 中学物理数字化实验系统——"DIS"系统构成

更为重要的是,研发中心十多年来始终坚持自主研发,追求基于教学实践的产品原创,累计获得专利35项,其中近三年18项,发明专利2项;获得计算机著作权13项,其中近三年3项;完成软件产品申报8项,其中近三年2项。在这一系列密集而高质量的知识产权成果中,不少成果填补了国内空白并在国际上处于领先水平,在中国教育装备领域是前所未有的。

二、有效实现了DIS与物理教材的整合

DIS的研发,发端于物理实验的改造,服务于物理教学的实施,最终实现了与物理教材的整合。

目前,DIS实验在上海"二期课改"高中物理教材中(学生实验+演示实验)数量已达32个,在教材实验中所占的比重已由2002年的32%上升到了45%。2009年起,上海初中物理教材中也引入2个DIS实验。

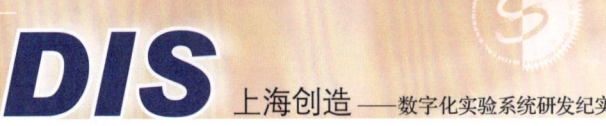

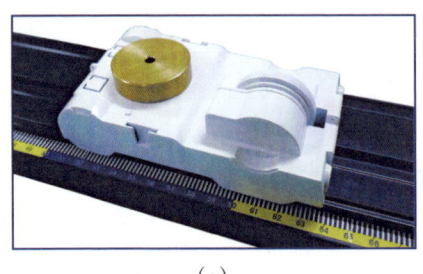
(a)

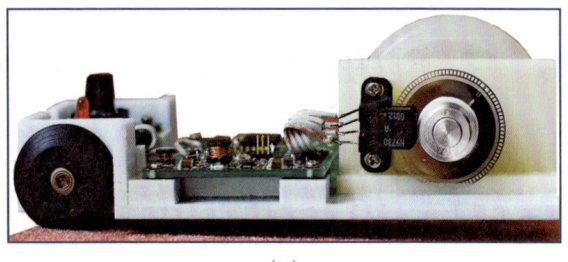
(b)

图1-3-2　π系统是利用精密光电门结合光电数码盘设计的全新计时测距工具。其测距精度远高于原实验仪器，可完成中学阶段所有的运动学实验

2010年以来，DIS创新实验成果辈出，与教材编写机构的互动也更加积极和频繁。研发中心已由最初的被动接受教材组的研发要求，变成了推进教材组更新和完善教材的动力源泉。研发中心最近推出的一系列富有创新思想的新实验，如π系统光电测距仪（图1-3-2）、二维电磁定位板（图1-3-3）、网络实验（图1-3-4）等，都将对教材更新产生深刻影响。

图1-3-3　二维电磁定位板是针对二维平抛运动实验的改造，克服了原实验中运动物体过大带来的转动问题，提高了测量的精度

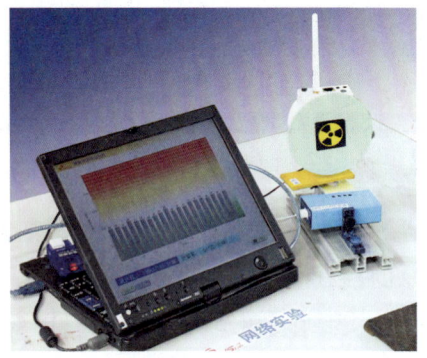

图1-3-4　网络实验（不同放射源放射强度的测量）：指实验者通过网络操作异地实验设备，观察实验现象、记录实验数据、分析实验结果，一般用于昂贵仪器设备的共享和带有危险性的实验操作，开创了新的实验形式

在教材建设的牵引之下，基于DIS的课程资源日益扩充和完善，实验案例（含文本和视频）、自制教具层出不穷，形成DIS的专著六本共计230余万字，积累实验教学案例700多个。各学校纷纷开展DIS的校本研究，涌现出了进才中学、民立中学、市西中学、延安中学等DIS特色实验学校，进一步带动了DIS在上海的深度应用。

三、着力组建了一支DIS研发与应用的队伍

十六年来，DIS的研发与应用始终坚持两个开放：一是项目的开放，二是团队的开放。这一方面是技术为教育教学服务的必然，另一方面也是研发的复杂性和难度所致。而开放的结果，则是把DIS做成了上海物理教学界共同的事业，最终建起了一支兼具理论水平和实践能力、既有教学经验又熟悉信息技术、有物理教学传统更拥有创新热忱的DIS研发与应用队伍，人数已接近百人。

该队伍以教材组的专家为核心，以"名师培养基地"培养擅长DIS的教师为骨干，通过教研网络向各区县辐射，在诸多DIS实验试点校形成节点，并最终渗透入教学基层（图1-3-5）。市教研室、教材组、研发中心定期举办的各类教学评比和高峰论坛等活动，成为发动和组织这一研发队伍汇集其创意与思想的有效平台。

图1-3-5　2007年6月26日，2005年度诺贝尔奖获得者之一哈佛大学的罗伊·格劳伯教授访问上海延安中学DIS实验室

四、顺势拓展了DIS的学科领域和应用范围

DIS的研发始自物理，源于上海。但研发中心没有将自己局限于单一学科，更没有将DIS封闭在上海。早在2003年，研发中心就将研究成果推介给了中国教育学会物理教学专业委员会的有关专家，并应人民教育出版社、广东教育出版社等沪外教材编写机构的要求，向其提供了大量DIS实验案例，供其编制新课标、新教材使用。目前，人教版、粤教版、沪科教版等物理教材及教材配套用书均引入了上海研发

的DIS实验(图1-3-6),全国物理学科实验教学的数字化已经启动。

图1-3-6 "DIS"进入上海及全国的教材

DIS在化学、生物和小学科学及环境科学等方面的研发成果不仅已日渐成熟,而且以"DIS心电图传感器""DIS数字化气象站""DIS水质监测包"为代表的多项成果已处于国内领先水平。

随着国家加大对教育装备的投入,DIS在全国各学科实验教学改革中均获得了广泛应用,目前已建成的DIS实验室,上海达300余间、全国近5 000间。除中东部地区外,新疆、青海、云南等西部省份也建设了数量众多的DIS实验室。DIS已经成为中国教育装备行业公认的数字化实验产品代称,DIS实验手段成为全国各地中学理化生教师参加教学比赛的首选装备,并已经令40余名各地教师在市级以上教学比赛中获奖。

第四节 DIS创造之效

一、实践成效

DIS引入课堂是一种创新,它激发了学生学习的兴趣,转变了学生的学习方式,拓宽了实验的方法和手段,拉近了学生物理学习与当今物理科学研究的距离,也为学生在信息化社会中解决学习、工作等方面的问题提供了宝贵的经历。

1. 师生的实验素养获得提升

(1) 教师实验教学的观念得以转变

课程改革初期,DIS试点学校的教师即开展了很多基础性研究,并逐步认识到DIS在实验教学中的优势。

(2) 教师开发实验的能力得到加强

部分教师在熟悉、掌握DIS后,不满足于完成课程规定的实验,针对教学的重点、难点,自主开发了许多创新实验,如"推测绝对零度的探索""研究轻绳与弹性绳弹力变化区别"等。

(3) 学生实验探究的能力得到培养

在数字化环境下学习物理,学生的能力结构会发生相应的变化,读图、处理图像、误差分析等探究能力得到加强,描点绘图等繁复操作被精简。例如:在向心力实验中,学生可以在一张图中同时分析不同旋转半径的多条向心力与角速度关系的图线(图1-4-1),便于比较找出规律。课后学生反映:"头脑中数据图线和物理规律之间已经开始'搭界',图线不再仅仅是对物理现象的直观描述,而且已经发展成为表达物理规律的模型和验证实验结果的工具。"之后,学生常会主动借助图像描述物理过程、说明物理规律(图1-4-2)。

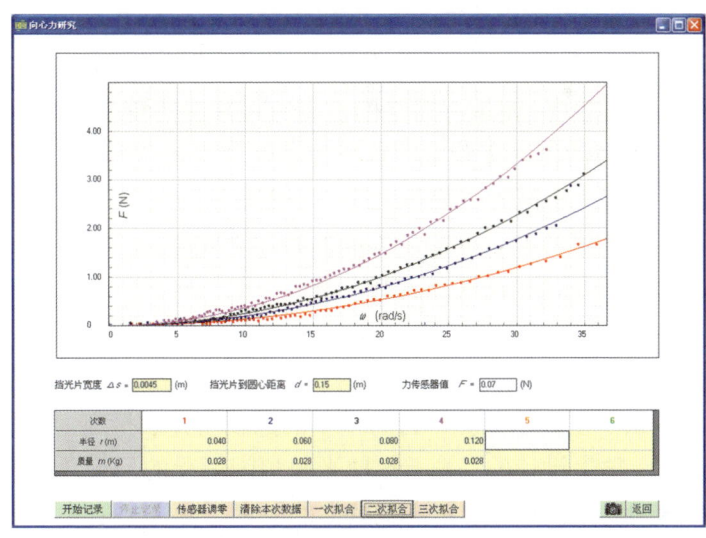

图1-4-1　向心力实验数据分析过程(教材专用软件)

DIS 上海创造——数字化实验系统研发纪实

图1-4-2 深圳滨河中学的学生自主讲解超重失重实验探究过程

2. 教与学的方式得以优化

（1）增加了探究学习的机会

"二期课改"课标规定：高中学生实验中探究性实验的比重从"一期课改"的25%上升到50%，DIS为开展探究性实验提供了有力支持。例如：借助DIS安培力实验器，学生能够在课堂上完成对安培力大小的定量探究；借助二维运动传感器系统，学生可以对各种平面内物体的运动规律进行研究。

（2）实现了学习时空的重新分配

增加学生对实验方案的自主设计，合作交流都需要有充足的时间作保障。DIS的高效率，使学习时空的重新分配成为可能。例如：用无线力传感器和位移传感器替代传统实验中的打点计时器及纸带，研究牛顿第二定律，不再需要平衡摩擦力和"小桶的质量必须远小于小车的质量"的要求，减少了繁复操作，用于实验的自主设计和合作交流方面的时间大大增加。

3. 师生的创新能力得到培育

DIS与配套器材的系统开发与完善，构筑了开展创新教育的平台。教师可利用平台自由组合设计创新实验，不仅突破教学难点，激发学生学习兴趣，而且为学生提供了创新示范。平台为学生的课题研究和探究学习提供了有力的工具支持。例如：学生设计的"关于各种光源频闪情况的研究"课题，就是利用平台提供的DIS光强传感器完成了实验数据的采集与分析。

二、反思与展望

1. 加强基础研究,提升DIS的理论层次

DIS的研发和应用,不仅引发基础教育理科实验教学的深刻变革,而且对相关学科的课程教材建设、课堂教学形态、学生学习方式都产生了积极影响。为确保DIS能够持续更新和完善,不断服务于教育教学,避免"重技术轻教学、重应用轻理论、重推广轻总结"等现象,应进一步加强围绕DIS的教育学、心理学和认知科学的基础理论研究。例如:开展数字化实验的中外比较研究,能够让研发中心获得欧美发达国家推广和应用数字化实验的经验教训,并以此拓宽实验教学改革领域的国际视野,也是具有相当学术价值和实践指导意义的研究项目,值得高度重视。

2. 总结经验教训,改进DIS的推广应用

一方面没有国内的参照,另一方面受限于自身的经验和视野,研发中心成立初期,只能采取"摸着石头过河"的策略。十多年来DIS在教学应用方面固然发展迅速,但也曾因对应用需求考虑不全面,出现了不同代际产品兼容性不佳的问题。今后,研发中心将加大与使用学校的沟通协作,着重在研究性学习、校本课程的开发、STSE(科学、技术、社会、环境综合教育)等领域改进DIS的推广应用,以应用为导向推动系统的完善和服务质量的提升。

3. 优化研发机制,探索DIS的国际合作

DIS的成功,首先来自机制的创新。研发中心横跨"研、学、产",且没有体制负担,确保以教育服务为导向的研发工作得以顺利实施。经过十多年的发展,教育研究部门、基层学校对DIS的认识都已上升到了一个新的高度,如何将已有系统进一步完善、如何做好更新更广的学科应用等新的问题也接踵而来,而解决问题的关键仍在于研发机制的进一步优化。在这个方面,有必要积极进行对外交流,同时在底层技术和应用拓展两端寻求国际合作,期望促使DIS的研发和应用百尺竿头更进一步。

第二章
DIS艰难起步

~ 叙词：承 ~

DIS承受艰难的初创过程，积极开展产品研发。根据物理教材编写需要呈现DIS实验等要求，2004年起，"研发中心"承担DIS的理论研究工作，进行了初步尝试。在《物理教学》上，笔者以"工具的变迁，课改的理念"为主题，发表了系列学术论文。这些论文围绕着课程教学改革的基本理念、实验教学的发展变革、DIS在物理学各个分支体系中的具体应用，以及DIS软件的设计思想和应用策略等，聚焦教师最关心的问题进行了深入阐述。这些论文反映了十六年来笔者对DIS的认识不断深化的过程。

本章中有针对当初论文的点评，这是我们对DIS十六年研发和应用之后的一次回眸——站在今天看当年。科学之所以成为科学，不是在于其一贯正确，而恰恰在于其能够自我否定——通过证伪和被证伪不断迈向认识的新高度。这也是本章点评的价值所在。本章论文再现了DIS的艰难起步，展现了DIS研发、教学实践、问题解决、经验总结等艰难并快乐的历程，呈现了DIS在实践中前行、在探索中发展的过程。

DIS 上海创造——数字化实验系统研发纪实

第一节　课改理念先行

工具的变迁、课改的理念：

当年很多人询问我们：什么是DIS？我们往往答曰：DIS是工具的变迁、课改的理念。但除此之外，我们还常讲这么两句：DIS是脑的扩展、手的延伸。从严格意义上来说，这不是对DIS的定义。但是，在当时的情况下，这却是对DIS最好的说明。试想：当我们仅仅拥有十几种传感器，才完成了几十个DIS实验，怎么针对这套新型的实验工具给出一个确切的定义呢？我们的回答避开了对工具本身的描述，而是着眼于实验工具发生发展的历史观和催生DIS的背景。这不是避重就轻，而是转移视线——将大家对于DIS的不解转换到对历史发展结果的接受和对课改的执行层面。这也许是一个推动了DIS被更多人接受的解释。

一、要求的提出与实现

随着时代的变迁，针对适用于物理实验教学领域的信息技术设备进行了长期的考察论证，确立了以下工作要求：

（1）必须为实现课改"信息技术与学科教学整合"的理念寻求可靠的物质载体，以实现培养学生使用工具，特别是信息技术工具进行探索研究和自主学习能力的课改目标。

（2）要在技术为课改服务的前提下自行研发新教材所需的实验设备，以保证设备对教育、教材的适切性和独立的知识产权。

（3）技术研发和课程设计必须同步进行，做到紧密联系、持续发展。

（4）为保证研发的顺利实施，必须首先建设由教育专家和技术专家组成、稳定、高水平、紧密型的研发团队。

为此，上海市教委组建了一个研、学、产、教一体化的研发机构——上海市中小学数字化实验系统研发中心。研发中心于2002年4月开始了DIS——数字化信息系统实验室的研发工作。

DIS的基本系统结构为"传感器+数据采集器+计算机"，以一系列传感器替代了传统的测量仪器，能够完成括力、热、声、光、电、磁、原子物理等多种物理量数据的采集。传感器数据通过四通道数据采集器处理后上传到计算机，由教学软件进行实时的处理与分析（图2-1-1）。

第二章
DIS艰难起步

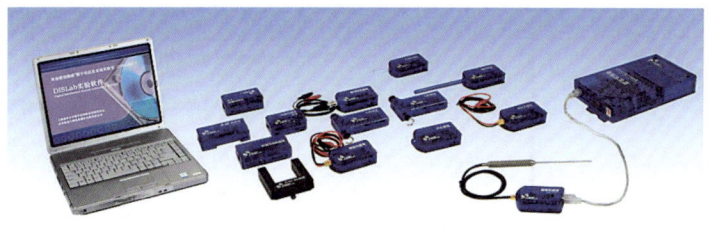

图2-1-1　DIS的基本构成

三年多来，1 300多台DIS产品走进了上海53所二期课改试点学校，以及浦东新区、徐汇区、闸北区、虹口区等近百所高中。DIS在上海以外拥有超过300所高中及几十所大专院校用户，促进了实验设备与课改教材的同步发展。截至目前，DIS已经历了多次技术升级和完善。

二、实现积极的整合和对传统的超越

DIS将实验数据数字化，在真实实验的基础上实现了信息技术与物理实验教学的整合。使用DIS，能够完成力学、运动学、电磁学、光学、热学及原子物理等数百个实验。

教学实践表明，尽管DIS的传感器替代了部分测量仪表，但引入DIS之后的物理实验教学体系并没有形成"断层"：实验数据依然来自传统的实验装置，音叉、磁铁、螺线管、轨道小车、挡光片、水槽、烧瓶等"实验数据源"没有变化，自感现象演示仪、查理定律演示器等实验装置也都继续发挥着作用，只是数据采集和分析处理手段借助信息技术得到了显著改观。

例如，进行"自感现象"教学时，自感现象演示仪仍可"位居前排"，但连接在电路上的已经不是演示电表，而是DIS电流和电压传感器。这一改变使得原来只能凭借小灯泡的亮灭和演示电表指针的摆动进行观察的自感过程，通过"电流-时间、电压-时间"图线而获得清晰体现，学生对自感现象的认识深度大大提升。

关于图2-1-1 "DIS的基本构成"：

没错！当时的DIS能拿得出手的传感器就这么多。

关于"1 300多台"的由来：

其实，当初DIS在上海的推广并不顺利。上海课标和教材提出DIS，各路山寨一拥齐上，导致李逵反被李鬼占了上风。多亏浦东新区的决策，四十所高中学校为DIS撑起了半壁江山。1 300台DIS设备，大部分都拜浦东新区采购所赐。

关于"整合"：

任何新事物在诞生之初一般都会受到百般质疑。所以，在DIS的推广初期，我们绝不敢提使用DIS"替代"传统实验工具，而是借助国家课改文件中的一个名词，强调DIS是"实现信息技术与课程教学整合"所做的努力中的一部分。这是事实，也是策略。

上海创造——数字化实验系统研发纪实

关于图2-1-2"用DIS改造的弹簧振子实验器":

笔者将DIS用于改造传统实验的首次尝试,充分发挥了分体式位移传感器的优势。

再如,进行"弹簧振子摆动实验"时,"服役"多年的弹簧振子演示器依然"宝刀不老",只是原来的振子被DIS位移发射传感器替换(图2-1-2)。位于位移发射传感器一侧的位移接收传感器接收到振动数据,计算机屏幕上即可实时描绘出弹簧振子的s-t振动图线。

除了沿用传统实验装置以外,研发中心还根据DIS的技术优势,经过反复

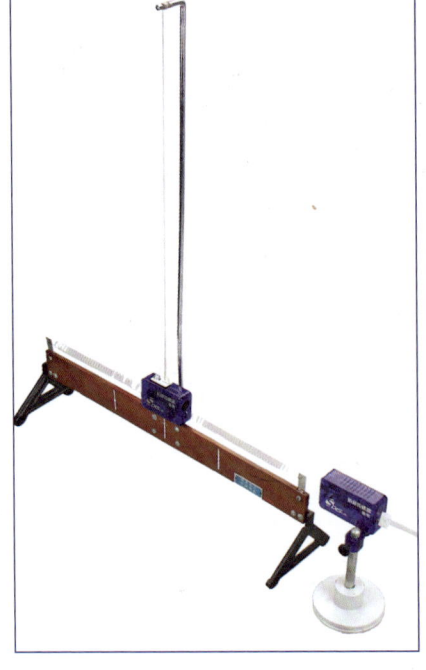

图2-1-2 用DIS改造的弹簧振子实验器

试验和精心设计,开发了基于DIS的多用力学轨道、机械能守恒实验器、向心力实验器(图2-1-3)、力的合成分解实验器、环形线圈、匀强磁场螺线管、平抛运动实验器、安培力实验器、温差发电实验器、远红外加热器、热辐

关于图2-1-3"向心力实验器":

在DIS发展的初期,真正是靠"做传统实验手段做不了、做不好的实验"而立足的。而向心力实验器的研发成功,为实现这个目标作出了突出贡献,很多用户正是因为向心力实验器的成功,才开始认识到DIS的教学价值。

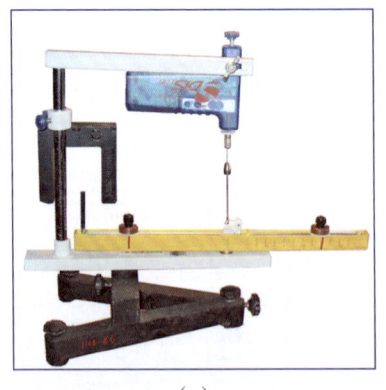 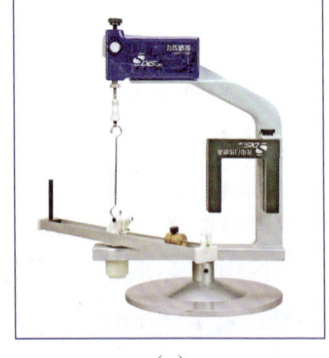

(a)　　　　　　　　　　(a)

图2-1-3 向心力实验器

射感应器、斜面上力的分解实验器、凸面桥受力实验器等一系列新型实验装置。在更新测量分析工具的同时，大幅度提升了实验信号源的质量，攻克了一批传统实验难关。

在延续传统的同时超越传统，使用现代化技术手段整合传统实验手段和教学方法，做传统实验手段做不了、做不好的实验，正是DIS的生命力所在。

三、科学分配教学时空

由于DIS具备"实时实验"的功能，数据采集、处理和图线描述都由计算机完成，所以师生们可以从数据读取、记录，公式运算和图线描绘等烦琐的简单劳动中解脱出来。DIS为实现学习方式的多样化，培养学生的自主探索研究，以及进行广泛的体验、合作和交流提供了时间和空间。在DIS的应用过程中，教师们充分发挥了DIS这一突出优势，利用"实时实验"节省出的时间，引导学生改变实验条件，对物理现象和物理规律进行了深入的分析和讨论，提高了学习过程的质量（图2-1-4）。

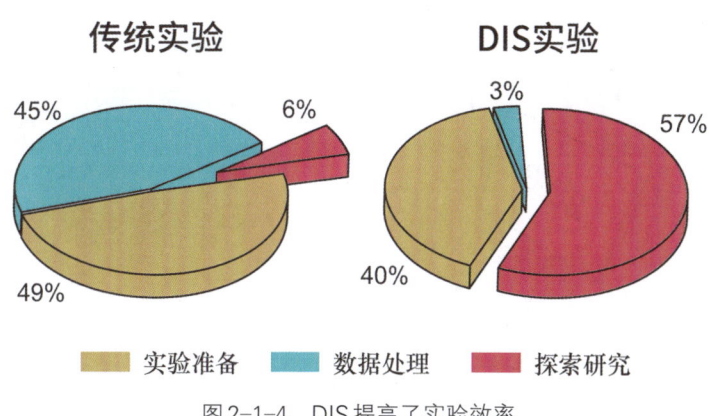

图2-1-4　DIS提高了实验效率

控制变量法是高中物理实验教学的基本方法，也是科学思维的逻辑基础之一。要让学生感受某一物理量的

关于DIS的应用与实验教学时空重新分配之间的关系：

文中已述，提出这个命题的是已故著名物理教学专家乔继平先生。而王铁桦和倪闽景上海物理教学的青年才俊的调查研究，充分揭示了DIS在提高实验效率方面的突出贡献。我们也已经通过亲身的DIS教学实践和应用经验认识到了DIS在节省时间、提高效率、促进交流、保障认知等领域的巨大作用，但这十几年来围绕该命题的实证研究还是没有深入下去。原因是多方面的。

首先是研发的压力，导致中心几无开展此领域研究的时间；其次是专业人员和研究方法的缺乏。这导致了DIS到目前为止在大部分用户心目中还是停留在工具革新的层面,远远没有上升到教法革新、教学思想革新的程度。比如,大家都承认DIS节省了实验时间。但节省下来的时间是否被学生用于认识的扩展了?除了节省时间,DIS是否还在提升学生认知方面有切实的效果呢?等等。当年论文中引用的例子虽多,但缺乏进一步的定量分析、比较研究和关联研究,未来更需要有专业的教育研究者从认知科学的高度设计实验,DIS的教学价值方能得以呈现。我们也期望课程研究专家能够认识到将此研究深入下去的必要性。

改变对另一物理量变化的影响,最终将认识上升到方法论的高度,就必须保证控制变量法实施过程的完整性。因此,涉及控制变量法的实验均需耗费较多的时间。使用传统仪器设备,仅数据记录和计算一项消耗的时间就占据了实验过程的大部分,很难完整地展现各个物理量之间的因果关联。而DIS实验首先实现了实验数据的采集、记录和分析同步进行,实验效率的提高使得单位时间的使用效率空前提升,在实验教学过程中实施控制变量法就基本不受课时的制约了。

例如,在碰撞实验中,教师可多次改变碰撞时间,使学生对公式$F\Delta t=m\Delta v$形成全面而深入的理解。此外,教师指导学生自主开发很多研究性课题,设计出一些能够强化学生参与和体验的实验活动。比如让学生预先设计出一种运动模式,并画出其s-t图线,然后移动位移传感器,使运动规律满足预先设计的模式。由于s-t图线可以实时显示在计算机屏幕上,可供学生很方便地予以比较,并做改变运动模式的多次尝试(图2-1-5)。这样的实验活动不仅生动活泼,也符合学生的认知规律。而开展这些活动的关键,还有赖于使用DIS所节省出的大量时间。

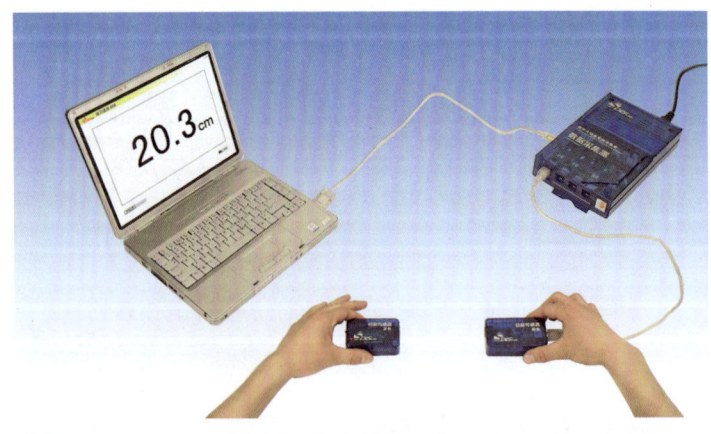

图2-1-5 位移传感器+计算机,能够实时测量位移和速度的动态变化,使得学生可以绘制出各种各样的"s-t"图和"v-t"图

第二章
DIS艰难起步

2003年3月，中国教育学会物理教学专业委员会副理事长乔际平教授在参观了实验展示之后，欣然为DIS题词：科学分配教育时空的新探索。

四、强化软件的教学功能，贯彻二期课改理念

为了在人机交互层面强化对课改理念的贯彻，DIS并行配备了两种软件——教材专用软件和教材通用软件。

1. 教材专用软件

教材专用软件完全与二期课改高中物理教材（试验本）中的实验设计同步，按照教学内容的逐步展开，以菜单方式设置了基础型、拓展型和研究型教材规定的26个实验类别所需的软件。该软件具有简洁明了、操作方便、分门别类、实验针对性强、上手就做、一键OK等特点，被师生们亲切地称为"傻瓜软件"（图2-1-6）。

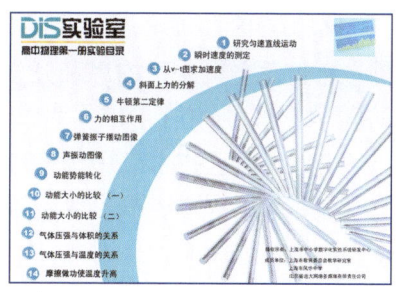
（a）3.0版

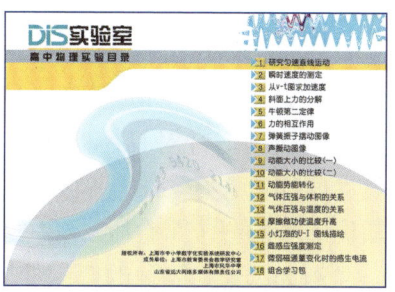
（b）3.01版

（c）5.0版

（d）5.0版

图2-1-6　不同版本的教材专用软件主界面

关于"DIS专用软件"的一点补充：

之前，各类教材在实验领域仅仅涉及硬件，而没有涉及软件。上海二期课改高中物理教材问世之后，DIS作为一个软硬件合一的信息技术工具体系进入到教学过程之中，软件随之确立了在课程教材中的地位——既是课程教材的有机组成部分，又是实现教学目标的重要保障。从这一高度认识，DIS专用软件不仅不像其昵称"傻瓜软件"所给人的感觉那样"傻"，相反，还是高超的教学智慧的集中体现。所谓大智若愚，信矣！

作为DIS导入上海二期课改教程的铺路石，"傻瓜软件"绝非凭空得来。构思和开发"傻瓜软件"体现了重要的教学思想，强化了DIS作为二期课改载体的作用。

首先，信息技术应用于物理教学，必须搞清楚其中的"主从关系"：是"技术为教学服务"还是"教学服从于技术"。我们选择前者。因此，DIS的软件必须简单易用、重点突出，才能让技术服务于教学。这是"傻瓜软件"诞生的背景之一。

其次，教材中设置的一个个实验并非孤立存在，促进学生对物理现象和物理规律循序渐进的认识才是教材编写者的初衷。针对具体实验而开发，拥有相对独立的实验界面的"专用软件"，就是学生按照认知规律攀登物理知识山峰的一个个台阶。

例如，学生接触的第一个实验是"研究匀速直线运动"。在这个实验的专用软件界面中，首次展示了"物理量-时间"关系图线，即 s-t 图和 v-t 图。此后的"从 v-t 图求加速度""牛顿第二定律"等实验也多次出现了有关的实验图线。这些实验注重物理方法的导向，强调图线的功能和利用图线解决问题的能力，使学生对概念的理解在层次上不断递进和扩展。又如，在"动能大小的研究"专用软件中，实验装置利用小车克服摩擦力做功，表征小车动能的大小，然后根据所测数据，预测它们存在的规律和趋势（实际是对实验的猜测），然后利用计算机提供的拟合功能作出判断。这样就可以将学生真正置身于实验数据的环境中，促使他们合理想象，自主探讨，达到培养和提高学生的思维品质的目标。上述对教材和课改理念的实现，就是通过难易有序、分门别类的教学专用软件来实现的。这是"傻瓜软件"诞生的背景之二。

再次，物理世界的丰富多彩决定了实验数据的不同特征。大部分实验数据能够呈现出"物理量-时间"关系图线，但是，"挡光时间"和"挡光时刻"等时间数据仅为时间轴线上的一段或一点，原子物理中的辐射强度是单位时间内的累计值，光的干涉衍射以及波长的测量则不考虑时间因素，等等。专用软件可以根据其物理量的自身特点，从界面风格、结构体系、功能设置上呈现其个性特征（图2-1-7）。

从技术层面来讲，数据采集器必须与信号频率适配，才能保证真实体现实验数据的变化过程。例如：要使交流电（50 Hz）的测量波形得到满意效果，其采样频率不得低于1 kHz；而声波和室温信号的变化频率相差悬殊，在采样率的设置上就要区别对待。而在实验教学过程中再补充强调如何调节采集频率显然超出教学要求。量身定做的专用软件，针对不同的实验设定了不同的采样频率，不需要用户再行调节。这样不仅方便易用，获得较好的显示效果，也使信息资源得到合理利用。这些就是"傻瓜软件"诞生的背景之三。

教材专用软件虽然被称为"傻瓜软件"，但"傻瓜"显然不傻，除了能够实现特定功能以外，该软件同样具有很强的扩展性。例如，使用DIS微电流传感器，配合"微弱磁通量变化时的感生电流"软件，凡是能产生微小电流的

（a）图线方式

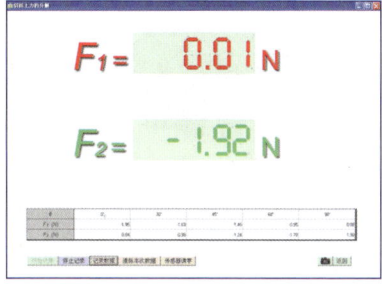

（b）数字方式

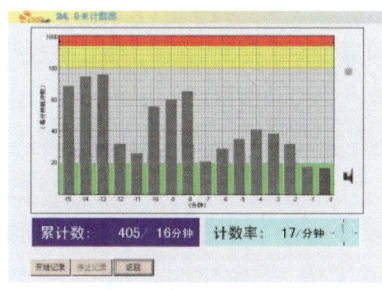

（c）直方图方式

图2-1-7　教材专用软件的实验结果呈现方式

关于DIS专用软件与用户体验：

当年，至少有两家美国公司有望占领上海的数字化设备市场。其中，某公司更是在研发中心成立之前就已经在上海拥有了56所图形计算机数理应用试点学校。研发中心所在的风华中学也是其中之一。但是他们之所以在与DIS的竞争中铩羽而归，一个至关重要的因素是软件难用，且几乎不能按照上海市教委课改办、教材组的要求进行修改。当时我们听了某公司的介绍，感觉用他们的设备做实验，除了操作那些计算器按键，几乎没有思考的时间了！让教师用起来方便，这就成了我们日后推出DIS专用软件的最大动机。用现在流行的一个说法：**某公司败于用户体验，而DIS则成于用户体验**。DIS专用软件，就是用户体验的根本保障。

DIS 上海创造——数字化实验系统研发纪实

关于专用软件是"论个"还是"论类":

我们早已习惯说有多少个专用软件了。但我们始终对此有一个看法:专用软件应该按照类别来分——一个专用软件可以做多个实验,因此应该称其为"类"而非"个"。这对于充分发挥专用软件的实验教学作用,扩展教师和学生的思路,实现在软件层面的"一物多用",有着特殊的意义。

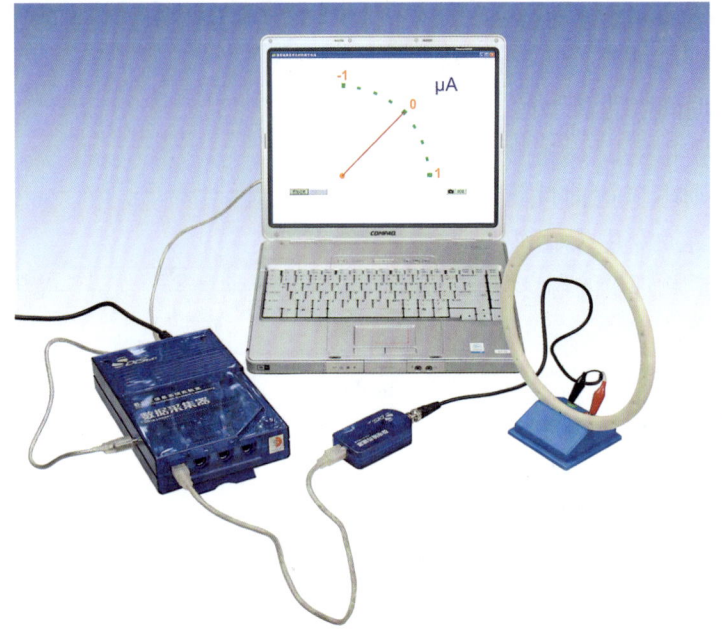

图2-1-8 地磁场研究(教材专用软件)

实验都可实时显示,如"单根导线切割磁力线""玻璃导电""水果电池""地磁研究(图2-1-8)"等多达数十个实验,就是利用此软件来实施的。

随着上海二期课改试点的深入,特别是拓展型教材和研究型教材的使用,对DIS软件提出了新的要求。根据通用化、平台化的设计思想,研发中心又推出了DIS教材通用软件。该软件遵循主流工具软件的规范,提供了数据显示、分析和处理的通用界面,内置了组合显示、数据表格、分析计算、曲线拟合等功能(图2-1-9),能够完成传感器量程内的所有实验。

关于"从通用软件到专用软件,再从专用软件到通用软件":

通用软件,是一个综合性、系统性测量和分析工具。如果说专用软件体现了实验教学中每个具体实验的个性,通用软件则是强调了所有实验的共性。从共性出发设计的软件,首先向用户传达了"类别"的概念,其中包括传

通用软件和专用软件相比各有千秋:专用软件设定的实验条件较为理想,简洁、易用,针对性较强,更贴近课堂教学;而通用软件对计算机操作水平有一定要求,使用自由度较大,需要自行设定的功能较多,更适于探索研究。

在DIS的应用过程中,教师通常在使用教材专用软件

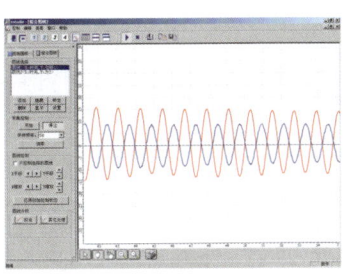 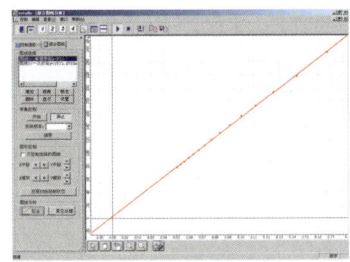

（a）组合显示功能　　　　（b）数据拟合功能

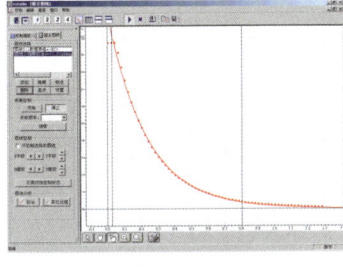 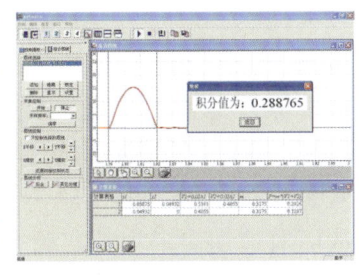

（c）离散点绘图功能　　　　（d）分析计算功能

图 2-1-9　教材通用软件的部分功能

完成基本实验任务后，引导学生借助通用软件相对较强的分析、扩展功能将实验加以深化。该软件已成为广大师生在物理教学中进行探索研究的有力工具。

工具是大脑的扩展、手的延伸，是文明进步的阶梯。DIS 教材专用软件与教材通用软件相辅相成，构成了一套完整的软件工具体系，两者均可完成教材规定的实验内容。师生可借助不同的软件工具完成同一实验，在殊途同归的发现中体验物理实验的乐趣。

五、利用信息技术填补测量空白

DIS 凭借信息技术填补了传统实验中多个测量空白，如动态受力实时测量、动态位移实时测量、磁感应强度测量、二维平面内光强分布测量、微小信号测量、暂态信号测量、多数据并行测量等，解决了多个物理量的精确采集问题。其中，各种传感器技术的应用是填补测量空白的"硬

器的类别、数据的类别、显示方式的类别等。其次，向用户传递了"阶段"或"步骤"的概念，包括"显示-采集-记录-存储-分析"等必要的实验数据处理步骤，这不仅是中学物理实验所必需的，也是今后大学物理乃至涉及数据采集和处理分析的所有工程学实践所必需的。再者，通用软件本身就是一个开放系统，具有传感器任意组合、并行采集、采集频率可调、显示方式可选、数学工具可选等功能，其计算表格中存储的数据还能够进行输出，一专多能、效率更高。用户面对不同实验环境可自己选择使用路径和方式，对暂未在教材中体现具体要求的特殊实验的支持更加有力。最后，通用软件与学生走出校门后面对的具有生产力的软件相似程度更高，对其的教育和提高作用更为直接。

多年以后，当 DIS 的用户不再满足于按部就班地使用专用软件完成教学过程，而是期望在实验创新方面独树一帜的时候，

DIS 上海创造 —— 数字化实验系统研发纪实

他们赫然发现通用软件已经在他们的计算机里默默地趴了许多个年头。转而使用通用软件的用户们收获了设计实验的自由，收获了深入分析实验数据，将数学与物理紧密连接的乐趣。

关于DIS与学生的可持续发展：

文中已述：上海二期课改引入DIS的着眼点，是学生的可持续发展。但是，从2002上海开始DIS的应用试点至今，我们一直期望但始终没有等来一个学生利用DIS进行自主学习、自主探究的浪潮……DIS，到目前为止还只是实验室中的装备，还只是学业水平考试的内容，还只是与高考相关的那几个分值。一句话，DIS虽然发展了，但DIS的应用却没有跟上，DIS的教学贡献也没有跟上。所以，当年我们关于"DIS的研发和推广更多落实在技术之外和技术之上"的判断，显然是颇有预见性的。

手段"，而软件技术则是优化实验设计的"软工具"。很多借助传统实验装置想做却做不好的实验，借助DIS均可轻松完成。

以"力的相互作用"为例，传统实验中提供的实验器材是两个弹簧测力计，让学生对拉一下，能观察到弹簧测力计上的示数相同或相近即可。而DIS利用两个力传感器对拉，实时显示、记录两力的大小、方向及变化过程，拉力和压力可瞬间切换。即使在实验者处于活动状态下，亦能够完成实验。其他，如"超重失重""最大静摩擦力实验""冲量实验""微弱磁通量变化时的感生电流""通电螺线管内的磁场研究"等，借助中学传统实验装置很难做出的实验，也有了令人满意的解决方案，从而对迫切要求填补实验空白、提高实验教学质量的广大一线教师们形成了强大的吸引力。因此，越来越强多的教师开始倾向于使用DIS来对物理实验进行升级和改造。

六、DIS面向未来

上海市二期课改引入DIS的着眼点是，学生的可持续发展。

纵观历史，人类的发展和进步是建立在工具和手段的进步之上的。传感器、计算机等先进的技术装备，都是物理学科多年发展演进的直接成果。时代在变化，科学在进步，应用于教学领域的技术手段也在不断更新。将DIS引入物理实验教学，不仅改善了实验效果，而且提升了实验的技术含量，其本身就成了卓有成效的科学教育。同时，DIS的应用，有效改变了长期以来所形成的教学方式和学习方式，学生使用工具，特别是信息技术工具进行探索研究和自主学习已经收到了效果。更好地适应未来工作环境的一代新人，也正随着课改的深入和DIS的推广而成长。

在中学物理教学中引入DIS，不仅完成了信息技术与课程教材整合的一个课题，更标志着教育观念的重要转变。因此，DIS的研发和推广工作更多是在技术之外和技术之上的，也注定了其创造性和挑战性。

第二节　上海市中学物理课程标准走出DIS

上海市普通中小学课程方案旨在依托上海建设国际化大都市和数字化城市的教育环境，构建以德育为核心，以培养学生的创新精神和实践能力为重点，以完善学习方式为特征，以应用现代信息技术为标志，关注学生学习经历和促进每一位学生发展的课程体系。

——《上海市普通中小学课程方案》

DIS是研发中心根据理科实验教学的实际需求，贯彻二期课改的理念，综合运用包括硬件、软件在内的信息技术手段构造的，集实验数据采集、显示、分析、处理等功能于一体的实时实验系统。

《上海市中学物理课程标准（试行稿）》反复强调了DIS的重要性。将DIS实验上升到课程标准的高度，体现了上海二期课改两大特色：注重信息技术与学科教学整合；注重通过实验教学改革促进学生学习方式转变。

一、优化改进传统实验

物理课程必须与信息技术整合，构建信息技术平台，建立数字化信息系统（DIS）实验室；充分运用教学软件和计算机网络，实现信息共享和互动交流，增强在信息化环境下自主学习的意识和能力。

——《上海市中学物理课程标准（试行稿）》P.64

中学物理课程标准明确指出：在实验教学中既要提倡运用现代信息技术，又要重视和发展传统的、简易的实验手段和方法。这里的"重视和发展"不仅是指在构建

DIS是上海二期课改中学物理教材的支柱：

这句话是二期课改中学物理教材主编张越老师说的，时间大约是在2006年。当时研发中心正在征集国内物理教学名家对于DIS的评价，请教张老师之后，他经过一个晚上的思考之后郑重给出了这段话。这一评价固然令我们激动，但也颇有不堪重负之感——做支柱注定不会轻松！回顾十六年的研发历程，我们不能说圆满完成了二期课改专家组和教材组交给我们的全部工作，但是至少，我们在努力地沿着二期课改的规划去做我们的工作。而笔者也确实是按照课程方案的每一项要求，去从事DIS的研发工作的。

DIS 上海创造——数字化实验系统研发纪实

对信息技术与课程教学整合大业的再认识：

作为上海一期课改和二期课改的亲历者，笔者当时对二期课改关于"信息技术与课程教学整合"要求的理解，主要停留在"与时俱进"的层面上。现在看来，这个认识显然流于表面。教育跟随社会的发展和技术的进步，只是一种结果，但不能算作起始目标。那么对于二期课改的设计者们来说，他们推动信息技术与课程教学整合的起始目标是什么？其实这些年来并没有一个权威人士给出一个标准答案。恕笔者愚鲁，走过十六年的研究历程之后，特别是目睹了 AlphaGo 和 MASTER 团灭人类围棋天才之后，才总算对这个问题有了一个相对清晰的认识：20 年前，当我们还把计算机看作打字机的时候，教育专家们就已经认识到了计算机主导人类未来发展的必然性，并且已经做出了"一个民族如果在信息技术领域落伍，将面对无可弥补的损失"的

教学实验系统时不能偏废传统的、简易的实验手段和方法，也包含着用 DIS 的优势和功能对"传统"的优化和改进。DIS 实现了动态位移实时测量、受力状况实时测量、磁感应强度测量、声波测量、微小信号测量、多数据并行测量等，并显著提高了实验的精度和质量，能够完成传统实验装置很难完成的实验，还可以设计出很多借助传统实验装置想做而做不好的实验。如：使用位移传感器测量自由落体的加速度、使用温度和压强传感器进行查理定律实验、使用力传感器测量单导线切割磁感线的感生电流、使用磁感应强度传感器测量单导线直线电流的磁场等。这种传统和现代的融合、渗透、支撑犹如为传统实验添上双翼。

DIS 对实验数据的采集和处理进行了改进和优化，不仅对传统实验形成了很好的兼容，也为实验的研究和开发提供了技术支持，如"超重失重""最大静摩擦力""冲量""微弱磁通量变化时的感生电流""通电螺线管内部磁场"等。凭借先进的数据采集和处理方法，原来传统实验装置很难做出的实验，也有了令人满意的解决方案。DIS 在实验手段和方法方面的继承和发展实现了完美的统一。

实验例一——使用力传感器描绘简谐振动图线

简谐振动图线的描绘历来是一个难题。笔者收录的实验方案之中，就有使用单摆加沙漏，在匀速拖动的纸带上撒沙子描图的办法。DIS 是绘制简谐振动图线（s-t 图）的有力工具。但殊不知抛开位移传感器，力传感器同样具备描绘简谐振动图线（F-t 图）的功能。原因很简单：任何简谐振动都是一个复杂的综合体，一般都包含着力、位移甚至角位移的周期变化。将其中的任何一个因素单抽出来，其"物理量-时间"关系图线都具备简谐振动的特征。

在这个实验中，只要将 DIS 力传感器如图 2-2-1 所示固定，在其测钩下方挂上弹簧和钩码，令钩码做简谐振动，就可以得到反映简谐振动过程的"F-t"图线（图 2-2-2）。由于我们已经证明了弹簧受力与振子位移的同

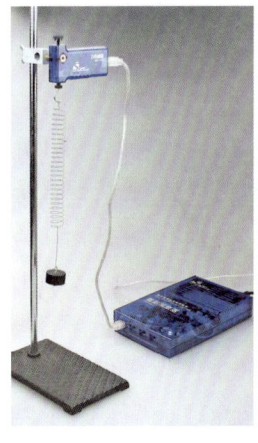
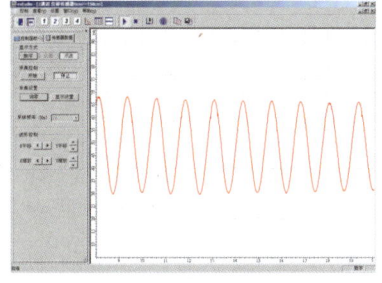

图 2-2-1 用力传感器描绘简谐振动图像

图 2-2-2 力传感器描绘出的简谐振动图像

判断！因此，促进信息技术与课程教学的整合，其实是从历史的角度作出的重大决策，是关乎国计民生的战略措施。好在，我们研发中心作为这一重大战略中一个具体工程的实施者，还是尽到了自己的责任。

相性，所以"F-t"图线可以等效替代"s-t"图线。由此，学生再次领会到了科学研究的殊途同归，并学会了基于全面的分析选择适当研究方法的技巧。

实验例二——用磁感应强度传感器测转速

说起转速测量，首先想到的工具是光电门等计时、计数装置。但基于DIS磁感应强度传感器，中学物理教材主编张越先生灵机一动，想出了一个用磁感应强度传感器测转速的创新实验，原理简单、设计新颖[图2-2-3(a)]，而且与很多汽车的转速表结构相符，令人大受启发。所获得的"磁感应强度-时间"图线清晰地展现了放置磁铁的转台逐渐减速的过程[图2-2-3(b)]。

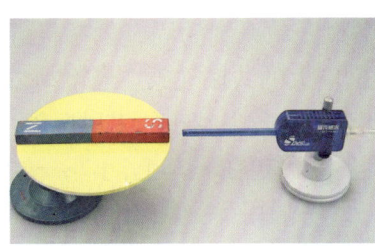
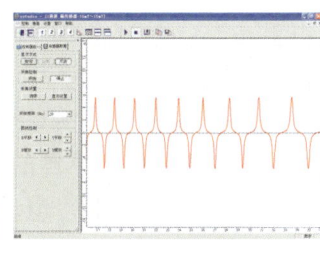

(a) 用磁感应强度传感器测量转速实验装置　　(b) 实验结果

图 2-2-3

计算机的发展与人类的进化：

在AlphaGo和MASTER面前，笔者终于认识到了"信息技术与课程教学整合"这一决策背后的重大战略意义。结合美国已经推行多年的从小学开始的编程教育，笔者甚至可以断言：计算机的发展已经跟人类的进化高度相关了！眼下，计算机的变种——手机已经"器官化"了。如果此时教育没有尽到自己的责任，没有将信息技术的使用变成一项基本的生存技能灌输给我们的学生，其后果将是我们整个国民群体停止进化，并且将再次落后于其他国家。因此，笔者已经不满足于呼吁大家重视计算机的教学潜力，而是要大声疾呼：请大家重视计算机与人类生存之间的关联！认识到了这个问题，我们还会在教育教学中回避DIS吗？

二、发挥计算机所蕴含的教学潜力

物理教材要适应信息技术的变革，整合物理教学与信息技术，及时构建信息技术平台，在实验教学中，除了用传统的手段和方法采集、处理数据外，还要采用新的数字化实验技术，如DIS等，拓展学生进行实验探究的时空；在教材中要适时、适量、适度地应用多媒体教学软件，发挥计算机网络提供资源和进行交流的优势，体现个性化学习与合作学习的要求，以信息化促进物理教学的现代化。

——《上海市中学物理课程标准（试行稿）》P.110

20世纪80年代起，已有人将计算机应用于物理实验数据的采集、计算及物理现象和物理过程的仿真方面，并设置了"计算物理"这门课程。时至今日，"计算物理"已经与"理论物理""实验物理"并称为物理科学的三大基础。在教育领域，计算机既是学生的计算工具，又集教学资源库、教学工具库、信息交流及通讯平台于一身，具有不可替代性。

使用DIS做实验，尽管只调用了计算机庞大功能体系的"冰山一角"，却能够让学生认识到计算机所蕴含的巨大教学潜力，进而掌握计算机这样一个可以为自主学习、终身学习提供强有力支持的工具。

实验例三——受迫振动

物质系统在外界策动力作用下所做的振动，叫做受迫振动。如果策动力是简谐力，系统将做简谐振动。在稳定状态下，振幅不变，振动频率即为策动力频率，跟它的固有频率无关。当策动力的频率跟振动系统的固有频率接近或相等时，就会导致振幅急剧增大的共振现象。当策动力消失，系统受阻力影响，呈现为振幅越来越小的阻尼振动。

将DIS位移传感器的发射器固定在小车上，小车一端用弹簧固定在力学轨道上，另一端用弹簧和细线与策动源电机的曲轴连接在一起（图2-2-4）。打开学生电源开关，调节输出电压，控制小电机的转速由慢到快（低、中、

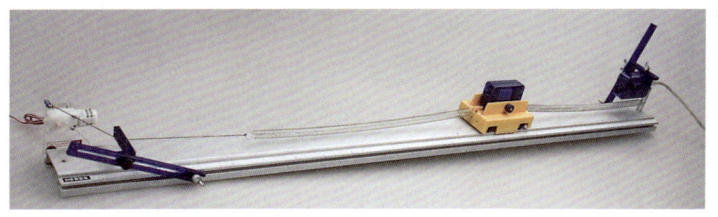

图2-2-4 用位移传感器研究受迫振动

高三挡),可得到显示小车振动变化的"位移-时间"图线[图2-2-5(a)]。

实验表明:当小电机的转动频率为某一值时,系统的振动幅度最大(共振)[图2-2-5(b)],大于或小于这个频率,振幅都会减小。在系统进入共振后,关闭小电机电源,系统转而做阻尼振动,振幅越来越小,直到停止振动[图2-2-5(c)]。利用"图线控制"功能对 X 轴放大,用波形个数除以时间方法计算出策动力的频率,计算结果为:低速时为 0.588 Hz、中速时为 0.727 Hz、高速时为 1.032 Hz [图2-2-5(d)]。

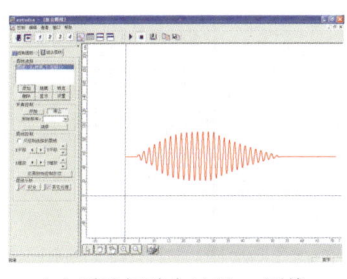

(a)受迫振动全过程 s-t 图线

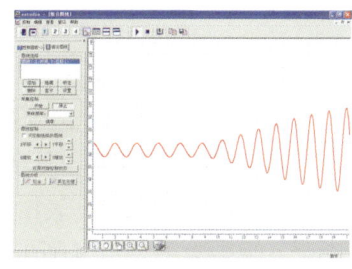

(b)出现共振

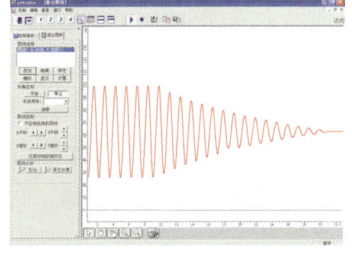

(c)策动力消失,呈现阻尼振动

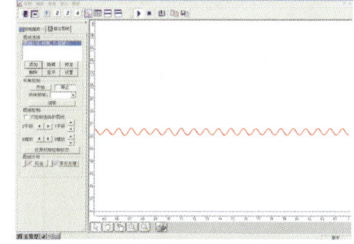

(d)计算策动力频率

图2-2-5 受迫振动实验结果及图线分析

实验例四——动量定理（变力）

动量定理：物体所受合力的冲量等于物体动量变化，即 $Ft=mv'-mv$。该实验要求能够测量碰撞前后小车的速度及碰撞瞬间作用力的变化，还需要对实验数据进行积分处理。因此，没有DIS代表的信息技术手段，以往在中学阶段完成该实验几乎是不可能的。该实验的难度，即在于传统实验体系中缺乏信息技术的应用，导致测量、计算和分析功能难以满足实验要求。

研发中心对动量定理实验的突破，体现了技术为教学服务的研发指导思想。在DIS通用软件V5.0开发完成后，研发中心首先进行了变力动量定理实验的初步尝试：通过光电门测得 v' 和 v；通过力传感器测得碰撞过程中的"F-t"图线；通过软件积分计算功能（计算"F-t"图线与X轴之间图形的面积）得出冲量（图2-2-6），进而可以比较"Ft"和"$mv'-mv$"之间的关系。

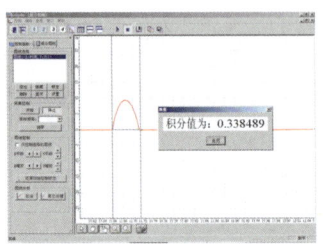

图2-2-6　使用通用软件进行变力的动量定理实验

实验是做出来了，但受限于通用软件计算表格固有的设置，数据处理过程相当复杂，需要设置多个变量、公式，并需要把实验数据在计算表格中来回粘贴多次。当时上海市晋元高级中学的一位老师带着DIS到福州一中讲授动量定理实验全国公开课，就因为使用通用软件进行数据处理的过程过于烦琐而在一定程度上影响了授课效果。听课的老师在为最终得到的理想的实验结果鼓掌欢呼的同时，均希望进一步简化软件操作。为此，笔者又想到了"一键OK"的专用软件。在全体研发人员的共同努力下，变力的动量定理专用

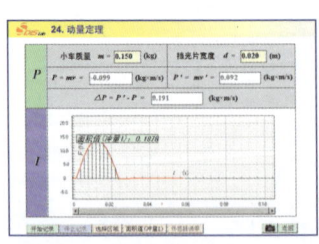

图2-2-7　使用专用软件进行变力的动量定理实验

第二章
DIS艰难起步

软件仅用一周时间就开发成功了。在专用软件平台上，实验的进程便捷得超乎想象，实验数据的质量也得到了大幅度提高（图2-2-7）。另外，研发中心还专门为该实验配备了一种短轨道，可以随身携带，大大方便了外出授课。

三、改变学生学习方式

发挥现代教育技术对实施物理课程的支撑作用，使现代教育技术的应用与学习方式的转变和学习资源的开发紧密联系，达到优化教学环境、共享教育资源、提高教学效益、转变学习方式的目的。在物理教学实验中要积极引进现代技术，配置DIS实验室和计算机及计算机辅助物理实验软件，改革实验教学模式。

——《上海市中学物理课程标准（试行稿）》P.114

上海二期课改强调高度重视完善学生学习方式，可以从两个方面来理解：首先是以教师为主体的传授式教学向以学生为主体的自主式学习转变；其次是由灌输式教学向"以提出问题为先导、以解决问题为过程"的研究性学习转变。三年来的教学实践证明，DIS在通过实验促进学生学习方式转变方面发挥了显著作用。

实验例五——李萨如图形

李萨如图形为两个正交方向的简谐振动的合成图像，描绘该图形是研究"物理量-物理量"关系的典型实验。以往该实验只能在示波器上实现。应用DIS之后，该实验的"门槛"大幅度降低，学生分组实验也成为可能。

将两只DIS电压传感器接入数据采集器，并与两台信号发生器相连（图2-2-8）。使用"组合图线"，设置"电压-

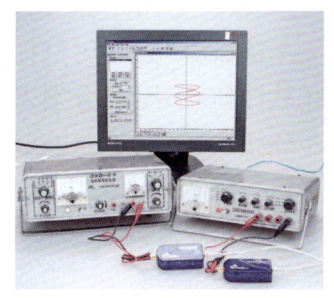

图2-2-8　描绘李萨如图形

> **莫让"改变学生的学习方式"成为一句空话：**
>
> 理念之所以是理念，就在于理念与现实之间的距离。而作为二期课改的参与者，我们有责任通过自己的工作跨越这段距离，把理念落到实处。如果做不到，理念就是一句空话。本文诞生之时，二期课改方兴未艾，改变学生学习方式的各种尝试可为如火如荼。我们更是深感责任重大，经常召集研发人员开会讨论，怎样将改变学生学习方式的理念通过DIS的软硬件设计落到实处。时光荏苒，十六年过去了。当很多人都已经回归考试本位，忘记了二期课改关于改变学生学习方式的初心之时，我们还在坚持基于DIS的应用，改变学生学习方式的探索研究。因为我们知道：提出一个理念不容易，落实一个理念更难。但如果我

们提出了正确的理念却不去落实,这不仅是事业的失败,更是人生的失败。

电压"关系图线,使用"暂态显示"功能。调整两台信号发生器正弦信号频率比分别为"1∶1""1∶2""1∶3""1∶4"时,所形成的奇妙的李萨如图形如图2-2-9所示。此时,可以鼓励学生观察50～200 Hz之间的任意两输入信道上交流信号产生的李萨如图形。

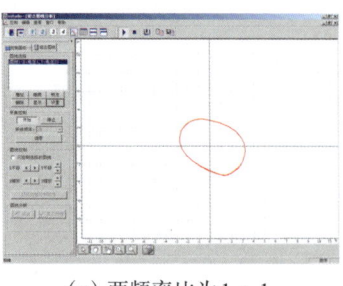
（a）两频率比为1∶1

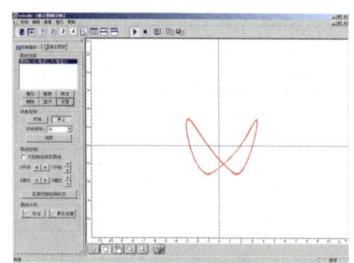
（b）两频率比为1∶2

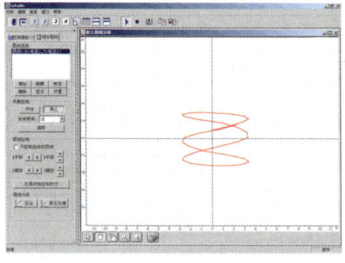
（c）两频率比为1∶3

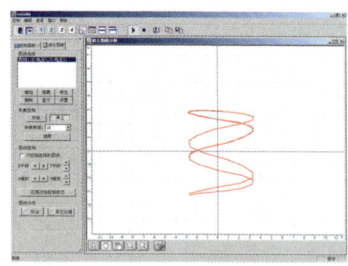
（d）两频率比为1∶4

图2-2-9　李萨如图形

实验例六——力的相互作用实验的扩展

上海高中基础型教材机械运动部分设置的DIS实验——"力的相互作用",集中体现了中学物理课程标准对"过程和方法"的要求,而DIS在该实验中的应用,也构成了一个逐渐深入的学习过程,体现了探究的色彩。由教材专用软件和通用软件分别完成的力的相互作用实验,因实验步骤和次序不同,其内在的逻辑关系也不相同。两种实验方法的交替使用,对学生逻辑思维能力的培养大有裨益,而且有助于开阔学生思路,促进其在方法领域的发散思维。

更为重要的是,"力的相互作用"实验具备极大的扩展性:在掌握了双手对拉力传感器的要领后,主动使自己处于

DIS与学生的求知、应用、教育和发展:

从DIS诞生至今,十六年过去了。比本文里面所罗列的实验困难很多、复杂很多的实验都被我们做出来了,DIS所体现的信息技术与课程教学的整合也在扎扎实实地推进着。国家给了我们荣誉,上海给予了我们肯定,说明DIS没有被忽略和遗忘。但我们在此还是需要强调:研发DIS,是要让老师和学生们用来改变学习方式,而不仅仅是拿来

运动状态,发现对两力"大小相同、方向相反"基本不构成影响,这就说明了运动物体之间的相互作用同样遵循牛顿第三定律(图2-2-10)。如果用强力磁铁替换测钩,可研究磁力是否符合牛顿第三定律;进而可以研究浮力是否符合牛顿第三定律(图2-2-11)、碰撞中的牛顿第三定律等。

评奖的!我们不在意用户的挑剔、质疑甚至反对,因为所有的挑剔、质疑甚至反对都是建立在实际应用之上的,而且这些看似负面的东西都是我们前进的动力!但我们真的在意用户的冷漠。因为这种冷漠意味着我们与上海市中学物理课程标准所倡导的理念渐行渐远,意味着我们为学生所设计的以DIS应用为基础的求知、应用、教育和发展体系的落空。

图2-2-10 研究牛顿第三定律在运动中的体现

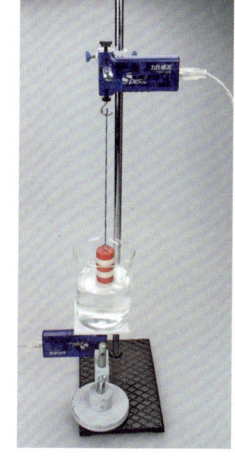

图2-2-11 研究牛顿第三定律在浮力中的体现

由上述实验可知,基于DIS的实验既注重知识与技能,又强化了过程与方法,兼顾了情感、态度、价值观的培养。研发中心将课改要求物化、具体化、可操作化,设计、创造并优化了符合《上海市中学物理课程标准(试行稿)》要求的实验教学环境,较好地配合了中学物理教学"求知、应用、教育和发展"四大教学功能的实现。

第三节 DIS传感器走入物理课程

"回顾近半个世纪的物理教育改革,最重要的成就是逐步确立了现代物理教学观,教学过程从强调论证知识的结论向获取知识的科学过程转化,从强调单纯积累知识向探求知识方向转变。重视科学过程和重视能力培养,构成了现代物理教育的基本原则(引自《面向21世纪上海市中学物理学科教育改革行动纲领》)。"而物理学中概念的形成、规律的发

DIS

上海创造——数字化实验系统研发纪实

关于DIS的基本架构:

当年DIS基本架构的定义,充分体现了技术的时代特征和认识的历史局限。我们现在正在做的,恰恰是打破这个架构,将更简洁、更灵活的架构呈现出来,并赋予其更好的用户体验。

导致课改难行的不仅是仪器:

现在看来,当年的仪器固然落后,但绝对不是课改难行的主因。DIS推行之后,我们逐步感受到了全方位的阻力,因此也更加钦佩教育改革者们的勇气和信念。

彼时DIS传感器的构成:

虽然传感器的总数没法跟现在比,但当年DIS也是在最短时间内配齐了力、热、声、光、电、磁及原子物理的基本传感器,因而才有了在教学领域推广应用的底气。论文中之所以强调"对应的传统仪表和器材",在于当时尚处

现、理论的建立,都有赖于实验。因此,强调重视实验、改进实验,成为上海市二期课改对物理教学的基本要求。

研发中心立足课改教材的具体要求,研究开发出了DIS。DIS不仅列入上海市中学物理课程标准,而且在全市53所课改试点学校进行了为期三年的实验验证。

DIS是由传感器+数据采集器+计算机(运行DIS实验教学软件)构成的新型实验系统。其中,DIS系列传感器成功克服了传统物理实验仪器的诸多弊端,有力地支持了信息技术与物理教学的全面整合。

一、仪器现状导致教改难行

在二期课改的大背景下,传统中学仪器设备不仅很难满足学生发展的需要,有些还成为阻碍实验教学质量提高的瓶颈。其主要表现是:

(1)多种物理量的测量手段欠缺——声学、光学、运动学、磁学实验所要求的基本数据较难获取,靠虚拟或仿真加以替代,充其量也不过是纸上谈兵。

(2)现有实验仪器普遍精度低、误差大、可重复性差,影响了学生对物理规律的深入理解。

(3)实验仪器的读数仅靠人眼观察、手工记录,操作耗时费力,实验教学的效率低下。目前教材内容扩充、课时紧凑,更令教师对实验望而却步。

要充分发挥物理实验的教育、教学功能,就必须寻求先进、可靠的测量手段,以突破实验仪器落后形成的瓶颈。

"我们总不能凭借着卡文迪什时代的装备培养比尔·盖茨时代的新人吧?"面对实验仪器和课改要求的巨大反差,一位物理教师如是说。

二、技术进步突破装备瓶颈

针对现有实验仪器和测量手段存在的"硬伤",研发

第二章 DIS艰难起步

中心借鉴了国际国内的成功经验,根据上海教育的实际需求,研发了多种DIS物理量传感器。

于DIS的"启蒙时代",需要借助老师们熟悉的仪器来完成DIS作为新设备的导入。

DIS传感器一览

传感器名称	量程	分度	对应的中学实验仪表、器材
电流传感器	−1 A ~ +1 A	10 mA	电流表
电压传感器	−10 V ~ +10 V	10 mV	电压表
微电流传感器	−1 μA ~ +1 μA	/	灵敏/镜式电流计
温度传感器	−10℃ ~ +110℃	0.1℃	温度计
压强传感器	0 ~ 300 kPa	± 0.1 kPa	压强计
力传感器	± 20N/ ± 10 N	0.1 N	测力计
磁感应强度传感器	± 15 mT	0.1 mT	无
位移传感器	0 ~ 200 cm	1 mm	打点计时器
光电门传感器	/	0.01 ms	数字毫秒计
声波传感器	100 Hz ~ 1 kHz	1 ms	无
光强分布传感器	/	1 mm	光度计
G-M传感器	40 000 cpm（最大计数率）	1 cpm	G-M计数器

传感器本身并不神秘,伴随着仿生学和自动测控发展起来的传感器在我们的日常生活中已获得了广泛应用(图2-3-1)。但在中学物理实验教学领域中引入以传感器为基础的数字化信息系统,即使在国外也不过是近几年的事情。

与传统的实验仪器相比,传感器更具有品种多、技术

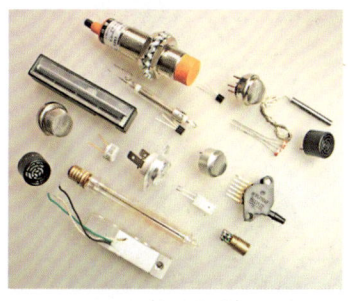

图2-3-1　形形色色的传感器

关于传感器的基本定义:

现在看来,当时的缺陷就是没有给出针对传感器的基本定义——用途的描述是取代不了定义的!这也是受于当年的认识水平所限。

39

新、功能强、发展快、性能可靠的优势。如DIS力传感器、位移传感器、磁感应强度传感器、光强分布传感器就成功填补了传统仪器的测量空白；而DIS光电门传感器可以将测量分挡缩小到10 μs，比数字毫秒计高出了两个数量级；温度传感器的量程为-10 ～ +110℃，分度达到了0.1℃。更重要的是，传感器能够把物理量转化成标准电信号，且具备信号实时上传的特点，与计算机的通讯方便。这保证了信息技术的优势得以充分发挥，不仅能实现对传统仪器的补充和替代，更能够超越传统仪器的功能。

三、开启中学物理实验教学的数字化时代

DIS传感器的引入，初步实现了物理实验教学过程中测量手段的数字化，与计算机结合后更实现了数据显示、分析、计算的智能化。DIS传感器的应用，标志着中学物理实验上了一个新台阶。

1. DIS电学传感器

DIS电学传感器包括电流传感器[图2-3-2(a)]、电压传感器[图2-3-2(b)]和微电流传感器[图2-3-2(c)]，量程分别为±1 A、±12 V和±1 μA。电流、微电流传感器的使用方法与电流表相同，使用时将传感器串联在电路中，电流自红色夹钳流入，由黑色夹钳流出。电压传感器的使用方法与电压表相同，使用时，将电压传感器并联在电路中，红色夹钳接高电位，黑色夹钳接低电位。

回忆首批DIS设备的影像：

如今，我们已经积累起了关于DIS的海量影像资料，各种摄影手段、PS技术、图像强化、构图技巧应用的更是随心所欲。但在十几年前，真正为DIS的影像资料正规化起到关键作用的，是研发中心购入的一套准专业的摄影器材，包括灯组、柔光箱、柔光板、背景板等。配合当时刚出现的数码相机，这套设备甫一应用，DIS的各种设备的影像质量立马上了一个档次，我们花大力气设计的DIS透明外壳的视觉效果也得以充分展现。这也是我们一贯追求的：DIS不仅要技术领先，在审美方面也不能落后！

(a)

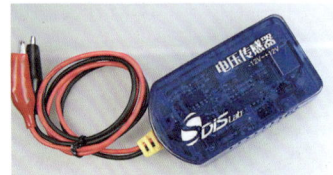

(b)

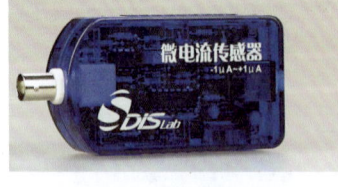

(c)

图2-3-2　DIS电学传感器

DIS电学传感器被广泛应用于中学物理实验。凡是需借助电流表、电压表完成的电学实验，如欧姆定律、导体的伏安特性、闭合电路欧姆定律、电源的电动势和内电阻、金属丝的电阻率、小灯泡的伏安特性曲线（图2-3-3）、电容充放电与串并联、整流与滤波、交流电观察、李萨如图形、RC移相电路、电感中的相差、楞次定律、自感现象、微弱磁通量变化时的感生电流、LC振荡、电磁振荡、发电机原理、二极管和三极管特性曲线、晶体管放大电路、简单逻辑电路、电磁波发送接收、电磁波屏蔽、复杂电路分析、电路故障分析、电桥实验、无穷型电路展示、恒压源与恒流源、双稳态电路、多谐振荡器等，均可借助电学传感器来完成。另外，凭借DIS软硬件系统依据传感器数据实时绘出的"物理量-时间"图线，物理过程得以空前清晰、完整地展现在实验者面前，并可借助高频数据采集功能确保捕捉到电容充放电、自感现象等实验中的暂态信号，使学生对物理现象的观察更加细致，对物理规律的认识更加深入，实验效果明显好于传统仪表。

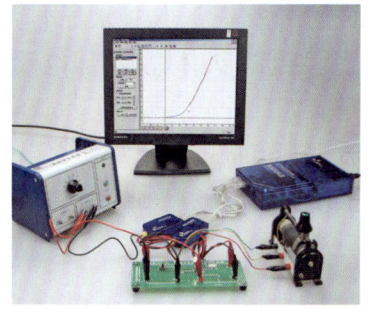

图2-3-3 使用电流、电压传感器描绘小灯泡的伏安特性曲线

尤其值得一提的是DIS μA级量程的微电流传感器。微电流传感器的研发成功不仅使得单导线切割磁感线感生电流、切割地磁场（强度仅为10^{-5} mT）感生电流等实验难题迎刃而解，更重要的是填补了微小物理量测量领域的技术空白，使探究实验领域得到了空前的扩展。图1-2-3即为我们基于微电流传感器实验教学应用开发的"鱼骨"思维导图。根据该图的提示，微电流传感器好比鱼头，牵动以DIS系统构成的鱼身，沿着附着在脊骨上的无数"鱼刺"，就可以发现（或开发）微电流传感器能够完

DIS 上海创造——数字化实验系统研发纪实

巧用思维导图，深挖DIS的教学应用潜力：

十几年前，我们的"鱼骨思维导图"把DIS教学应用潜力的挖掘上升到了思维训练的高度，并且自然而然地推导、展示出了以微电流传感器为代表的各种DIS设备丰富的教学应用潜力。至今，鱼骨思维导图还是研发中心的主臬。其背后的发散思维、一物多用、组合创新思想一直是我们创新创造所遵循的有力工具。

不容小视的温度传感器：

在DIS的发展历史上，温度传感器定型较早，但"戏份"不多。其实，温度传感器的教学贡献也是不容小视的。首先，温度是理化生实验都必须面对的测量指标，温度传感器用途极广；其次，传统的温度计在功能和适用场所方面局限甚多。因而温度传感器会给实验教学带来较大的改变。

成的诸多实验，像纯水导电、玻璃导电、温差电池、环境热辐射测量、人体电流、压电效应、水果电池等，可谓举不胜举。如此一来，物理实验教学在发散思维训练、综合科学教育等方面的强大功能得以充分发挥，"通过物理实验课展示科学的魅力"不再是一句空话。

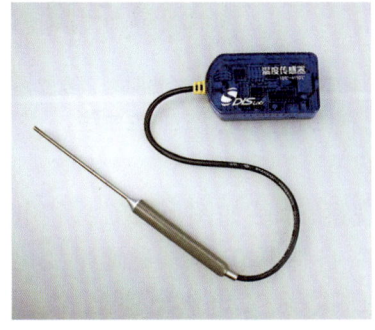

图2-3-4　DIS温度传感器

2. DIS温度传感器

DIS温度传感器（图2-3-4）的不锈钢温度探针内置铂电阻温敏器件，远比传统的温度计坚固耐用，适用多种实验环境。其分度小、精度高，量程跨越冰点和沸点（$-10℃ \sim +110℃$），进一步拓展了实验范围。

DIS温度传感器配合其他实验器材，可进行摩擦做功使温度升高、液体蒸发温度下降、水的热传导和对流、晶体的熔解和凝固、热传导、电流热效应等实验。由于探针热容量小，灵敏度高，一些用普通温度计做得不理想的实验，如查理定律、气体绝热压缩或膨胀时温度变化、红外线的热效应、热辐射研究、比热容等，使用DIS温度传感器之后均获得了令人满意的实验结果。

3. DIS压强传感器

相对于传统实验中的水银气压计，DIS压强传感器（图2-3-5）为热学实验提供了极为便利的压强测量手段。该传感器采用工业级精密压强敏感器件，所测量的是绝对压强值，无须通过大气压加以换算。将传感器前端引出的软管与实验装置连

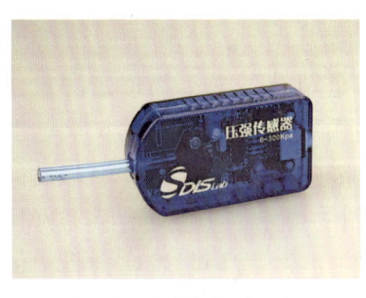

图2-3-5　DIS压强传感器

通，即可开始测量。

配合各种实验器材，使用DIS压强传感器可完成玻意耳定律、查理定律、盖·吕萨克定律、液体内部压强、未饱和气压、饱和气压等实验。在一些涉及气压变化的常规实验中，加上一个三通管，将传感器连接到实验用压力容器上，即可随时"监控"气压变化，在观察实验现象的同时揭示现象背后的本质。如马德堡半球、液体在低压时的沸腾、牛顿管等实验，均可使用DIS压强传感器加以改造和优化，揭示气压变化在上述实验中的决定性作用。

4. DIS力传感器

DIS力传感器（图2-3-6）的核心器件为应变片（图2-3-7）。其结构为一开孔金属片，可将受力引发的微小形变转换成电压信号。力传感器的设计遵循了人机工程学的原则，独创手柄构造，便于学生在实验中持握，并能够与各种轨道、支架、力矩盘等紧密配合。研发中心又以力传感器为基础，设计开发了向心力实验器、力的分解

图2-3-6　DIS力传感器

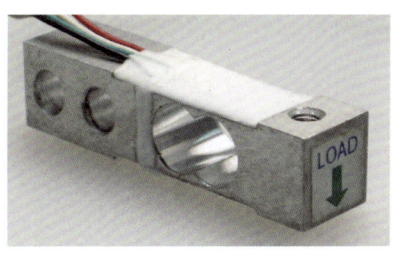

图2-3-7　应变片

合成实验器等多种专用实验器材。DIS力传感器成对配备（标配为两只），可测量拉力与压力。因为力具有方向，故教学软件中将拉力设定为正值、压力设定为负值，以示区分。DIS力传感器支持高频采集，因此可轻松绘制敲击实验中的"F-t"图线，也很好地支持了变力的动量定理等实验的开发。

关于"负压强"的逸闻：

在DIS推广之初，有不少厂家跟风，一时泥沙俱下。当时，某厂家将自己的产品参数列为招标要求。其中，赫然出现了压强传感器的量程为"±120 kP"的表述。笔者大惊，遂质疑：真空压强为零，难道还有负真空存在乎？教装部门哑然。但结果仍是该厂家中标，真是滑天下之大稽。

手柄式力传感器的由来：

在DIS的发展历史上，笔者针对手柄式力传感器的设计是DIS摆脱国外产品影响、确立自己结构和外观风格的力作。而给予其设计灵感的，居然是多年前笔者从德国带回来的一只喷壶。后来我们逐渐认识到：从实验需求出发、注重跨界寻求设计灵感、讲求独创，原来正是笔者一贯的风格。在这种风格的影响下，DIS从手柄式力传感器，发展到了直柄式力传感器，又拥有了集成力的大小、方向及倾角测量功能于一体的"力-倾角"传感器。

DIS力传感器用途广泛，原来使用测力计进行的实验，几乎都可以使用DIS力传感器完成，如胡克定律、力的合成和分解、二力平衡、物体的惯性、牛顿第三定律、浮力研究、曲面桥的受力分析、圆周运动、简单机械等。与其他传感器配合，还可完成加速度与拉力的关系、碰撞中的动能、热膨胀（气体、液体）、安培力测量等多种实验。参照"鱼骨"思维导图，力传感器可在整个中学理科实验教学领域获得扩展使用。

与传统的测力计相比，DIS力传感器的实时图线功能最为可贵。因为力学实验教学的关键在于把握变化过程，而传统的测力计恰恰不具备展现受力变化过程的能力。因此应用力传感器，有效解决了一系列长期以来困扰教师的实验难题，如摩擦力的研究、超重与失重、碰撞等。

填补磁学实验测量工具的空白：

5. DIS磁感应强度传感器

在DIS推广应用之前，中学阶段没有针对磁学实验的定量测量工具。高斯计作为精密仪器，仅限于高校和科研究院所使用。因此，当我们已经习惯于使用磁感应强度传感器的时候，是否还能够回忆起当年使用小磁针和撒了铁粉的玻璃板配合磁铁进行定性演示的时代呢？

磁现象的定量测量手段一直是传统中学物理实验仪器中的缺环。针对这一缺环，研发中心设计开发了DIS磁感应强度传感器（图2-3-8）。该传感器的探管顶端内置磁敏元件，用于测量由环境磁场变化引起的磁感应强度的相对变化，传感器测量的绝对值即为所测磁场的磁感应强度。另外，DIS实验教学软件规定：当探管指向被测磁场的S极，即指向与磁感线方向相同时，测量值呈正值（图2-3-9）；当探测管指向被测磁场的N极，即指向与磁感线方向相反时，测量值呈负值（图2-3-10）。该传感器

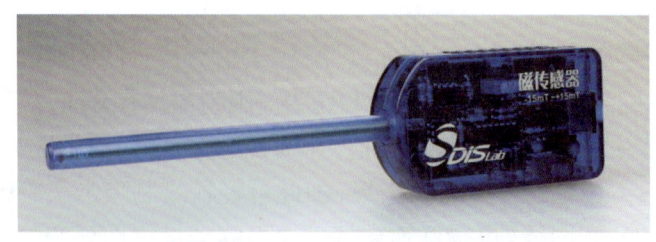

图2-3-8　DIS磁感应强度传感器

第二章
DIS艰难起步

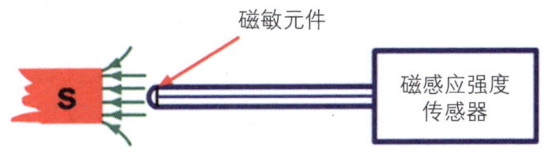

图 2-3-9　测量值为正

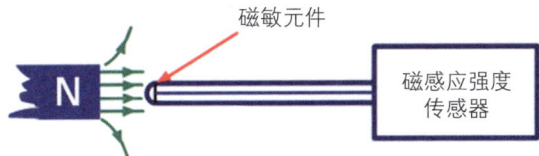

图 2-3-10　测量值为负

的量程为 ±15 mT。

作为一种新型测量手段，DIS磁感应强度传感器研发成功以后即成了研究性学习的理想工具。开发的实验包括条形磁铁的磁场、地球磁场、通电螺线管内部磁场、直导线周围磁场、磁滞回线等，均为借助传统器材难以完成的实验，为中学物理电磁学实验教学开辟了一片新天地。

6. DIS位移传感器

DIS位移传感器（图2-3-11）采用研发中心独创的收发分体式结构，左图为传感器的发射器，实验中与运动物体固定在一起，或直接充当运动物体，如振子、落体等；右图为传感器的接收器，实验中可固定在支架上，并与数据采集器相连。

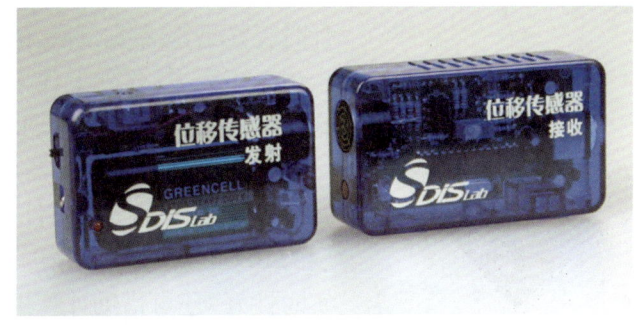

图 2-3-11　DIS位移传感器（发射+接收）

分体式位移传感器的故事：

2009年，在世教联亚洲展会上，荷兰阿姆斯特丹大学的一位老教授找到笔者，对DIS分体式位移传感器赞不绝口。原来，这位先生当年也从事过类似教学设备的开发，甚至也曾利用类似的超声波器件构造出与DIS分体式位移传感器类似的产品雏形，但最终还是采用了收发一体的结构。他再三说：没想到我们与他所见略同，且最终实现了这种结构形式

45

的产品化！我们一方面向他郑重说明DIS的这一设计确为我们通过自主研发获得，一方面向他说明：我们之所以采取这一设计，实在是被逼出来的：2002年在我们迫切需要攻克位移传感器测量难关的时候，收发一体的超声波器件我们根本买不到！无奈之下我们才转换思路，利用能够买到的国产器件，基于收发分体的结构研发了现有的位移传感器，而且开发出了超越收发一体式传感器的一系列实验。这位先生感叹道：他所处的开发环境远优于我们，创新设计却被埋没；而我们一穷二白，却凭借同样的创新设计实现了超越！这次奇妙的对话，给了笔者极大的震撼，更坚定了笔者坚持DIS独立研发的信念。

DIS位移传感器的工作原理如图2-3-12所示。通过在发射器和接收器上设置的光波发射与接收装置，两者可以通过光波进行通讯，以确定超声波开始发射的时间 t_1 和超声波接收器接收到声波的时间 t_2。时间差 (t_2-t_1) 乘以声速就得到发射器和接收器之间的距离，也就是被测物体和接收器之间的距离。

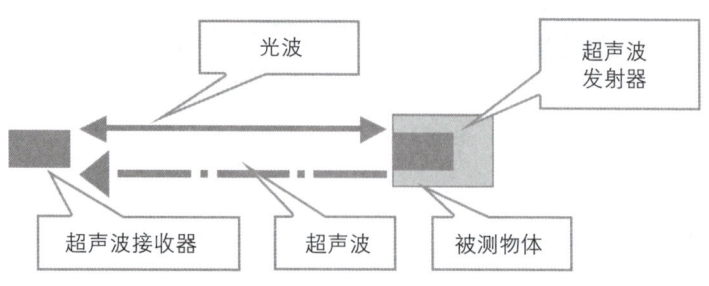

图2-3-12　DIS位移传感器工作原理

DIS位移传感器提供了远优于打点计时器的位移测量方法，并填补了测量持续运动物体（弹簧振子等）位移的空白，不仅可开发出很多借助传统仪器无法完成的实验，而且使很多传统实验获得了显著优化，如研究匀速直线运动、平均速度的测量、加速度的测量、测重力加速度、加速度与拉力的关系、加速度与质量的关系、简谐振动的相位、单摆周期的测量、阻尼振动等。

7. DIS光电门传感器

光电门是运动学实验中测量速度、加速度的重要装备，已获得广泛应用。但传统的光电门仅与数字毫秒计等计时装置配套，数据读取、记录全由人工完成，再加上代入公式计算，实验操作颇为烦琐。

DIS光电门传感器（图2-3-13）采用灵敏光电器件，分度为10 μs。不仅测量精度高，实时性好，还可借助计算机对数据直接记录、计算和处理，实

图2-3-13　DIS光电门传感器

验效率大大提高。

使用DIS光电门传感器,不仅可以较为理想地完成一系列经典实验,如单摆周期的测量、平均速度与瞬时速度、动量定理、动量守恒定律、机械能守恒定律(斜轨法)、机械能守恒定律(落体法)、观察碰撞中的动能、重力加速度测量、单摆法测重力加速度、单摆的振动图像(单摆研究)、平抛运动等,而且还可以与DIS配套实验器材——力学轨道、向心力实验器等配合,完成传统实验仪器难以完成的一系列实验(图2-3-14)。

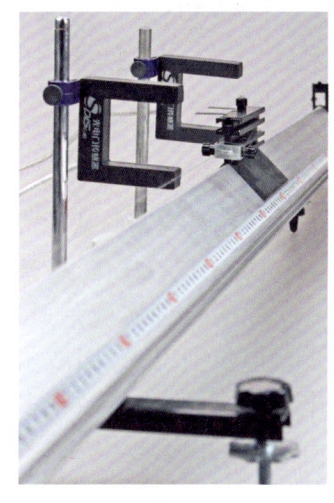

图2-3-14 使用光电门传感器测加速度

8. DIS声传感器

DIS声传感器(图2-3-15)以驻极体为声敏器件,可将声音转化成直观的波形信号,有利于学生理解声音现象的波动本质。DIS声传感器可与音叉等声源配套,完成声波的振动图像观察、振幅与响度的关系研究、频率与音调的关系研究、声音的共鸣、同频声波的合成(干涉)声干涉、异频声波的合成等实验。

图2-3-15 DIS声传感器

最新设计的"朗威®天籁"声学教学专用软件,可供学生交互式地学习、理解波动和声音。这种全新的学习情境,不仅激发了学生对相关内容的学习积极性,同时也满足了个性化学习的要求。

9. DIS光强分布传感器

DIS光强分布传感器(图2-3-16)采用新型光敏器件,可将平面分布的干涉、衍射光斑转化成光强图线,形

从光强分布传感器到相对光照度分布传感器:

与分体式位移传感

器类似,当年的光强分布传感器也是因为国内采购不到国外产品所用的器件,被逼出来的一种设计。反正使用国外器件,验证的是单缝衍射和双缝干涉等光学现象,那么只要能够将这些光学现象在平面上的分布规律转化为图线,不也就完成教学任务了吗?基于这种思想,研发中心的工程师们跨界选择了一种在扫描仪上常用的器件,构造了光强分布传感器。后来,经浙江省装备中心资深专家任伟德老师提示,我们发现该传感器的研究对象不应该被称为光强度而应该被称为光照度,故果断将其改称相对光照度分布传感器。

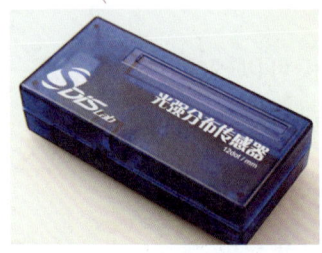

图2-3-16 DIS光强分布传感器

象直观,不需要机械式测量的移动。该光敏器件感光区域宽,测量精度高,每毫米测量点数达到12个,响应速度快。光敏器件上的特殊装置可抗背景亮度干扰,环境照度小于50 Lx即可进行学生实验。这使以前被视为光学实验"畏途"的光的干涉、衍射、偏振、光波长测量等实验从此成为"坦途"。

10. DIS G-M传感器

原子物理实验是微观世界向中学生敞开的一扇窗户。但长期以来,因威尔逊云室配套放射源强度较高带来的安全顾虑,导致很多学校取消了此类实验。安全是有保障了,但学生失去了一个观察和了解微观物质世界的机会。研发中心从两方面解决了这个问题:首先是改进辐射强度测量手段,将相对成熟的数字化辐射强度测量技术引入中学教学;其次是选用安全教学放射源,确保实验教学的辐射安全。

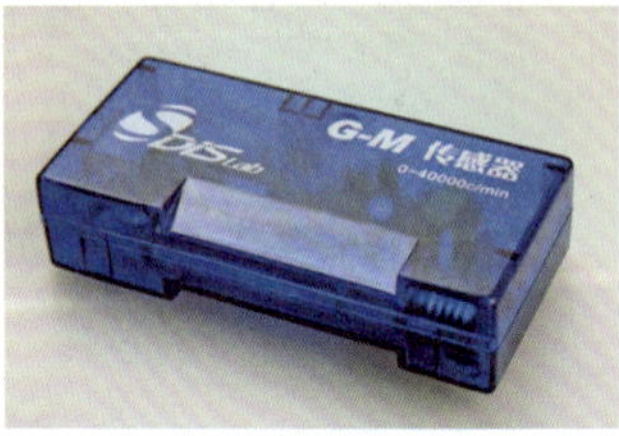

研发中心开发的DIS G-M传感器(图2-3-17)的敏感器件采用特种G-M计数管,可记录单位时间内由β和γ射线激发的脉冲数(计数率),并以此测量辐射强度。DIS辐射传感器具备每分钟记录40 000个脉冲的功能。依据DIS G-M传感器的性能,研发中心从大量放射性物质中筛选出了低辐射的硝酸钍作为安全教学放射源,并做了塑料封装处理(图2-3-18),隔绝了放射源与人体的接触。该

与G-M传感器配套的教学放射源的由来:

在G-M传感器研发过程中,研发中心一直使用威尔逊云室的放射源。但该放射源放射性过强,肯定不适合大规模教学应用。笔者等人开始寻找汽

图2-3-17 DIS G-M传感器

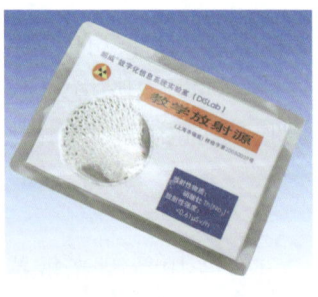

图2-3-18 DIS教学放射源

放射源通过了上海市环境辐射安全监督部门的检测。

支持DISG-M传感器的教材专用软件完全基于实验要求,设有"历史记录""脉冲显示""声响提示"等特有功能。

使用DIS G-M传感器可完成包括本底计数率(环境辐射强度)测量、放射源计数率(辐射强度)测量、放射性强度与距离的关系研究、放射源的屏蔽研究、天然石材中的放射性测量等系列原子物理实验,拓展了实验探究的范围,激发了学生自主学习的热情。正如教育专家所说:最有效的学习环境就是传统与现代的有机结合。DIS G-M传感器的研发成功为实施课改所提倡的主动学习策略提供了支撑。

灯纱罩,利用纱罩上附带的硝酸钍做放射源!当时,因为需求萎缩,国内生产汽灯纱罩的厂家大幅减少,且当时互联网尚不发达。几个月后,才在宝山区靠近长江边的一个村子里发现了全上海仅存的一个小工厂。而正是这家小厂的汽灯纱罩,经上海市环境辐射安全监督部门检测后,居然恰好符合我们的教学要求。

使用DIS传感器突破传统仪器仪表的瓶颈,在技术层面提升的背后,是教育思想观念的进步。首先,传感器、计算机等信息技术设备都是物理学发展和进步的成果,将其应用到物理实验教学中,本身就是开阔视野、与时俱进的举措,同时也为科学方法的培养和科学精神的塑造提供了鲜活的素材。其次,工具的发展是脑的扩展、手的延伸,是人类文明进步的阶梯。有了飞机,人类领略到了天空的高远;有了宇宙飞船,人类体验到了太空的深邃;有了先进的实验手段,学生们必定能够收获足以令我们意想不到的成功。

这也正是教育改革的最终目标。

第四节 DIS走进力学实验教学

物理学习是一个贯穿了实验、观察、归纳和抽象的过程。怎样引导学生从纷繁芜杂的物质世界中总结出规律,并鼓励学生掌握和完善总结出规律的方法,实际上是中学物理教学的基本命题。

力学(含运动学、动力学)教学在中学物理教学中具有非同一般的挑战性,原因首先在于力学是整个物理学体系的根基,是学生学习物理的入门课;其次在于力学教学

DIS 上海创造——数字化实验系统研发纪实

力学实验，DIS创新创造的源泉

研发中心当初接手DIS的研发工作，尽管连续突破的几个难点都在力学方面，如力传感器、分体式位移传感器和高精度光电门等，但大家都似乎没太把课标里规定的那几个力学实验放在眼里，且都有一种尽快搞定这些实验，抓紧去抢占电磁学甚至原子物理等领域的实验新高峰的冲动。但后来的实践告诉我们：力学实验中，看起来越简单的反倒越难以把握。力学实验确实是实验教学的宝地，但又像是泥沼——解决了一批问题，又有新问题涌现出来。还不够好！还可以更好！这种想法反反复复地把研发中心拖进力学实验之中，以至于到现在我们还没有看到尽头！但是，投身于力学实验的回报也是显而易见。仅位移传感器，我们就已经从分体式到一体式，从一维到二维，发展起了一个庞大的测量体系。而力传感器也经历了五次大的升级改造。如

不仅仅是知识的传承过程，更是物理思维的训练过程和物理方法的形成过程。因此，力学教学的优化和改进就成了上海二期课改中学物理教学改革所面对的一项重要任务。

《面向21世纪上海市中学物理学科教育改革行动纲领》关于中外物理教学的比较研究结论，对于力学教学的改革具有重大指导意义。研发中心在DIS的研发过程中贯彻了该行动纲领和《上海市中学物理课程标准（试行稿）》关于"强调学习过程、自主学习、现象的观察和归纳、发散思维训练、基于实验数据的分析和处理"的指导思想，通过现代化的实验手段为力学教学的改革提供了有力支撑。

一、实现力学实验手段的数字化

长期以来，我国中学力学实验手段一直相对落后于其他实验领域。为了能够在工具层面奠定力学教学改革成功的基础，研发中心在DIS的研发过程中突出了力学实验教学的需求，抓住"力、距离（位移）和时间"这三个测量关键点，为力学实验教学打造了一系列数字化"工具"。

1. DIS力传感器

在传统力学实验中，一般使用测力计进行力的测量。测力计价格低廉、形象直观，应用非常广泛。但其缺点也显而易见：仅适于静态而不适于动态测量；能测拉力而不能测量压力；支持"点测量"而不支持"线测量"，缺乏过程监控能力；另外，测力计本身的精度、读数容易形成偏差也限制了其实验应用。研发中心推出的DIS力传感器（图2-3-6）以工业级应变片为核心部件，将应变片受力后因微弱形变引发的电势差转换为数字信号，进而得出测量结果，并实时显示、记录受力值，描绘出"力-时间"图线，不会遗漏实验过程中的任何

细节。

DIS力传感器采用手柄式构造，符合人机工学原理，便于持握；设有专门的固定孔位，与其他实验装置的组合使用方便（图2-4-1）。图2-4-2为基于力传感器开发的电子天平，可用于称量物体的质量。

2. DIS位移传感器

位移数据的实时测量是传统力学实验手段中的空白。受此限制，一些教学内容的导入比较困难。DIS位移传感器（图2-3-11）基于超声波测距原理，能够实时测量运动物体的位移数据，并可实时绘出"位移-时间"图线。DIS教材专用软件还提供了"速度-时间""加速度-时间"图线的转换功能，很好地解决了围绕位移的诸多测量、分析难题。图2-4-3为使用位移传感器研究匀速直线运动。

DIS位移传感器采用收发分体结构，测量盲区远小于收发一体式位移测量装置。

今的DIS力学解决方案，已经跟当年不可同日而语了。再过几年，我们肯定还能达到新的高度，这一切都拜力学实验的丰富和深厚所赐。

（a）3.0版

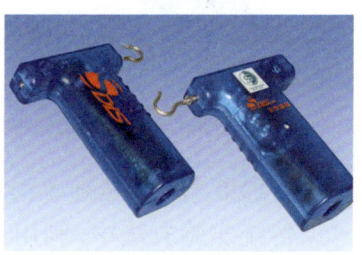

（b）4.0版

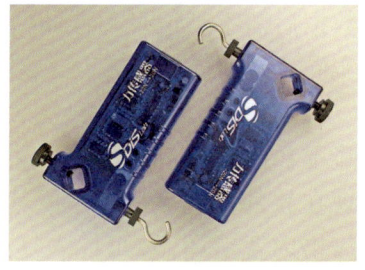

（c）5.0版

图2-4-1 DIS力传感器的升级过程

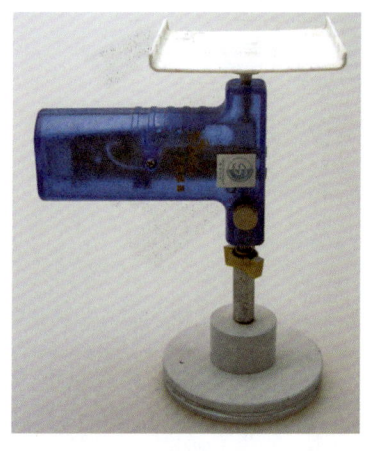

图2-4-2 使用DIS构造电子天平

DIS 上海创造——数字化实验系统研发纪实

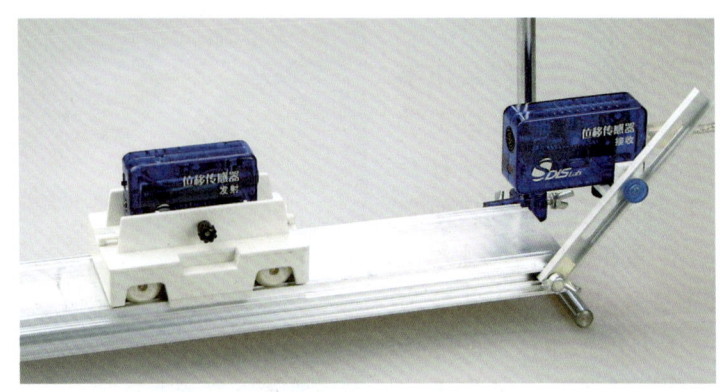

图2-4-3 使用位移传感器研究匀速直线运动

看起来越简单的物理量反倒越难以测量：

DIS光电门传感器就是这个方面的典型代表，因为它所测量的，就是人们认为最普通的物理量——时间。在具体的实验中，光电门是基本的测量工具，但是所测量的时间长度基本上是毫秒级，而有物理意义的实验结果差异往往在微秒级。而且，构造一个准确的时间测量装置不难，但是要在批量完成的光电门里面实现测量结果的一致和稳定，确实是一个很大的挑战。记得当初，光电门的电路经历了三次大改，又更换了两次外壳模具，才算解决了这一难题。

3. DIS光电门传感器

传统实验方法中，利用光电门进行力学实验的精度达到毫秒级，已经属于"高技术"了。而且，光电门测得数据后需手动记录和存储，方可导入计算、分析，影响了实验效率的提高。

DIS光电门传感器（图2-3-13）的优势，首先是测量、显示和记录的一体化功能，挡光结束后，实验数据即时呈现在软件计算表格之中。其次是便于计算和分析，计算表格内置编译器，可代入复杂公式参与运算并支持数据导出到Excel、Matlab等软件。另外，DIS光电门的精度高出传统光电门三个数量级，达到了微秒级，使实验教学的质量又获得了提高。图2-4-4为光电门传感器在机械能守恒实验中的应用。

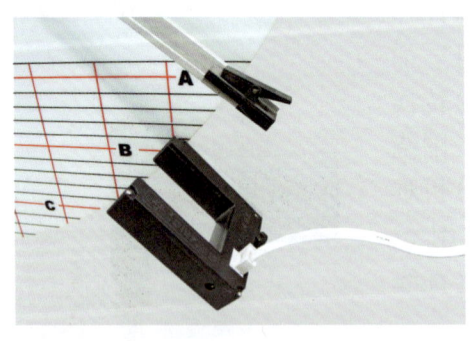

图2-4-4 光电门传感器在机械能守恒实验中

4. 软件

DIS的软件是按照实验要求开发的人机接口。教材专用软件设置的力学实验软件中专门针对力、位移和光电门传感器的数据采集设定了最优化的采集频率。教材通用软件在设计开发过程中充分考虑到了力学实验的复杂性，提供了多数据组合显示、离散点绘图、数据拟合、单独图线控制等功能，能够充分满足教学需要。

5. 配套实验器材

根据笔者四十多年的物理教学经验，长期困扰力学实验教学的，除了测量工具以外，还有配套实验器材的质量和规范化问题。力学实验器材一方面更新缓慢，多年没有突破实验难点的新品出现；另一方面质量普遍较差，像铁架台放不平、竖不直，轨道小车四个轮子不在同一个面上，力矩盘固定不牢靠，等等，不一而足。这样的器材产生的实验数据肯定是不过关的。因此，测量工具（传感器）越精确，依托这些器材的实验结果越差！如果只考虑改进测量工具而忽略配套器材，那好比开着奔驰轿车走泥路——不仅走不快，还会害了车。为此，笔者从DIS的性能特点出发，结合一线教学的要求，历经四年时间，开发出了DIS多用力学轨道、向心力实验器、力的合成分解实验器、平抛运动实验器、凸型桥实验器等多种力学配套实验器材（详见《DIS用户手册》第二次修订版），已形成了一个相对完整的器材系列，确保了实验数据的标准、规范，DIS精确测量、实时反应、综合分析的优势得以充分发挥。

配套实验器材，力学最多：

到目前为止，DIS已拥有了近七十种定型的配套实验器材、十余种智能化实验仪器，以及上百个实验专用软件。上述软硬件中，物理多于生化，力学多于其他物理分支学科的现象一直存在。力学实验既是宝库又是泥沼的双重性，在这里得到了充分体现。

二、促进物理现象和规律的可视化

物理现象大部分是可见的，但即便是可见的物理现象，有些也不是那么容易被我们的眼睛捕捉。比如使用测力计进行最大静摩擦力实验时，随着逐步增加对物块的拉力，测力计的指针在发生移动。就在物块将动未动的那一瞬间，指针达到最大值。物块开始滑动之后，指针又马上回落并保持在一个固定值。看清楚并记录测力计

DIS 上海创造——数字化实验系统研发纪实

瞬间达到的最大值,是最大静摩擦力实验成败的关键。但我们很难保证学生每次都能看清"瞬间"的变化。力的相互作用、超重失重、碰撞等实验,也都存在观察和记录的困难。

物理实验教学的成功经验表明,把物理现象和规律纳入学生的可视化范围,让学生"看到现象"是必需的。为满足这一教学要求,广大教师做过不少尝试,也有所建树。笔者就曾设计过具有"记忆"功能的测力计(图2-4-5),并使用记忆测力计开发出了"最大静摩擦力描绘器(图2-4-6)"和"冲力描绘器(2-4-7)"等实验装置。

记忆测力计——笔者在机械时代的尝试:

DIS诞生之前,有无数教师尝试解决力的测量和记录问题。当时的记忆测力计(《物理实验创造技法和实验研究》,冯容士、陈燮荣著,上海教育出版社,1998年7月第1版)当属其中的巅峰之作。如图2-4-5所示,记忆测力计凭借弹簧+套筒,采用简单而巧妙的构造,实现了实验装置与实验需求高度贴合。尽管当我们拥有了多个型号的DIS力传感器之后,纯机械的记忆测力计看起来恍如隔世,但正是那时在有限的技术和物质条件下的不断探求,才使得笔者接手DIS的研发之后,迅速将DIS导入了腾飞的轨迹。

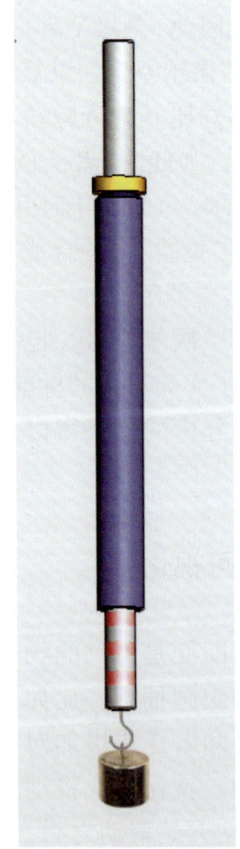

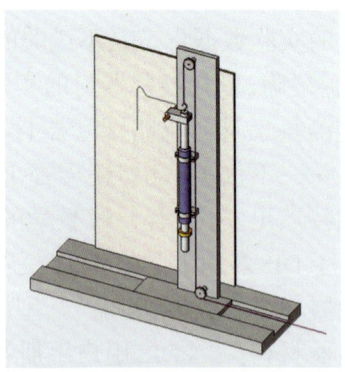

图2-4-6 基于记忆测力计的最大静摩擦力描绘器

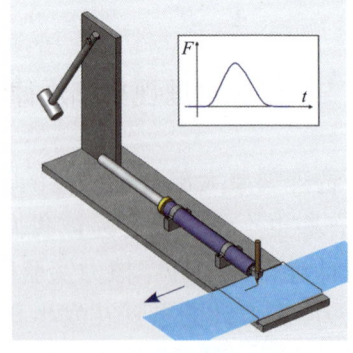

图2-4-5 记忆测力计

图2-4-7 基于记忆测力计的冲力描绘器

其中，"记忆测力计"由木棒、套管和弹簧组成，利用受力时弹簧的伸长拉动木棒，使套在木棒上的指示环移动并因为摩擦力的缘故停留在木棒移动的最远处，从而记录下测力计的最大示数。该记忆测力计的特点是既可测量拉力，又可测量压力。

"最大静摩擦力描绘器"，则是将记忆测力计置于滑块上，通过滑轮系统将施加在滑块上的拉力同时作用于记忆测力计。拉动滑块，牵拉套管内的木棒上升，套在木棒上的笔架和指示环同时移动，在装置侧面的立屏上绘出摩擦力图线。拉力克服摩擦力使滑块开始移动后，即可通过图线的峰值清晰地观察到最大静摩擦力现象，并通过指示环的位置读出最大静摩擦力数值。

"冲力描绘器"，是将记忆测力计连同笔架水平放置，在木槌下落的同时匀速拉动纸带，测力计受到木槌的冲击带动笔架产生位移，就在纸带上绘出了冲力的变化图线，并获得冲力的最大值。

上述努力虽然说不上"重大发明"，但当时也解决了实验教学的燃眉之急。故面对信息技术与物理教学整合的成果——DIS的时候，颇有"久旱逢甘霖"之感。

DIS基于实验数据自动化采集的实时图线功能，在促进物理现象和物理规律的可视化方面取得了一定进展，引发了实验教学方法的变革。

在使用DIS进行最大静摩擦力实验时［图2-4-8(a)］，正是靠上述功能，

(a) 实验装置

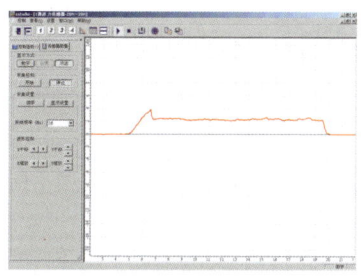

(b) F-t 图线

图2-4-8 使用力传感器研究最大静摩擦力

使学生"看到"了最大静摩擦力现象的全部细节[图2-4-8(b)]。其中,图线的峰值明确显示了最大静摩擦力的存在,及最大静摩擦力出现后摩擦力趋于常数的物理规律。很多学生反映,正是依靠这段图线,才真正看到了力,理解了什么是摩擦力,什么是最大静摩擦力。与笔者多年前进行的尝试相比,虽有异曲同工之处,但效率和精确度显然不可同日而语了。这就是技术进步、工具发展的力量。

变不可见为可见,从力传感器开始:

高中物理开篇就是力学。因此,很多学生是从力传感器开始认识DIS的。力是矢量,既能合成又能分解。对力矢量特性的认识往往成为一个人一生中能否具备真正的物理思维的分水岭。事实上,很多学生在这个方面败下阵来。力传感器实现了力的可视化,不仅显示其大小,还能显示其方向;既帮助了学生认知,也帮助了老师的授课。无怪乎首都师范大学附中王邦平老师在《中国教育报》上撰文称:DIS变不可见为可见,变不可能为可能。

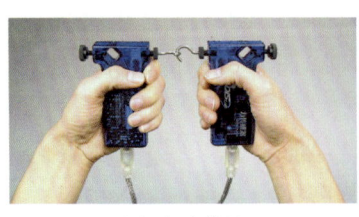

(a)实验装置

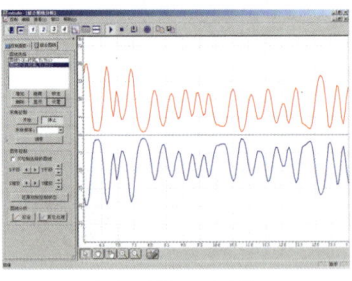

(b)对拉F-t图线

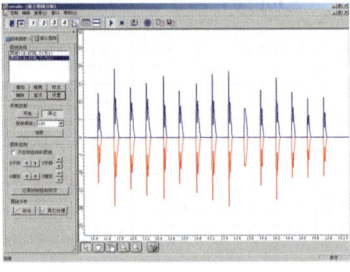

(c)对敲F-t图线

图2-4-9 使用力传感器研究牛顿第三定律

使用DIS传感器进行牛顿第三定律教学,更取得了令人满意的效果。实验中,通过软件分别将两只传感器的"力-时间"图线定义为红色和蓝色。两手各持一只力传感器,向相反方向拉[图2-4-9(a)]。观察获得的图线,发现两条图线基本重合,表示两力的大小是相等的;将其中一个传感器的图线设为"镜像显示"后重复实验,可获得以时间轴为中心上下对称的两条图线[图2-4-9(b)];保持"镜像显示",轻轻地让两传感器对敲,获得的两条图线仍然以时间轴为中心上下对称[图2-4-9(c)],清晰地展现了牛顿第三定律。

据调查,自2002年9月DIS开始在试点学校试用以来,牛顿第三定律实验被学生们公认为是"最有趣"的实验。这意味着实验技术和实验手段的进步不仅让学生"看到"了物理现象,帮助他们总结出了物理规律,还唤起了学生对物理学的兴趣,而这种兴趣正是决定学生在科学探索的道路上能走多远的关键因素。

与力相仿,位移也是一个动态变化的物理量值。怎样实时测量位移的动态变化,比实时测量力更让物理老师头痛。DIS不仅能让学生**看到**力,还能够**看到并测量**位移。在观察弹簧振子的振动图像的实验中[图2-4-10(a)],直接将运动发射传感器作为弹簧振子固定在演示装置上,并与位移接收传感器位置相对,使之水平振动,就可以观察到振动图像[图2-4-10(b)]。经过研发中心的不断拓展,DIS位移传感器的实验教学应用不仅扩展到了力学、运动学的各个领域,甚至在电磁学实验中也有了用武之地。

看到位移——理解"物理量-时间"关系图线:

力传感器实现了力的可视化,教材随后给出的位移传感器应用则更进一步,使得学生能够开始理解"物理量-时间"关系图线。现在看来,教材将知识体系、实验设置和学生的认知发展有机地编织起来,可为匠心独运。而其中,DIS则作出了自己应有的贡献。

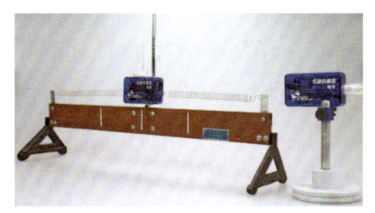

(a) 实验装置

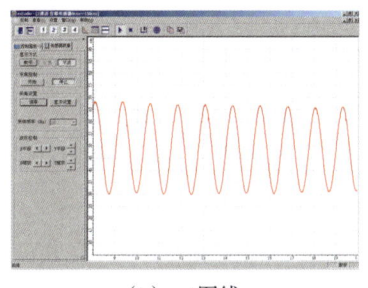

(b) s-t图线

图2-4-10 使用位移传感器描绘弹簧振子的振动图像

三、在实时实验的基础上完善实验研究的量化

力学教学中广泛应用了数学方法,数理知识的交互使用促进了学生认识的逐步深化,最终通过数学运算实现了对物理现象和规律的表达。而受限于传统的实验手段,大量的人工读数和记录工作使得从"实验-数据-计算"之间存在一系列的停顿。根据认知心理学的研究,这种停顿势必影响学生头脑中建立"现象与规律"之间的关联。

DIS综合运用多种先进的软、硬件技术,具备了实时采集、显示和记录实验数据的功能。以教材通用软件为例,打开"计算表格",可分行逐次记录实验数据(每次最多可

DIS 上海创造——数字化实验系统研发纪实

光电门带来"大数据":

DIS研发之初,还没有大数据的概念。但是光电门传感器定型之后,我们很快发现依靠大数据量计算来推进实验教学的时代来临了。这是因为与其他传感器的常规显示方式——图线方式不同,光电门传感器的测量结果呈现的全是数字,而且得益于DIS的采集频率,系统每秒钟至少要采集50组相关数据,高速状态下的采集速度更为惊人。这与使用打点计时器忙和半天采集3～5个数据点形成了鲜明对比。根据这种情况,研发中心随即完善了DIS软件的数据表格功能,将其内嵌的公式库做了升级,实现了调用公式模板和人工输入公式相结合,最大限度地提升了数据处理功能。这不仅有效缓解了光电门大数据的压力,而且对大数据进行了有效利用——能够将所有被处理的数据再次还原为图形,进一步揭示数据背后的物理规律。

同时记录四种相同或不同的数据),并分列设置各种变量、参数和公式,因此,实验操作进行的同时,实验数据即可由DIS记录下来并输入计算表格,代入公式后点击"计算"图标即可由计算机瞬间完成针对实验数据的计算,随即得出实验结果。整个实验数据处理过程快捷、高效,不仅不会分散学生的精力,而且还有助于学生将注意力集中在物理现象和物理过程之上,从而强化对物理知识的认知。

在以往使用光电门、数字毫秒计进行的动力学实验中,因数据量大、有效数据位多,且读数、记数、计算、绘图的工作全由人工完成,故实验耗时费力,课堂时间利用率低下,学生很难有机会独立操作,学习效果不甚理想。而在使用DIS进行的加速度测量实验中,"U"形挡光片(两前沿距离为0.03 m)依次通过两光电门的挡光时间t_1、t_2自动记入数据表格后,即可根据计算表格的"自由表达式"功能输入"初速度v_1""末速度v_2""加速度a"的计算公式"$v_1=0.03/t_1$""$v_2=0.03/t_2$""$a=(v_2-v_1)/t$",重复实验得出多组数据的同时,即可获得上述数据对应的加速度测量结果(图2-4-11)。

	t1	t2	T=t2-t1	v1=0.03/t1	v2=0.03/t2	a=(v2-v1)/t
1	0.06775	0.04618	0.71982	0.4428	0.6496	0.2873
2	0.09382	0.05236	0.88855	0.3198	0.5730	0.2850
3	0.09254	0.05198	0.87943	0.3242	0.5772	0.2877
4	0.06577	0.04548	0.70403	0.4561	0.6596	0.2891
5	0.07580	0.04846	0.77675	0.3958	0.6191	0.2876
6	0.08265	0.05010	0.82120	0.3630	0.5988	0.2872
7	0.06794	0.04627	0.72137	0.4416	0.6484	0.2867

图2-4-11 自动记录+输入公式+自动运算,得出加速度测量实验结果

在用类似方法研究加速度与拉力关系的实验中,逐次增加配重片的质量使其对滑块施加的拉力逐步增大,在计算表格中增加代表小钩码与配重片质量的变量"X_0"并输入相应数值,输入"拉力"的自由表达式"$f=9.8*X_0/1\ 000$",即可得出计算结果(图2-4-12)。

记录 自动 间隔0.1		手动	放大	缩小	绘图	变量	公式	新建	打开	保存
	t1	t2	X0	T=t2-t1	f=9.8*x0/1000	a=(0.03/t2-0.03/t1)/t				
1	0.12472	0.07317	4.5	1.2624	0.0441	0.1342				
2	0.07249	0.04328	10	0.7472	0.0980	0.3739				
3	0.08054	0.03954	15	0.7376	0.1470	0.5236				
4	0.05632	0.03221	19	0.5659	0.1862	0.7046				
5	0.06014	0.03132	22	0.5713	0.2156	0.8037				
6	0.04963	0.02803	26	0.4952	0.2548	0.9408				

图2-4-12 自动记录+输入公式+自动运算，验证牛顿第二定律

快速获得计算结果，并不是实验的终结。基于实验数据的图线分析是物理实验教学常用的工具，而绘图则是DIS软件的强项。利用图2-4-12中的数据，启动软件的"坐标绘图"功能，选择X轴为"F"，Y轴为"a"，即可在坐标系中绘出实验数据对应的点。观察发现这些数据点基本呈线性分布，点击"直线拟合"，即得到一条直线（图2-4-13）。由于该直线通过原点，说明在质量不变的情况下，拉力F与加速度a成正比。

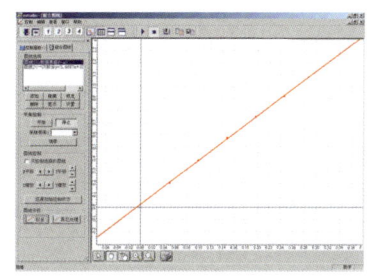

图2-4-13 利用直线拟合功能，快速绘出F-a关系图线

在使用DIS研究加速度与质量关系的实验中，光电门挡光时间自动记录到计算表格当中，随后根据输入的公式得到计算结果（图2-4-14）。

计算表格	t1	t2	t12	m	s	a=(s/t2-s/t1)/t12	Fx=1/m
1	0.13363	0.04805	1.21392	0.2200	0.020	0.2196	4.5455
2	0.17551	0.05315	1.47202	0.2705	0.020	0.1782	3.6969
3	0.20383	0.05699	1.65551	0.3210	0.020	0.1527	3.1153
4	0.21974	0.06155	1.74008	0.3715	0.020	0.1344	2.6918
5	0.27559	0.06517	1.97547	0.4220	0.020	0.1186	2.3697

图2-4-14 加速度与质量关系实验的原始数据及计算结果

启动"坐标绘图"功能，选择X轴为"m"，Y轴为"a"，在坐标系内得到数据对应的离散点［图2-4-15(a)］。

观察发现，数据点在坐标系中的排列体现出明显的双曲线特征［图2-4-15(b)］。为验证观察猜想，可将X轴定义为

g值的测量，DIS性能的试金石：

从2002年开始，研发中心在力学领域的所有创新成果都需要经过一个冷酷的检验过程——测量g值。从最初利用光电门和挡光片测重力加速度，到使用位移传感器做自由落体实验，从二维运动学实验系统，到DIS魔板，概莫能免。可以说，正是因为有了对g值的测量，才使得DIS走向了完善与可靠。几年之后，连普通物理老师都掌握了这一点：衡量一套数字化实验设备的质量，做个测量重力加速度的实验就够了。

取代气垫导轨系统——DIS早期的研发目标之一：

DIS的"幼年时代"，正值气垫导轨如日中天之时。当时的名校，无不以拥有一个"气轨实验室"而倍感自豪，但气垫导轨系统的高昂价格，足以让绝大多数学校望而却步。气垫导轨系统，实际上是气垫导轨与光电计时器的结合。而光电计时器的测

量装置，就是光电门。因此，超越和取代气垫导轨系统，就成了研发中心所制定的后来居上、占据高端的目标之一。经过努力，DIS光电门的精度和稳定性已远超与气垫导轨配套的光电计时器，这使得我们看到了希望。当然，对整个气垫导轨系统的取代，还是多用力学轨道系统定型之后的事情。这方面我们将随后详述。

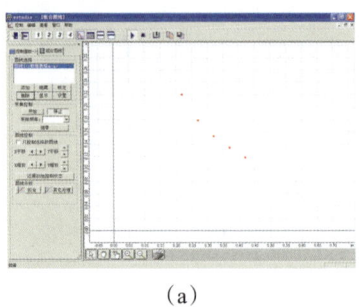

（a）

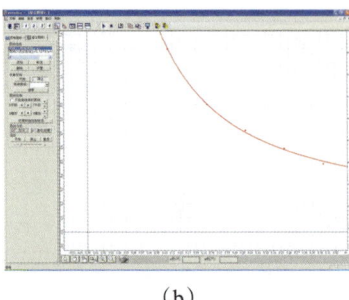

（b）

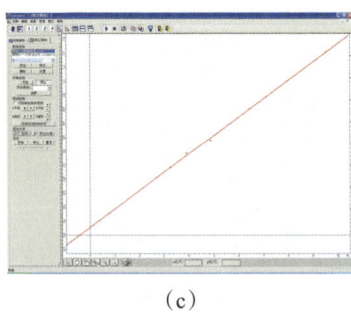

（c）

图2-4-15　加速度与质量关系实验的图线分析过程

"$1/m$"，发现所测实验数据在坐标系中基本呈线性排列。点击"直线拟合"，得到一条接近原点的直线［图2-4-15(c)］，说明加速度a与滑块的总质量m的倒数成正比，即加速度a则与滑块质量m成反比。随后，还可以分析直线与原点之间的存在距离的原因，引出实验误差的概念，并寻找误差产生的原因，进而研究减小误差的方法。

可见，有了DIS软件系统基于实验数据的图线分析功能，实验结果可以变换为更为清晰明了的图线方式，教师和学生可以令实验向全面揭示物理规律的目标迈进。

在上述实验过程中，DIS将实验原始数据实时填入软件的计算表格，根据输入或调用的公式进行计算，实时提供了计算结果，成为使用数学公式揭示物理规律的有力工具。由于数据的记录、计算、绘图均交由计算机完成，实验过程格外紧凑，中间干扰明显减少，教师和学生得以将注意力集中在物理知识本身，这同样是实验技术和手段带来的进步。

四、尝试物理模型的图线化

当今世界，图线因能够形象、直观地反映事物发展变化的规律,已被社会各个领域广泛应用。物理教材中关于物体运动规律,像牛顿定律、振动和波、热学中的气体性质、电学定律的描述等,都大量应用了图线。但受限于传统的实验方法,教师和学生在实验中获得图线相对烦琐费时,反而导致在物理学习中疏于应用图线,图线作为认知工具的强大功能没有得到充分发挥。随着DIS的研究和开发,研发中心有计划地逐步加强DIS软件系统的图线功能,使之操作简便、显示及时,并增加了基于图线进行深入分析研究的功能。

超重失重实验就是一个应用DIS图线分析、图线建模功能的鲜活案例(图2-4-16、图2-4-17)。

大量教学经验说明:在实验之前,教师首先引导学生基于猜想,给出某种运动状态下产生图线的基本特征;随后进行实验,再根据已经获得的图线,推出该图线的某一个区段所表征的运动状态。这不仅符合学生的认知规律,而且这种交互式的教学,还促进了学生以物理学的思维方式去读懂图线、建立模型。在这一过程中,DIS将发挥不可或缺的作用。

本着这一思想,笔者配合上海二期课改物理教材编写组对高中物理教材中的实验进行了精心设计和编排。高一年级第一个实验是学习使用DIS位移传感器,并用位移传感器研究匀速直线运动。在这个实验的专用软件界面中,首次展示了"物理量-时间"图线,即s-t图和v-t图。

图2-4-16 超重失重实验操作

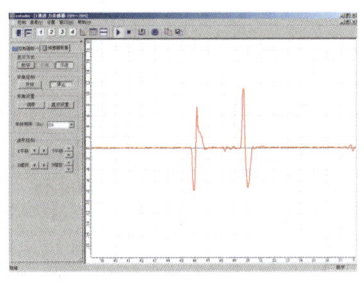

图2-4-17 超重失重实验的实验结果(F-t图线)

从数形结合到数理结合再到科学与美学的结合:

撰写本文之时,研发中心上下都沉浸在喜悦之中——DIS实验所获得的图线实在是太生动、太有说服力了!所以,原文中不惜拉长了篇幅,与广大教师们分享了我们在力学实验中使用DIS获得的诸多实验图线。现在看来,DIS的研发不仅服务了课改,更造就了我们,一步步提升了我们对物理教学的认识。在此之前,受限于落后的实验手段,数形结合只是教学中的一句空话。学生经常冲着老师描绘的物理图线发呆——怎么这些数据就会如此表现呢?有了DIS之后,情况就完全不同了。学生借助DIS可自主获取大量图线,并且能够借助软件,在实验数据的基础上实现从数字到图线,再从图线到数字的反复切换。数形结合终于在学生脑海中扎根。随之而来的,则是学生对物理和数学知识的融会贯通。再到后来,实验结果再也不仅是枯燥的数据,而是随时可以向优美的图线转化，而优美的图线，也可以随时提炼出以数学公式表达的物理规律。数学、物理的学习，与更高层次的心理活动——审美终于搭上了界。从这个角度来说，DIS的教学功能绝对超出了实验本身。

DIS向心力实验器崭露头角：

在本篇论文中，笔者给了尚处于手工模型阶段的向心力实验器以出镜机会（见图2-4-18）。

因为在国内外实验教学领域内，以如此精巧的结构解决向心力实验问题，尚属创举。而且向心力实验器所提供的实验结果，又能够给本文所强调的图线之于教学的论点提供有力的支持。

待学生对图线的意义有了基本了解之后，类似图线在随后的"从v-t图求加速度""牛顿第二定律"等实验中反复出现。这些实验注重物理方法的导向，强调图线的功能模型和利用图线解决问题的能力，使学生借助图线这一模型对物理概念的理解在层次上不断递进和扩展。

在使用DIS进行向心力实验时，我们继续尝试以图线促进学生构建物理模型，进一步强化了图线的教学功能。根据DIS力传感器和光电门传感器基于向心力实验器（图2-4-18）采集的向心力和角速度数据，在教材专用软件坐标系中实时绘出"F和ω"关系数据点。观察数据点的排列规律，鼓励学生依据各组数据点排列的共同特征展开猜想——F和ω之间到底是怎样一种关系？随后，学生可以把通过软件拟合工具绘出的一次、二次和三次图线与数据点的排列状况进行比对，最终根据最接近的图线，判定F和ω之间是二次方关系［图2-4-19(a)］。依照"控制变量法"，逐次改变砝码的质量和圆周运动的半径，可获得多组数据点［图2-4-19(b)］，使用拟合工具加以分析，可以发现不同组数据点的排列都符合二次方关系。

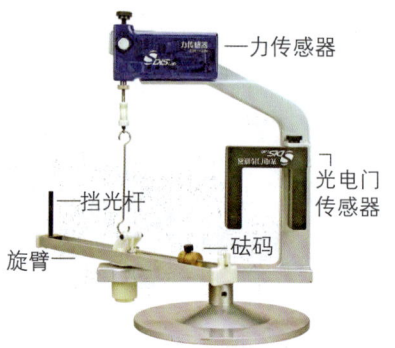

图2-4-18　DIS向心力实验器的构成

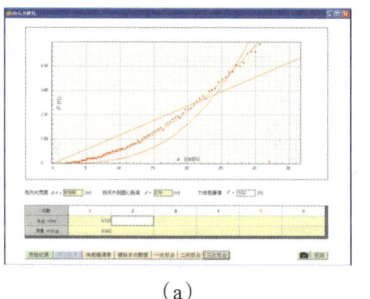

(a)

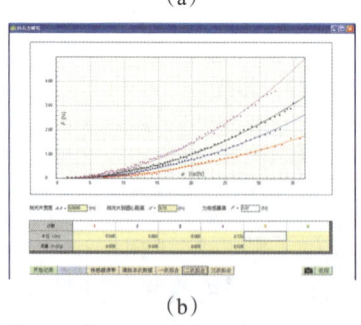

(b)

图2-4-19　向心力实验数据分析过程（教材专用软件）

教学实践证明，基于DIS的向心力实验课生动、有趣，学生动手积极、发言踊跃、思路开阔。课后学生反映：头脑中数据图线和物理规律之间已经开始"搭界"，图线不再仅仅是对物理现象的直观描述，而已经发展成为表达物理规律的模型和验证实验结果的工具。

有了在DIS教材专用软件中运用图线工具建立物理模型的成功经验，研发中心在DIS教材通用软件的功能设置中进一步强化了图线绘制和分析功能，支持了图线的教学应用。

在力学教学过程中，DIS的应用不仅改进了实验条件，还通过图线功能为学生开始学习建模，并理解模型所代表的物理现象与物理规律之间的关联提供了一定帮助。本文中，我们特别强调了模型对于物理教学的特殊意义，以及观察现象、提炼要素、建立模型、研究模型、验证理论、掌握规律、实施推理，这是物理学习、物理教学均应遵循的必要步骤。

第五节　DIS走进电磁学实验教学

电磁学是高中物理课程的重要组成部分，具有内容广泛、扩展性强、与现实结合紧密等特点。但电磁学研究的对象相对抽象，再加上受限于传统的实验手段和方法，使一些物理现象不能够清晰展现，影响了学生对物理规律的认识，特别是物理建模能力的培养。有的学生甚至因为电磁学的"艰深、晦涩"而失去了学习物理的信心。

随着二期课改的深入，研发中心和试点学校就DIS在电磁学实验教学中的应用进行了大量探索研究，并取得了一定的成效。

一、实验手段，明显改观

实验是物理教学的基础。纵观物理学发展史，多次出现实验手段的更新引发物理学革命的实例：牛顿棱镜与

上海创造——数字化实验系统研发纪实

DIS电磁学实验手段的构建和完善：

相对力学实验而言，电磁学实验带给研发中心的压力要小得多。这是由于电磁信号的采集相对容易一些，我们总能找到DIS设备的最佳介入点，并且能够组织研发团队设计出与之贴合的精良器材。但这也不是说DIS电磁学实验手段的构建和完善过程就是一帆风顺。如果没有高灵敏度环形线圈的配套，微电流传感器的作用就要大打折扣；如果没有匀强磁场螺线管的问世，磁感应强度传感器也不会受到教师们的追捧；如果没有安培力实验器的开发，电磁学实验就要开天窗，更不用提后来在法拉第电磁感应定律验证方面的巨大成功了。DIS电磁学实验手段的构建和完善，正是攻克了上述难关，一步一步完成的。

光学的进步、卡文迪什扭秤与万有引力定律的验证、"本生灯"和分光镜与光谱分析技术的发展，等等。上海二期课改要求从根本上提升物理教学的质量，也促使我们在实验手段和实验方法方面下功夫。

作为一个由传感器、数据采集器、计算机和实验软件构成的实验系统，DIS在电磁学实验方面提供了一些优于常规的实验手段和实验方法。

1. 数据采集手段

DIS在电磁学实验方面现有电流、电压、微电流、磁感应强度等四种基本传感器（图2-5-1）。这些传感器的使用方法与传统仪器仪表基本相同，比如电流传感器和微电流传感器要串联于电路中，而电压传感器则并联于电路中。但使用传感器进行数据采集与传统仪器仪表进行测量的显著区别，就在于传感器可以高频率、高密度连续采集并传送实验数据，实时展现实验过程中物理量的变化，我们称之为"线采集"。而传统仪表只能由人工操作进行"点采集"，无法展示实验的全过程和关键细节。从仪器的分度和测量的精度方面来看，DIS电磁学传感器也要高于传统仪器仪表。

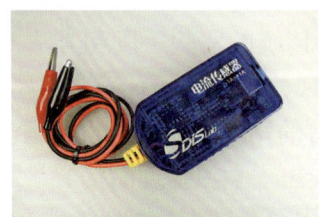

(a) 电流传感器

(b) 电压传感器

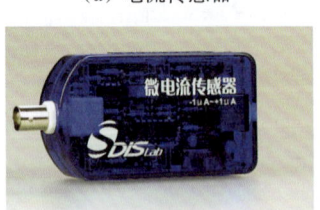

(c) 微电流传感器

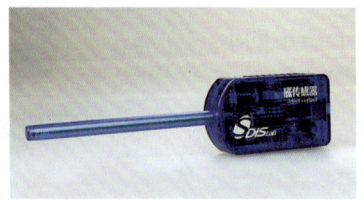

(d) 磁感应强度传感器

图2-5-1

第二章 DIS艰难起步

2. 数据显示和记录手段

如果将DIS看成一件仪器，那么该仪器测得的数据既不是通过指针、也不借助数码管或阴极射线管，而是通过计算机屏幕显示出来。也正是因为计算机成为实验系统的一部分，借助其强大的功能可以让实验数据同时具备数字、指针和波形（图2-5-2）等多种显示方式。尽管显示方式不同，但其基础都是实际测量到的实验数据（图2-5-3）。通用软件支持从"数据到图线"和"从图线到数据"的往复回溯。波形图线具有暂停、回放和存储功能，可以更好地体现物理过程，有助于在教学过程中进行关键细节的研究。

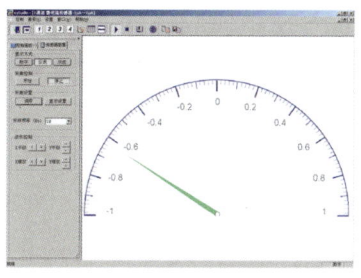

（a）指针显示方式

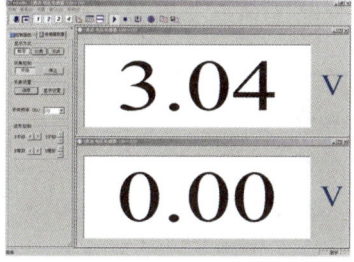

（b）数字显示方式

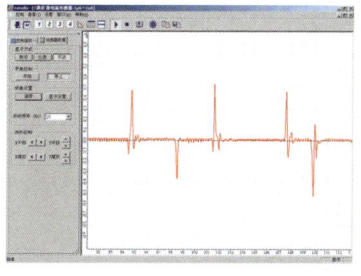

（c）示波显示方式

图2-5-2

多模显示——DIS电学实验的有力工具：

DIS软件自诞生之初，即具备了仪表、数字和图线三种显示方式。当然，对部分物理量来说，可能仅适用于其中的两种或一种。只有电信号的显示，才适合在三种显示模式之间的任意切换。仪表模式，延续了教师对传统测量工具的记忆；数字，显示了当前的信号状态；图线，记录了信号变化的整个过程。三种显示方式组合使用，为DIS电磁学实验提供了从现象到规律的认知辅助工具，因而深受教师们的欢迎。

DIS系统，就是信息技术时代的仪器仪表：

这里，我们尝试着表达这样一个观点。但是，当时在诸多实验教学的"原教旨主义者"的压力之下，我们还不能理直气壮地说：美国某公司已经创造出了传感器和计算机为基础的虚拟仪器概念，DIS就是实验教学领域的虚拟仪器！尽管生怕引进更

计算表格	P1	T2	l	v
1	104.1	15.4	12	2
2	104.0	15.4	12	3
3	104.1	15.4	12	4
4	104.0	15.4	12	5
5	104.1	15.4	12	6
6	104.1	15.4	12	7
7	104.0	15.4	12	8
8	104.1	15.4	12	9
9	104.0	15.4	12	10
平均值	104.0556	15.4000	12.0000	6.0000

图2-5-3　DIS教材通用软件中的公式调用及数据计算

3. 数据处理手段

DIS针对传感器测量到的真实数据进行分析和处理，

多的概念会导致权威们的压制,但还是按照我们的理解,用权威们能够接受的话语给出了DIS的准确定位——信息技术时代软硬件结合的仪器。最终,这个定义经受住了时代的考验。

对DIS软件作用的强调:

如今,大家普遍能够接受软件是DIS不可分割的一部分这样一个概念了。但在十多年前,不会用计算机的老师还很多,他们尚不知软件为何物。因此,本文就"DIS软件就是一种新的实验数据处理工具"的论断,无疑是振聋发聩的启蒙之声。

这与虚拟实验软件功用大不相同。DIS的计算表格支持数据导出,方便了实验数据的跨软件使用。软件中设置了"波形回放""采集频率调节""组合(并行)显示""数据计算(包括函数计算和任意次方)""物理公式库调用""图线缩放""多项式拟合""求导"等多项功能(图2-5-4)。可在实验坐标内直接点出实验数据点(离散点),并支持基于离散点的图线绘制、拟合及计算。从某种意义上讲,DIS实验软件就是一种新的实验数据处理工具。

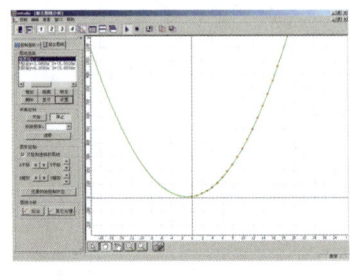
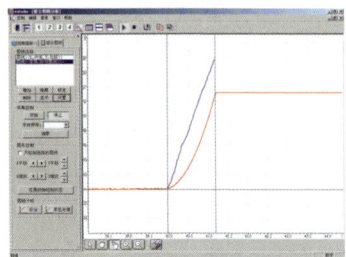
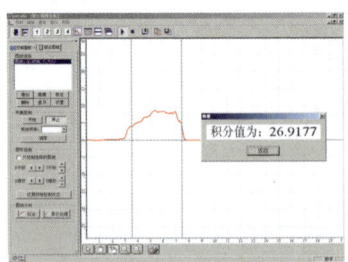
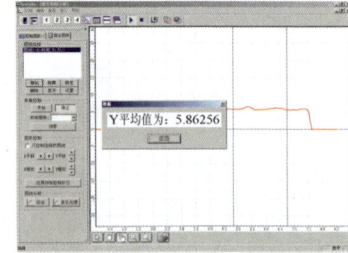

图2-5-4　DIS通用软件的拟合、求导、积分和求平均功能

由于实验手段的改进和提高,电磁学实验数据记录、计算和处理效率大大提高,实验操作方面的重复劳动减少,实验现象的展示更加丰富、全面和直观,教师和学生得以将大部分时间用于理解物理知识本身上。

二、突破局限,弥补不足

在电磁学教学过程中,明确要求学生建立"电-磁"关系模型,并理解磁现象的电本质。此类实验对仪器设备有特殊要求:不仅需要测量正常实验范围内的电流和电压,还需要能够测量微安级的微小电流信号;不仅需要测量电信号,还需要测量磁场的磁感应强度。而传统实验仪器在这方面恰恰存在欠缺。DIS提供的微小电流信号及磁感应强度的探测手段,使"器材制约实验"的局面得以改观。

例如,在导体切割磁感线感生电流实验中,最理想的实验方案是使用单根导线。原因在于单根导线结构最为简单,最符合教材中对导体切割磁感线感生电流的描述,学生不存在认知困难。但由于传统实验中测量微小电流信号的灵敏电流计只能达到毫安级,再加上单根导线切割磁感线的感生电动势很小,得到的感生电流相当微弱,导致灵敏电流计指针偏转很不明显。因此在教学实践中,根据导线垂直切割磁感线公式——$E=BLv$,有时采取增强磁场(如采用钕铁硼磁铁)、增加导线在磁场中的有效长度L的方法,或直接使用微电流放大电路。采用这些措施虽然取得了一定效果,但由于对器材提出了较高要求,实验准备复杂,加重了教师负担。教师往往只能退而求其次,使用多匝线圈代替单根导线,使得学生在认知过程中增加了将多匝线圈视为单一导体的"头脑转弯"工作。

DIS微电流传感器将实验精度由灵敏电流计的毫安计提升到了微安级,从而能够清晰地观察到单根导线切割磁感线感生的电流,许多教师多年的设想得以实现(图2-5-5)。不仅如此,微电流传感器提供的多模显示方式使得感生电流的呈现方式更加符合教学的要求:在"示波显示"方式下,学生不仅可以观察到感生电流现象,还可以在导线的运动与"电流-时间"图线之间建立对应关系。实验数据图线的模型意义开始凸显。

以往在做楞次定律

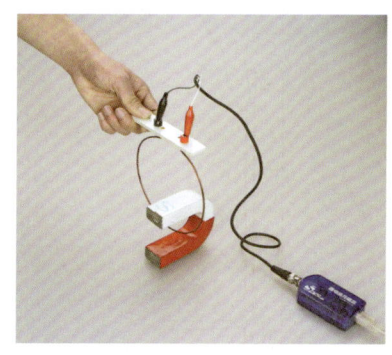

图2-5-5 使用微电流传感器进行单根导线切割磁感线感生电流实验

直指人心——微电流传感器系列实验的开发:

DIS问世之初,即便是对新技术持欢迎态度的专家们,也只是将其定位在拾遗补阙的位置。因此,做传统实验做不好甚至做不了的实验,就成了DIS当时的攻关重点。而依托微电流传感器开发的实验,一时间成为DIS征服用户的"撒手锏"。其中,单导线切割磁感线感生电流、地磁发电、单导线楞次定律等都是当时常做的实验。至于后来按照鱼骨思维导图开发的温差电流、纯水导电、人体电流等，都成了微电流传感器的经典之作。如今，该传感器又在小学科学领域找到了广阔的应用空间。

 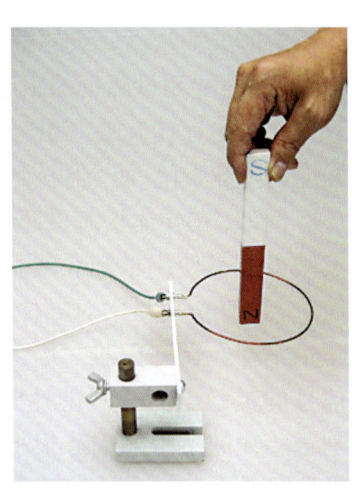

图2-5-6　传统的楞次定律实验装置　　图2-5-7　使用DIS的单匝线圈楞次定律实验

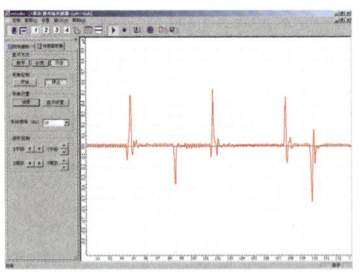

图2-5-8　单匝线圈楞次定律实验中获得的"电流–时间"关系图线

实验时，因电流计的灵敏度较低，故只得使用多匝线圈，一般多达数百匝（图2-5-6）。采用DIS微电流传感器，即使使用单匝线圈也能取得满意的实验效果（图2-5-7）。借助实时绘出"电流–时间"图线，可以清晰地观察到感生电流的大小和方向变化（图2-5-8）。

利用图2-5-7所示的实验装置，可将楞次定律实验做进一步的升华：使单匝线圈与实验台面平行，将条形磁铁的一端置于实验台面上，保持条形磁铁与实验台面和线圈的垂直，并使之做水平运动（图2-5-9），此

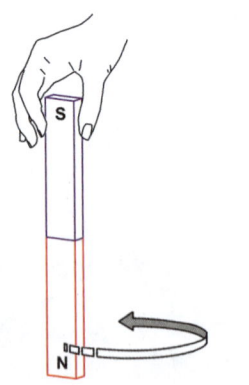

图2-5-9　磁铁做垂直于线圈的水平运动

时没有感生电流出现；倘若使单匝线圈与实验台面产生一个夹角，则令磁铁做同样的运动即可观察到感生电流。鼓励学生在这个对比实验的基础上深入分析其成因，无疑具有较高的教学价值。

再如，"直线电流的磁场"是验证电磁关系的另一个重要实验。但在使用传统方法进行实验时困难重重。首先面临的困难是，缺乏磁现象的量化测量手段。当年笔者挖空心思使用量角器加小磁针自行构造测量装置，仅能勉强实现量化（图2-5-10）。其次是直线电流的获取问题。如果把一根长直导线直接接在电源上，就会形成短路并损坏电源；如果联入电阻器，在减小电流的同时磁场也随之减小，实验现象又会变得不清晰。笔者也曾采用过电容放电和触发通电方式。像图2-5-10中使用导线绕成一个数十匝的线框，将其一边用作直导线，实属不得已而为之。

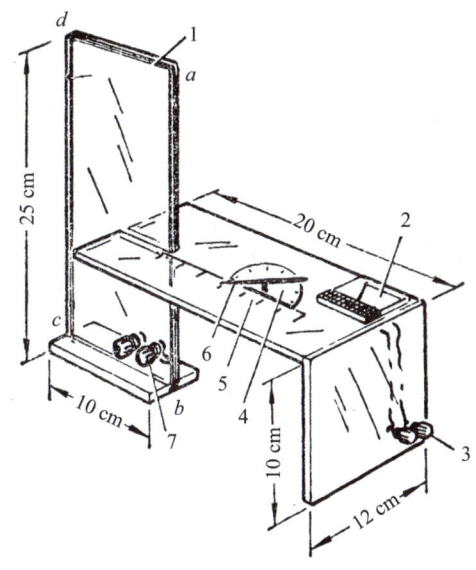

图2-5-10　笔者多年以前开发的直线电流磁场实验装置

而DIS磁感应强度传感器不仅实现了磁场现象的量化测量，而且其灵敏的感测功能使得直线电流的获取变得格

DIS 上海创造 ——数字化实验系统研发纪实

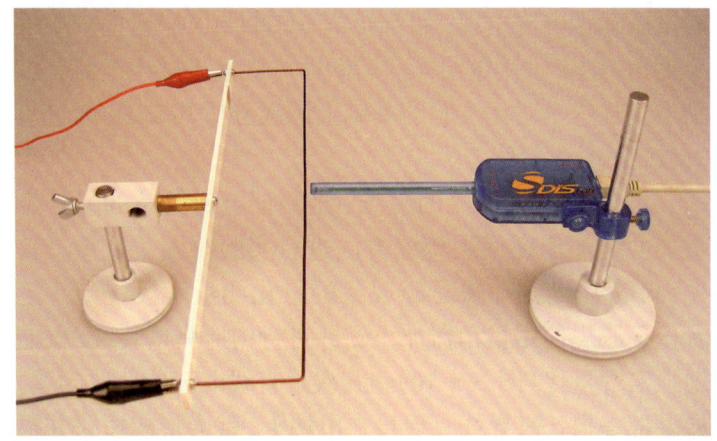

图2-5-11　使用DIS磁感应强度传感器进行直线电流磁场实验

变定性为定量，建立研究者们的信心：

实验与信心有什么关系？看起来好像没有直接关系。但是在DIS介入高中物理实验之前，很多实验就是演示一下现象而已。遇到想刨根问底的学生，教师们受限于实验手段只能敷衍，甚至祭出"教材规定这个实验就是定性演示"之类的无奈说法。长此以往，不仅教师，连学生都会失去研究的信心。而DIS提供的将实验从定性升级到定量的提升，则可以潜移默化地培养学生，这些未来研究者们的信心——只要你想做研究，总会有方法和手段的保障，研究者自己要想办法去寻求这种保障。从这个角度来讲，DIS对学生的个人发展将起到关键的作用。

外方便：可按照图2-5-11所示，选择一根粗铜丝，将其串联在滑动变阻器上，接上学生电源（额定电流3A）。将DIS磁感应强度传感器与粗铜丝固定在同一个平面内，传感器指向与粗铜丝垂直，进行软件调零。接通学生电源，可获得粗铜丝周围的磁感应强度测量值。改变传感器与粗铜丝之间的距离，发现随着距离减小，磁感应强度增大。保持传感器与粗铜丝之间的距离不变，调节滑动变阻器改变通过粗铜丝的电流，发现随着电流增大，磁感应强度也增大。

因DIS的应用使"直线电流的磁场"实验变得简单易行，而且从定性观察上升到了定量分析层面，实验质量和教学效果得到了提升。

由上述实验可知，凭借微电流和磁感应强度传感器，DIS有效解决了微小电、磁信号的测量问题，为传统的疑难实验带来了令人满意的新方案。同时，硬软件的有机结合增加了实验的深度，拓展了电磁学实验的广度，众多极为精彩、对学生有很大启发、必须通过微小信号测量才能够完成的拓展型实验，如人体导电、大地电流、水果电池、纯水导电、热电偶等，得以进入实验室和课堂。学生可以全方位地拓展实验空间，广泛研究身边有趣的电磁现象，而这正是信息技术与物理学整合的目的所在。

三、读懂图线,认识规律

随着对DIS研究和应用的深入,我们认识到:DIS提供的实验数据图线具备物理模型的意义。通过图线展示物理现象的过程,也是让学生开始学习建模,并从物理现象的模型中寻找物理规律的过程。此外,读懂图线、认识规律,不仅是物理教学要实现的目标,同时也是一个人认识社会、适应社会的基本素养。

在电磁学教学中,DIS的图线功能发挥了相当大的作用。实时描绘"物理量-时间"图线,即可建立物理现象与物理规律之间的对应关系。获得实验数据后,还可以在坐标中标出数据点(离散点),进而拟合绘图。这样,学生就可以将数据、数据点、图线之间关联起来,并开始在脑海中逐步构建物理模型。

使用DIS的欧姆定律实验(原理图见图2-5-12),比较全面地展示了DIS的"数据-图线"功能的教学作用。将多次改变滑动变阻器后测量的电压、电流值记入计算表格,在表格的公式列中输入$R=U_1/I_2$,点击"计算",根据结果可以看出,电压与电流的比值U_1/I_2基本上为一常数,表明二者成正比关系。启动"坐标绘图",选择X轴为"U_1",Y轴为"I_2",可见坐标系内数据点呈直线排列。点击"直线拟合",得出一条基于数据点的直线,同样反映了电流

图线拟合,不是早先想象的那么简单:

撰写本篇论文之时,"图线拟合"功能已经纳入DIS的软件之中。该功能主要用于判断坐标系内排列的数据点(既可以是实际测量值,也可以是计算结果)之间的数学关系。当时的说法如本文所示:如果图线大部落分布在一条直线上,或与一条直线相距不远,就可以说定位这些数据点的两个物理量之间是线性关系。

但随着研究的深入,我们逐步发现了这种说法的逻辑漏洞所在:数据点与某条直线或曲线的符合程度,只说明定位这些数据点的两个物理量之间存在直线或曲线所示的数学关系的可能性。而图线拟合只能提供判断的辅助。于是,我们小心谨慎地将针对图线拟合的解释定位在:如果某些数据点的分布与某条直线或曲线的吻合度高,我们可以认为定位这些数据点的两种物理量之间符合如该直线或曲线所代表的数学关系的可

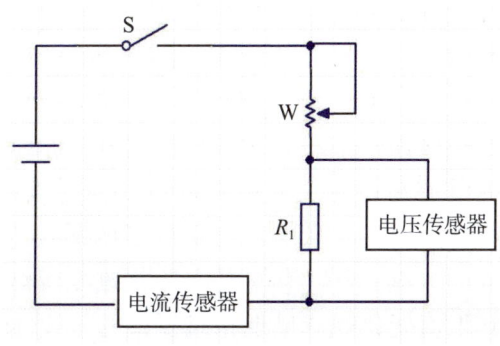

图2-5-12 欧姆定律电原理图

能性大；反之，则小。现在再看当年论文中的表述，虽然令人汗颜，但这就是我们的思想和认识提升的真实过程，也是DIS走向完善的体现。

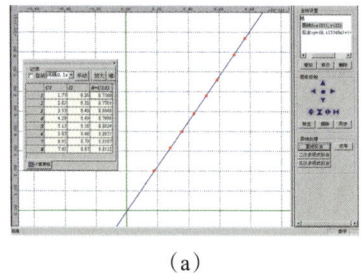

(a)

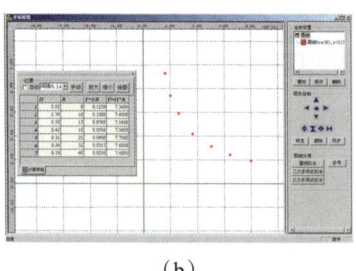

(b)

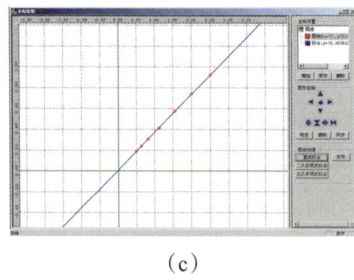

(c)

图2-5-13　DIS通用软件数据计算和图线分析功能在欧姆定律实验中的综合使用

与电压的正比关系[图2-5-13(a)]。

在计算表格的公式列内输入公式"$Y=1/R$"与"$U=I_1*R$"。得到计算结果后启动"坐标绘图"，首先定义X轴为"R"，Y轴为"I_1"，观察发现坐标系内的数据点排列呈现双曲线特征[图2-5-13(b)]，表明电阻与电流之间有可能存在反比关系。为了验证反比关系的存在，将X轴定义为Y，即"$1/R$"（电阻的倒数），可见数据点呈直线排列，点击"直线拟合"，得出一条过原点的直线[图2-5-13(c)]，说明电阻与电流倒数之间为正比关系，从而验证了电阻与电流之间的反比关系。

在使用DIS电流、电压传感器和教材专用软件进行描绘小灯泡伏安特性曲线实验[原理图见图2-5-14，实验装置图见图2-5-15(a)]时，首先记录下多组电压以及对应的电流值，接着通过软件的绘图功能描绘出电流与电压关系图线[图2-5-15(b)]。该实验还可以进一步扩展：如果在图2-5-14所示的电路中用电阻替换小灯泡，重复实验得到的电流与电压关系图线跟欧姆定律实验中的类似。组织学生讨论是什么原因造成了两图线差异，可导出本实验的关键：小灯泡的温度变化改变了灯泡电阻，且此时其阻值变化规律呈现相对复杂的非线性特征。

第二章
DIS艰难起步

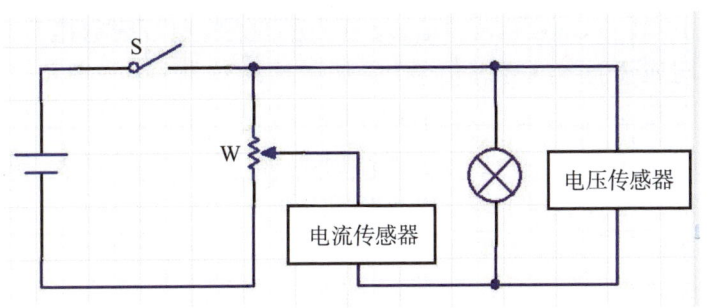

图2-5-14　小灯泡伏安特性曲线实验电路原理图

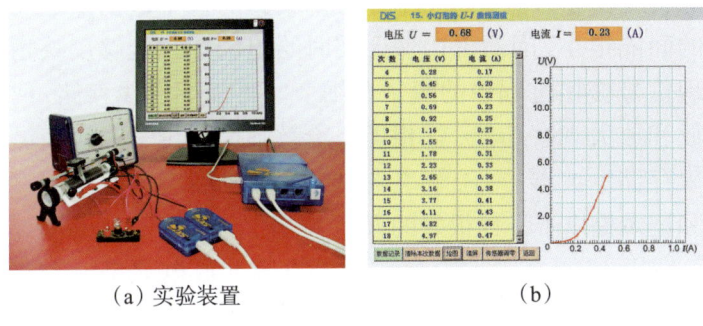

(a) 实验装置　　　　　　　(b)

图2-5-15　小灯泡伏安特性曲线实验结果（教材专用软件）

上述两个实验的操作，使学生经历了"数据采集→计算→描点→画线（拟合）→增加变量→再采集→计算→描点→画线（拟合）"的过程，最终基于实验数据、数据点和图线，归纳出了电流与电阻之间的关系。学生通过获得并处理实验数据，不仅认识到了图线的由来，而且开始初步认识到图线背后的模型意义：数据点呈直线排列，反映的是正比关系；数据点呈双曲线排列，反映的则是反比关系；而在小灯泡伏安特性曲线实验中获得的实验结果图线，既非直线，也非双曲线、抛物线，其数学表达式难以给出。上述实验结果既反映了物质世界的规律性，又揭示了其复杂性，对学生认识水平的提高无疑有巨大的帮助。

四、捕捉细节，攻克难点

在电磁学实验教学过程中，一些物理现象持续时间

在论文中嵌入大量实验实例的用意：

细心的读者可以发现，与本文类似，研发中心的早期论文中有大量的实验实例。其中既有针对某一个或某一类实验的历史回顾、经典展示，更多的则是DIS给出的实验方案。这些方案之细致，足以让老师们直接借鉴。不要认为这是笔者的文风所致，其实这是当时DIS推广的切实需要。因为，作为新生事物，DIS迫切需要让教师认识到自己的教学价值。在这个过程中，只能是从实验到实验，以展示DIS为实验教学做出的实实在在的变革。我曾说过："理念是不能当饭吃的！"我这样说绝非否定课改的理念，恰恰是认识到自己肩负将课改理念落到实处的重任，因此始终坚持务实的态度和从实际出发的精神。结果，就形成了这些具有极强指导意义的论文：教师完全可以照方抓药，将DIS纳入自己的教学设计。根据后期的不完全统计，这些论文发表后被

大量引用,成为很多教师认识和掌握DIS的铺路石。

很短,可以说稍纵即逝,比如自感现象、电容充放电等,均属于这类"暂态信号"。基于传统仪器,物理现象的表现不过是小灯泡的瞬间亮灭或电流表/电压表指针的快速摆动,学生的感观捕捉不到仪器的瞬间变化,思维来不及跟随,实验效果受到影响。因此,怎样捕捉暂态信号,并且将其展示在学生面前,一直令教师们很伤脑筋。

DIS具备实时图线功能,可以记录物理信号变化的全过程。由于采集频率很高,所采集到的每个数据点之间的间隔很小,因而可以保证实时绘出的图线能够反映物理信号变化过程中的每一个细节。再加上图线存储、回放和放大观察功能,就相当于给教师们提供了一台高灵敏存储示波器,对于解决电磁学实验中暂态现象的观察和记录提供了一种很好的方案。

超越感官、突破局限,从捕捉暂态现象开始:

DIS诞生之初,就受到了不少教学专家的质疑:引入DIS让学生失去了观察现象的机会,还谈什么过程、方法?现在看来,这些老师那时肯定是没弄明白DIS与传统实验并非取代的关系,而是整合与互补的关系。而且,他们肯定也没有认识到:使用传统实验方法,学生就能够很好地观察现象吗?比如说物理实验中的暂态现象,如果没有DIS设备,谁能够看得清楚呢?其实与动物相比,人类的某些感知能

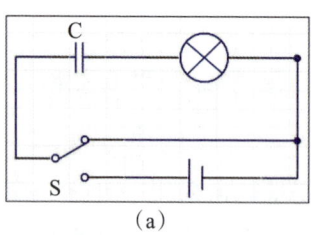
(a)

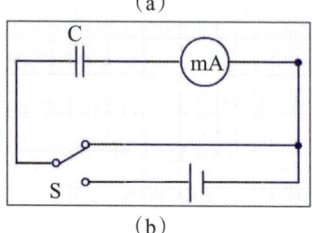
(b)

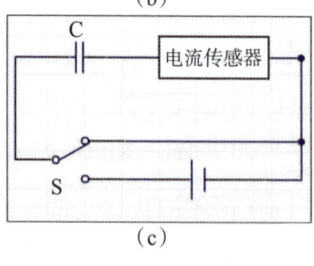
(c)

图2-5-16 电容充放电实验电原理图

电容充放电就是一个典型的暂态现象实验。传统条件下,使用小灯泡或电流表来观察电容充放电现象,实验的电路原理如图2-5-16(a)、(b)所示。

其中,图(a)方案使用小灯泡看似简单,实际却包含很多要点:电源的电动势、电容容量及灯泡的电阻必须搭配适当,电源的内阻必须很小,否则不能保证小灯泡随着电容的充电、放电呈现足够的亮度,而且容易造成灯泡烧坏。图(b)方案使用电流计相对较好,能够在观察到电流变化的同时显示出电流的方向。但两种传统实验方法的共同

缺陷是，无法展示电容充放电引起的电流变化的全过程。虽然可借助示波器，但根据笔者的经验，该实验对示波器的参数和使用操作的要求也很高：要求示波器扫描时间1～3 s，还需具备触发及存储功能；充电时要将示波器触发置于"内+"，而放电时则置于"内–"；另需保证"y"的增益要很大，否则无法形成触发。鉴于上述情况，电容充放电实验一直存在实验手段的"瓶颈"。

而采用图2–5–16(c)方案，即使用DIS电流(或电压)传感器进行电容充放电实验(图2–5–17，配套选用朗威®EXB系列电学实验板)，首先可以选择"示波显示"方式相对容易地描绘出反映充放电过程中电流/电压随时间变化的图线[图2–5–18(a)]，让学生对该物理过程有一个基本了解。接下来，可使用DIS计算表格的"自动记录"功能，调节采集频率(数据点时间间隔)，可获得充/放电过程中的电流/电压数据，进而通过"坐标绘图"描绘出实验数据对应的离散点[图2–5–18(b)]。教师引导学生对离散点的排列规律进行观察，并与实时绘出的充放电图线加以对比，一方面可以强化对充放电规律的

力是较为低下的。对暂态现象的捕捉能力低，就是人类自身感官局限之一。而DIS只不过与望远镜、显微镜、电流表等仪器设备一样，是服务于人的认知和学习过程的工具。这些老师们彼时对DIS的质疑，更多的还是来自与新生事物保持距离的习惯。好在，当DIS充分展示了其超越人类感官的教学功能之后，这些质疑之声也就渐渐消失了。

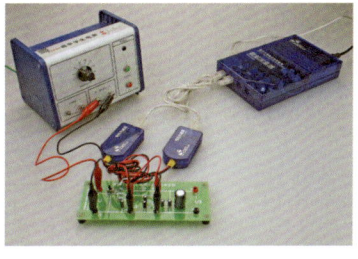

图2–5–17　使用朗威®EXB系列电学实验板进行电容充放电实验

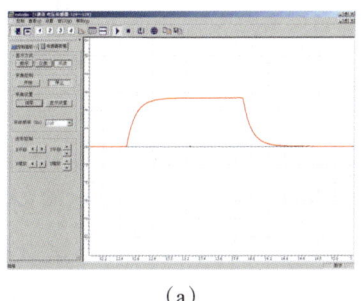

(a)

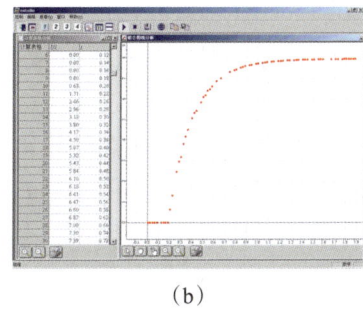

(b)

图2–5–18　电容充放电实验数据及图线结果

认识,另一方面可以使学生理解图线背后的实验数据基础,掌握殊途同归的研究方法。有了图线和离散点图像,教师再将电容充电时电流/电压的变化规律总结为具有"指数特征"的图线,学生也就能够理解和接受了。

相对于电容充放电实验,自感现象实验的"暂态"特征更突出,实验的难度更大,对观察和分析手段的要求更高。自感现象实验的关键,在于让学生对通电、断电之后,两个支电路(其中一个连接自感线圈)电流的变化情况产生区别(图2-5-19)。而产生区别的原因,则在于自感线圈对于电流的阻碍作用。笔者对此常用的比喻是:"就像稻田里的淤泥,下脚时不让你一下子踩到底,拔脚时又吸住你不放"。

传统与现代交相辉映——自感现象实验的教学设计:

传统的自感现象实验示教板,在缺乏信息技术的前DIS时代,已经将这个实验做到了极致。DIS问世之后,虽然成功捕捉到了电流的瞬间变化,但我们还是觉得缺了点什么。于是就有了本篇论文所记录的,交替使用自感现象实验示教板和DIS设备的教学设计。这一设计,既发挥了DIS捕捉暂态现象的技术特长,又保留了示教板小灯泡连续亮灭产生的感官刺激,可以最大限度地为相关的教学内容提供支持。这也从另一个侧面给出了传统与现代实验手段的应用策略:超越并非替代,整合而非排他。

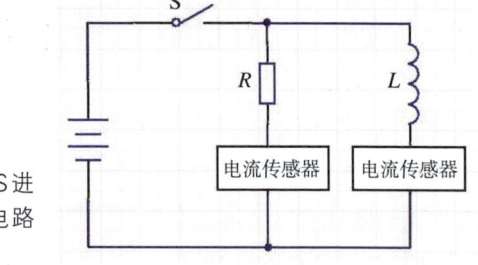

图2-5-19 使用DIS进行自感现象实验的电路原理图

以往的教学实践中,为让学生看到这种变化,一般采用在电路中串接小灯泡的方法。但由于决定小灯泡亮度的因素并非只有电流,加上人眼对亮度变化识别能力的差异,致使该实验方法的可靠性较差。再者,小灯泡仅能通过亮度变化显示电流的有无、强弱,且不具备指示自感电流方向的功能。因此,使用该方法,很难把实验做深、做透。

使用DIS进行自感现象实验时(图2-5-20,配套使用朗威®EXB系列电学实验板),可选用两只电流传感器,分别替代传统实验电路里的小灯泡或电流表。启动"坐标绘图",定义两条图线——"I_1-时间"与"I_2-时间"。拨动开关,使电路通电、断电后,通过坐标缩放功能适当将记录的图线放大,即可得到两条清晰展示通电自感与断电自感现象全过程的图线(图2-5-21)。

教学实验课上,教师可以引导学生基于图2-5-21所

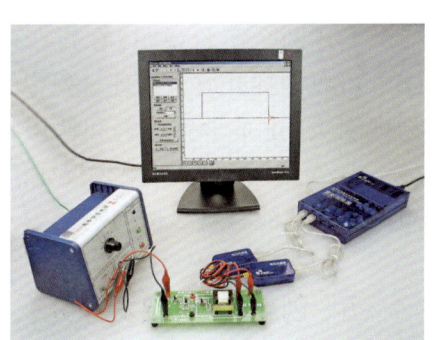

图2-5-20 使用朗威®EXB系列电学实验板进行自感现象实验

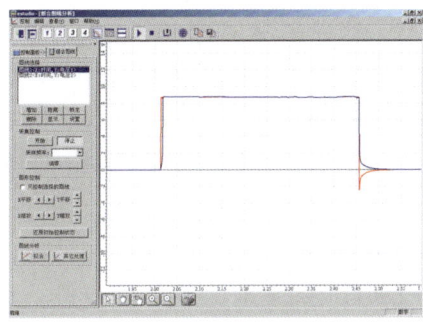

图2-5-21 自感现象实验结果

示的组合图线对电流的变化过程进行分段研究,并按时间顺序对两条图线加以解读。通过对通电瞬间、通电后、断电瞬间和断电后四个阶段的观察、分析,不难得出结论:电感与电阻在电流增大或减小过程中对电流的阻碍作用不同。在电流稳定时,阻碍作用相同;在电流增大或减小(电流变化)时,电感对它的阻碍作用增大,主要体现在延长了电流变化的时间;断电时,存储在线圈里的电能随即释放,致使电流在电感与电阻形成的回路中流动,表现为通过电感的电流缓慢回落而电流方向瞬间反向。

  此时,有经验的教师会再次启用传统的自感现象演示器,展示两只小灯泡的亮度变化,学生普遍对灯泡亮度变化这一表象背后的原因已经了然于胸。此举无疑将加深学生对图线所揭示的电流变化过程的理解。在2004年全国物理教学创新大赛的公开课上,北京十一学校秦建云老师就按照上述程序完成了自感现象的教学过程,并勇夺大赛一等奖第一名。

上述两个实验说明,在暂态现象的测量实验中引入DIS,可以捕捉并放大物理过程中的瞬间变化。而"看到"物理现象,正是学生理解和认识物理规律的第一步。这也不由得引人思考:如果仅仅凭借传统仪器,学生对物理规律的理解能有这么透彻吗?

五、创新实验,启发探究

重新定义工具:

"在评判某一种工具的作用和意义时,其中一项指标是看这种工具能否支持使用者进行创新和创造。"旧文今解,很少有类似这句话能让我们再次收获感动。如果不是对实验教学有着深入的理解和认识,不是对工具的作用抱有哲学思考,是不可能凭空写出这段文字的。现在看来,这也是我们对DIS所能够给出的最高评价。而且直至今日,这个评价仍能得到一些行业的认可。

在评判某一种工具的作用和意义时,其中一项指标是看这种工具能否支持使用者进行创新和创造。根据二期课改的理念,物理实验教学所承载的教育功能不仅仅是让学生学会物理知识本身,而是理解知识的形成过程。这就对实验仪器设备提出了新的要求:必须有助于培养学生良好的学习习惯和思维品质,能够对学生的自主学习和自主探究形成有力的支持。

在使用磁感应强度传感器研究通电螺线管磁场的时候,给定的实验方法是:将通电螺线管置于标有刻度的座板上[图2-5-22(a)],按照固定间隔把传感器逐步推进螺线管内部,每推动一次记录下当前的位移和磁感应强度数值,从而绘制出通电螺线管磁场分布图线[图2-5-22(b)]。

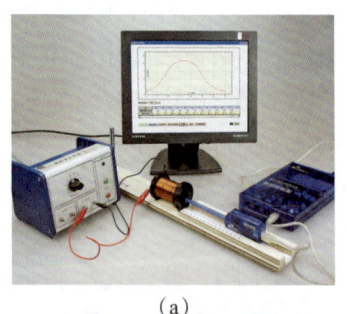 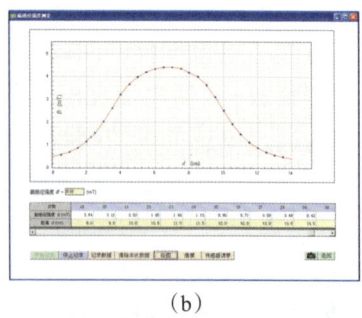

(a)　　　　　　　　　　　(b)

图2-5-22　通电螺线管内部磁场研究实验装置及实验结果

从教学实践来看,学生对此方法掌握得很快,教学效果也很好。但是通过深入课堂教学,发现有的学生并不

第二章 DIS艰难起步

满足于给定的实验设计,开始自己异想天开地"鼓捣",而且居然弄出了"名堂":他们根据高一阶段对 DIS 位移传感器功能的了解,提出了将磁感应强度传感器与位移传感器组合使用的创意。如图 2-5-23(a)所示,组合后的新装置能够实时描绘出"位移-磁感应强度"关系图线,进一步提高了实验效率。然而,学生的创新并没有止步。他们在控制变量法的指导下,改变电流大小,依次获得了多条"位移-磁感应强度"图线,并依托 DIS 教材通用软件的并行显示功能,将多条图线放在同一坐标系里加以对比,清晰展示了电流与磁感应强度之间的关系[图 2-5-23(b)]。这些创意在上海市和全国公开课上获得了专家们的好评。

多种传感器组合初现端倪:

如今,同时借助多种传感器测量某一物理过程,研究多变量之间的关系,对 DIS 来说已经驾轻就熟了。但在本文问世的当年,将分体式位移传感器与磁感应强度传感器略显生硬地组合起来的这种"拉郎配"还是具有开创意义的。当 DIS 多种传感器的组合越来越普遍的时候,我们才逐渐认识到,这一切都源于组合创新思想(详见冯容士、陈燮荣专著《物理实验创造技法和实验研究》)。

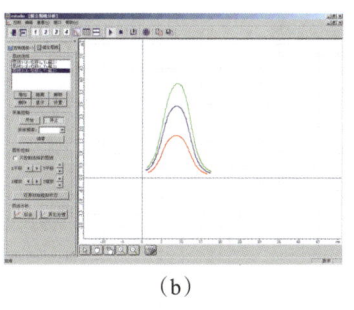

(a)　　　　　(b)

图 2-5-23　同时使用位移传感器与磁感应强度传感器研究通电螺线内部磁场分布实验装置及实验结果(DIS 教材通用软件)

安培力实验综合运用了电磁学的相关知识,并展示了电磁相互作用的结果,可为电动机等知识的导入做好铺垫。以往限于实验手段,多数实验侧重于定性演示安培力的存在,并证明安培力的大小与电流、磁感应强度以及处于磁场内的导线长度相关。若要对安培力进行定量研究,一般要依靠"电流天平"对力 F 进行间接测量,进而使用多变量复合的方法,得到实验结果。因电流天平可靠性的限制,验证 $F \propto BIL$ 的难度较大。

笔者根据 DIS 的特性和安培力实验的教学要求,进行了一系列的创新创造。首先开发出了"安培力"实验装置（图 2-5-24）。该装置由专门设计的吊架和一个长宽比为 2∶1 的导线框构成，吊架上设有两个固定插口，导线框在两个插口固定的时候，先后使长边和短边恰好处于磁场中。为使实验效果更明显，采用钕铁硼磁铁构造了实验用强磁场。其次，使用 DIS 力传感器和电流传感器作为实验的测量工具，发挥了信息技术工具的教学功能。

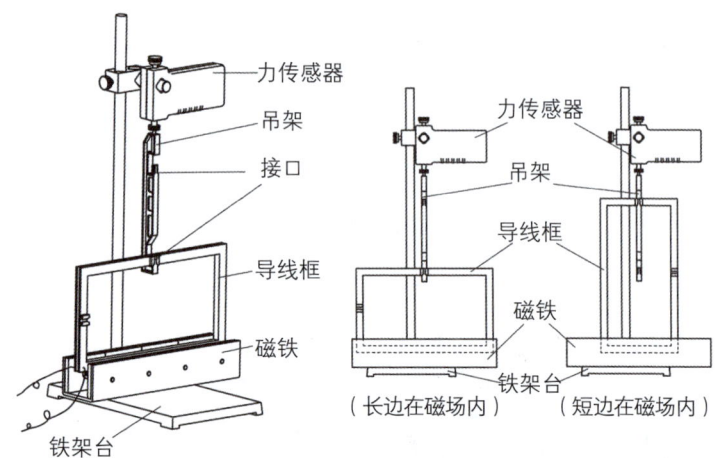

图 2-5-24　同时使用力传感器与电流传感器进行安培力实验

实验中，将导线框的短边置于磁场中，设定导线长为 L_1，点击记录相应的 F 和 I。定义 x 轴为 I_1，y 轴为 F_1，获得基于实验数据的离散点。观察可见这些数据点的排列具有线性特征，对其进行直线拟合，得一条过原点的直线[图 2-5-25（a）]，证明 F 和 I 之间成正比关系。接下来，改变导线框在吊架上的固定位置，使其长边置于磁场中，使导线长度 $L_2=2L_1$。重复上述实验步骤，得出实验数据离散点拟合图线[图 2-5-25（b）]。

将两条图线置于同一坐标系内观察，可见其斜率不同，两条图线的斜率之比近似于导线长度之比[图 2-5-25（c）]。由此可验证 $F \propto BIL$。

在上述实验中，各种传感器、配套实验装置进行了有效的组合，从而在积累了一定信息技术知识的基础上，根

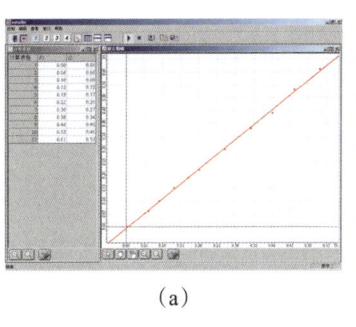
(a)

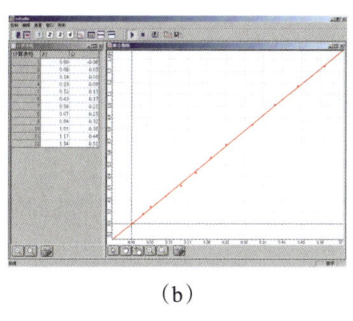
(b)

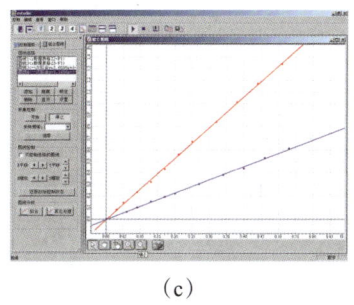
(c)

图2-5-25　矩形线框短边、长边分别处于磁场中时获得的"F–I"图线及两图线在同一坐标系内的组合显示比较

据特定要求构造出了具有完整结构和有效功能的全新测量和研究单元。创造的成果固然令我们激动，但同时也使得我们反思：如果学生手中的工具不具备组合、扩展和再创造的功能，他们又有多大的舞台可以施展，他们乐于创造的天性又能保持多久呢？

立足DIS，放眼物理乃至科学教学：

DIS研发是一件事无巨细的工程。如果没有脚踏实地的作风，断难完成。但DIS的研发又是教育改革的重要组成部分，因此就事论事还不足以做出高度、做出水平。现在看本篇论文的篇后语，不禁感慨：若不是当年的研发者做到了脚踏实地与仰望星空的统一，时刻以教育教学目标的实现来校准研发方向，DIS是否能够取得今天的成果真的很难说。

使用DIS进行电磁学实验的过程，贯穿了从数据到规律、从现象到本质的归纳，充满了猜想和验证，这使得学生可以非常容易地建立起"实验数据→物理现象→物理本质"之间的基本思维模型。这不仅是DIS——数字化信息系统实验室的操作要求，更是对上海二期课改关于改变学习方式总体要求的贯彻，是一个完全符合认知规律、趋于理想化的学习过程。

中学物理教学的另外一项重要使命，就是激发学生的创新精神、培养学生的创新能力。但创新必须借助某种物化的载体，该载体既要与物理教学紧密相关，又要具备可供创新使用的结构和功能。从以上实验来看，DIS已经初步实现了这一目标。

第六节　DIS走进热学实验教学

接口——DIS的挑战与机遇:

多年以后重读此文，一个基本得不能再基本的概念涌上心头——接口。没错！当年面对热学实验，我们就是在寻找传感器与各种热学实验装置的最佳接口：既要保证物理过程的完整性，又要保证数据测量的可操作性；既要充分利用现有的实验装置，又要兼顾DIS的使用要求。

随着研究的深入，我们发现：传统热学实验的弱点，也正是在于测量工具与测量对象之间的不匹配。正如文中所言，温度计、气压表这些传统热学实验仪器都存在与实验装置整合不便的问题，这种问题在面对查理定律实验、压强与沸点的关系实验等需要密闭和多物理量并行测量的时候，显得尤为突出，在热传导、热辐射等基础实验中也颇令人头疼。

综合考虑，似乎真的

热学，将中学物理的研究对象从宏观导入微观，并引入分子动理论，使学生对物质世界的认识由静态转为动态，对扩展学生的认知领域起着重要作用。热学在中学物理教材中占有很大的篇幅，热学实验形象直观、生动活泼，很受学生欢迎。但以往学生实际观摩、操作过的热学实验并不多。究其原因，一方面在于热学实验对实验环境和测量手段的要求较高，传统实验装备难以满足要求，致使很多实验处于"想做却做不出，做得出又做不好"的境地；另一方面，热学实验比较费时，在无法确保实验效果的情况下，老师出于对课时的珍惜，对有些实验就只能一带而过了。

DIS引入中学物理实验教学之后，形成了数字化信息系统的综合优势，不仅为改进热学实验教学提供了必要的技术手段，而且催生了一些新的教法、新的实验，对学生加深认识和理解热学的现象和规律起到了促进作用。

一、改进现象观察

在热学实验中，现象观察是一个重要内容。一般意义上的观察仅限于人眼可见的物理变化，如结冰、熔化、沸腾等，多属于定性观察。随着实验的深入，要求获得准确的实验数据，有了数据才能进行定量的分析。上海二期课改高中物理教材对热学实验进行了强化，因此有必要引入新型实验手段，对传统热学实验体系加以改造。

传统热学实验所依赖的测量工具主要是温度计和压强计（包括指针压强计、水银气压计和微小压强计等）。温度计以液面的高低显示当前温度，压强计除使用指针显示以外，也借助液面的高低指示气压。这两类仪器的优点是构造相对简单，但操作使用不太方便：温度计系玻璃制品,易碎;压强计较为笨重,与实验器材的组合不方便,不易保证气密性;温度和压强的测量工具普遍存在分挡大、精度低、可见度不理想等问题,所获得的实验数据质量不高,普通温度计一般难以达到0.1℃的测量精度。此外,仅靠人眼观察和手工记录数据,容易造成操作误差,会影响数据的可靠性;两者均不能记录数据的变化过程,实验操作时采用定时记录的方式,容易造成关键时刻的数据缺失。

除了测量手段,传统热学实验中的加热手段也成了提高实验质量的瓶颈。多年以来,酒精灯、水浴一直是广泛使用的热源。但在晶体的熔化与凝固、比热容、查理定律等实验中,酒精灯不能直接对试管加热,而是对盛水烧杯加热。在由烧杯、水和试管构成的系统中,热传递的方式主要是传导和对流。教学经验显示,这种加热方式虽然简单,但存在试管内物质(萘、煤油、水和空气)受热不均匀的现象。萘的熔化与凝固过程中温度不变的特征难以体现,比热容实验中更是经常出现与理论值相反的实验结果,令很多教师感觉相当头疼。

研发中心从两个方面着手对热学实验装置体系进行了改进。首先是引入DIS温度和压强传感器(图2-3-4、2-3-5),其次是研发了以远红外加热器为代表的新型热学配套实验装置(图2-6-1)。

DIS温度传感器采用了"高精度温敏器件+不锈钢温度探针"的结构,比玻璃温度计热容量小,且坚固、耐用,温敏器件的响应时间很短,反应灵敏,测量分度可达0.1℃,量程-10℃~110℃,基本涵盖常规热学实验温度范围。图2-6-2为几个有代表性的热学实验。其中水冷却实验[图2-6-2(a)]、液体蒸发使温度下降实验[图2-6-2(b)]充分利用了DIS温度传感器的图线功能,清

图2-6-1　DIS远红外加热器

只有DIS是解决上述问题的最佳手段。首先,DIS可以将传感器做小,从而大大提高测量的灵活性。比如温度传感器,可以是一根探针,也可以是一个敏感元件。尽管还需要拖着一条导线,但在处理容器密闭的时候,一条导线比一只温度计要方便得多。使用小型化的DIS温度传感器,可以将测量端准确地置入密闭容器之中,好比现代医学中的"介入疗法"。其次,DIS可以提供外接测量方式,如压强传感器就自带了可靠的软管,可以连接在密闭容器上构成灵巧的旁支管路,从而实现对气液压强的准确测量。

正是凭借传感器的灵活性,DIS才比较好地克服了与实验装置的接口问题。而本文涉及的几乎所有DIS热学实验,都不同程度地隐含着因解决接口问题带来的突破。

后来我们也逐步认识到:其他领域DIS实验的实验同样面临接口——传感器与测量对象、实验装

置的整合问题,只不过解决的难度不像热学实验这么大罢了。而接口,正是DIS研发的一个关键点,既是挑战,又是机遇。这是我们在经历了长期研发工作之后,进行归纳和抽象所得出的结论。这一认识,也成了笔者随后凭借大量的三通管件和压强传感器构造出流体压强实验器和马德堡半球实验器的思想基础。

DIS软件在热学实验中的应用:

与力学、电学实验中需要"眼疾手快"捕捉暂态现象不同,热学实验中物理变化相对缓慢,讲究的是"慢工细活",要有耐心,更侧重于对实验全过程的记录。在这一方面,DIS软件的采集频率设置和数据自动采集功能就派上了用场。笔者在文中提到的对牛顿冷却定律的验证,就是凭借上述功能连续测量12个小时后完成的。

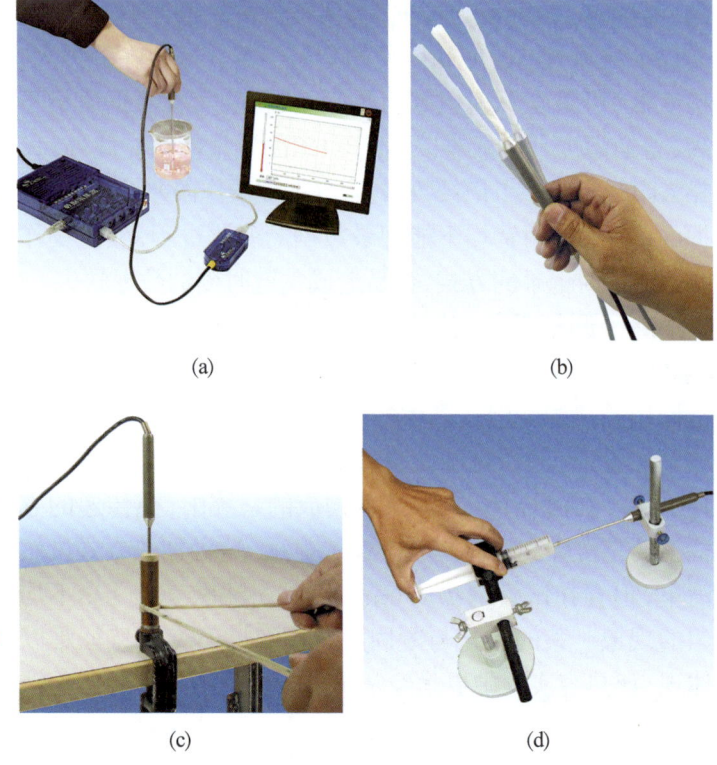

(a)　　　　　　　　(b)

(c)　　　　　　　　(d)

图2-6-2　使用DIS温度传感器进行热学实验

晰、直观地记录了温度变化的过程;摩擦做功使温度升高[图2-6-2(c)]、压缩气体做功使温度升高[图2-6-2(d)]两实验则发挥了DIS温度传感器热容量小、反应快捷的优势,准确捕捉到了凭借普通温度计难以测量的升温效应(图2-6-3)。尤其是"压缩气体做功使温度升高"实验,传统实验难度较高的原因是温度计的热容量(反映时间)过大以及温度计与实验器材的配合较难。使用DIS温度传感器之后,实验效果大为改观:将温度传感器前端的金属探针插入注射器口,快速推动注射器活塞,即可观察到温度数值的变化[图2-6-3(a)]。有了明确的实验结果,再向学生导出做功使气体内能增加、温度升高的结论,就顺理成章了。教学实践证明,学生对这个实验非常感兴趣,经常争先恐后地操作,看谁的升温效果更明显,

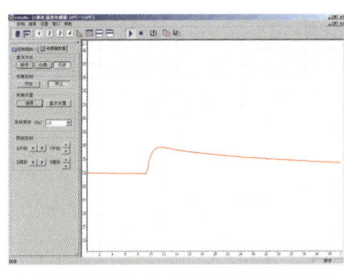
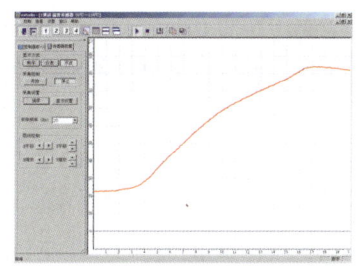

（a）压缩气体做功使温度升高实验
获得的"温度-时间"图线

（b）摩擦做功使温度升高实验获得
的"温度-时间"图线

图2-6-3

大有"比拼"之势,令实验课堂气氛格外活跃。

DIS压强传感器对提升热学实验质量的贡献同样明显。该传感器小巧灵便、结构紧凑,配套的外接塑胶管为标准件,易与现有配套管件,如带自锁的三通管[图2-6-4（a）]组合使用,保证了实验装置的气密性。

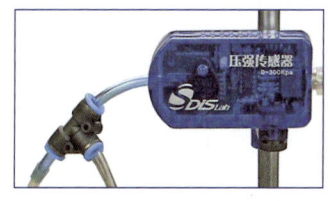

(a)

在图2-6-4（b）所示的压强与沸点关系实验中,组合使用了DIS温度、压强传感器、三通管以及带气压表头的手动压/抽气机。实验中,温度传感器测量水温,压强传感器测量烧瓶内的压强,压/抽气机用于改变烧瓶内的气体压强。如此一来,学生不仅能观察到气压降低导致沸点降低的"温水重开"现象,还可以精确测得导致这一"奇观"出现所需降低的气压值到底是多少,建立沸腾现象出现时的温度和压强关系,因而实验的量化程度大幅度提高。此外,

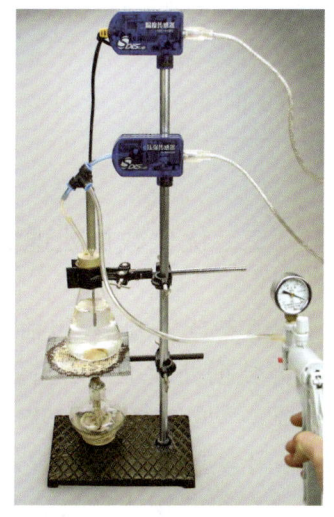

(b)

图2-6-4 三通管及压强与沸点关系实验装置图

DIS远红外加热器——不仅更新加热手段，还要更新实验思想：

本篇论文记载了DIS远红外加热器的研发过程，并且给出了其优良的实验表现。这里需要强调的是：笔者当年之所以要尝试对加热手段进行更新，除了要验证一下自己早年间的一个理论推演，更是要通过这次尝试，争取唤醒沉睡在传统实验之中的教师——面对酒精灯、水浴这样有危险且能耗高的加热手段，我们为什么不能来一次"等效替代"，甚至升级换代呢？如果做不到这一点，我们就真的要反思自己是否真正具备物理思维了！

压强传感器的示数和压/抽气机附带的气压表头示数之间可互为参照，令学生们感受到了测量技术的殊途同归。

早在20多年以前，笔者就曾根据热传递理论预测，如果将远红外技术用于热学实验，其效果将明显优于酒精灯、水浴等。但受限于国内的远红外技术，这一预言甚至没有获得验证的机会。在DIS基本成形之后，笔者立即组织人力展开了远红外加热器开发攻关。经过近一年结合教学应用的反复试验，终于得偿所愿——多年来梦寐以求的远红外理想热源诞生了（图2-6-1）。

DIS远红外加热器的根本优势在于采用辐射加热，稳定而均匀，且能够穿透玻璃器皿，直接加热实验物质。这一特点在晶体的熔化与凝固、比热容等实验中表现得相当出色。两个实验的结果见图2-6-5、图2-6-6。

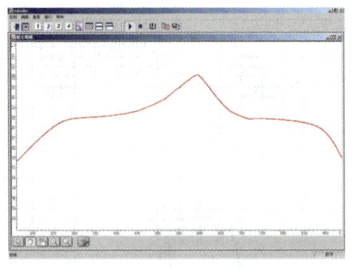
图2-6-5 萘的熔化和凝固实验之"温度-时间"图线

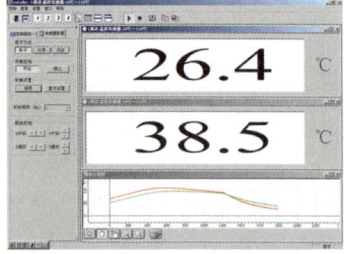
图2-6-6 比热容实验之水和煤油的"温度-时间"图线

二、优化数据处理

在热学实验中，包括实验数据误差分析、代入公式运算等数据处理工作所占用的教学时间一直很多，影响了课堂教学的效率。而DIS作为数字化信息系统的优势，恰好在于实验数据采集、显示、记录和处理的一体化功能。

在研究物体吸收热本领的实验中，传统的做法是采用黑白两种色面的热辐射演示仪和微小压强计，通过对微小压强计变化幅度的比较，间接验证不同表面的物体吸收热本领不同这一规律,且实验仅限于演示层面。而使用DIS温度传感器,即可通过实时采集温度数据,将实验提升为定量实验:将两只温度传感器的金属探针分别穿过橡皮塞插入两只表面颜色不同的金属筒[图2-6-7(a)],此时两传感器的读数相同且均为室温;将装置置于热源前,即可观察到两温度传感器的读数开始发生变化,在"计算表格"中设定以5s的间隔进行数据采集,得到两传感器温度上升的数据[图2-6-7(b)]。以实验数据为基础,可在坐标系内绘出温度数据的离散点,还可描绘出两条变化幅度截然不同的温度图线(图2-6-8)。其中A、B分别对应黑色粗糙和银色光亮金属筒内的温度传感器读数。不同颜色表面物体的吸热本领差异即可清晰显现。同样的装置还可用来进行不同表面的物体散热(辐射热)本领的研究。实验结果见图2-6-9。

上述实验中,实验数

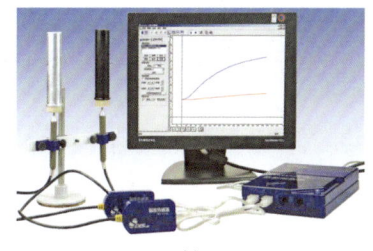

图2-6-7 热辐射的吸收实验装置及系统自动记录下的实验数据

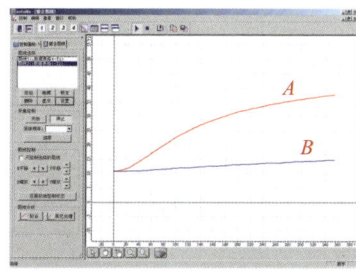

图2-6-8 两个不同表面的铝管吸热升温图线

通过热学实验,将"数形结合"再进一步:

本文提及了DIS在优化热学实验数据处理方面的贡献。但现在看来,DIS在热学实验中更为深入的教学价值,还在于能够将学生通过力学和电学DIS实验建立起来的"数形结合"概念更进一步。根据教材对教学内容和实验的设置,在热学之前,是力学和电学实验。这两类DIS实验较少涉及同一物理量在不同环境下的比较。而热学实验则较多涉及此类问题,热辐射、热传导、流体压强测量等都涉及三个温度传感器或压强传感器的并行采集。而DIS不仅能够进行相关数据的记录,更能够通过并行的图线描绘功能,让学生对不同条件下的物理变化一目了然。相对于抽象的数据,颜色鲜明、趋势不同的图线更能够给学生留下深刻的印象,他们通过力学和电学DIS实验建立起来的对"数形结合"的理解、认识,自然可以更进一步。

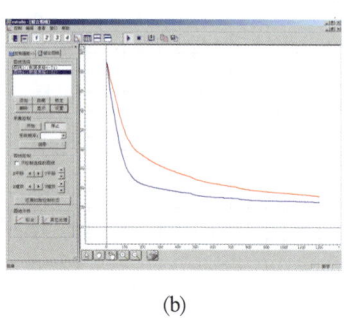

(a)　　　　　　　(b)

图2-6-9　两个不同表面的铝管内水温下降的数据和图线

据由DIS自动采集、记录,依照采集到的数据可直接描点绘图,这一点无疑给从事实验教学的老师们提供了相当大的方便。

在气体定律的重要实验——玻意耳定律实验中,气体压强的测量一直是一个难题。无论使用玻意耳定律演示器还是注有水银、一端封闭的玻璃管,或使用笔者自制的实验装置(通过手动改变连通器一端水银瓶的高度改变玻璃管内封闭气体的气压,并根据玻璃管旁边所附的刻度尺读出相应的数据),均存在装置复杂和操作风险问题:水银为有毒物质,实验教学中越少使用越好;玻璃器皿本身易碎,不能排除反复加压或减压后破损的可能;压强值显示靠读取针式压强计或观察水银液面,误差较大,实验数据质量不高,教学过程也不顺畅。

使用DIS压强传感器进行玻意耳定律实验,解决了气体压强的精确测量问题,实验装置随之变得非常简单

（图2-6-10）。若要改变气体体积,使用配套提供的注射器即可。数据记录、计算及描点绘图见图2-6-11,实验过程详见《DIS用户手册》和《实验实例》。

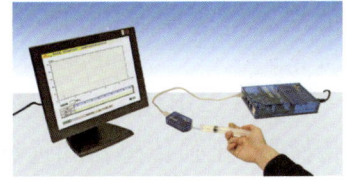

图2-6-10 使用DIS压强传感器进行玻意耳定律实验

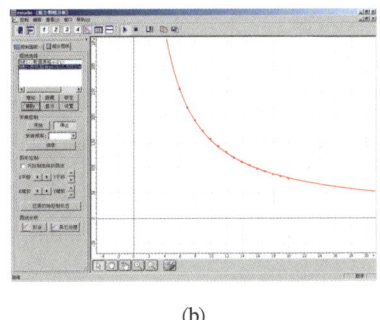

(a)　　　　　　(b)

图2-6-11 使用DIS压强传感器进行玻意耳定律实验所获得的实验数据及p-V图像

在这个实验中,虽然还需要用手动方式记录下注射器中的气体体积,但压强的记录则完全是自动的,点击鼠标即可完成。而手动记录注射器中的气体体积也有捷径可循:记录下气体体积的初始值后,按照一定的规律改变注射器活塞的位置(比如每次减小或增加一个毫升),就可以先将体积记录搁置而只专心记录压强值,待压强数据记录完毕,再按照等差数列手动填入与压强对应的体积值即可。实验数据一旦记录到数据表格中,无论是调用公式库内预设的公式,还是自行输入公式(自由表达式),都可以将实验数据代入运算,即时得出实验结果。教学实践证明,由于DIS压强传感器精度较高,所以获得的实验结果令学生信服,对物理规律的验证效果显著。另外,DIS软件提供的自动描点、绘图功能节省了大量用于实验数据后期处理的时间,不仅能让师生们在有限的时间内把规定的实验做出、做好,还能够腾出时间进行探索研究。

综合运用DIS系列最新研究成果——快速响应温度传感器、压强传感器和远红外加热器,也使气体定律教学中的另一个重点、难点——查理定律实验获得了重大改进。

大考——验证查理定律:

如果说当年顺利完成验证玻意耳定律实验,是DIS通过的一次"中考",那么验证查理定律,则是DIS面临的一次"大考"。除了需要确保实验环境的良好密闭外,实验用到的两个传感器——温度和压强响应的一致性同样非常重要。为了让两个传感器在密闭容器内加热的时候实现同步,我们不仅推翻了传统的水浴加热模式,引入了最新开发的远红外加热器以确保容器内均匀受热,更是将传统实验中的锥形瓶由大改小,最终压缩成一个小试管,终于得到了理想的实验结果。甚至在使用摄氏温标的环境下,获得了p-T数据拟合图线在Y轴上与-273 ℃非常接近的截距。

传统查理定律实验中的困难,除了缺乏温度和压强测量的可靠手段以外,关键在于能否体现温度和压强变化的同步性。为此,在DIS温度传感器的基础上,研发中心又开发了一种快速响应温度传感器,直接将其置于实验用的锥形瓶内;而远红外加热器辐射加热的方式也保证了对锥形瓶内气体的加热均匀、稳定[图2-6-12(a)]。因此,查理定律实验的数据质量获得了显著提高[图2-6-12(b)]。由图可见,一定质量气体,当体积不变时,压强与热力学温度成正比:$p \propto T$或$p/T=$常量。

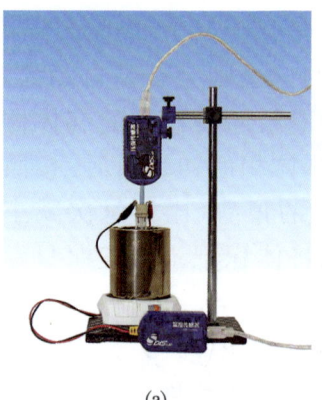
(a)

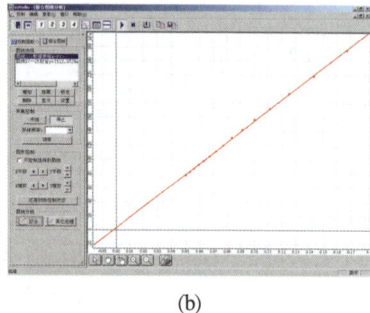
(b)

图2-6-12 查理定律实验装置(DIS快速响应温度传感器、压强传感器和远红外加热器)及所获得的p-t图像

将一杯热水置于空气中,其温度会下降,直至与环境温度相同,这就是热量由水向空气的传递现象。由经验可知,当温度差较大时,热量的传递速度会加快;而当温

度差较小时，热传递的速度会变慢。使用DIS可以做好这项需要通过大量实验数据展示物理规律的实验——水的冷却规律研究，而在此之前，由于实验中的数据量较大，该实验往往被列入"计算物理"的研究范畴。实验装置如图2-6-13所示，使用两只温度传感器，一只穿过橡皮塞插入金属筒，另一只与它平行固定。在金属筒内注入热水，随即将金属筒和另一只温度传感器浸入大水槽中。以15 s的时间间隔记录温度数据，可见两传感器的数据逐渐接近[图2-6-14(a)]。根据实验数据在坐标系内描点绘图，可获得水的冷却图线及水槽内水的温度图线[图2-6-14(b)]。

针对上述数据分析可知，这一实验现象基本遵循牛顿冷却定律：一个热的物体的冷却速度（$\Delta T/\Delta t$）与该物体和周围环境的温度差（$T-c$）成正比。其中，T为物体温度，c为环境温度（此实验中为水槽内水的温度）。

由上述实验可以看出，DIS的几项重要功能——实验数据记录、公式库的调用

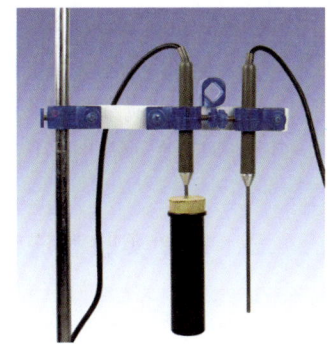

图2-6-13　使用DIS温度传感器进行水的冷却规律研究

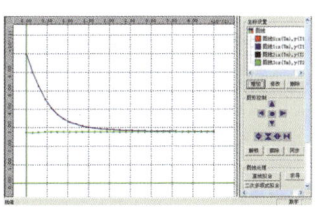

(a)

(b)

图2-6-14　水的冷却规律实验所记录的数据和根据数据绘制的$T\text{-}t$图像

和自由表达式的输入、计算、图线分析等都得到了充分发挥，不仅基础实验数据相当理想，实验结果令人信服，而且能够基于实验数据进行智能化的描点、绘图，加深了学生对物理现象、物理规律的认识和理解。

三、创新实验教法

新的器材带来了新的实验教学思路。DIS对热学实验教学的另一项贡献在于，传感器技术大大拓展了热学的实验教学范围，使教师和学生获得了进行创新实验的良好依托，大量定性观察实验升级为定量研究实验，很多原来做不出、做不好的实验都有了理想的解决方案。

在不同物质的导热率研究实验中，我们使用温度传感器对传统实验装置进行了改造（图2-6-15），通过三条温度图线（图2-6-16）的对比，证明了实验涉及的三种导体导热本领的差异：铝的导热本领最强，黄铜次之，铁的导热本领最差。当然，如果同时让学生观察到火柴杆掉落的现象，教师无疑可以将实验做得更生动、有趣。

红外线热效应研究对于学生理解热辐射相当有帮助。使用DIS温度

红外线的热效应——没想到的实验：

本文中提到了红外线热效应实验，但没有过多展开。现在回想起来，这个实验实在是一个意外收获。当时学校里的一个红外线热效应实验装置已近废弃，笔者抱着试试看的态度将其修理了一下，打开发现还能用。随后就将一只温度传感器固定在了广谱的红外部分，谁知不一会儿温度就开始显著升高，一个经典的DIS热学实验随之完成。由此，笔者坚定了"没有做不到、只有想不到"的信心，自此对DIS教学应用的开发，也更加自如。

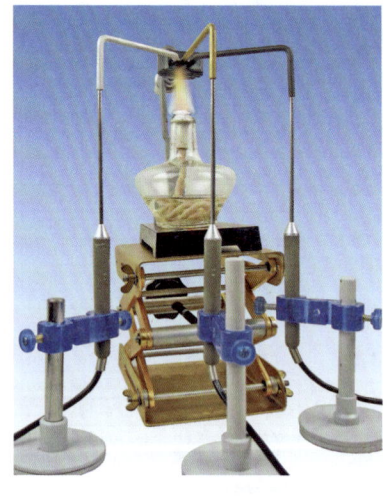

图2-6-15　使用DIS温度传感器改造热传导实验

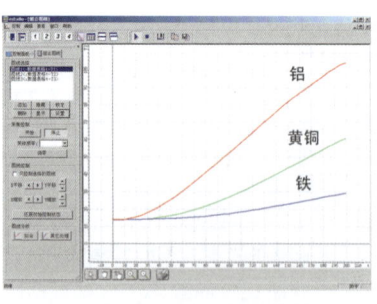

图2-6-16　三条温度图线

传感器，构造如图2-6-17所示的实验装置，将温度传感器金属探针前端用煤烟熏黑并置于红外区域（红色光外1 cm左右），可观察到温度显著升高。

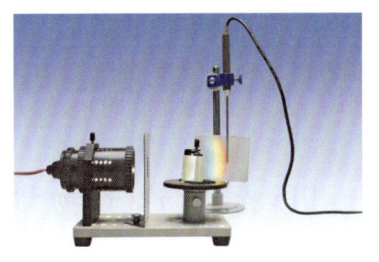

图2-6-17　使用DIS温度传感器研究红外线热效应

除了温度和压强传感器外，DIS的其他传感器也已应用于热学实验，并以新颖的实验方式取得了令人满意的效果。比如，在热胀冷缩实验中，笔者使用力传感器构造了热胀冷缩演示器（图2-6-18）：DIS力传感器固定在横支架上，将金属丝一端固定在力传感器的挂钩上，另一端与横支架上的螺栓相连。旋动螺栓，可调整金属丝处于张紧状态，使力传感器示数稳定在某一数值。实验时，用点燃的火柴（或打火机等）对金属丝稍做加热，即可观察到力传感器的示数迅速降低；停止加热，力传感器的示数逐渐增大，并最终恢复到实验开始的状态。DIS的实时图线功能，为学生提供了形象直观的观察条件。如果更换多条金属丝，还可以引导学生通过图线研究不同金属的受热膨胀比。

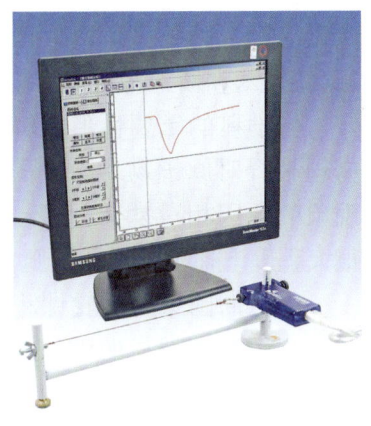

图2-6-18　使用DIS力传感器研究物体的热胀冷缩

将力传感器用于热学实验——DIS的跨界创新：

本文还记录了DIS研发过程中的一个有趣现象，即很多传感器可以被跨界使用，比如热胀冷缩实验中引进了力传感器，将热胀冷缩效应转化为张力的变化，效果非常显著。而在力学所属的单摆运动规律中引进电压传感器、在化学所属的熔融硝酸钾导电实验中引进电流传感器等，都收到了不错的教学效果。而在对DIS传感器良好的适应性有了信心之后，我们才得将目光转向传感器与实验装置、器皿以及其背后的物理过程之间的接口问题，这是到目前为止DIS研发成功的重要经验之一。

　　实验教学的进步来自工具的发展。DIS构建的"数字化信息系统"依托传感器、数据采集器和计算机，已经成为教师和学生可以信赖的实验教学工具。这一工具不仅解决了具体的实验问题，更开阔了教师和学生的思路，培养了他们借助现代化工具自主学习和自主探究的能力。这也从创造性思维方面给予我们启发：寻求突破，有时必须"跳出圈外"。换一个角度考虑问题，或者引入其他学科

的技术解决问题，结果往往是革命性的。上海市二期课改及国家新一轮课程教材改革都强调"信息技术与物理学科教学整合"，其目的也在于此。

第七节 DIS走进原子物理实验教学

此"辐射"非彼"辐射"：

当向人介绍DIS G-M传感器能测量辐射的时候，笔者经常会遇到这样的疑问：你们的传感器还能测电磁波？

尽管DIS的确有测量电磁波的实验装置，但G-M传感器所测的辐射，则是货真价实的粒子辐射！公众对两种辐射形成混淆的原因不难理解：一方面读书的时候几乎没做过涉及粒子辐射的实验，对粒子辐射缺乏感性认识；另一方面大众媒体中涉及电磁波的新闻和话题占了绝大多数。两方面的作用，导致了公众的误解。

完善原子物理教学的实验手段、促进有关粒子辐射实验的进行，正是研发中心努力研制DIS G-M传感器的原因。只不过我们同时也意识到：工具到了学校，只有老师倡导多

近半个世纪以来，原子物理的研究突飞猛进，在现代科学技术发展中的作用日益显著，其理论的演进和实验探索已经成为物理学令人激动的前沿，越来越多的新产品、新技术和新工艺均有赖于这个学科的有力推进。

与学科的重要性形成鲜明对比的，是长期以来我国物理教育对原子物理教学的淡化、弱化倾向。导致这一现象的原因相对复杂，但不可否认实验手段更新缓慢在很大程度上拖了教学的后腿。

为贯彻国家新一轮课程教材改革的精神，上海二期课改高中物理教材的设计中增加了原子物理的比重，不仅使物理学的学科体系构成更趋于均衡，而且为物理教材增添了现代科学技术的气息，充分体现了"科学-技术-社会"的课改理念。而为教材提供技术支撑的，就是DIS的新型传感器——G-M（盖革计数）传感器。

一、DIS G-M传感器

DIS G-M传感器的核心器件是G-M计数管（图2-7-1）。计数管是一充有低压气体的密封玻璃管，当一个带电粒子或

图2-7-1　G-M计数管

一个γ光子进入管内，即可使气体电离，从而在电路中形成一个脉冲。单位时间内的脉冲数，称为**计数率**（通常用每分钟的脉冲数cpm来表示）。根据计数率可以估算放射性的强度。

放射源辐射强度定义为单位时间内放射源的衰变数。可用G-M计数管所产生的脉冲来测量放射源的衰变计数率N。一般情况下，计数率N和放射源强度N_0之间存在着线性关系：$N=\eta N_0$，即放射源的辐射强度和G-M计数率呈正比。其中η表示放射源发出一个粒子引起传感器产生脉冲计数的概率，称为总计数效率。η与G-M计数管的型号、位置、转换效率等因素有关，是一个实验参数，很难由计算确定，因此无法由公式简单地确定放射源的绝对强度。但在相同的测试条件下，可认为η不变，根据公式可计算出不同放射源之间的相对强度。

用，才能够把科学知识以及与之相关的真实体验带给学生，才能让这些学生走向社会之后，能够区分不同类型的辐射及其背后的科学含义……

DIS G-M传感器的外观如图2-7-2所示，壳体上凹进的斜面部分为G-M计数管的安装位置，使用时须将放射源靠近该部分。由于放射性测量实验的特殊性，研发中心专门开发了针对DIS G-M传感器的专用软件。该专用软件的界面设置说明见图2-7-3。

图2-7-2　DIS G-M传感器

根据实验要求，在图2-7-3所示的软件界面中，DIS G-M传感器的测量结果——计数率是以直方图（柱状图）的形式呈现的。每分钟的计数率对应一个直方图，在当前分钟内直方图随着计数率的累计呈现动态增长，模拟的60秒倒计时钟强化了学生对于计数率时间单位的认识。将光标移到某个直方图上，可以得到对该直方图对应的计数率的数字提示。为更清晰、生动地记录每次脉冲的产生，软件中提供了模拟的脉冲发光显示和声响提示，学生仅通过观察小红点的闪烁或听"嘀嘀"声，就可以断定当前脉冲的疏密多寡。

G-M传感器的软件界面——特殊中的特殊：

前文已经说过，专用软件的教学价值不仅在于其简单易行，而且在于专用软件准确体现了教学要求，是针对具体的实验实施量身定做的结果。

在所有的专用软件中，G-M传感器的软件是最特殊的,甚至可以说是完全独树一帜的,与其他软件的表现方式绝无雷同。原因很简单:G-M传感器的数据太特殊了。虽然也能称得上是"物理量-时间"数据,但其他传感器的测量结果多为实施测量的时间点对应的物理量,而G-M传感器测量的却是实时测量的时间段对应的物理量,因为辐射强度是以分钟为单位计算的。当时之所以采用动态直方图来表现,还真是费了一番脑筋。为了实现在有限的坐标空间中容纳尽可能多的数据,还特意在纵坐标上引入了倍数标记法。不过现在想来,似乎应该在下一个版本中增加一个数据连线功能:把直方图顶端代表的脉冲次数连成曲线,才能更好地表现粒子辐射强度的波动。

本底计数率——人与辐射共存的证据:

很多人谈辐射色变,看到辐射两字就联想到切尔诺贝利和福岛。但只要

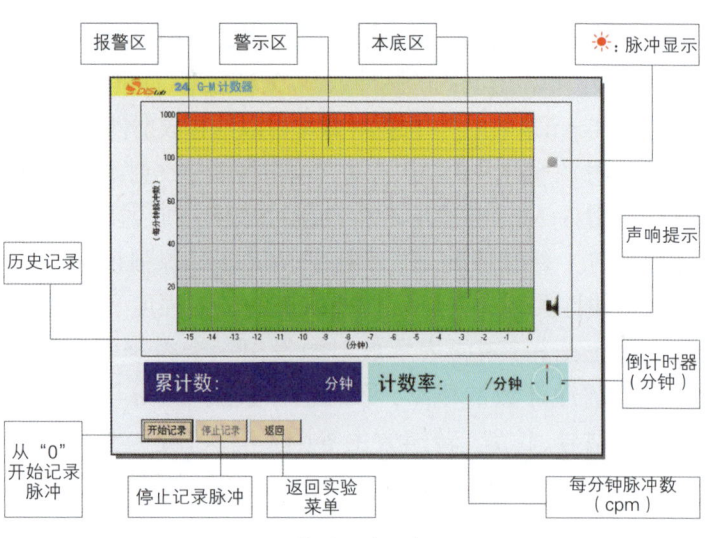

图2-7-3 DIS G-M传感器专用软件界面设置说明图

根据计数率的高低,软件界面划分为"本底区"(绿色)、"警示区"(黄色)和"报警区"(红色)三部分。直方图的高度达到哪个区域,即表征目前的辐射处于何种水平。若使用弱放射源(如汽灯纱罩)进行实验,可观察到计数率直方图通常超出本底区而上升到处于绿色和黄色之间的灰色区域,这说明虽然有放射性存在,但对人体仍然是安全的。

软件界面显示区域内保留了15分钟的历史纪录,并且可以给出自点击"开始记录"以来,传感器累计工作时间及计数率的累计数。

二、本底计数率测量

打开DIS G-M传感器,可以观察到即使附近没有放射源,也仍显示很低的计数率,即**本底计数率**。本底计数率产生的原因是穿透大气层到达地面的宇宙射线(β和γ射线),以及地壳中少量放射性物质激发G-M计数管产生的脉冲。本底计数率的来源见图2-7-4。正常情况下,本底计数率约为20 cpm左右(上海地区数据)。

第二章 DIS艰难起步

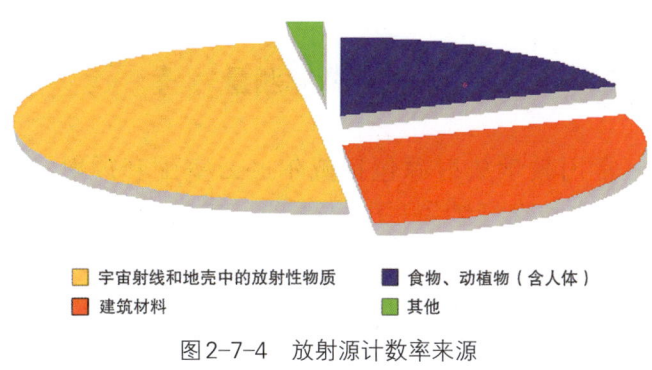

图2-7-4　放射源计数率来源

做过原子物理实验，就会认识到辐射是正常的自然现象，在一定强度之下的粒子辐射不仅是安全的，也是不可避免的。比如本底计数率，所反映的就是正常环境下辐射的强度。从这个角度来说，普及实验方可消除认识的误区和对错误的盲从。

实验中，将DIS G-M传感器放置在远离放射源的位置，点击"开始记录"。当观察到小红点的闪烁或听到"嘀嘀"声时，就表明DIS G-M传感器记录下了射线粒子脉冲。随着倒计时钟指针的改变，可观查到当前分钟的计数率直方图在逐渐增高。一分钟结束后，该直方图自动左移，新的直方图开始生成。连续记录一段时间（半小时～一小时），根据累计计数率计算平均计数率，即获得测量期内本底计数率与当地历史纪录的比较（图2-7-5）。

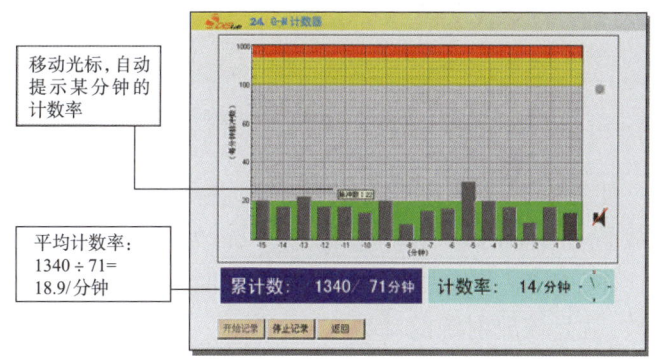

图2-7-5　测量期内本底计数率与当地历史纪录的比较

从实验可见，即使实验条件相同，每一分钟的计数率也都各不相同。但经过统计分析发现，尽管计数率每分钟都在变化，有时差别很大，但均围绕一个平均值涨落。由此可见，导致计数率产生的放射性现象存在随机性，这也是放射性衰变的重要特征。

97

三、常用放射源的计数率测量

目睹镭和钍的差别:

眼见为实！在DIS G-M传感器研发成功之前，就连笔者也没有亲眼见识过不同放射源强弱的差别。借助G-M传感器对威尔逊云室放射源和汽灯纱罩进行比较测量，发现镭226强大的辐射力使其每分钟的计数率直达软件的红色报警区。做过该实验的学生，都会因此留下深刻的印象，而实验教学的目的，也正在于此。

常用教学放射源包括威尔逊云室配套放射源（图2-7-6A）和汽灯纱罩（图2-7-6B）。威尔逊云室配套的放射源是226 Ra，其表面有一层保护膜，使用可靠、安全。普通汽灯纱罩是用浸过具有硝酸钍$Th(No_3)_4$（具有微弱放射性）的苎麻做成的。灼烧后的灰烬含有99%的二氧化钍ThO_2。实验时可将汽灯纱罩的灰烬用胶水粘合在火柴梗上，使之成为一个球状放射源，也可以直接将未经灼烧的纱罩放在纸袋中作为微弱放射源使用。

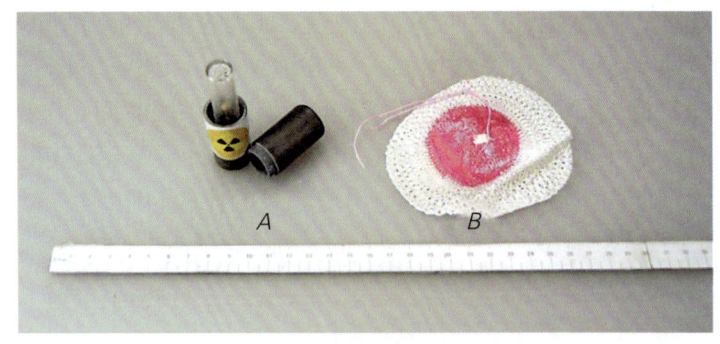

图2-7-6　常用教学放射源

使用威尔逊云室配套的放射源进行实验，可将放射源放置在距DIS G-M传感器约10 cm处，可以发现计数率比本底数显著增加（图2-7-7）。此时的计数率减去本底数，就是该放射源的计数率。

使用汽灯纱罩做放射源，可发现计数率大大降低，但仍高于本底计数率（图2-7-8）。由此可见，威尔逊云室放射源的放射性明显高于汽灯纱罩。

在此基础上，教师可鼓励学生针对他们所感兴趣的随身物品进行测量，如手机、手表、计算器等，此举有助于学生强化放射性普遍存在的概念，了解安全的辐射范围，掌握放射性测量的基本手段。

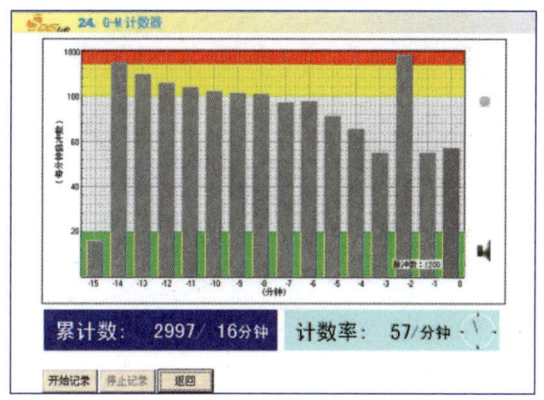

图2-7-7　使用威尔逊云室配套的放射源进行实验的图像

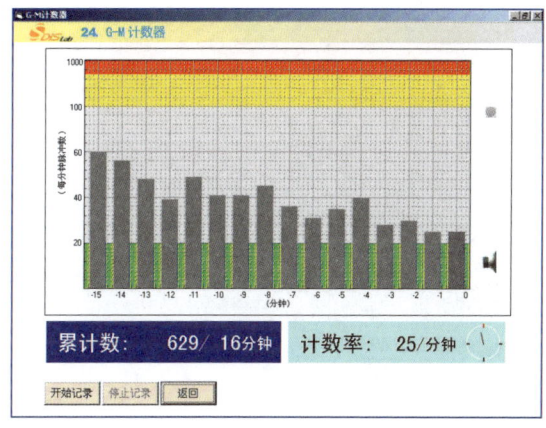

图2-7-8　使用汽灯纱罩做放射源进行实验的图像

四、验证放射性与距离的关系

将汽灯纱罩灰烬作为放射源，分别置于距DIS G-M传感器4 cm、8 cm、12 cm处（图2-7-9），各测5分钟，计算其平均计数率，可知计数率随着距离的增加而降低（图2-7-10）。

大量实验数据显示，激励G-M计数管产生脉冲的主要成分——γ射线的强度与距离的平方成反比。因此"远离放射源"是防辐射的最有效办法。

导出"距离平方反比定律"的理想实验:

距离平方反比定律,是涉及辐射的重要定律。虽然DIS G-M传感器主要用于教学而非科研,但是辐射强度随距离的增加显著下降的事实,还是对学生加深对该定律的理解有很大帮助。因为,G-M传感器的数据首先教给学生的是一个安全守则——远离放射源。而基于自身安全需要的学习,注定将调动学生最敏感的神经……

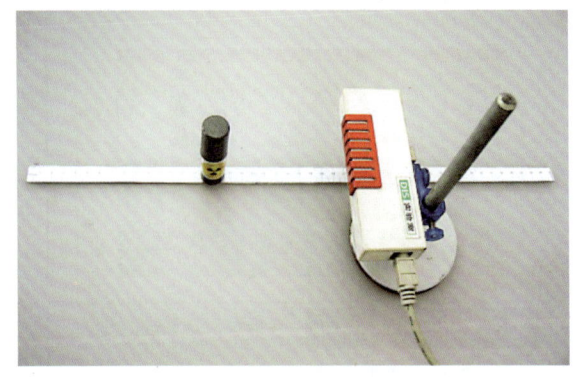

图2-7-9　使用汽灯纱罩做放射源实验装置

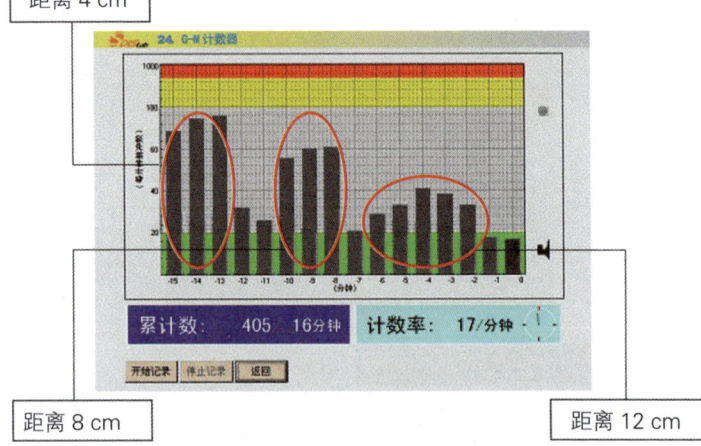

图2-7-10　计数率随着距离增加而降低

五、放射性的屏蔽

将威尔逊云室配套放射源置于距DIS G-M传感器10～15 cm处,分别将铁板、铜板、铅板插入放射源与传感器之间(图2-7-11),并测出各自的计数率。实验表明:当插入铅板时,计数率明显降低,说明铅对放射线有屏蔽作用。铅板越厚,屏蔽作用越大,当铅板具有一定厚度时,计数率可减少到本底计数率,即对放射线完全屏蔽(图2-7-12)。

第二章 DIS艰难起步

用放射性的屏蔽实验,导入控制变量法的思维:

对于高中学生来说,控制变量法是理解物理世界、尝试科学探究所需要掌握的最基本的思维方法。放射性屏蔽实验,则可以很形象、直观地展示何为控制变量法,如何使用控制变量法——放射源、屏蔽材料与传感器三者之间的距离不变,更换不同的屏蔽材料,实验结果大不相同。学生即可从这段亲身经历中认识因果关系的概念,并初步掌握鉴别因果关系的方法。

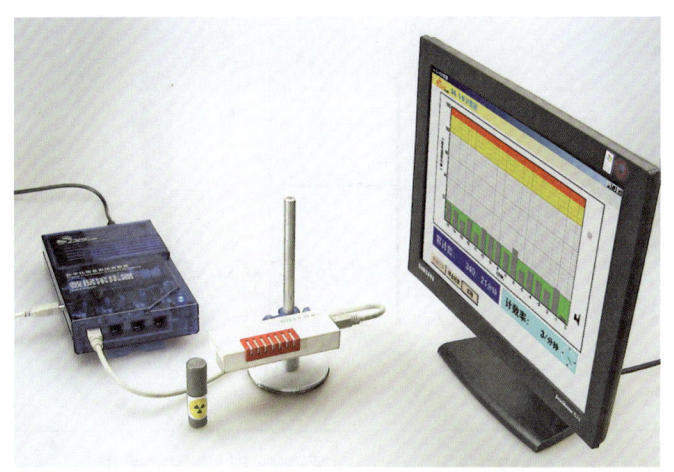

图2-7-11 威尔逊云室配套放射源实验装置

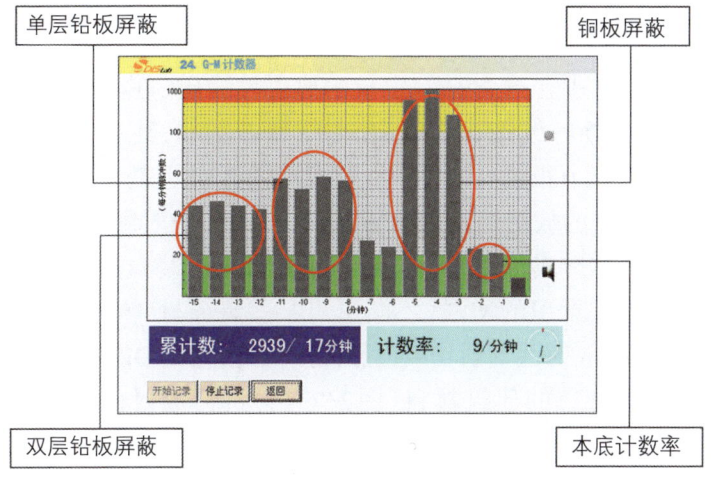

图2-7-12 铅对放射性有屏蔽作用

放射源屏蔽的效果取决于放射源通常释放的三种射线——α射线、β射线和γ射线的特性。三种射线的穿透能力各不相同。一张纸就可以轻易阻挡α射线（DIS G-M传感器封装在塑料壳内,不接收α射线引起的辐射）；但阻挡β射线就要用3 mm厚的铝板；γ射线的穿透能力最强,只有厚铅板能使之辐射强度减弱（图2-7-13）。

101

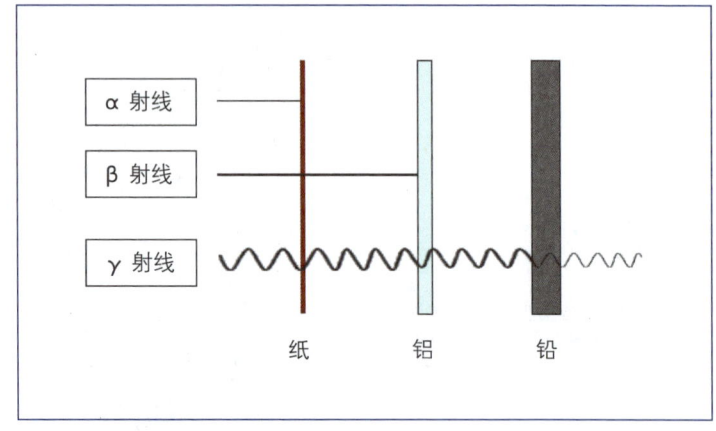

图 2-7-13　三种射线分别对于纸、铝、铜的穿透能力

六、建筑材料放射性的测量

STS 教育的意义：

笔者将测量建材的放射性实验归入了 STS 的类别，是因为在笔者看来，在热爱科学的人看来，科学之所以有趣，是因为科学无处不在，而且时时与人的生活相关。而对于厌恶科学的人来说，科学之所以无趣，则在于他看不到科学的存在，更体会不到科学带给他的价值。尽管近些年 STS——科学、

建材中普遍含有一定量的放射性物质，在其衰变过程中，不断释放出 α 射线、β 射线和 γ 射线，其中 γ 射线的穿透能力很强，对人体生理机能的影响也最显著。如果建材中的放射性物质含量过高，经过较长时间的作用，会对人体造成辐射伤害。近年来随着家居装修热潮的高涨和环保意识的增强，不断爆出某些装饰材料（花岗石、瓷砖等）放射性辐射伤人的新闻。因此，借助 DIS G-M 传感器对身边的建筑材料（图 2-7-14）进行放射性测量实

图 2-7-14　常见的建筑材料

验,不仅可以有效辅助课堂教学,更体现了"STS"的理念,有助于我们对所处的辐射环境作出正确评价。

实验选择的建材包括大理石、花岗石、釉面砖和黏土空心砖等,均取自建材市场。前两者为天然石料,后者两者为人工制品。参照"本底计数率测量"方法测得本底计数率约为16.78 cpm(图2-7-15)。

技术、社会的综合教育理念不太被提及了,但笔者始终认为这是推进理科教学,特别是物理教育的一个很好的切入点。试想,如果认识不到学校之所学与生活之所用之间的关系,学生的学习到底是为了什么?

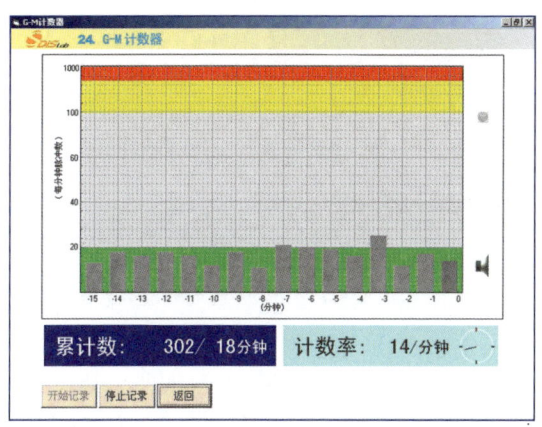

图2-7-15　测量建材的放射性之前测得的本底计数率

随后,依次将黑白花花岗石、肉红色花岗石、粉红色釉面砖和黏土空心砖移至距DIS G-M传感器5 mm处,测量10～15分钟以上分别得到图2-7-16～图2-7-19。

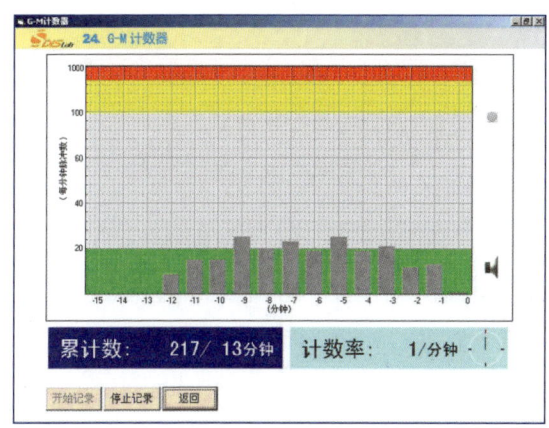

图2-7-16　黑白花花岗岩测得的计数率

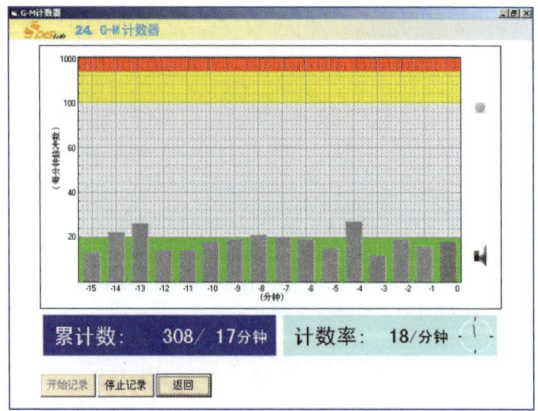

图 2-7-17　肉红色花岗岩测得的计数率

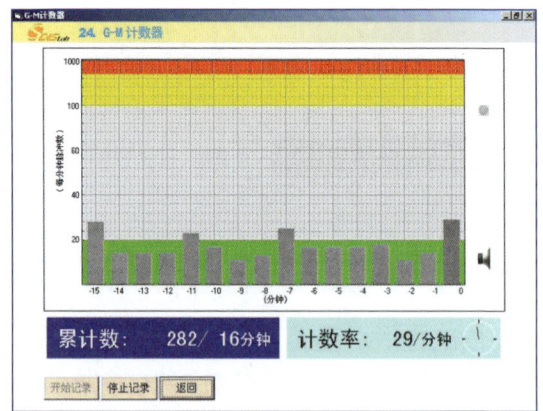

图 2-7-18　粉红色釉面砖测得的计数率

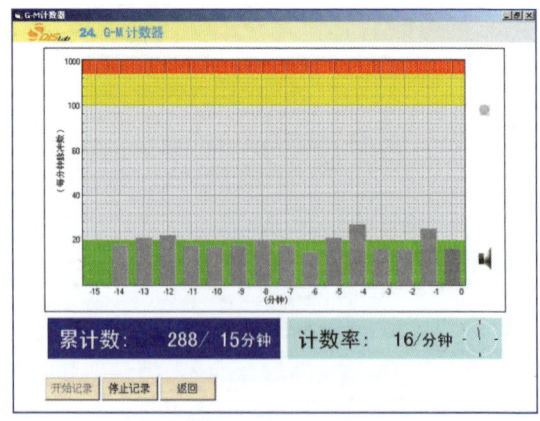

图 2-7-19　黏土空心砖测得的计数率

四种材料的计数率

建材名称	黑白花花岗石	肉红色花岗石	粉红色釉面砖	黏土空心砖
计数率/cpm	18	18.12	17.63	19.2

实验数据显示，上述四种建材的计数率均略高于参照的本地计数率，但显著度不大，且均未超过 20 cpm。由此可见，经过环境检测及其他相关部门的监督、监管，大多数建材均不存在放射性超标问题，可以放心使用。该实验结果同时也验证了事先获得的一些背景材料：

（1）颜色较淡的花岗石（黑白花花岗石属于此类）的放射性强度低于颜色较深的花岗石（肉红色花岗石属于此类）。

（2）釉面砖作为工业化程度较高的人工建材，受到的环境质量监管程度高于普通黏土空心砖，其辐射安全性相对更有保障。

七、太阳活动与本底计数率变化的关系

这一实验的基础建立在对本底计数率产生原因的合理分析和推断之上：既然本底计数率产生的主要原因是宇宙射线，而地球受到的宇宙射线又主要来自太阳辐射（太阳风），那么太阳的活动如黑子、耀斑等，势必会引起宇宙射线强度的变化，该变化应该能够通过本底计数率的变化体现出来。

事实上，国际天文和海事组织一直在密切关注着太阳这颗距离我们最近的恒星对地球的影响。在发生了多次太阳辐射激增导致卫星失控、通信中断甚至大型输变电设施事故之后，人们终于认识到了由太阳风主导的宇宙射线的威力。

引导学生根据太阳大约每11年出现一次活动高峰的规律，结合国际上针对太阳活动的短期预报，可选择太

让实验联通大地与星空：

虽然在研发之初我们并没有这么宏伟的目标，但G-M传感器研发完成后，我们发现它确实可以承担这份重任！而利用该传感器研究太阳辐射强度，甚至还可以成为一个长期开展的课题……只可惜，我们的学生就似乎缺乏那么一点点时间。

阳活动最猛烈的一段时期持续观察、记录本底计数率,并将其平均值与太阳活动平静期测得的本底计数率进行对比。这样不仅可以促进学生对有关放射性知识本身的深入了解,而且能够通过多学科的综合有效地开阔学生的视野,将其置身于极为宏大的自然坐标系之中,激发起他们探索世界的无穷动力。

放射性观察和测定实验是将物理学由宏观、中观引入微观尺度的理想途径。通过对放射性的验证,可以在了解放射性物质、裂变现象和高能粒子的基础上从根本上进一步深化对物质构成理论的认识,这对于促使中学生建立正确的物理思维体系是至关重要的,而且能够为其进一步深造奠定坚实的基础。

传统的放射性探测仪器包括晶体闪烁计数器、G-M 计数管和威尔逊云室等。尽管这些仪器都成功地揭示放射性的存在,但普遍存在设备维护保养不易、操作过程复杂等问题。再加上仪器的灵敏度受限,不仅不易测出本底计数率,而且引发了另外一个备受关注的问题——实验中需要配套较强的放射源,实验的安全性受到质疑。

DIS G-M 传感器选用进口高精度 G-M 计数管,并将其与测量电路封装在体积不大的传感器外壳中,不仅使用方便,而且保证了灵敏度,使用微弱放射源(如汽灯纱罩)即可获得显著的实验效果。而微弱放射源的安全性又消除了人们的质疑,使得放射性测量实验终于可以回到课堂上。

第八节　DIS 走进光学实验教学

从坦克上最昂贵的部件说起:

坦克上的哪个部件是最昂贵的?有的学生回答是发动机,有的回答是主炮,有点军事基础的还可能说是装甲。所以当老师给出答案:坦克上最昂贵的部件是光瞄系统的

从初中到高中,光学部分的内容跨度是相当大的。初中几何光学的基础是牛顿的"光微粒说",而高中涉及的波动光学的基础则是惠更斯的"光波动说",并引出了光的"波粒二象性"。物理学的发展演进表明:几何光学只不过是波动光学的近似和特例。因此,高中光学实际上是物质的构成学说、波动学说(机械波)以及高中数学(主要是三角函数和解析几何)知识的综合体,具有多学科高度整合的特征。

第二章
DIS艰难起步

上海二期课改高中物理教材（试验本）涉及两个重要实验——光的干涉和衍射。这两个实验除了能够对光的波动学说提供直接支持以外，更重要的是展现给学生一种从光强度的分布状况入手来研究光学现象的方法。可以说，理解这一研究方法，是学好高中光学、认识光的本质的关键。但在传统的实验环境下，学生能够通过眼睛观察到的只是干涉和衍射所形成的条纹。就笔者多年从事物理教学的经验来看，仅通过条纹表现光强的分布还是不够的，需要有更形象直观的表现方式，才能让高中生将实验现象与光的波动本质联系起来。

随着二期课改的推进，研发中心启动了光强度测量方面的研发，并形成了光强度传感器及一系列配套实验器材，为高中光学教学提供了新的实验手段。

时候，很多学生都会目瞪口呆。这的确是不争的事实——坦克越是现代化，光瞄设备的权重就越高，否则坦克就成了任由对方攻击的瞎子。也许这个故事，可以成为高中物理光学部分的导入内容。

一、光敏器件的选定

研究表明，国内外相关仪器设备大多采用机械式光强分布测量法，即通过光敏器件的水平移动来描绘光强度的分布，从而给出衍射和干涉的波形图线。采用这种方法的原因在于上述产品选用的光敏器件感测范围较小。而保证光敏器件水平运动所需的机械装置又使得操作变得复杂。

因此，我们在与国内外专业厂家广泛接触的基础上，选定了具有较大感测范围的进口光电器件，使DIS光强度传感器（图2-8-1）不必做水平移动就可以测出光强度分布数据。该光电器件的感光区长达60 mm，精度为12个采集点/mm。

一物多用——构建认识光、研究光的工具体系：

本文罗列了使用DIS相对光照度分布传感器完成的多个实验。从中可以看出，只要我们稍微用点心思，这一套看起来不那么高大上的数字化光学工具，就能发挥出不可小视的教学能量。我们一直强调通过实验，向学生灌输必要的科学研究方法。其实，不仅科学研究方法，通过实验我们还能培养和训练层次更高的东西，比如一物多用的思维方式。笔

图2-8-1　DIS光强度传感器

者多年以前曾经将其列为实验创造技法之一。其实，掌握这种思维方式的意义远远超越了实验教学，能够让学生在学习、研究、工作甚至生活中长期受益。

二、光源的选定

光的干涉、衍射实验都需要稳定的光源。起初，我们使用了半导体激光器作配套光源。但经过反复的对比试验发现，由于光敏器件性能的提升，某种国产的低成本激光器（多用在玩具上）即可满足实验要求，于是以此为核心构造了既可在传统横式光具座上使用，又可在我们开发的竖式光具座上使用的配套光源。

三、DIS竖式光具座

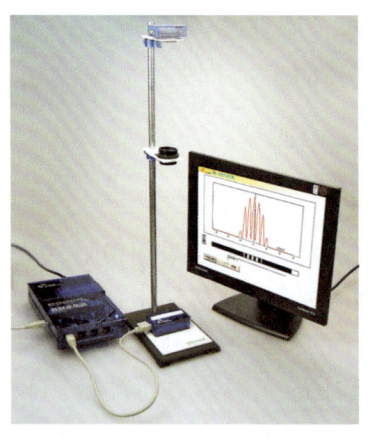

图2-8-2　DIS竖式光具座

光具座是光学实验所普遍采用的配套装置，一般由精密导轨和仪器座架构成。除了价格较高以外，因其横向长度较长，占用的实验区域也较大。这在演示实验中自然不成问题，但如果学生进行分组实验，光具座的摆放就会令实验空间变得紧张。为此，研发中心专门开发了基于标准铁架台的"竖式光具座"（图2-8-2），光源、光缝（光栅）和传感器自上而下连成一串，充分利用了实验台上方的空间，有效解决了普通光具座"占地面积"过大的问题。

四、DIS光学实验软件

DIS光学实验软件（图2-8-3）的设计充分体现了光学实验的教学要求。该软件界面由"光强图线显示窗口""光强条纹显示窗口""数据记录计算窗口"三部分构成。

没有最特殊，只有更特殊：

我们把DIS G-M传感器的专用软件界面列为

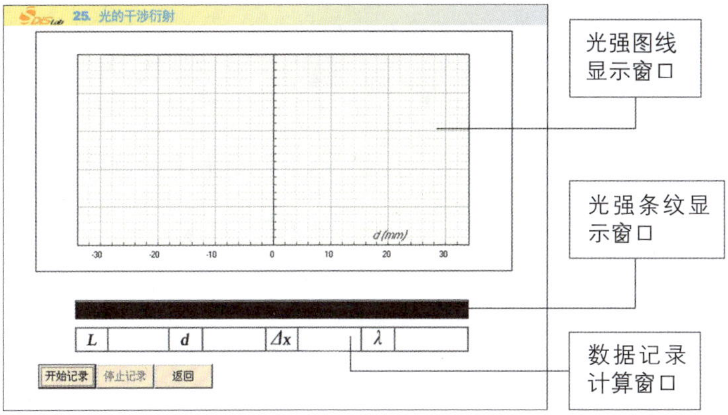

图2-8-3　DIS光学实验软件

"特殊中的特殊",而DIS相对光照度分布传感器的界面就将突破其特殊的极限。这个更为特殊的软件,集成了相对光照度分布图线描绘、相对光照度分布图线对应的干涉和衍射条纹的显示,以及波长计算等三大功能。进行比较测量,充分体现了波动光学实验教学的特殊要求。

传统实验教学中的难点是如何让学生将眼睛看到的条纹与光强度(能量)的分布联系起来。因此,在DIS光学实验软件中专门设置了"光强图线显示窗口",该窗口的横坐标为距离,纵坐标为光强度。以条纹现象呈现的光强度数据转化成了原先只有大学教科书中才有的波形图线,使光强度的分布状况得以清晰展现。

设置"光强条纹显示窗口",一方面继承了传统实验中现象观察的方式,另一方面便于学生在图线和条纹之间建立思维的关联。

"数据记录计算窗口"中包含"L""d""Δx""λ"四个空格,主要用于光的干涉实验。其中,"L"为缝至光传感器的距离,"d"为双缝的间距,"Δx"为光强条纹中两暗纹的间距,"λ"为光波的波长。"L"和"d"需要手动输入,"Δx"由软件提供的工具测出,而"λ"则根据公式"$\lambda = d \times \Delta x / L$"计算得出。

五、使用DIS光强度传感器完成的部分实验

有了DIS光强度传感器,即可借助其强大的图线功能来进行广泛的研究性、探索性实验,使光学实验教学走出现象观察和简单验证的局限。

1. 双缝干涉

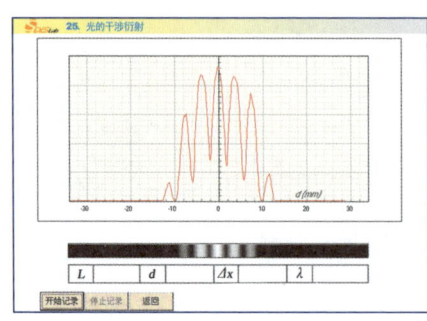

图 2-8-4 双缝至 DIS 光强度传感器的距离为 43.5 cm 时所示的光强度图线

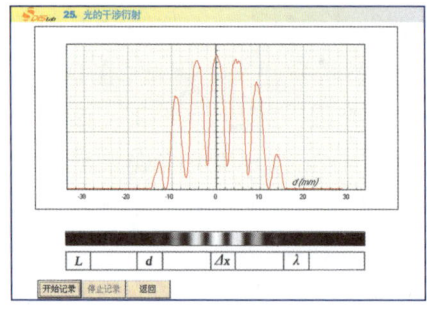

图 2-8-5 双缝至 DIS 光强度传感器的距离为 53 cm 时所示的光强度图线

使用 DIS 光强度传感器、竖式光具座、DIS 配套光源（激光光源）、偏振片和缝距 d 为 0.08 mm 的双缝，双缝至 DIS 光强度传感器的距离 L 为 43.5 cm。打开配套光源的开关，使用偏振片将光强调整到适当大小（以消除图线"平顶"现象为准），得到如图 2-8-4 所示的干涉图线。调整双缝与 DIS 光强度传感器的距离 L 为 53 cm，得到如图 2-8-5 所示的干涉图线。

观察分析两图中光强条纹与光强图线的对应关系，可见图 2-8-4 中光强条纹的宽度小于图 2-8-5 中光强条纹的宽度。进而使用软件工具测量 Δx，可得：当 $L_1 < L_2$ 时，$\Delta x_1 < \Delta x_2$，即 Δx 与 L 成正比。

保持 L 不变，换用缝距 d 为 0.1 mm 的双缝，可观察到条纹的间距变窄了：当 $d_1 < d_2$ 时，$\Delta x_1 > \Delta x_2$，即 Δx 与 d 成反比。

根据公式 "$\lambda = d \times \Delta x / L$" 计算得出，实验用激光束的波长 λ 约为 0.632 8 μm。当 L、Δx 和 d 发生变化时，λ 在实验误差范围内保持不变。

2. 单缝衍射

使用 DIS 光强度传感器、竖式光具座、DIS 配套光源

（激光光源）、偏振片和缝宽为 0.08 mm 的单缝，单缝至 DIS 光强度传感器的距离 L 为 60～70 cm。打开配套光源的开关，使用偏振片将光强调整到适当大小（以消除图线"平顶"现象为准），得到如图 2-8-6 所示的衍射图线。

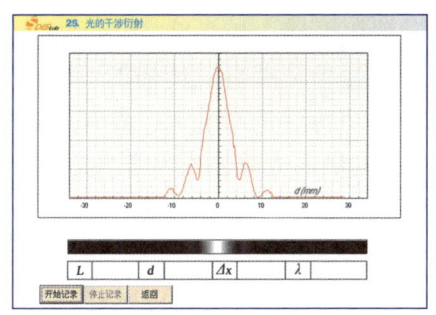

图 2-8-6　单缝至光强度传感器的距离为 60～70 cm 时所示的光强度图线（缝宽为 0.08 mm）

观察图中光强条纹，可见其遵循以下规律：中央条纹最亮，同时也最宽，约为其他明条纹宽度的两倍；中央条纹两侧，光强度迅速减小，直至第一暗条纹；随后光强又逐渐增大成为第一明条纹，依此类推。

分析图中光强条纹与光强图线的对应关系，可见光强条纹的明暗、宽窄都对应着光强图线的高低及宽窄。

改变单缝与光传感器的间距 L，可见条纹和光强度图线基本不发生变化。换用缝宽为 0.1 mm 的单缝，可见单缝变宽，且光强条纹变窄的同时亮度增加，对应的光强度图线中央峰变窄、变高（图 2-8-7）。

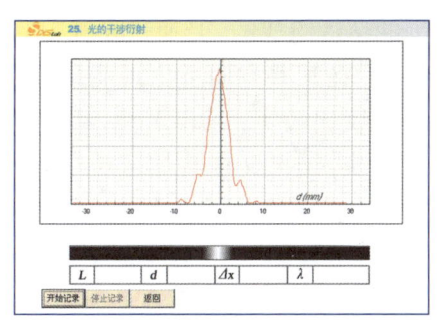

图 2-8-7　单缝至光强度传感器的距离为 60～70 cm 时所示的光强度图线（缝宽为 0.1 mm）

由此可知，光的衍射仅与缝的宽度有关。缝宽越大，光强度（光的能量）越集中于中央条纹，所形成的图线中央峰窄而高。随着缝宽进一步加大，衍射图线的中央峰将被压缩成一条亮线,基本观察不到衍射波形。此时可以认为光是沿直线传播的。因此,光的衍射实验是对光的波动特性的最直接、最有力的支持。而在此实验中,DIS提供的光强图线为学生深入认识和理解衍射现象提供了重要帮助。

3. 光栅衍射

使用DIS光强度传感器、竖式光具座、DIS配套光源(激光光源)、偏振片和光栅,光栅至DIS光强度传感器的距离L为60～70 cm。打开配套光源的开关,使用偏振片将光强调整到适当大小(以消除图线"平顶"现象为准),得到如图2-8-8所示的光栅衍射图线。

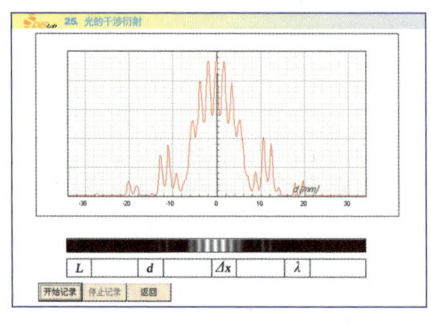

图2-8-8　光栅至光强度传感器的距离为60～70 cm时所示的光强度图线

光栅都是由多条宽度和间距都相等的窄缝组成的,光通过光栅中的每一条窄缝后,都发生衍射,在某些方向上出现明条纹。各条单缝衍射产生的明条纹比较宽,互相重叠,由于从各缝射来的光波的互相干涉,结果又在叠加区域产生许多明暗条纹。观察图2-8-8中的光栅衍射图线,可见该图线的包络线(或称"包际""外廓")符合单缝衍射的光强分布规律。

4. 光强与光源距离的关系

在暗环境下,使用功率为5 W的小灯泡为实验光源,由直流稳压学生电源为其供电,保持电压为4 V。当小灯泡与DIS光强度传感器的距离为33 cm时,得到如图2-8-9所示的光强度图线;当距离增加到39 cm时,得到如图2-8-10所示的光强度图线。

比较图2-8-9、图2-8-10可见:随着距离增加,光强度在减弱。图2-8-9、图2-8-10中的光强度图线存在一定

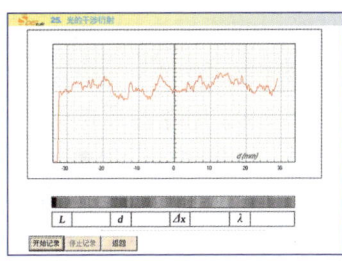
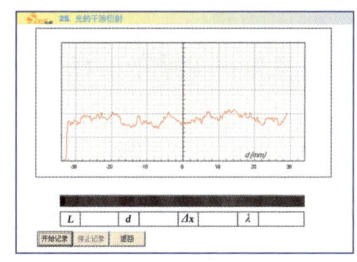

图2-8-9 电压4 V、小灯泡与光强度传感器的距离为33 cm时所示的光强度图线

图2-8-10 电压4 V、小灯泡与光强度传感器的距离为39 cm时所示的光强度图线

的起伏与躁动,说明小灯泡的发光强度在小范围内波动,其主要原因在于电源输出的影响。

5. 小灯泡发光强度与电压的关系

在暗环境下,使用功率为5W的小灯泡为实验光源,由直流稳压学生电源为其供电。小灯泡与DIS光强度传感器的距离为22 cm。保持该距离不变,当电压为4 V时,得到如图2-8-11所示的光强度图线;当电压为6 V时,得到如图2-8-12所示的光强度图线。

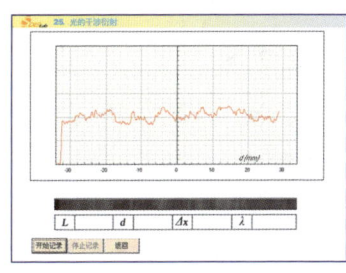
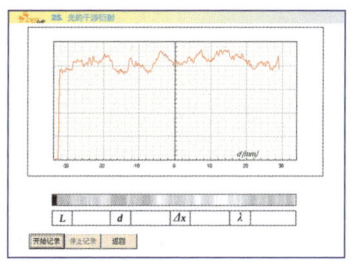

图2-8-11 电压4 V、小灯泡与光强度传感器的距离为22 cm时所示的光强度图线

图2-8-12 电压6 V、小灯泡与光强度传感器的距离为22 cm时所示的光强度图线

比较图2-8-11、图2-8-12可见:随着供电电压增加,光强度在增强。

6. 烛光的光强

在使用"Cd"(坎德拉)为光强单位之前,"烛光"曾经作为光强度的标准计量单位被使用多年。探照灯、照明弹等都以"××万烛光"来说明其亮度。尽管我们日常使用的蜡烛与定义"烛光"时使用的蜡烛不同，但探究一下其发光强度还是有一定意义的。

在暗环境下，保持烛光与 DIS 光强度传感器的距离为 32 cm 不变，点亮一支蜡烛，待其烛光稳定后，得到如图 2-8-13 所示的光强度图线；将蜡烛的数量依次增加到两支、三支和四支，分别得到图 2-8-14～2-8-16 所示的光强度图线。

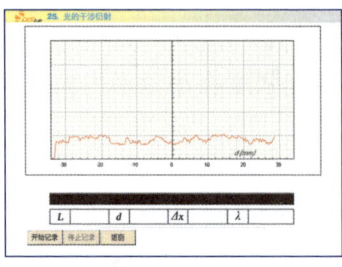

图 2-8-13　一支蜡烛与光强度传感器的距离为 32 cm 时所示的光强度图线　　图 2-8-14　两支蜡烛与光强度传感器的距离为 32 cm 时所示的光强度图线

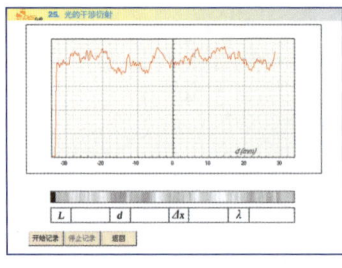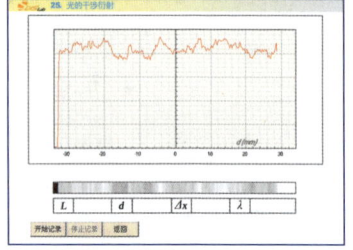

图 2-8-15　三支蜡烛与光强度传感器的距离为 32 cm 时所示的光强度图线　　图 2-8-16　四支蜡烛与光强度传感器的距离为 32 cm 时所示的光强度图线

比较图 2-8-13～图 2-8-16 可见：随着烛光数量增多，光强度在增强。

7. 不同物质的透光性能研究

使用 DIS 配套光源（激光光源），保持光源与 DIS 光强度传感器的距离为 46 m 不变。打开配套光源的开关，令光线直接照射在 DIS 光强度传感器上，得到如图 2-8-17 所示的光强度图线。

观察图2-8-17可见，由于光线直射，且光源与传感器之间没有任何遮挡，光强度图线呈现出"平顶"状，说明此时传感器测得的光强度已经超出了软件的显示范围。

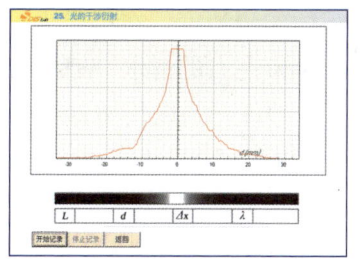

图2-8-17 激光光源与光强度传感器的距离为46 cm时所示的光强度图线

在DIS光强度传感器上方2 cm处平放一张80 g复印纸，得到如图2-8-18所示的光强度图线。此时图线出现"平顶"现象，原因是传感器测得的光强度也超出了软件的显示范围。将复印纸的数量依次增加为两张、三张，得到如图2-8-19、2-8-20所示的光强度图线。观察可见，复印纸

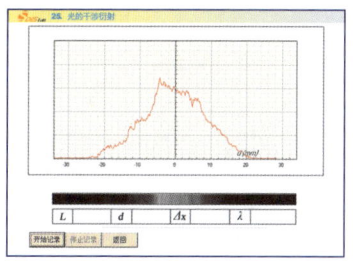

图2-8-18 激光光源与光强度传感器的距离为46 cm时所示的光强度图线（放一张纸）

具有一定的透光性。随着复印纸数量的增加，透光性逐渐减弱。当使用三张复印纸的时候，光强度已被大幅度削弱。

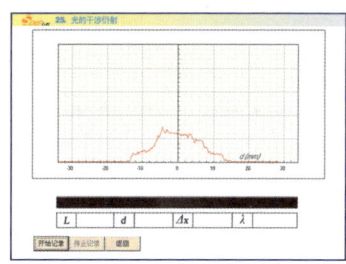
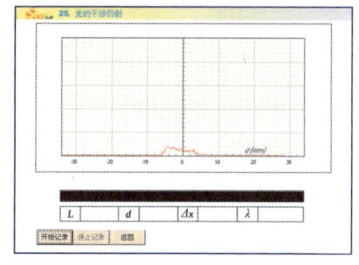

图2-8-19 激光光源与光强度传感器的距离为46 cm时所示的光强度图线（放两张纸）

图2-8-20 激光光源与光强度传感器的距离为46 cm时所示的光强度图线（放三张纸）

保持上述实验中的光源至传感器的距离不变，把透光物质更换成水，就可以进行另外一项有趣的实验：研究

液体的清浊度。在半径为4 cm的圆形玻璃培养皿中加入100 ml左右的清水,液面高度达到2 cm,将盛水的培养皿置于DIS光强度传感器上方2 cm处。打开配套光源的开关,得到如图2-8-21所示的透过清水及培养皿的光强度图线。此时传感器测得的光强度也已经超出了软件的显示范围,图线出现了"平顶"现象。在清水中滴入蓝色墨水并搅拌均匀,观察随着滴入墨水的增加,光强度图线的变化情况。图2-8-22、2-8-23、2-8-24分别为滴入九滴、十三滴和十七滴蓝墨水后得到的光强度图线。

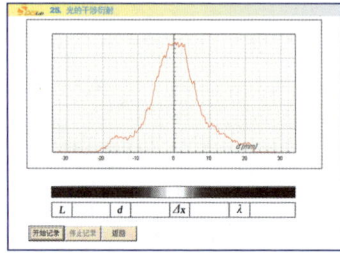 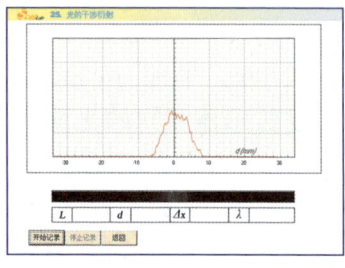

图2-8-21 激光光源与光强度传感器的距离为46 cm时所示的光强度图线(清水)　　图2-8-22 激光光源与光强度传感器的距离为46 cm时所示的光强度图线(滴入九滴墨水)

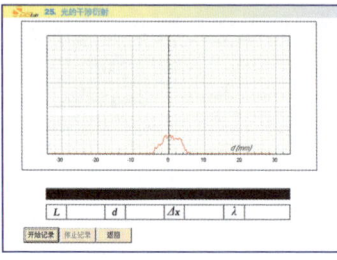 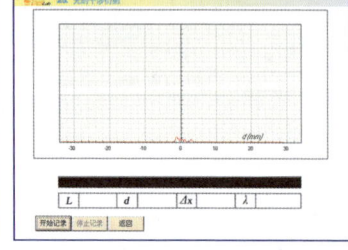

图2-8-23 激光光源与光强度传感器的距离为46 cm时所示的光强度图线(滴入十三滴墨水)　　图2-8-24 激光光源与光强度传感器的距离为46 cm时所示的光强度图线(滴入十七滴墨水)

偏振实验——对光波动学说最简单的证明:

直到现在,笔者手里还存着好几套偏振片。甚

8. 光的偏振

使用DIS配套光源(激光光源),光源与DIS光强度传感器的距离为35 cm。

在DIS光强度传感器上方17 cm($L=17$)处放置两片

偏振片，使两偏振片的偏振方向相同。打开配套光源的开关，得到如图2-8-25所示的光强度图线，可见此时传感器测得的光强度已经超出了软件的显示范围，出现了图线"平顶"现象。慢慢旋转其中一偏振片，可见光强度图线大幅度降低（图2-8-26～2-8-28所示），转过90°时，光强度减至最弱，几乎观察不到图线。继续转动，可见光强度又逐渐增强，转过180°时，光强又恢复到最大。

至最近，还曾经借助偏振片下的彩虹效应，来对塑料的受力效应进行过相关检测，而且乐此不疲。在光偏振原理已经广泛应用于生产生活之后，教师没有理由在教学过程中不向学生强调：光波动学说的原理，已经广泛应用于液晶屏幕上了。因此，我们学习和认识波动光学，还需要额外动员吗？

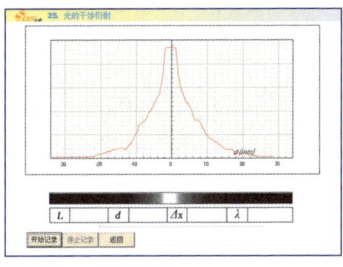

图2-8-25 激光光源与光强度传感器的距离为35 cm时所示的光强度图线（放置两片偏振片）

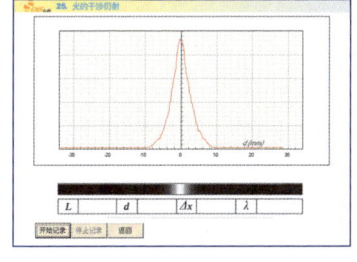

图2-8-26 激光光源与光强度传感器的距离为35 cm时所示的光强度图线（将其中一片转90°）

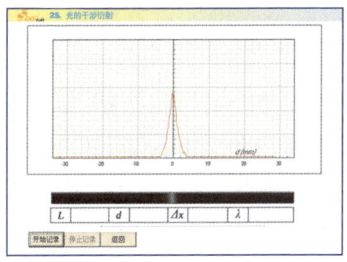

图2-8-27 激光光源与光强度传感器的距离为35 cm时所示的光强度图线（将其中一片转180°）

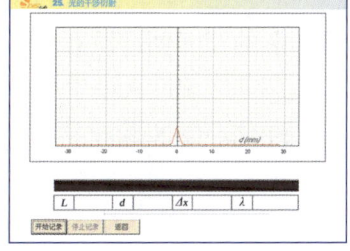

图2-8-28 激光光源与光强度传感器的距离为35 cm时所示的光强度图线（将其中一片转270°）

实验中如果使用一片偏振片，在其转动时也会观察到光强度出现上述变化，这说明激光本身也是偏振光。因为激光具有偏振的特性，所以在实验中可使用偏振片将激光的强度调整到适当范围，避免"平顶现象"的发生。

近年来，光学研究走在了物理学的前沿，且具有高度整合各学科知识的特征。光学的进步已成为新技术、新工艺、新材料发展演进的先导。例如，新型超大规模集成电路的制造工艺，就是基于纳米级紫外光蚀刻技术的发明和应用。因此，让中学生理解光学、重视光学是非常必要的。

DIS光强度传感器及其配套实验装置的研发和应用，不仅为贯彻上海二期课改物理教材的理念提供了载体，而且为物理教材增添了现代科学技术的气息，充分体现了教材中STS的要求。

第九节　DIS走进声学实验教学

物理之美，尽在声学：

物理是美的。但人感受物理之美，需要借助感官，并通过大脑加以转化。视觉、触觉、嗅觉、味觉等感官的感受，往往并不能够被大脑与物理之美关联起来。但听觉则不同——人听到的声音是一种单一的信息，不像其他感受一样同时具备多感官的综合反应，其背后是一种纯物理现象，最容易让听众在物理规律与听觉感受之间建立关联。围绕着可闻不可见的声现象，物理学发展起了声学体系，其中涉及力学、电磁学、材料科学、数学等，稍加展开，即可向学生阐释优美乐音背后的物理学原理，因而是将美育导入科学教育、实现STEM向STEAM跨越

环顾当今世界，科学巨匠爱因斯坦的影响随处可见。但绝大部分人只知道爱因斯坦的相对论，却不知道爱因斯坦的小提琴。事实上，爱因斯坦的小提琴演奏水平之高，堪与其在物理学上的造诣相媲美。如若不然，小提琴大师耶胡迪·梅纽因先生也不会与其相交甚笃，互为知音了。

声学之于爱因斯坦，已不是科学而是艺术——对声强、音调、音色、旋律、节奏操控的艺术，用于释放情感、表达内心、飞跃时空、联通宇宙的艺术。谁能说爱因斯坦在科学上的伟大创造没有音乐的贡献呢？

声学之于广大中学生，更是促进科学与艺术融通的桥梁。强化声学实验教学，就是对课改理念的贯彻和深化。研发中心围绕DIS在声学实验教学领域的应用进行了长期研究，开发了DIS声传感器、DIS"天籁"声学教学软件等数字化实验工具，为中学物理声学实验开辟了广阔的空间。

一、实现声现象的可视化

中学物理教学中经常提到"声波"的概念，说明声音的本质是能量以机械波形式进行的传递。尽管有声音的反射、衍射等实验可以证明声波的存在，但传统实验中恰恰缺乏对声波进行记录、描述和分析的实验工具，实验过程中过多依赖学生的感官，因此学生往往因为难以"看到"声波而造成对声学物理规律的认知障碍。

第二章
DIS艰难起步

声现象的可视化，是摆在研发中心面前的一道难题，但绝非不可破解。多年以前，笔者就曾使用示波器专门设计了声电流演示装置，显著提高了声学实验教学的可视化程度。但依托示波器的演示装置操作复杂，尤其不适合初中声学实验教学使用。在信息技术高度发达的今天，我们以传感技术为基础，充分发挥了计算机作为高速采集、处理平台的作用，先后开发出了DIS声传感器（图2-3-15）和DIS天籁声学教学软件（图2-9-1）。

DIS声传感器将声信号转化为电信号并上传至数据采集器，由数据采集器以115 200波特率（10 K）的高速传输至计算机。DIS实验教学软件即可实时描绘出声波的波形图线，同时支持声波波形的存储、回放，进一步方便了实验教学（图2-9-2）。

使用DIS声传感器采集并描绘声波波形图线，优点是为学生提供了一个完整的数据采集、传输和处理系统，学生能够清晰地认识到信号的产生和转换过程。缺点是必须依托采集器，系统相对复杂。

而经过对计算机这一通用型工具的分析，我们认识到，有了声卡，声音信号可以被计算机直接采集和处理。因此，研发中心于2005年启动了基于"话筒-计算机声卡"的声学

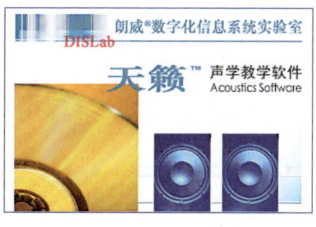

图2-9-1　朗威®"天籁"声学教学软件

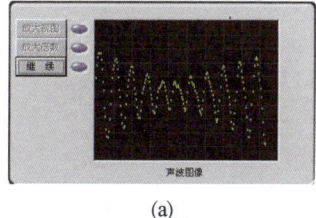

(a)

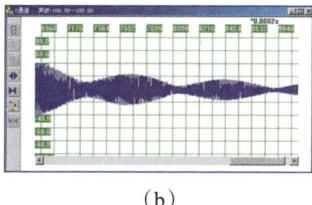

(b)

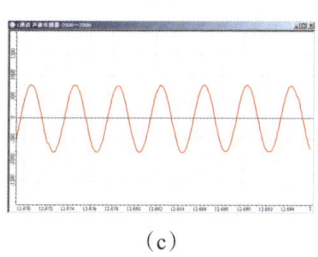

(c)

图2-9-2　DIS不同版本软件中的声波图像

的最佳路径。重视声学实验、教好声学内容，是上海二期课改中学物理课标和教材的要求，也是物理教学界的共识。

物理世界是可以被认识的——声现象可视化的教学意义：

笔者在多篇论文中都强调了通过DIS的相关技术手段变不可见为可见，促进学生对物理规律认知的重要意义。鉴于声现象的特殊性，其可视化的实现对于学生来说更为重要。因为对于声学来说，其基本概念，如声波、振幅、响度、频率、共鸣、干涉等都是建立在声现象可视化的基础上的。学生理解这些内容至少要在大脑里建立相应的模型。但恰恰传统的实验手段难以提供将声现象进行实时可视化的有效方法。教师能做的，只是在黑板上画出声波让学生去理解和认识。根据

笔者的教学经验，这个时候几乎每一个学生心里都在问为什么。天资好的学生物理建模能力强一些，也许能够跟得上，而大部分学生就只能靠死记硬背了。因此，迟迟实现不了声现象的可视化，是物理教学中的一个"黑洞"，对学生全面、深入地理解物理规律影响甚大。

教学系统的开发。作为研发成果，DIS天籁声学教学软件直接运行于计算机平台之上，普通的话筒即可成为采集声波信号的传感器，教学过程中可省略数据采集器和专用声传感器，直接在软件窗口中观察、分析。研发中心没有让DIS天籁声学教学软件停留在对"声传感器+数据采集器"体系的简单替代上，而是深入挖掘了计算机本身的强大功能，形成了对现有DIS声学软硬件功能的补充和超越。由图2-9-3可以看出，该软件采用全图形化人机交互界面，具备"音频发生器、外部输入和调用声库"三种工作模式，双窗口、单窗口两种显示方式，其中单窗口显示提供基于FFT（快速傅立叶变换）的频谱分析功能（图2-9-4）。该软件不仅能够直观显示声音的频率，还能够显示基音、泛音，为声波的叠加、音色的形成等教学内容提供了有力支持。

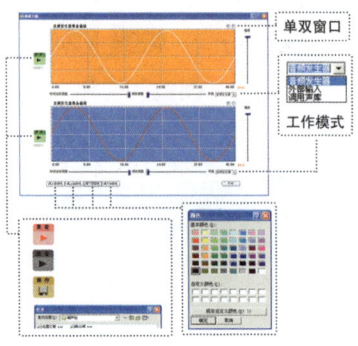

图2-9-3　朗威®"天籁"声学教学软件主界面功能说明

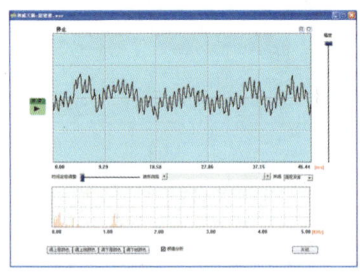

图2-9-4　朗威®"天籁"声学教学软件单窗口显示，频谱分析窗口已打开（下）

　　借助计算机声卡的输出功能和外接扬声器，DIS天籁声学教学软件内置的音频发生器可以让学生方便地比较不同频率声波的音调，随意改变振幅以调节响度，在看到波形的同时辨析声音效果。双窗口提供的同频不同幅、同幅不同频的对比效果格外明显，学生对声现象的认识得以显著提高。而外部输入功能则大大扩展了学生进行探究实验的空间，各种声源均可纳入研究体系，学生可以自主进行广泛的比较研究，具有重要的教学意义。学生在研究过程中，可将有代性的声音录制成DIS天籁声学教学软件识别的格式，不断丰富和扩展内置声库，并根据实验需要进行调用。

无论采用DIS声传感器还是DIS天籁声学教学软件，均可通过实时、直观地展示声波波形图线，较好地实现声学的可视化教学，扩展实验的范围，提高实验的质量。

二、促进声学实验教学的量化

DIS声传感器和DIS天籁声学教学软件引入声学实验教学后，不仅改变了传统实验中仅凭感观感知、体会声信号的局面，还通过信息技术特有的优势大幅度提升了声学实验的量化程度，有助于学生对于声学知识的理解和把握。下面就以使用DIS天籁声学教学软件进行声音三要素教学为例加以说明。

1. 振幅与响度的关系

打开DIS天籁声学教学软件，选用双窗口显示，两窗口均使用音频发生器模式。点击"发声"，拖动"频率调节"滚动条，将两窗口的发声频率均调至550 Hz。

点击"发声""暂停"，在两窗口之间切换，发现两个窗口所发出的音调、响度均一致。

拖动下方窗口右侧"幅度"滚动条至二分之一位置，可听到该窗口所发声音响度明显下降。点击"发声""暂停"，在两窗口之间切换，发现两个窗口所发出的声音音调一致但响度有很大区别。原因在于振幅的差异（图2-9-5）。

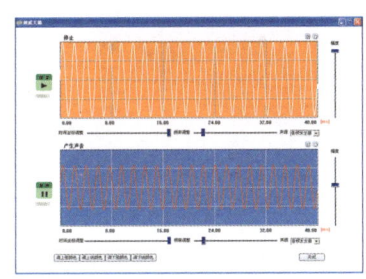

图2-9-5 两声音音调相同但响度有异

进入单窗口显示，上下拖动窗口右侧的"幅度"滚动条，可听到声音由强到弱，再由弱到强的连续变化。

结论：声音的响度是由振幅决定的。振幅越大，响度就

> 双管齐下——研发中心给出的声现象可视化的解决方案：
>
> DIS在声现象可视化的过程中，经历了两个阶段。第一个阶段是通过DIS声传感器配合数据采集系统及上位机软件，实现了对声波的采集和显示；第二个阶段是通过DIS"天籁"声学软件，直接借助计算机声卡，实现了对声现象的图形化分析。两者技术路线虽有不同，但都体现了将信息技术应用于教学实践的智慧，最终殊途同归且互为补充。这里面特别要提到的是后者——"天籁"声学软件的开发思路，即借助计算机声卡已具备的声信号采集、处理的强大功能，绕过DIS已经成型了的"传感器+数据采集器"的

技术路线，在自我否定和超越中形成了更为简洁有效的解决方案。DIS"天籁"声学软件的成功极大地鼓舞了研发中心，为随后积极实施思维转化、利用一切有效技术手段为实验教学服务奠定了坚实基础。

善于捕捉需求才能最终满足需求——DIS"天籁"声学软件的开发缘起：

DIS"天籁"声学软件在声学实验教学方面确有独到之处，尤其是对于刚刚接触声学知识的初中生来说，该软件通过清晰明了的声波图形，很好地诠释了声音三要素——音调、响度和音色背后的物理意义，因此获得了广大一线教师的喜爱。该软件的开发，始自物理教学专家、人教社初中物理教材原主编杜敏老师的一个提议：能否用相对于使用DIS声传感器及通用软件进行手动调节的使用模式来说

越大。反之越小。

引申：向学生介绍著名影片《海上钢琴师》里的一个经典镜头——钢琴师弹奏完了一曲高难度的爵士钢琴曲之后，用连续振动以致热得发烫的钢琴琴弦给自己点上了一支烟！与学生讨论其中的道理。

让学生尝试并感受——轻轻地拍手发出的声音肯定低于重重地拍手所发出的声音。所以，声音是能量的体现。振幅大，说明声音的能量比较大，听起来就响。声音的能量大，说明声源消耗或转化的能量多。这个实验能够让学生，尤其是初中生从振动和能量转换的角度理解声音，对其建立物理学思维体系极有帮助。

2. 频率与音调的关系

打开DIS天籁声学教学软件，选用双窗口显示，两窗口均使用音频发生器模式。点击"发声"，拖动"频率调节"滚动条，将上下两窗口的发声频率分别调至1 000 Hz和500 Hz［图2-9-6（a）］。

点击"发声""暂停"，在两窗口之间切换，发现两个窗口所发出的声音的音调存在明显差异——上方窗口所发声音的音调高于下方窗口所发声音的音调。

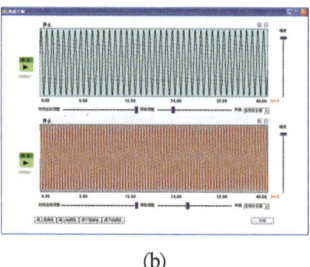

图2-9-6 两声音振幅相同，但音调差异显著

拖动下方窗口"频率调节"滚动条，将发声频率调至2 000 Hz［图2-9-6（b）］。点击"发声""暂停"，在两窗口之间切换，发现下方窗口所发声音的音调高于上方窗口所发声音的音调。

进入单窗口显示，左右拖动"频率调节"滚动条，可听到音调由高到低、再由低到高的连续变化。

结论：音调是由声源振动的频率决定的。频率越高，音调就越高。反之越低。

引申：音调虽然是人们对声音的主观感受，但其背后却有客观的物理学意义。男孩和女孩的音调为什么有区别？频率不同。频率不同的原因何在？发声器官——声带的构造不同。所谓"变声期"，就是童声向成人声音过渡的过程，其本质是声带的发育。

3. 音色的由来

乐音令人舒畅，而噪声令人烦恼。但对于乐音，人们也是有所取舍和倾向的。因为，声音还有另一个重要特性——音色，又称音品。

音色的本质是不同频率的声音的合成与叠加。很多乐器都有自己的共鸣箱，如吉他、小提琴、月琴、扬琴等，就是要通过共鸣箱促进不同频率声音的产生，最终与琴弦发出的声音合成为音色优美的乐音。道理很简单，但是授课却不容易。即便使用声传感器将声波可视化，也难以让学生理解不同频率声音的合成与叠加。但有了DIS天籁声学教学软件就完全不同了。软件中内置的频谱分析功能（FFT，即快速傅立叶转换算法）可以将任何一个声音实时分解为基音和泛音，而每一个泛音，都是一个叠加进来的声音，我们也可以将FFT找出的泛音作为声波合成的证据。

打开DIS天籁声学教学软件，选择单窗口显示，使用音频发生器模式。将发声音频调至某一频率，倾听其声音效果。点击"频谱分析"，打开频谱显示窗口，可见声音的谱线集中在某一频段。将光标移至最高的谱线上，发现显示出的声音频率与频率调节的结果相符。因而声音谱线集中分布在一个频段，左右均无其他频段的谱线（泛音）存在，所以

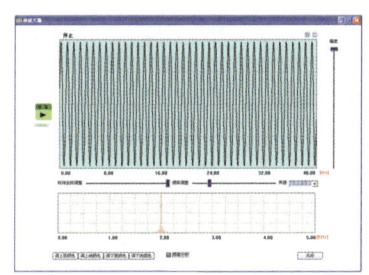

图2-9-7 由音频发生器发出的单音（1 000 Hz）的波形及频谱图线特征

更简单的方法，侧重于声音三要素的教学要求，为初中声学教学排忧解难？杜老师说者有意，我们作为听者更有心。所以当我们潜心钻研近一年时间搞出了DIS"天籁"声学软件之后，杜老师立即给予了高度评价，并通过人教社的教师培训体系，使该软件很快在全国物理教学界得到了推广使用。这一段从需求到实现的佳话已经被远大教科收录到其产品年鉴之中。其实，这只是研发中心十六年来倾听用户需求、努力将用户需求变为现实的诸多实例之一。但正是这些努力的多年延续，最终成为研发中心的优良传统。

DIS 上海创造——数字化实验系统研发纪实

从感性到理性——DIS "天籁"声学软件基于"音色"的实验对物理教学的贡献

教育,是通过知识的传授让学生建立理性思维方法的重要手段。由上述定义也可以看出,建立理性思维是教育的目标之一。而所谓的理性思维,就是建立在证据和逻辑推理基础上的思维方式,是人类通过观察、比较、分析、综合、抽象与概括等方法,把握客观事物本质和规律的能力活动。与理性思维相对的是感性思维,指的是建立在人类主观感受之上的判断与表达,属于思维的初级阶段。

音色,本来是一个基于感性思维的定义,其定义就是人类对于某一声音产生的感觉特征,因此带有很强的主观性、随意性。但通过DIS"天籁"声学软件进行的音色实验,学生可以认识到音色与振动、基音、泛音之间的关系,进而理解不同音色的形成机理。这个实验虽小,但却是促进学生的思维方式从感性思维向理性思维跨越的

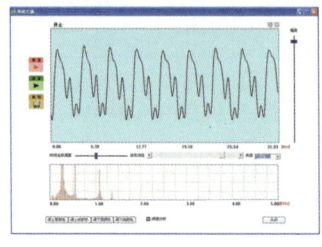

图2-9-8 "中央C"声波波形及频谱图线(电子琴模拟钢琴音效)

说由音频发生器发出的声音可以被称为单音(图2-9-7)。

将话筒接入计算机的声卡,沿用单窗口显示,切换至"外部输入"模式。换用不同频率的音叉,重复上述实验,发现结果类似。

将话筒移近电子琴,选用钢琴音效,按下中央"C"键,观察并记录钢琴声的波形和频谱图线(图2-9-8)。钢琴声的波形图线是非正弦曲线,说明这是不同频率声音合成、叠加(声波的相消相长)的结果。那么,是哪些声音合成、叠加,最终成为我们听到的钢琴声呢?由频谱图线可知,除了250 Hz左右的基音之外,至少还有三个频率约为500 Hz、1 100 Hz、1 300 Hz的泛音存在。也就是说,是上述声音合成了我们所听到的钢琴声,并且决定了琴声的音色。

将电子琴的音效转为不同乐器,按下"中央C"键,

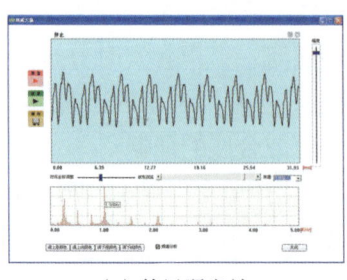

(a) 管风琴音效

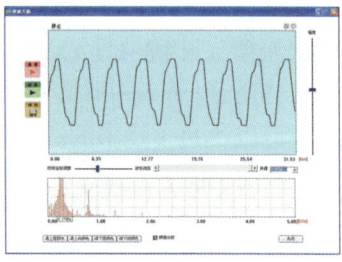

(b) 长笛音效

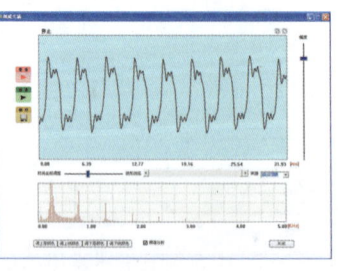

(c) 单簧管音效

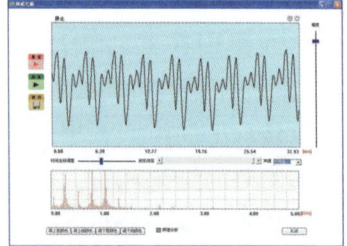

(d) 小提琴音效

图2-9-9 电子琴模拟的四种乐器的声波波形及频谱图线

第二章
DIS艰难起步

记录各种音效的声波和频谱图线(图2-9-9)。组织学生针对多种乐音的声波和频谱图线加以比较(图2-9-10),可加深对音色成因的理解和认识。

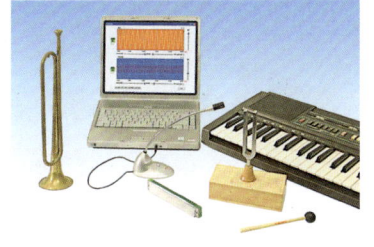

图2-9-10 使用朗威®天籁声学教学软件进行各种声音音色的比较研究

结论:我们听到的乐音是由多个不同频率的声音合成、叠加而来的。正是这些声音(泛音)的多少、频率的高低等因素决定了乐音的音色。

引申:(1)取单音口琴和重音口琴各一只,以"提琴奏法"吹相同的一个音,体会哪一个更好听。(2)取两只相同的玻璃杯,一只完好而另一只有裂纹。分别敲击并记录其声波波形和频谱图线,将记录结果与听到的声音效果相对应,分析其原因。(3)人们对不同乐音、噪音的评价是一个多种因素交互作用的复杂过程。除了音色,决定人们对声音表现出好恶取舍的还有文化背景、成长经历和心理状态等。相对于人文评价标准巨大的差异性,音色作为声音的物理学特征无疑是单纯而客观的。

引入DIS天籁声学教学软件,在可视化的基础上实现了声音三要素实验教学的量化。尤其是该软件的频谱分析功能,更是突破了传统声学实验的一大难关。

三、为学生插上探究声学奥秘的翅膀

信息技术工具的作用是全方位的。凭借DIS声传感器和DIS天籁声学教学软件,学生可以进行广泛而深入的自主探究。研发中心在这方面积累了大量的成功案例。

声速测量,一直是传统声学实验的难点。DIS天籁声学教学软件开发成功后,研发中心将该软件作为测量共鸣点位置的工具,以声波发生器和共鸣腔(杭州文思必得

重要阶梯——万物有理的认识将会由此形成。做和不做这个实验,对学生的成长发展来说区别很大。其实在当今中国,我们在感叹国民科学素质低下的时候,着实应该反思一下:这些国民在受教育的过程中,到底有没有认真做过物理实验!

成功与遗憾——DIS声学解决方案简评:

继DIS"天籁"声学软件开发完成之后,研发中心又通过整体的硬件升级(V7.0、V8.0),将旧版的DIS声传感器的功能进行了系统提升。具体表现为:声传感器的单通道传输频率由旧版的10k升级到20k,能够支持同时使用四个声传感器进行并行采集,且能够保证四个传感器采集到的声信号都能够得到实时显示和准确还原。到目前为止,这仍是国内数字化实验的顶级水平。

随后,研发中心又推

出了DIS声级传感器,并扩展了利用该传感器监测环境噪声指数的应用。尽管取得了不少成绩,但平心而论,相比于力学、电学和热学实验,DIS在声学实验手段的丰富性方面,还是略显不足的。究其原因,还是源于教学需求本身不够强劲。在课标和教材层面,声学内容本身没有成为物理教育的重点,其相关实验没有得到足够的重视。研发中心虽不满足于上述成果,但也不能脱离教学需求做更多的扩展研究。这不能不说是一个遗憾。

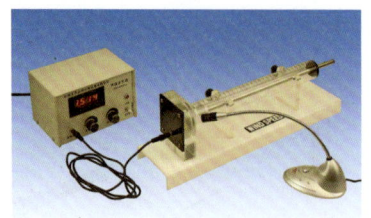

图2-9-11　使用朗威®天籁声学教学软件和共鸣腔实现声速的精确测定

科教仪器有限公司生产)为实验平台,实现了声速的精确测定(图2-9-11)。实验过程如下:

将话筒接入计算机,打开DIS天籁声学教学软件,使用单窗口显示,选择"外部输入"功能。启动声波发生器,将话筒移近共鸣腔左侧开口处,由左到右轻轻移动共鸣腔的活塞,由小到大逐渐改变共鸣腔的长度,同时仔细观察软件窗口中声波波形图线的振幅。当振幅达到最大时,停止移动活塞,记录活塞的当前位置,得到共鸣点的位置。继续增加共鸣腔的长度,可见声波的振幅出现回落后再次升高,待振幅达到最大意味着第二次共鸣的出现,记录活塞的当前位置……

改变声音的频率,重复实验,将各次实验数据记入表格,代入声速计算公式$v=\lambda f$(波长×频率。波长λ为两个共鸣点间距的两倍,已取平均值),求出各次实验对应的声速值。

声速测量实验数据及计算结果

序号	频率(Hz)	共鸣位置(mm)					声速(m/s)
		第一次	第二次	第三次	第四次	第五次	
1	1 065	78	240	/	/	/	345.06
2	1 590	44	150.5	256.5	/	/	337.88
3	1 920	35	122	210	/	/	336
4	2 286	12	86	159	/	/	336.04
5	2 286	/	76	128	188	260	354.14

由上表可见,实验测得的声速与理论值相比,均在误

差范围之内。

使用DIS声传感器和DIS天籁声学教学软件能够完成的声学实验还有：声反射、声屏蔽、声传播、声的干涉和衍射、拍、多普勒效应等。此外，学生自己玩出来的实验就更多了。

第十节　DIS教材专用软件走到物理实验教学

◎ DIS教材专用软件的构成和由来

DIS与传统实验教学仪器相比的最大区别，就在于这套实验设备是一个软硬件一体化的系统。因为要与计算机配套使用，所以单从人机交互的角度讲，软件也就成了DIS的重要构成部分，并成为实验操作的平台。这也是信息技术与物理教学整合的必然结果。

既然软件已成为实验教学的必备工具，因此在软件的设计、开发方面，除了要强调与硬件配套并发挥硬件的功能以外，还需在贯彻课改理念的基础上对实验教学过程进行优化和改造。

基于上述认识，研发中心为DIS并行配备了两种软件——教材专用软件和教材通用软件（图2-10-1）。两种软件风格迥异、互为补充，目前均已成为教师和学生手中的有力工具。

软件是DIS的一部分：

借用当代著名科幻作家刘慈欣（他于2010年8月访问过研发中心）的名著——《三体Ⅱ》里面的主角罗辑的名言：这是计划（"面壁"计划）的一部分！我们可以说：软件是DIS的一部分。2002年，研发中心开始启动的时候，我们虽然知道DIS必然包括软件，但对软件功能的认知是相对肤浅的，总觉得硬件的开发才是DIS的核心。而如今，不仅软件在笔者心目中的地位已远远高于十六年前，而且笔者也深深地理解了为什么美国要推行小学生学编程的课程。因为没有软件，硬件的功能几乎无法实现。这就是信息时代的特征。

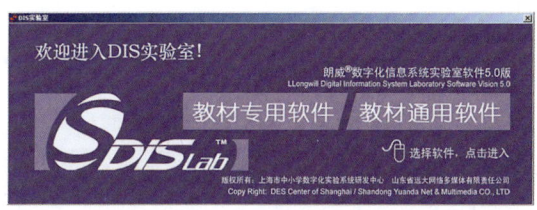

图2-10-1　DIS软件起始界面

一、教材专用软件的构成

点击DIS软件总界面上的"教材专用软件"，即可进

DIS 上海创造——数字化实验系统研发纪实

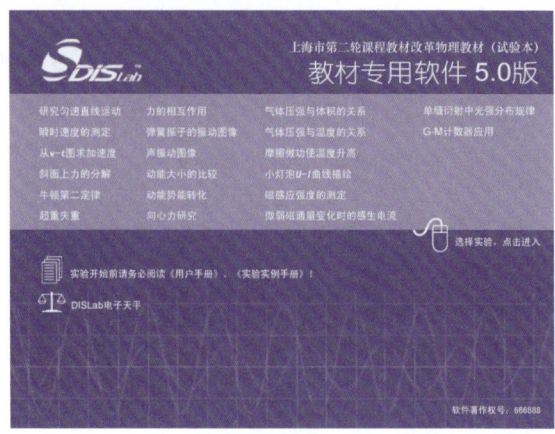

图 2-10-2　DIS 教材专用软件主界面

入该软件。

如图 2-10-2 所示,DIS 教材专用软件是一个软件包,可由主界面菜单直接进入某个实验软件。其 5.0 版包含了 21 个专用软件,均以支持的实验名称命名。专用软件名录如下:

研究匀速直线运动、瞬时速度的测定、从 $v-t$ 图求加速度、斜面上力的分解、牛顿第二定律、超重失重、力的相互作用、弹簧振子的振动图像、声振动图像、动能大小的比较、动能势能转化、向心力研究、气体压强与体积的关系、气体压强与温度的关系、摩擦做功使温度升高、小灯泡 $U-I$ 曲线描绘、磁感应强度的测定、微弱磁通量变化时的感生电流、单缝衍射中光强度分布规律、G-M 计数器应用、DIS 电子天平。

上述专用软件涉及 DIS 标配和选配的各种传感器。

面向对象——DIS 专用软件的核心思想:

DIS 专用软件问世之初,"傻瓜软件"的称呼不胫而走。其实,傻瓜化不过是专用软件的一个副产品,但也不得不承认:这个副产品在 DIS 的推广过程中打消了绝大多数教师对计算机操作的顾虑,在普及 DIS 的应用方面可谓意义重大。可仅仅以"傻瓜软件"来定位专用软件,显然也是以偏概全。我们当年之所以推出专用软件,基本上还是出于物理教师

软件名称、数量及所使用的传感器

传感器	软件数量	软件名称
位移	4	研究匀速直线运动、从 $v-t$ 图求加速度、牛顿第二定律、弹簧振子的振动图像
力	4	斜面上力的分解、超重失重、力的相互作用、DIS 电子天平

(续表)

传感器	软件数量	软件名称
光电门	3	瞬时速度的测定、动能大小的比较、动能势能转化
声波	1	声振动图像
电流+电压	1	小灯泡 U-I 曲线描绘
力+光电门	1	向心力研究
磁感应强度	1	磁感应强度的测定
温度	1	摩擦做功使温度升高
压强	1	气体压强与体积的关系
温度+压强	1	气体压强与温度的关系
微电流	1	微弱磁通量变化时的感生电流
光强	1	单缝衍射中光强度分布规律
G-M	1	G-M 计数器应用

+教材编者的直觉——每个实验都有每个实验的要求，这些要求必须得到具体的、足够的体现，不能笼而统之地用一个通用软件加以涵盖。直到十几年以后，我们对专用软件展开重新思考，才借用计算机编程的一个术语来了一次不见得准确的抽象：专用软件是面向对象开发设计的结果。这里的对象，就是一个个具体的实验。

从 DIS 教材专用软件的实验界面来看，大体可分为四种类型：数字（表格）型、图线型、表头型和图表一体型。其中，"瞬时速度测定""斜面上力的分解""动能势能转化"采用数字（表格）型（图 2-10-3）；"弹簧振子振动图像""声振动图像""摩擦做功使温度升高""超重失重""力的相互作用"采用图线型（图 2-10-4），"微弱磁通量变化时的感生电流"采用表头型（图 2-10-5），其余的采用图表一体型（图 2-10-6）。具体某个软件采用何种界面取决于该类实验数据的特征，并与实验数据分析要求密切相关。

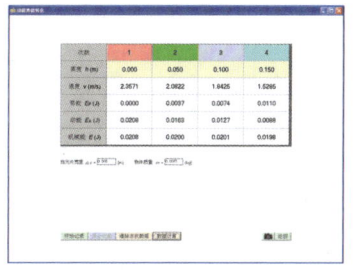

图 2-10-3 数字（表格）型

由图 2-10-6（磁感应强度的测定）可知，DIS 教材专用软件界面的基本构成如下：

"形散而神不散"的专用软件：

在研发初期，笔者也曾感叹专用软件的形式有点散乱，如本文所述，其界面大体可分为数字型、图线型、表头型和图表一体型四种。如今，尽管专用软件的形式更加丰富，但笔者已经认识到：这种形式上的散乱正是实验要求的体现。实验的要求是多元的，其表现形式也必然是多元的。多元化的软件形式已形成了DIS专用软件自身的风格——"形散而神不散"。

万变不离其宗——DIS专用软件的通用性：

专用软件看似各式各样，但却可以提炼出其核心构成。其中尤其以本文所引用的"磁感应强度测定"软件格外有代表性。除了各个专用软件均具备的控制按键之外，几乎所有的专用软件都具备数形结合的功能，包括数字和图线并行显示、数据计算和图线分析等。因为对物

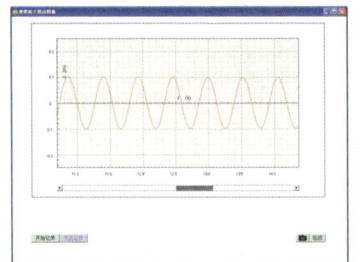

图2-10-4 图线型

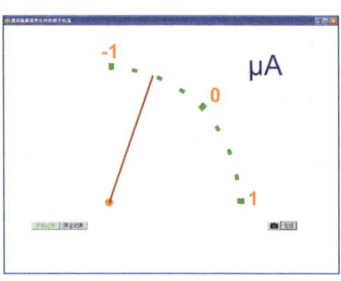

图2-10-5 表头型

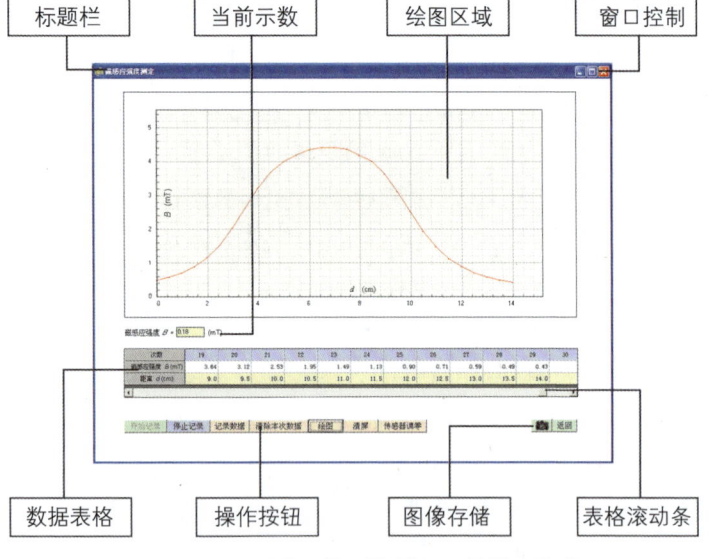

图2-10-6 图表一体型软件界面的基本构成

▲**标题栏** 采用Windows通用模式，表明当前软件（窗口）的名称。

▲**窗口控制** 采用Windows通用模式，由"最小化""最大化""关闭"组成。

▲**绘图区域** 由实验数据坐标构成，一般取第一象限。

▲**当前示数** 显示传感器当前实测值。

▲**数据表格** 以表格形式记录并显示实验数据。

▲**表格滚动条** 供拖动表格，查看各组数据。

▲**操作按钮** 一般包括"开始记录""停止记录""记

录数据""清除本次数据""绘图""清屏""传感器调零""返回"等功能。图线型和表头型软件操作按钮相对简单,仅有"开始记录""停止记录""返回"。

▲**图像存储**　它是一个照相机图标,用于将当前实验界面以图片文件(*.JPG)的形式存储下来。

不同的软件界面上还设置了仅用于该实验的功能。例如,"电子天平"内设置了重力加速度输入窗口,"摩擦做功使温度升高"内设置了扫描速度控制按钮,等等。这些功能按钮或窗口均有明确的文字说明,用户看一下即可掌握使用方法。

理实验来说,要么看图线,要么读数据;要么从图线上取数据,要么根据数据描点作图。这些基本要求,就是所有专用软件背后的通用元素。只不过因为实验要求的差异,这些元素的表现形式、出现次序有些差异罢了。因此,我们也可以称之为"万变不离其宗"。

二、教材专用软件的由来

由图2-10-7可以看出,DIS教材专用软件的构思、设计和开发是课改理念、课程标准要求及实验教学需要的集中体现。

1. 贯彻上海二期课改的理念

《面向21世纪上海市中学物理学科教育改革行动纲领》指出:"使多媒体计算机和网络技术成为实现物理教学目标的一种途径和方法,成为物理课程和教材体系的一种实现方式,成为物理学习的一种环境。"

落实课改的理念,不是一件容易的事情:

笔者作为教材编写组成员,有幸参与了上海的两次课改——一期课改和二期课改。且不去比较两次课改的差异,仅谈一点感想:落实课改的理念,可不是一件容易的事情!课改,从面上看是教学内容和教学方式的改变。而从

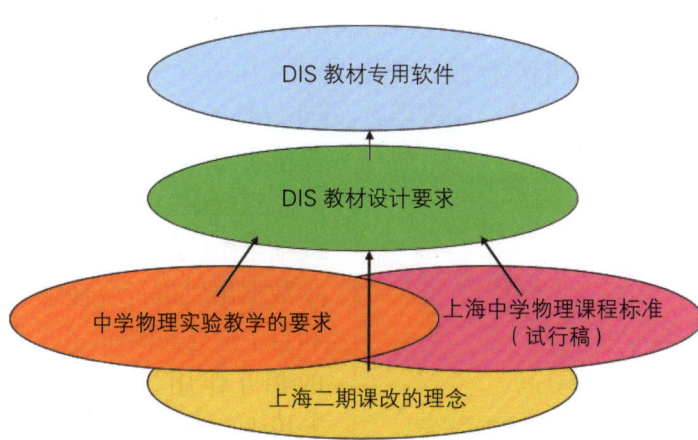

图2-10-7　教材专用软件的设计开发基础

DIS 上海创造 ——数字化实验系统研发纪实

本质上来看，则是教学思想的变革。也可以说，课改是教学思想发生变化之后，引发的教学内容和教学方式的变革。所以说，具体到教材怎么写、实验怎么做、老师怎么教、学生怎么学、作业怎么布置、考试怎么考，方方面面都体现着教学思想的变化。也只有在上述变化都完成到位，且让各个领域、各个层次的人员完全领会并有力执行的情况下，课改的理念才能开始落实。

具体到DIS的研发，其本身就是二期课改的重要组成部分。市教委原副主任张民生反复强调：实验教学工具（含软件）也是教育教学的重要组成部分。回想起来，正是因为我们在DIS的研发过程中，时刻努力将课改的核心理念加以落实，才有了DIS的创新和突破，包括专用软件的从无到有和逐步系列化。从这个角度来说，DIS及其专用软件既是课改的产物，也是课改的推进者。

当然，通过DIS及其专用软件体现课改理念，

这一设想和规划除指明了信息技术与物理课程教学结合的大方向，还强调了信息技术环境与教学密切结合的必要性。针对这一要求，研发中心在DIS教材专用软件的设计和开发过程中强调了对物理学各分支学科的支持。V5.0版专用软件支持的实验类别分布如下表所示：

教材专用软件支持的实验类别

学科	力学	声学	热学	电磁学	光学	原子物理	工具型软件
数量	11	1	3	3	1	1	1（电子天平）

由上表可见，DIS教材专用软件已涵盖了初高中阶段基础型教材物理实验的基本内容，营造了信息技术与物理实验密切整合的教学环境。

在课堂教学方面，该行动纲领指出："物理课堂教学改革的一个重要突破是恢复并强化物理实验教学，在学生实验中要增加探索性实验和设计性实验，有目的地增设合作性实验，以培养学生的团队精神；在物理概念引入和物理规律得出的过程中要增加有启发性的演示实验……"

针对这一要求，研发中心在DIS教材专用软件的设计规划中突出了信息技术手段——传感器在实验中的应用。特别是在通过新型传感器的应用解决传统实验难题方面，DIS教材专用软件起到了积极的引导作用。专用软件界面的设计也服从这一课改理念，并非仅具备"测量-演示"的基本功能，而是遵循了"从现象到规律"的认知规律，鼓励学生从实验获得的基本数据出发进行合理想象和自主探究。例如，在"力的相互作用"实验中（图2-10-8），呈现出以X轴镜像对称的两条力的图线

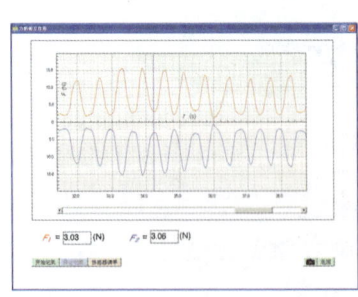

图2-10-8　力的相互作用实验界面

以后，专用软件提供了数据观察工具——一条可以通过鼠标水平移动的辅助线。这条辅助线与两条力的图线及时间轴分别相交，窗口下方的 F_1、F_2 窗口中即显示出此时两个力传感器的示数。这样，基于"物理量-时间"的关系，学生首先掌握了图线的物理意义："物理量-时间"坐标内的连续数据点构成了图线；其次，两条图线呈现出以X轴镜像对称的原因在于其大小相同、方向相反，而这正是牛顿第三定律的教学要求。

另外，专用软件给出的实验环境基本上需要由两人或两人以上合作完成（图2-10-9），这也是在贯彻课改理念的基础上对实验操作的积极引导。

是一个艰苦、细致、渐进的过程。本文涉及的通过软件设计实现对学生自主探究能力的培养、对学生合作学习的支持，虽仅为研发过程中的冰山一角，但也是研发工作的真实体现。只不过，实在没有那么多篇幅记录我们所做的一切。

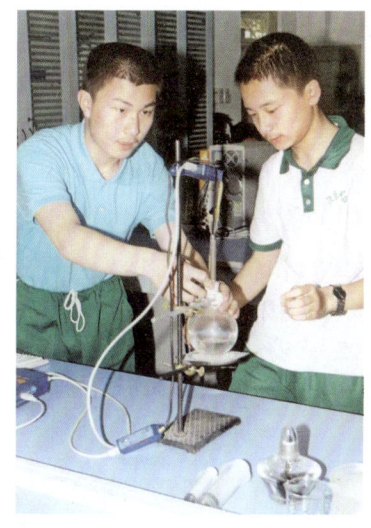

图2-10-9　学生在实验中相互配合

2. 体现课程标准的要求

上海二期课改高中物理教材的编写是一项系统工程，该项工程的总体要求来自《上海市中学物理课程标准（试行稿）》。DIS教材专用软件的设计和开发作为教材编写工程的一个子系统，贯穿了教材编写过程的始终，实现了与课程教材改革的同步发展（图2-10-10）。

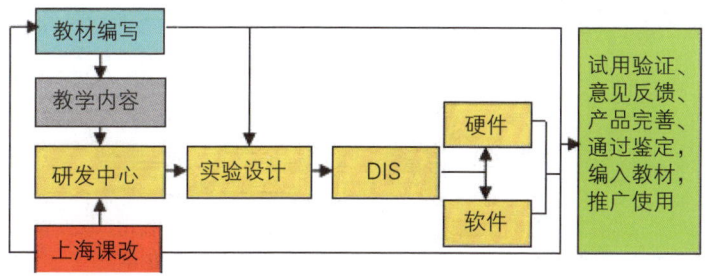

图2-10-10　DIS软硬件体系与上海二期课改教材同步

DIS 上海创造——数字化实验系统研发纪实

2002年3月，中学物理教材编写组提出，要解决实验过程中力和位移的动态实时测量问题，并将以此构建课改教材中的新型实验。4月—6月，研发中心完成了力传感器和位移传感器的研发，并提供了配套软件。课改办审定后将其纳入教材，并在53所试点学校中进行了产品使用验证。根据学校的使用意见，教材组提出了一系列改进要求，研发中心据此要求对产品进行了两次升级和完善。目前，DIS教材专用软件V5.0版中，应用到力传感器和位移传感器的专用软件数量已达到九个，发挥了重要的教学作用。这些实验的设计开发自始至终体现了《上海市中学物理课程标准（试用稿）》的要求。

图2-10-11～图2-10-13三组图片记述了DIS力传感器及"力的相互作用"教材专用软件自2002—2004年的三次升级。DIS软硬件产品的升级和完善，就是配合课程

从力的相互作用实验"三易其稿"谈起：

力的相互作用实验经历了三个发展阶段，由此我们可以看出，DIS的硬软件几乎始终在同步升级中。类似的三易其稿，甚至多易其稿，绝不仅体现在这一个实验上。为实现践行课改理念、落实实验要求的目标，我们没少折腾自己，但也造就了研发中心追求卓越、精益求精的传统。正是凭借这一传统，我们才有了针对法拉第电磁感应定律、二维运动系统、机器人、逻辑电路，乃至跨平台应用领域的持续发力和深入研究，才有了DIS的持续升级，并逐步形成了庞大的工具族群。

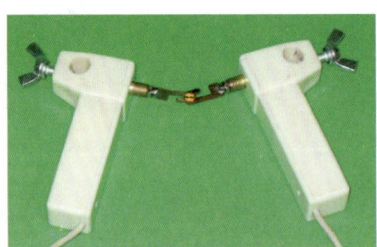 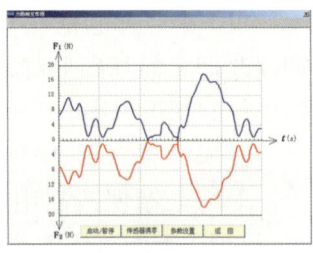

（a）最初的DIS力传感器　　（b）"力的相互作用"软件界面（2002年）

图2-10-11

 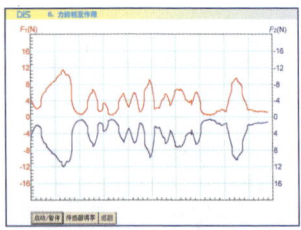

（a）DIS V4.0力传感器　　（b）"力的相互作用"软件界面（2003年）

图2-10-12

 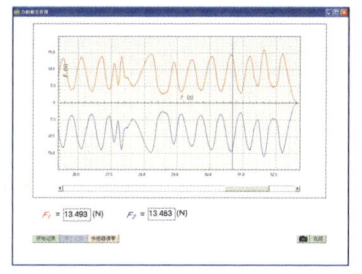

(a) DIS V5.0 力传感器　　(b) "力的相互作用"软件界面（2003年）

图 2-10-13

教材改革，与二期课改同步发展的过程。同时，产品生产厂家也配合这一进程，较好地完成了试点学校的产品软硬件升级工作。

根据二期课改的理念，课改教材中设置的一个个实验并非孤立存在，促进学生对物理现象和物理规律循序渐进地认识是教材编写者的初衷。DIS 教材专用软针对具体实验开发，拥有相对独立的实验界面，按照认知规律为学生们搭建了构造知识大厦的脚手架。

例如，基础型教材高一第一个实验是"研究匀速直线运动"。在这个实验的专用软件界面中，首次展示了"物理量-时间"关系图线，即 s-t 图和 v-t 图。此后教材中设置了"从 v-t 图求加速度""牛顿第二定律"等实验，对图线的使用进行了强化，进而引出 a-m 图 a-$1/m$ 图，对学生掌握物理学的研究方法起了导向作用，使学生在理解层次上不断递进和扩展（图 2-10-14 ～ 2-10-17）。

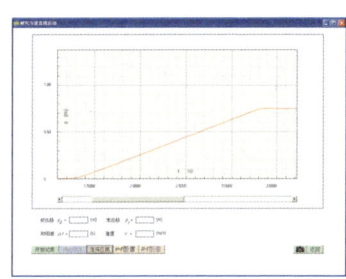 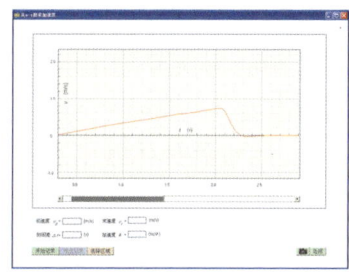

图 2-10-14　s-t 图（实验一　研究匀速直线运动）　　图 2-10-15　v-t 图（实验三　从 v-t 图求加速度）

"软件傻瓜化"背后的深意——我们要用DIS来干什么：

DIS 专用软件凭借简单易用的特点被称为"傻瓜软件"，虽然令笔者始料不及，但细想起来，这恰恰是研发中心对 DIS 精确定位的结果，说明在目的和手段方面，我们作出了正确的选择。因为，DIS 的研发，始终不能回避一个根本的问题：我们拿 DIS 来干什么？换句话说，DIS 是目的还是手段？换做专业的技术公司，他们可能认为DIS就是目的，在DIS当中堆砌炫酷的技术很可能成为他们的首选项。

但笔者从一个老教师和教材编者的角度来看，DIS不过是手段，是实验教学的手段，是落实课改理念的手段，是学生探究物质世界的手段。既然是手段，就应该服从于目的，不能本末倒置！因此，DIS的构造务必符合教学需求，其本身的学习和使用应该以简单易用为基准，以达成实验教学要求为标杆。所以，教师们喜欢使用专用软件，其背后有着深刻地必然性。这不仅是研发中心收获的经验，也将成为整合教育装备行业的宝贵财富。

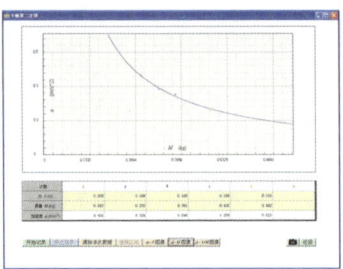
图2-10-16　a-m图（实验五 牛顿第二定律）

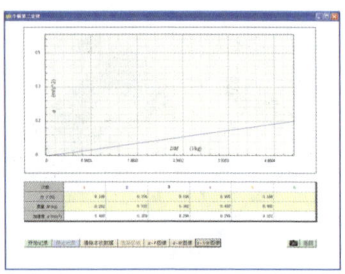
图2-10-17　a-1/m图（实验五 牛顿第二定律）

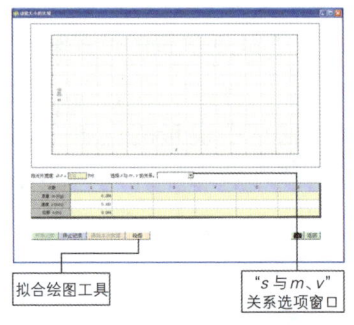
图2-10-18　动能大小的研究

再如，课改教材涉及动能的时候，专门设置了"动能大小的研究"实验（图2-10-18）。除了帮助学生理解动能的定义，教材编写组的专家们还强调通过这个实验促进学生合理想象和自主探究能力的培养。针对这一要求开发的专用软件很好地贯彻了教材组的设想：不仅测量和记录了实验数据，还提供了专门"s与m、v"关系选项窗口，鼓励学生展开猜想，随后用拟合绘图工具让学生加以验证。有专家评价道：这样的实验教学环境明显提高了学生的思维品质。

将上述教材编写要求具体化为实验步骤和教学环境，需要软件难易有序、分门别类，且具备相当的针对性。研发中心不仅成功解决了上述问题，而且将解决上述问题运用的方法发展成为DIS教材专用软件的系统优势，在信息技术与课程教材整合的新形势下取得了教法创新成果，并很好地体现了《上海市中学物理课程标准（试行稿）》的要求。

3. 让技术为教学服务

在DIS研发初期，国际上可供参照的类似软件基本上都脱胎于工程用数据分析软件，其基本架构为：采用统一的主界面，根据实验需要开设数据窗口或工作窗口，主界面中设置多种分析工具。包括DIS教材通用软件在内的大多数Windows应用程序均采用上述架构，也证明了此种软件架构的合理性。

但是对于广大中学生和中学教师而言，他们并没有太多使用工具软件的经验。因此，如果仅提供教材通用软件，就意味着他们还要专门学习和掌握一种新工具，这无疑会在正常教学活动之外给师生们增添负担。另外，上海二期课改教材中引入了DIS演示实验，如果实验操作过程中软件使用过于复杂，不仅会占用课堂时间，而且还会将学生的注意力吸引到物理教学之外。

此外，笔者深知，不同的实验对数据、过程和方法有不同的要求。例如，对一般实验来说，软件需要能够呈现"物理量-时间"关系图线。但是，光电门实验测量的就是时间本身，"挡光时间""挡光时刻"等时间数据仅为时间轴线上的一段或一点；原子物理中的辐射强度是单位时间内的累计值；光的干涉和衍射以及波长的测量则不考虑时间因素。再者，不同的实验数据频率差异极大（如声波和温度），而如果能够真实展现物理现象，必须使软硬件系统的采样频率能够根据信号频率加以变化。如要使交流电（50 Hz）的测量波形得到满意效果，其采样频率不得低于1 kHz，等等。要将这些类别不同的数据要求统一起来不仅存在技术上的难度，也不利于在教学中突出物理现象的特点。因此，针对不同实验，软件的界面风格、结构体系、功能设置上都有必要进行特殊处理，甚至有必要根据实验要求量身定做其配套软件。

因此，尽管通用型软件具有很多优点，但笔者还是决定另辟蹊径，开发一种更适合课堂实验教学的软件。通过对使用者（学生、教师和实验员）知识、能力背景的系统分析，并结合课堂教学（特别是演示实验）的要求，研发中心最终完成了对软件设计要求的提取，形成了"简单易用、分门别类、兼顾通用"的开发指导思想。

简单易用：以物理教学为中心，强调信息技术只不过是一种教学手段，而手段必须为目的服务。因此，必须尽量降低 DIS 的入门难度，不需要专门的培训，学生、教师和实验员均可上手使用。

分门别类：将实验类别名称以菜单形式列出，需要做哪个实验直接点击进入即可。这一方面是与教材中的实验设置相对应的必然结果，另一方面也进一步简化了软件的使用操作。

兼顾通用：每一个教材专用软件都能够完成一类实验而并非一个实验，强调了专用软件在一定层面上的通用性，提高了软件的利用效率。

在此基础上，经过 2002—2004 年不断的升级和完善，逐步形成了目前教材专用软件体系。

当时有不少人，特别是软件工程师认为：与主流软件风格接轨才是 DIS 软件的发展方向，软件功能越多越好，甚至是越复杂越好。而专用软件采用软件包形式，未免过于简单，显不出 DIS 的技术水平。对此，笔者从多年的教学经验出发，强调了在信息技术与物理教学整合的过程中"技术为教学服务"的工作指导思想，使大家都认识到了根据用户特点和教学使用要求开发专用软件的必要性，逐步纠正了"为技术而技术"的炫耀思想。三年来 DIS 的推广应用实践，也证明笔者当初的决策是正确的。

例如，在 2002 年、2003 年头两期 DIS 应用培训之后，有不少上了年纪的物理教师和实验员抱怨听不明白。笔者询问了一下，发现主要原因并不是培训教师讲不清楚，而是这些老教师发现实验改用计算机做了，本能地产生了畏惧和抵触情绪。在这种情绪影响下，有人连课都不想听了，自然使得培训效果大打折扣。对此，笔者首先认可了大家对改用计算机做实验的一些疑虑，接着现身说法，专门找年龄大的教师和实验员亲手教他们使用专用软件。一经尝试，老教师们立即发觉了教材专用软件的"甜头"——只要会用鼠标，就会用 DIS 做实验！这句话很快就成了广大教师的共识,并且进一步发展成为"只要会乘电梯,就会用DIS做实验"!从而基本消除了在新技术操作层面上的绊脚石。

◎ DIS教材专用软件的功能和价值

《上海市中学物理课程标准(试行稿)》对中学物理课程的定义指出:"中学物理课程是以观察和实验为基础,以物理现象、物理概念和规律、物理过程和方法为载体,以科学探究为主线,以提高全体学生科学素养为基本目标的基础性自然科学课程,是中学自然科学领域的重要组成部分。"

由此可见,课程标准体现了二期课改的理念,使得在应试体制下被长期忽略的实验教学回归本位。作为二期课改教材建设的配套工程,DIS基础型教材专用软件的设计和完善,就遵循了将课程标准的要求物化、具体化、可操作化的原则,从而对中学物理实验教学实现"求知、应用、教育和发展"四大教学功能形成了有力的支持。

一、注重知识与技能

知识和技能教育是高中阶段物理教学的基础,也是DIS基础型教材专用软件配合二期课改高中物理教材需要首先完成的教学使命。但是,经过精心设计,依托DIS基础型教材专用软件的物理知识和技能教育显然有别于传统的验证性实验和单纯的知识灌输。

例如,"位移、速度、加速度"是基础型教材机械运动部分的基本概念。与教材中上述概念的导入次序配套,DIS基础型教材专用软件设置了"研究匀速直线运动"和"从v–t图求加速度"两个实验(装置图见图2-10-19),体现了物理概念逐层递进的原则,并着重给出了在今后的科学研究、社会生活领域均有广泛应用的图线分析方法。

图2-10-20为实验获得的s–t图,首先给出了位移随

看似笨办法,解决大问题:

DIS实验教学软件首先是教学软件。既然是教学软件,那就要服从于教材、服务于教学。这两句话说起来容易、做起来难。因为就软件开发的常规要求来说,无不倾向于将各种需求加以统一归类,并在此基础上开发针对各种需求的功能模块,争取以"一物多用"的设计思路,在代码最少、消耗资源最小的基础上解决尽可能多的问题。这种"省力、聪明"的做法无可厚非,但在突出教学内容的次序、建立学生的认知流程、表现实验的个性要求方面存在先天不足。DIS专用软件为此舍弃了通用性,转向基于教材内容、教学要求和实验特性的"定制式"开发,看起来属于不够"省力、聪明"的笨办法,但事实上却解决了为教学服务的大问题,并坚持了自己作为教学软件的功能底线。

准确呈现事物发生的顺序，即展示因果律，不仅是物理教学的要求，更是逻辑思维的基础：

本文借用"位移、速度和加速度"的教学案例，使得笔者再次联想到了物理教学作为学生思维训练基础的重要作用。中学阶段没有单设的逻辑课程，但在语文、几何和物理教学中，都有相关内容。语文强调的是逻辑的格式化表达，几何突出的是推理的过程，而物理则将语文和几何所涉及的概念、方法落实到了物理实在的层面，让学上感到逻辑不是文字和符号游戏，而是实实在在的自然规律。当然，要取得这个层面的教学成果，教师必须引导学生在掌握知识的基础上，将目光转向考试之外，多做实验，多思考万事万物之间的关联。也许有人将这个领域归结为情感态度价值观教育，但笔者还是坚持认为：逻辑思维，就是技能的一部分，是科学训练的基础。如果不予以重视，很多学生长大以后就会出

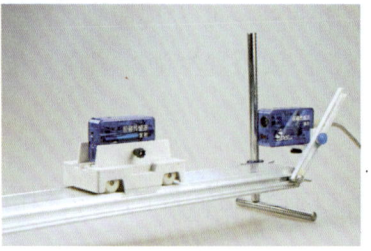

图2-10-19　实验装置图

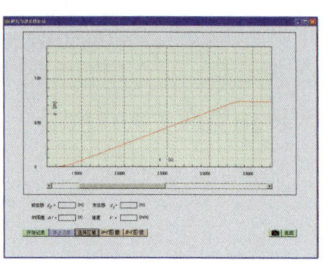

图2-10-20　获得s-t图线

时间变化的表述方法，为进一步应用"物理量-时间"关系图线描述物理量的变化过程奠定了基础。

图2-10-21则引出了"研究区段"的概念，强调了图线中不同区段对应不同的时间及物理量，而根据实验目的选取研究区段，则是正确使用图线工具的基本方法。

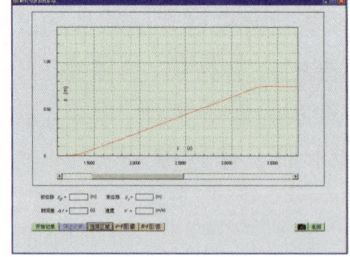

图2-10-21　在s-t图线中选取研究区段

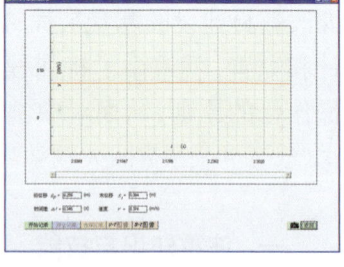

图2-10-22　s-t图转v-t图线

因为速度是在位移变化率的基础上定义的，所以相对于s-t图来说，v-t图的概念要抽象得多。图2-10-22是最理想、最典型的v-t图——匀速直线运动，学生由此即可感悟：匀速，即为速度恒定不变；匀速直线运动对应的"速度-时间"图线（v-t图），就应该是一条平行于X轴的直线。在此基础上推理：变速对应的就不是平行于X轴的直线；而根据v-t图呈平行于X轴的直线，可以判断运动为匀速。同理，如果v-t图不是平行于X轴的直线，即可认为运动为变速。这样，教师即可引导学生建立以图线诠释物理规律的清晰的思维逻辑。

在学生头脑中已经储备了变速运动的图线特征之后，图2-10-23提供了呈直线的v-t图，图2-10-24则通过软件中的计算功能，结合"选取研究区段"功能，使学生可以对图2-10-22中v-t图的各个区段进行研究，以验证速度的变化率是否相同。基于得出的速度变化率相等的结果，学生即可掌握匀变速运动的概念——速度的变化率相等。基于此，可抽象出加速度的概念——加速度等于速度的变化率。

现各种各样的"拎不清"。从这个角度上讲，物理教学和物理实验实在不应该被忽视。

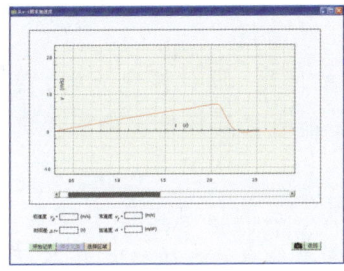 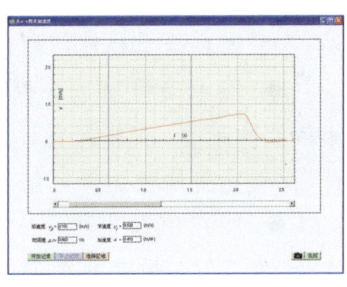

图2-10-23　直接获得v-t图线　　图2-10-24　根据v-t图线得出加速度

教师完成基本教学任务之后，还可以将实验进一步延伸：让学生观察图2-10-23中的v-t图，并启发学生在保持v-t图为直线的基础上，获得与X轴角度不同的v-t图线。研究这些不同倾角的图线与其对应的运动之间的差异，即可得出"倾角越大的v-t图线对应的加速度也就越大"的结论，而图线的倾角就是数学中的斜率。这使得学生进一步认识到了物理和数学之间的重要关联：导数、斜率等数学概念都有其现实的物理意义，而数学就是物理的表达式！

当然，上述实验教学过程的实施有多种方式，依赖的实验手段也并非仅有DIS一种。但围绕"位移、速度、加速度"进行的软件开发和实验设计表明，DIS在知识与技能的教育方面发挥了显著的功能。

实时实验，使得学生可以使用DIS任意改变实验条件，即时获得由自己操纵的不同运动模式对应的图线表达，促进学生在图线与物理过程之间建立思维的关联；基于DIS基础型教材专用软件的实验步骤设置，按照学生的认知规律构造了教学过程，使得学生在不知不觉间理解了概念、获得了知识，并初步掌握了研究技能。

二、强调过程与方法

《上海市中学物理课程标准（试行稿）》关于"过程与方法"教育的具体要求如下：

◆ 能适当运用分析、综合、推理、判断等逻辑思维方法，寻求解决简单物理问题的正确途径。

◆ 能主动提出适合探究的问题，设计探究方案，搜集事实和证据，实施探究计划；能根据实际情况修正探究计划，较完整地表达探究结果。

◆ 能在信息化环境中，从广泛的信息渠道中搜集、选择、加工、应用有关物理的各类信息；能通过总结与反思，主动改进学习方法，提高学习效率。

◆ 能感受直觉、假说和反馈控制等方法；认识猜想和建模等方法；初步运用归纳演绎方法和数学方法。

为贯彻课程标准的上述要求，DIS基础型教材专用软件在配合知识与技能教育的同时，针对实验过程与方法进行了深入研究和精心设计。

例如，围绕着"力、作用力与反作用力"等教学内容，DIS基础型教材专用软件构造了一个逐渐深入的学习过程。在"斜面上力的分解"实验中（图2-10-25），学生已经开始同时测量两个实验数据（力的大小）；若教师引导学生直接用两手对拉两力传感器，也可见传感器示数基本相同（对拉之前应调零）。尽

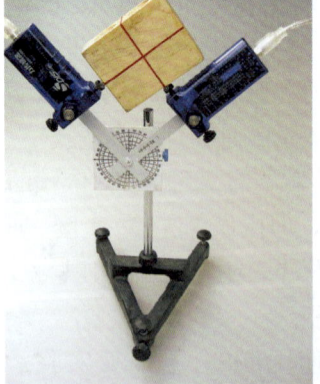

图2-10-25　斜面上力的分解实验装置

第二章
DIS艰难起步

管未体现力的方向性，但实际上已为"力的相互作用"实验做了铺垫。在"力的相互作用"实验中，格外强调了研究方法：一是直观的图线法，二是数据分析方法。通过教材专用软件的设定，对拉的两力传感器的示数表现为以X轴上下对称的两条动态图线，不仅对实验操作反应灵活，而且与直观感受非常一致，对"两力方向相反"的表现非常形象、直观。专用软件还提供了活动竖线工具，供学生查看在同一时间点上两力的大小是否相同，从实验数据的层面验证两力大小是否相同。这同时也强调了本实验的基本过程：首先使用传感器和数据采集器获得实验数据，在数据的基础上绘制图线，而图线的基本构成，就是连续不断的实验数据点。

另外，尽管该实验操作并不复杂，获得看起来对称的图线相对容易。如果交替活动竖线工具或换用"斜面上力的分解"软件（直接显示两力传感器的示数，图2-10-26），经常发现在排除传感器一致性的问题并进行了调零操作后，两力示数仍然存在着较大差异，有时候能够相差1牛。为什么？关键在于实验的操作手法：实验中应保持两传感器的手柄平行、测钩正对，否则就会产生扭力（图2-10-27）。改进手法，马上就会使数据质量大幅度提高。因此，DIS基础型教材专用软件设置的图线和数据工具组合运用，对于学生认识实验误差、养成正确的实验方法有着积极的促进作用。

不是追求技术的高超，而是追求技术的恰当应用：

DIS专用软件里面经常出现竖线工具。开发这个工具，并不需要多高的技术含量，但这个工具对于教学过程中实验数据的实时分析却是极为有用的。开发这个工具的思想，并非出自对其他软件的模仿，恰恰是因为许多软件不具备这个功能，而笔者从自身的教学经验出发，认为专用软件需要增加这项功能。

当时记得软件工程师开发这一工具只用了不到一天时间，可见技术难度并不高。但笔者却花了好几天来给工程师解释自己到底想做出什么东西，这个东西到底有什么用。当软件工程师最终弄明白了的时候，他似乎还是不太理解就这么一个简单的竖线能有什么用？但软件到了用户手里就不一样了——教师对该工具的反映是出奇的热烈。这进一步坚定了笔者在研发方面的一个认识：研发离不开技术的应用，但研发成功

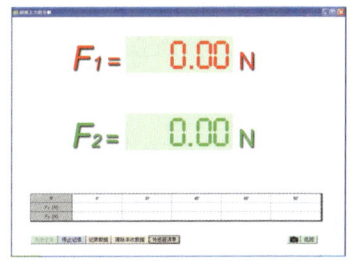

图2-10-26 斜面上力的分解实验界面

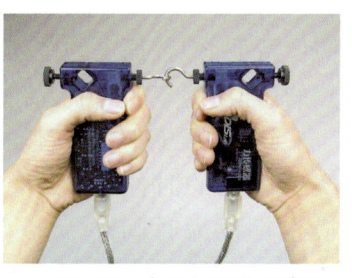

图2-10-27 力的相互作用实验

的关键,并不在于技术水平的高低,而是在于是否符合教学的需求。

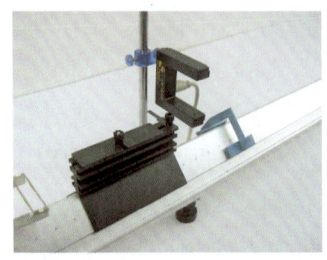

图2-10-28　动能大小的比较实验装置图

再如,"动能大小的比较"实验(图2-10-28)所应用的研究方法,不仅是多种实验研究方法的集成,而且真正体现了基于原始实验数据总结和归纳经验公式的探究思想,因而具有相当的思维深度。该实验之于物理"过程与方法"方面的教育功能更加显著。

物体的动能作为一个复合量是不能被直接测量的,其表达式与其质量 m 及其速度 v 有关。由于动能大小与其所做的功成正比,所以物体(图中的滑块)克服摩擦力所做的功,可以表示为由滑块推动摩擦块移动的距离 s 。因此,通过研究 s 这个可以被直接测量的物理量,即可研究物体的动能这个无法被直接测量的物理量。这种"借代"研究方法,在物理学,尤其是天体物理、高能物理领域被广泛应用。因此掌握这种研究方法,是对学生思维品质的一大提升。

"动能大小的比较"实验中没有提供任何经验公式,而是让学生去选择一个用于表达动能大小的公式,因而构造了一种纯粹的探究环境。与为数甚多的验证性实验相比,该实验虽然给学生带来了一定程度的困惑,但也并非没有规律可循。"动能大小与其所做的功成正比"便是最重要的研究突破口。

首先,要理解"正比"的概念,从而掌握正比关系的图像特征,即数据点的排列呈一条直线,且该直线是过原点的(速度为零的时候,动能肯定为零)。

其次,要理解该实验中坐标系的设定。以往描绘实验图线的时候,一般将纵坐标设置为物理量值,将横坐标设为时间 t。所以学生们对"物理量-时间"图线是较为熟悉的。但"动能大小的比较"实验中,纵坐标为摩擦块移动的距离 s,而横坐标却并非时间,也

"动能大小的比较"实验——不用专用软件将难以完成:

在早期的研发过程中,尽管数据呈现各有特色,但是大部分DIS专用软件的构成还是有章可循的。相比于其他软件,"动能大小的比较"涉及的分析方法之独特、思维水平

非一个单一的物理量,而是一个由公式计算得出的复合量。决定该复合量的公式由图2-10-29中的下拉菜单提供了八种组合方式(事实上有无限多种可能的组合),本身并不确定。最为关键的是,要观察八种组合方式决定的数据点排列结果,选择其中最接近正比关系的数据点排列方式,由此倒推出表述动能大小的关系式。

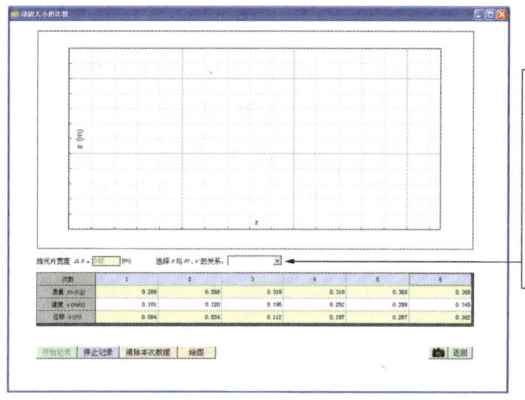

在下拉菜单中选择 s 与 m、v 的关系式,以确定横坐标,从而确定基于实验数据的计算结果对应的数据点在坐标系内的排列方式

图2-10-29　动能大小的比较实验界面图

图2-10-30～2-10-33均为选定其中一个公式后所获得的数据点的排列结果。观察可见,上述排列均不具备正比关系特征。当选择"mv^2"时,获得了如图2-10-34所示的数据点排列结果,因此,推断动能大小与 m、v 的关系可表达为"$E=mv^2$"。

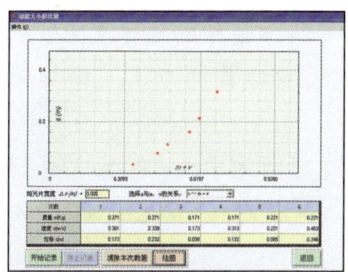

图2-10-30　选定"$m+v$"

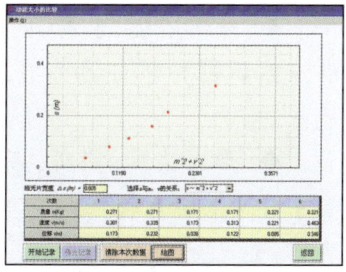

图2-10-31　选定"m^2+v^2"

之高超,可为绝无仅有。本文已经全面介绍了该软件的基本设计理念和使用方法,这里我们还要特别向本软件设计思想的提出者,上海二期课改中学物理教材主编张越老师致敬。正是张越老师的基础设计,才搭建了这个实验的软硬件骨架。

　　当然,笔者在协助张越老师设计实验的过程中,也做了一项与"太极推手"类似的工作——本来,按照老师们都熟悉的控制变量法设计实验,需要逐步增大施加在滑块上的力,使之滑动距离逐渐增大。但这将面临两个难题:要么设计出很多教师心目中的恒力源,实现力的受控输出;要么准确测量出短时间内施加在滑块上的力。而根据笔者的教学经验,上述两个难题基本无解。因此,在与张越老师协商之后,我们就避开了原因——施加在滑块上的力,而直奔结果——力做功之后的成果显现,也就是滑块滑动的距离。这一反其道而行之的思维转化,极大地丰富了高中物理教学的方法体系,但同时也大大增加了软件实现的难度。此时,专用软件的订制优势就充分发挥出来了。也可以说:没有专用软件的灵活性,我们的实验设计也难以得到落实。在这方面,技术的确起到了为教学服务的作用。

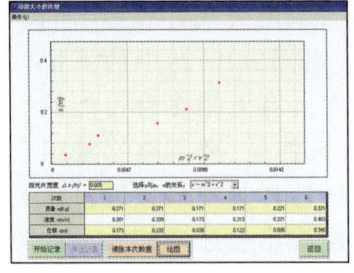

图2-10-32 选定"m^2v^2"

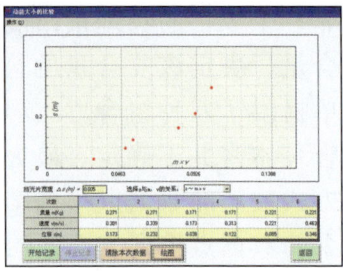

图2-10-33 选定"mv"

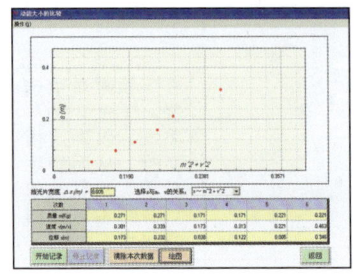

图2-10-34 选定"mv^2"

"动能大小的比较"实验所导入的研究方法,既包含"分析、综合、推理、判断等逻辑思维方法",同时也涉及"直觉、假说和反馈控制等方法",并且通过促进学生的"猜想和建模",使之具备了"初步运用归纳演绎方法和数学方法"解决物理问题的能力。

三、培养情感、态度、价值观

国家新一轮课程教材改革及上海二期课改均高度重视学生"情感、态度、价值观"方面的教育,《上海市中学物理课程标准(试行稿)》中具体要求如下:

◆ 领悟物质结构和运动形式的多样性,形成对物质、运动和能量较完整、较深入的认识,树立辩证唯物观点。

◆ 感悟质疑、求真、创新等科学精神的基本要素;能够注意识别科学与伪科学,懂得科学精神与人文精神是统一的。

◆ 形成认真、踏实、多思、好问的学风;能独立进行自主学习,具有较强的自信心和成就感,又善于和他人合作。

上述要求从根本上阐明了教育的目标是培养健康、

健全的人，而非解题的工具、考试的机器。

研发中心高度重视课程标准的要求，将"情感、态度、价值观"教育与物理实验教学有机融合，并取得了一定成果。

例如，中学物理教学一直以一系列的定律为线索展开，这种做法本身并没有错，因为定律毕竟是人类对物质世界运动规律深入研究和高度抽象的成果。但仅仅传授定律是不够的，如何让学生认识到现实物质世界的复杂性呢？"小灯泡 U-I 特性曲线描述"实验就通过导体温度的变化，让学生看到了欧姆定律之外的电学世界：基于实验数据的图线已经明显不是直线，说明此时电流和电压已不再成正比关系了。既然导体因电流的流过而升温属于普遍现象，所以我们有必要对欧姆定律加上一个"理想状况下"的限定。与此相似，通过一个简单的实验——"压缩气体做功使温度升高"，也可以让学生认识到玻意耳定律所研究的对象是"理想气体"。

通过实验揭示物质世界的复杂性，有助于学生早日接受系统论的观念，掌握多变量综合研究的方法，进而树立辩证唯物主义的世界观。

再如，与其他实验相比，"动能大小的比较"构造了纯粹的探究环境，对学生心理和智力形成了双重考验。这一探究给予学生"在迷雾之中辨方向""在数据堆中找规律"的宝贵经历，当学生们辨清方向、找到规律之后，即可体会到从事实际科研活动的艰辛和快乐。在学生们排除无规律的数据点排列结果，最终将目光聚焦在数据点的直线排列图像上的时候，也许会想到穷后半生精力于"统一场论"研究的爱因斯坦——和其他物理学大师一样，激励爱因斯坦研究的动力，竟然是他对宇宙规律上升到美学高度的认识：简洁和单纯。

而在"声振动图像"实验的基础上比较音叉、乐音和噪声的波形图像，可促使学生思考音乐及审美背后的物理学意义。

另外，DIS基础型教材专用软件的教学应用设计，遵循了"针对分组、合作实验"的原则，使每一个实验过程都必须建立在学生之间合作的基础之上。如"磁感应强度的测定"实验至少需要两人完成：一人操作磁感应强度传感器，逐次改变其位置；另一人则需要操作计算机，点击鼠标记录下在某个位置的磁感应强度数据，完成一次测量后两人可以交换角色；教师则可针对各个小组的测量结果进行比较评价，引导学生们展开良性竞争，以培养团队意识和合作精神。

四、学会"一物多用"，体验"殊途同归"

"DIS基础型教材专用软件"之所以被称为"专用"，是强调该软件包所包含的二十一个实验是按照二期课改高中物理教材（试验本）的要求量身定做、紧密配套的，而非有些人认为的那样：专用软件仅能完成那么二十一个实验。相反，专用软件具有极强的扩展性，其本身就是物理实验"一物多用"思想的产物。

部分专用软件与其能够支持的扩展实验对照表

专用软件名称	可扩展出的部分实验
斜面上力的分解	两力平衡、验证牛顿第三定律、浮力研究
超重失重	最大静摩擦力研究、滑动摩擦力研究、弹簧振子简谐振动研究
声振动图像	声音的合成与共鸣、区别乐音与噪声、频率与音调的关系、振幅与响度的关系
摩擦做功使温度升高	晶体熔点测量、压强与沸点的关系、热辐射、热传导
小灯泡 U-I 曲线描述	导体的伏安特性、伏安法测电阻、欧姆定律、测量电池的电动势和内阻、研究恒压源与恒流源
磁感应强度的测定	地磁研究、匀强磁场、直线电流的磁场

并不牵强——DIS专用软件与情感态度价值观教育的关系：

科幻作家刘慈欣在一篇作品中曾写道："宇宙的最不可理解之处在于它是可以理解的。"而"宇宙的最可理解之处在于它是不可理解的。"这两句话看似自相矛盾，却是对立统一。揭示物质世界的规律，同时又进一步将更多的未知呈现在学生面前，正是物理教学的目的和意义所在。在这个方面，笔者现在的观点显然已经超越了2005年的认识。当时将专用软件的"一物多用和殊途同归"从情感态度价值观教育中剥离出来，单独成章，现在看起来不是那么准确。

（续表）

专用软件名称	可扩展出的部分实验
微弱磁通量变化时的感生电流	地磁研究、人体导电、大地导电、水果电池、纯水导电、热电偶、声电流、单线圈切割磁感线感生电流、玻璃导电
G-M 计数器应用	详见《物理教学》2005 年第 2 期
光的干涉衍射	详见《物理教学》2005 年第 3 期

事实上，DIS 基础型教材专用软件仅对传感器类型和数量进行了限定。因此，专用软件可以对所有使用同种、同数量传感器的实验形成了支持。

"借助一个软件做多个实验"，是研发中心在 DIS 基础型教材专用软件研发之初就确定的指导思想，这也是笔者在《物理实验创造技法和实验研究》一书中所强调的"一物多用"思想的延续和升华。

而"一个实验采用多种做法"，则体现了 DIS 基础型教材专用软件可扩展性的另一个侧面："专用软件七——力的相互作用"和"专用软件四——斜面上力的分解"均可用于牛顿第三定律的研究；研究地球磁场，即可直接使用"专用软件十七——磁感应强度的测定"，也可以使用"专用软件十七——微弱磁通量变化时的感生电流"，等等。这样多方面、多角度研究同一个物理现象并得出相同的结论，可以让学生体会到科学研究的"殊途同归"。

"一物多用"和"殊途同归"，其中涉及深刻的科学方法论思想：任何一种工具，都可以扩展出近乎无限多的用途；实现任何一个目标，都可以借助多种多样的手段。我们一直在强调培养学生的创造性和发展性学力，但无论是课堂教学和实验教学都普遍缺乏思维训练和方法论教育，难以摆脱知识灌输的俗套。因此，结合具体的实验，引导学生在"一物多用"和"殊途同归"之间反复几个回合，不仅有助于学生掌握软硬件工具的使用方法和物理学研究的基本思路，而且还能够促使其推而广之，将上述方法用

复杂性和规律性的对立统一，正是情感态度价值观教育的一个组成部分。学生只有经历几个看似盲目、被动，甚至无序的实验探究之后，才能爬升到看到自己足迹的层次，并意识到尽管自己其实还将面临无尽的未知，但也是能够有所作为的。在这个方面，DIS 专用软件就起到了提供研究工具、给出探究次序、促使学生循序渐进的作用。当然，这也是整个二期课改中学物理教材编写组针对实验所希望的。

于其他学科以及今后的学习、工作和生活之中。这也正是DIS基础型教材专用软件设计者们所迫切希望的。

第十一节　DIS教材通用软件走访物理实验教学

"专用+通用",DIS双软件体系的由来:

在DIS专用软件诞生之前,被列为上海市二期课改数字化实验研发实施单位考察对象的几家中外企业(含山东远大)所提供的软件形态,都是通用软件。这个阶段的通用软件,基本上都是从显示某个传感器测量的数据开始,通过对数据的记录、处理完成实验教学的要求。而为了实现对数据的处理,软件导入了很多工具,客观上造成了彼时对计算机尚不熟悉的众多老师们对数字化实验望而却步。

DIS专用软件的开发,除了体现实验的特殊性之外,很大程度上是要降低使用计算机做实验的难度,拉低数字化实验的门槛。但在专用软件获得肯定和追捧之后,我们回过头来理性地看待

《上海市中学物理课程标准(试行稿)》明确指出:"物理课程必须倡导物理学习的自主性、探究性、合作性,让学生主动参与学习,体验和感悟科学探究的过程和方法,激发他们持久的学习兴趣和求知欲望,并在探究过程中培养自主学习的能力,逐步实现学习方式的转变,使学生逐步养成敢于质疑、善于交流、乐于合作、勇于实践的科学态度。"基于上述要求,DIS采用了双软件构造:为基础型教材量身定做并与教材匹配的专用软件(专用软件介绍详见《物理教学》2005年4、5期),以及具有强大扩展功能的通用软件。

两种软件均按照教学要求开发,都体现了二期课改物理教材的课程理念。不同之处在于:专用软件强调了具体实验的"个性要求",因而形成了"软件包"的构架;而通用软件则更具有基础平台和通用工具的特征,发展成了物理教学过程中的"工具包"。教学实践表明,通用软件提供的工具包在促进学生的科学探究、培养其自主学习能力及逐步实现学习方式改变方面发挥了积极作用。

一、DIS通用软件的基本构成

打开DIS通用软件,可见其标准工作窗口包含下列模块构域及状态栏(图2-11-1)。

DIS标准工作窗口的设置采用了国际通行的主流工具软件(如MS Office系列、Adobe Photoshop、VB、VC等)的设计风格,界面规范、友好,学生容易上手;窗口功能区

第二章
DIS艰难起步

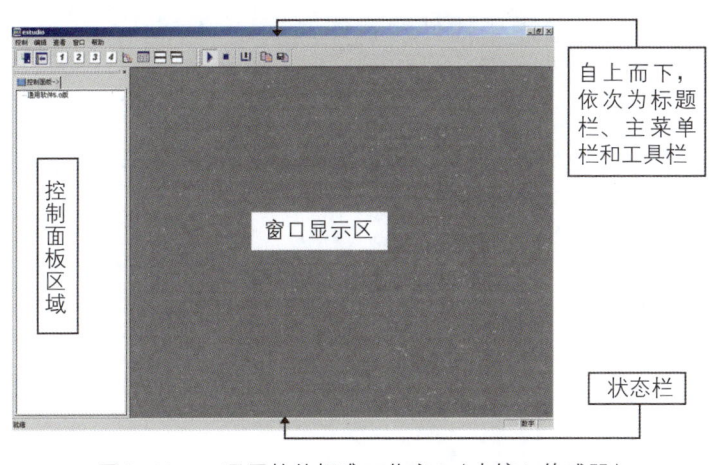

图 2-11-1 通用软件标准工作窗口（未接入传感器）

通用软件时，发现这类软件还是有其优势所在，尤其是在突出和强调数据的获取和处理的一般性过程，以及培养用户掌握主流信息技术工具方面，比专用软件更有优势，因此也更有必要在"技术服务于教学"的思想指导之下对其加以升级和改造。于是就有了DIS通用软件与专用软件的并行结构。

划分明确，各功能键（按钮）采用图标或文字方式，附带光标提示，令学生一目了然；窗口主色调采用"技术灰"，稳重而不失活泼，不同功能区深浅有度，便于区别；组成包括：标题栏、主菜单栏、工具栏、控制面板区域、窗口显示区。其中，工具栏各功能键对应的功能如图2-11-2所示。

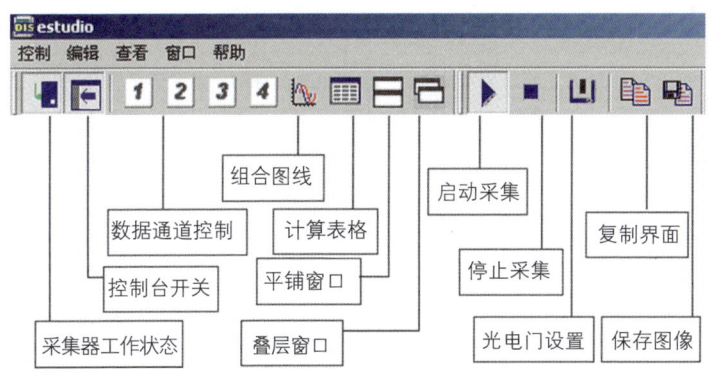

图 2-11-2 通用软件工具栏各功能键

由图2-11-2可知，DIS通用软件可实现物理量显示、数据记录与计算、组合图线分析等基本教学任务，并可细分为即插即用、多模显示、并行采集、组合显示、采集控制、自由坐标、数据计算、公式调用、图线拟合、图表存储等功能。

DIS 上海创造——数字化实验系统研发纪实

DIS通用软件的通用性来自对数据处理工具和处理程序的提炼。

DIS通用软件的开发设计指导思想与专用软件完全一致，即强调技术服务于实验教学。因此，通用软件首先解决的，也是软件的易用性，即通过智能化设计，为用户提供更为便捷的体验。DIS在国内很早实现了传感器的即插即用，通用软件也做到了即插即显和并行采集/显示。随后，研发中心又逐步理清了从数据显示到数据记录、处理、保存、调用等整个流程，并结合数形转换的要求，落实了多模显示、组合显示（后称组合图线）、采集控制（采集频率可调）、自由坐标（坐标系自由缩放）、数据计算、公式调用、图线拟合和图表存储等功能。上述功能基本涵盖了从数据采集开始的实验教学全过程需求，也从根本上确定了DIS通用软件的主体结构。

二、DIS通用软件的功能详述

1. 即插即用

该功能是指将传感器接入数据采集器后，软件即自动弹出该传感器对应的窗口，在显示传感器当前示数的同时显示出该传感器所属的数据通道序号、类别、物理量量程及单位。

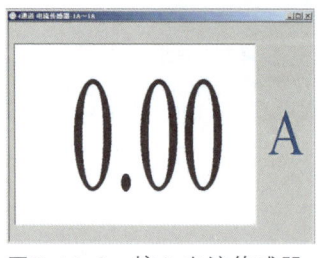

图2-11-3　接入电流传感器，弹出对应的窗口

"即插即用"功能是DIS软硬件系统智能化的体现，大大简化了实验教学过程中的操作步骤。

2. 多模显示

DIS传感器窗口的默认显示方式为"数字"（图2-11-3）。根据实验要求，可将窗口切换为"示波"或"指针"显示（图2-11-4）。

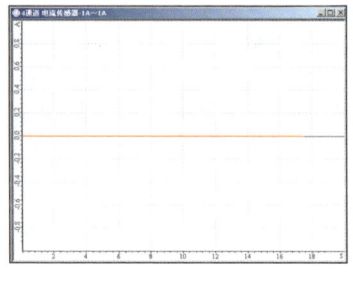 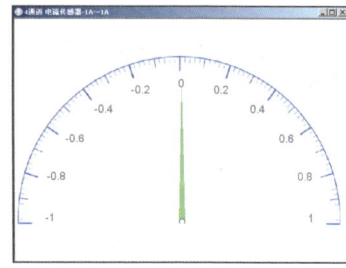

图2-11-4　传感器窗口的示波（左）、指针（右）显示方式

通用软件的多模显示功能提供的"数字""示波"和"指针"三种显示方式分别对应数字式仪表、示波器和指针式仪表等测量工具，能够让学生在多种测量手段及显示方式之间建立关联，开阔了学生的视野。

应该注意的是，某些传感器仅能采用特定的显示方式，如声波传感器仅对应示波显示方式，光电门传感器仅对应数字显示方式。

3. 并行采集

实验教学过程中经常面临同时采集多个物理量的要求，比如研究"气体压强与温度的关系"就需要同时采集温度和压强数据；进行复杂电路分析，需要同时接入3～4只电学传感器。配合DIS数据采集器的四通道设计，通用软件提供了并行采集功能，可同时显示四只相同或不同种类传感器的工作状态，记录并分析各传感器采集到的实验数据（图2-11-5）。

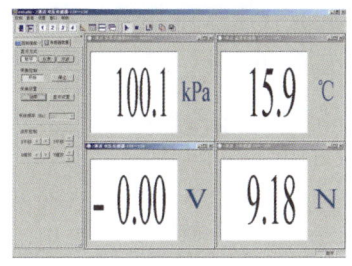

图2-11-5　四种不同类型的传感器并行采集

需要注意的是，由于声波传感器默认的采集频率为10 K，会对其他数据通道形成屏蔽。如将其采集频率调整到10 K以下，即可与其他传感器并行使用。

4. 组合显示

该功能的基础是"组合图线"工具，特指将并行采集的多种实验数据以图线的方式同时呈现在一个坐标系窗口内，便于学生观察、分析各数据之间的关系。

组合显示功能在拓展型实验和研究性学习中应用极为广泛，即可用于不同传感器测量数据的直接比较（图2-11-6），也可用于同一传感器不同实验条件下数据的比较（图2-11-7），对"控制变量法"等教学方式提供了有力支持。

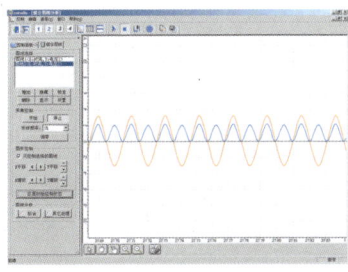

图2-11-6　全波整流图像

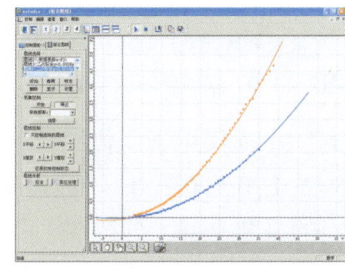

图2-11-7　改变圆周运动中运动物体的半径，比较两条 F-ω 图线

多模显示自由选择——DIS通用软件的灵活性的集中体现：

张民生副主任曾反复强调：除了教学内容、教学方法外，教学手段也会对学生起到教育作用。根据笔者在学校的小范围调查，发现教师和学生在对待专用软件和通用软件的态度上存在着较大差异。教师多使用专用软件，而学生多使用通用软件。对这一结果，教师们强调了专用软件与教材的契合，以及借助专用软件完成教学任务的方便性。而学生则反映通用软件更灵活，能够给他们更大的操作空间。

打开通用软件，首先令其感兴趣的，当属多模显示功能，即同一实验数据可以不同形式显示，也就是用户有选择该数据显示方式的权力。从这个角度来说，通用软件虽然未能直接契合于二期课改教材，但在贯彻"培养学生自主学习和自主探究能力"课改理念方面，倒是体现出了独到的价值。

组合图线与组合显示——DIS通用软件的灵魂：

之所以形成这样一个结论，在于这一功能是DIS通用软件实现"数形结合"的重要工具，是促进学生认知水平提升的关键。此外，该功能的突出之处在于组合，能够显示不同物理量之间的关系，还方便对照各个物理量之间的周期。而学生一旦形成对周期的认识，标志着物理思维又上了一个台阶。

采集控制——知其然还要知其所以然：

DIS这套系统功能很多，但是最基本的功能，就是采集实验数据，并将采集到的实验数据按照"物理量-时间"的标定方式记录下来。不同的实验对应着不同的采集要求，有的要求高速采集，比如声学实验中的声波；有的低速即可，比如水的冷却规律实验中的温度。采集控制的功能就是让用户根据不同实验的要求确定系统的采集频率，而这样一个过程，就可以进

针对具体的实验要求，DIS通用软件还设置了"镜像显示"（用于牛顿第三定律实验）、图线"锁定"、"只控制选择的图线"等功能，为基于图线分析的实验教学提供了有力支持。

5. 采集控制

由于DIS采用隔点采集的方式，即每隔一定时间采集一次数据，所以有必要根据被测物理量信号频率的高低来调节采集器的采样频率，使得数据采集、显示及记录能够与实验数据达成良好的匹配。DIS通用软件已经根据实验要求对各种传感器的采样频率进行了预先设定，通用软件默认的采样频率见下表。

DIS通用软件设定的各物理量采样频率

传感器名称	电流	电压	微电流	温度	压强	力	磁	声波
默认采样频率（Hz）	20	20	20	5	20	20	20	10k

软件针对上述传感器的默认设置足以支持常规实验，但针对相对复杂的实验要求，特别是多传感器并行采集、高速采集等，通用软件同时提供了采集控制——采样频率调节功能。

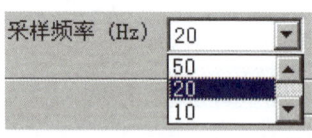

图2-11-8 采样频率调节窗口

实验开始之前（或停止实验后），采样频率窗口处于激活状态。点击打开窗口中的下拉条（图2-11-8），可供选择的频率值（单位Hz）如下：10 k（仅用于声传感器）、1 k、500、200、100、50、20、10、5、2、1、0.5、0.2、0.1。如需根据实验中物理量特征选择适当的采集频率，可按照"采样频率等于被测信号频率的5～10倍"的原则进行调整。

采样频率调节功能不支持位移传感器和光电门传感器。

6. 自由坐标

采用示波显示方式的传感器窗口及组合图线窗口均给出了坐标系。前者默认为"物理量-时间"方式，即横坐标为时间，纵坐标为物理量；后者则可根据实验要求，在"添加"图线的同时对坐标系纵横轴进行设定。上述坐标系均具有智能特征，可根据实验需要进行横向、纵向的自由缩放，组合图线窗口中更提供了针对选中的某条图线的坐标轴缩放功能（图2-11-9）。这样既能展示图线的具体细节，又能把握数据变化的全过程，还可以突出表现多条数据图线之间的关系。

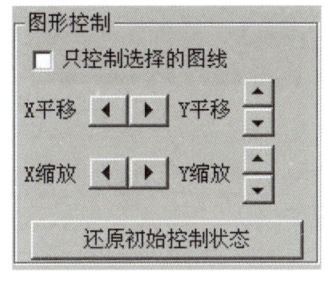

图2-11-9　坐标控制

一步强化用户对DIS数据采集原理的认识——有了数据点，才会有图线和其他数据表现形式。这就是知其然还要知其所以然。

7. 数据计算

DIS通用软件提供的"计算表格"内置高级编译器，不仅可在表格中记录实验数据，还可以自主设定并输入变量、公式，支持类似Excel的大数据量复杂计算，是改进实验方法、提高数据处理效率的有力工具。

计算表格（图2-11-10）由"行"和"列"组成，以"列"显示数据类别（采集到的实验数据、设定或输入的变量、调用或自定义的公式等），实验数据列根据接入传感器的数量自动增减，最多为四列。以"行"来区分逐次记录的数据，各类数据（包括带入公式计算出的实验结果）根据记录次序的先后由上到下逐行显示。为突出特定数据或公式，可使用鼠标拖动和缩放数据表格。

计算表格	t1	F2	w=(0.0045π·t1)/0.15
1	0.00077	4.67	38.9610
2	0.00079	4.50	37.9747
3	0.00081	4.40	37.0370
4	0.00083	4.23	36.1446
5	0.00085	4.10	35.2941
6	0.00087	3.92	34.4828
7	0.00089	3.64	33.7079
8	0.00091	3.59	32.9670
9	0.00094	3.47	31.9149
10	0.00096	3.33	31.2500
11	0.00098	3.20	30.6122
12	0.00100	3.01	30.0000
13	0.00103	2.89	29.1262
14	0.00105	2.77	28.5714
15	0.00108	2.68	27.7778
16	0.00110	2.54	27.2727
17	0.00113	2.44	26.5487
18	0.00115	2.35	26.0870
19	0.00118	2.24	25.4237
20	0.00121	2.13	24.7934
21	0.00124	1.99	24.1935
22	0.00127	1.96	23.6220
23	0.00130	1.86	23.0769
24	0.00133	1.74	22.5564
25	0.00137	1.72	21.8978
26	0.00140	1.61	21.4286

图2-11-10　计算表格

DIS通用软件在计算表格之外，还提供了平均、积分

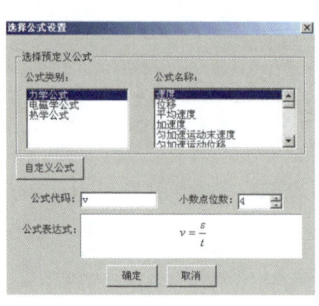

图2-11-11 通用软件预设的公式库

等功能,有力地支持了实验数据的运算处理。

8. 公式调用

基于实验数据的计算需要输入相应的公式。DIS通用软件在计算表格中预设了"力学""电磁学""热学"三大类物理公式库(图2-11-11),可供学生根据实验要求方便地加以调用,简化了键盘操作,并降低了出错的概率,提高了实验数据处理的效率。

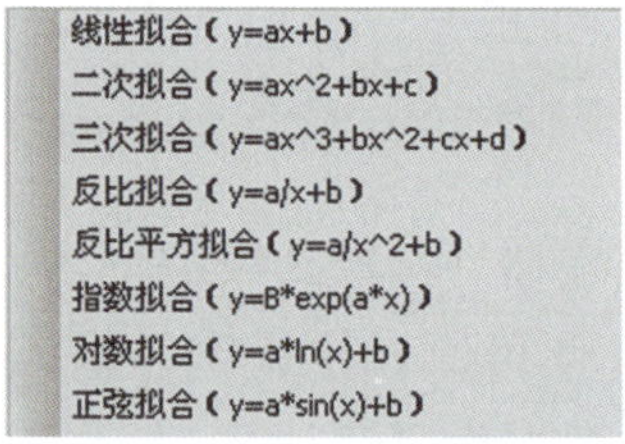

从确定性到不确定性——对图线拟合的再认识:

前面已经讲过:针对图线拟合的认识,我们是经历了一个较为曲折的过程的。我们曾把图线拟合作为确定数据点排列规律的一种确定性方法。而今,我们认识到图线拟合只能提供一种基于比对的概率。事实上,数据点在某一个阶段的分布与图线的高度重合,并不能够让我们断言这些数据点的分布就是符合图线所对应的数学规律。而实验本身产生的误差,也会使很多本来应该遵循某种数学规律的数据点的分布状况与图线形成较大差距。因此,我们对图线拟合的使用,

图2-11-12 多种拟合工具

9. 图线拟合

图线拟合是借助数学方法对物理规律的探索。在引入DIS之前,尽管拟合方法非常有效,但因受限于技术手段而较少使用。DIS通用软件根据实验教学要求提供了多种图线拟合工具(图2-11-12),使得学生的自主探究水平得以更上一层楼。

点击拟合工具菜单(图2-11-12)中的某一选项,即可获得一条基于该选项的拟合图线和方程式。观察拟合图线与实际图线的吻合程度,可为推断该实验图线符合何种数学规律提供有力的佐证。

使用拟合工具前要观察实验图线的形状或数据点的分布规律,对实验图线的类型作出初步判断,然后用拟合的手段加以证实。

需要注意的是:针对已有实验图线(含离散点图线)的拟合,首先要在实验图线中选择有效区域。例如,用位移传感器做加速运动实验时,得到一条 s-t 图线(图2-11-13)。很明显,运动过程自39.9 s时开始,至41.2 s时停止。所以该实验图线上的"有效区域"应为39.9 s到41.2 s之间那

段图线。点击"选择区域",可借助与光标随动的竖线选中该有效区域。

有效区域的选择,对拟合结果的影响极大。同样是针对图2-11-13中实验图线的二次多项式拟合,选择了图2-11-13中的有效区域,得出的

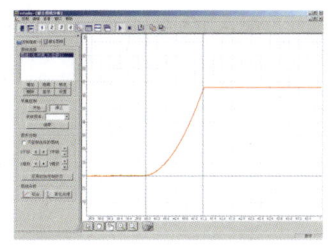

图2-11-13 选择实验图线的有效区域

也随着我们对它认识的深化,由确定性逐步转为不确定性。因此在教学过程中对图线拟合的使用,也要更加审慎。

拟合图线与该段实验图线吻合极好,可以推断该段图线具有明显的二次多项式特征;而不选择有效区域,针对图2-11-13中整条实验图线的拟合结果几乎不着边际(图2-11-14)。

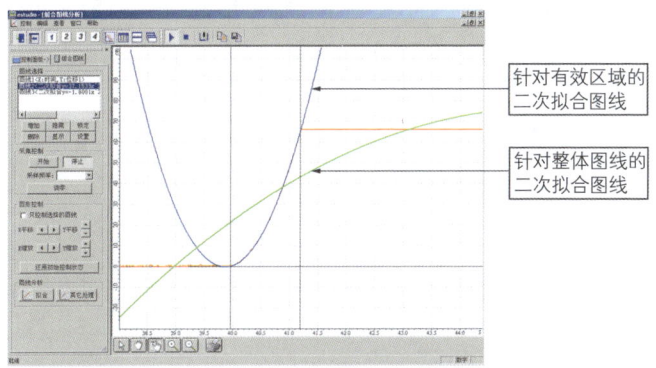

图2-11-14 有效区域的选择对拟合结果影响极大

10. 图表存储

DIS通用软件提供了比较完善的图表存储功能,包括"复制界面""保存图像""保存计算表格(数据)""导入Excel""打印"等,可以将实验获得的数据、图像保存下来,以便教学研究之用。

三、DIS通用软件实验实例

1. 玻意耳定律

◆ 实验目的

验证玻意耳定律。

学会活用各种数据:

使用DIS,就是要与各种数据打交道。这里说的"各种",既可以指数据的天然类别,也可以指其来

源属性。使用通用软件来做玻意耳定律实验的价值在于，可以让用户学会在一个实验里面，混合处理直接采集到的实验数据p、人工输入的数据V和计算得出的数据$1/V$。针对不同数据的处理和再处理背后，是用户对于数据认识的不断强化。此时，也许学生们能够更好地理解毕达哥拉斯关于"万物皆数"的论断。而这种开放的数据处理能力，正是通用软件的优势所在。

◆ **实验原理**

玻意耳定律：当温度不变时，一定质量的理想气体，其压强与体积的乘积（pV）为常量，即体积与压强成反比。

◆ **实验器材**

朗威®DIS、计算机等。

◆ **实验装置图**

见图2-11-15。

◆ **实验过程与数据分析**

（1）将压强传感器接入数据采集器。

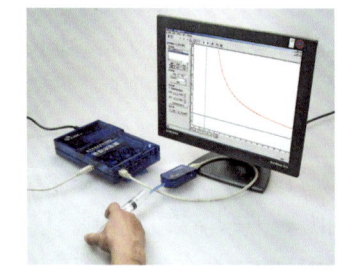

图2-11-15 实验装置图

（2）取出注射器，将注射器的活塞置于15 ml处（初始值可任意选值），并通过软管与压强传感器的测口紧密连接。

（3）打开"计算表格"，增加变量"V"表示注射器的体积，拉动注射器的活塞至20 ml处，手动输入V值。

（4）点击记录压强值。

（5）改变并输入V的值，记录不同的V值对应的压强数据。

计算表格	P1	v	Y=P1*v	k=1/v
1	77.8	20	1556.0000	0.0500
2	82.4	19	1565.6000	0.0526
3	86.7	18	1560.6000	0.0556
4	92.1	17	1565.7000	0.0588
5	97.6	16	1561.6000	0.0625
6	104.3	15	1564.5000	0.0667
7	111.3	14	1558.2000	0.0714
8	119.8	13	1557.4000	0.0769
9	130.4	12	1564.8000	0.0833
10	141.8	11	1559.8000	0.0909
11	156.7	10	1567.0000	0.1000
12	172.2	9	1549.8000	0.1111
13	193.2	8	1545.6000	0.1250
14	217.7	7	1523.9000	0.1429
15	254.5	6	1527.0000	0.1667

图2-11-16 玻意耳定律实验数据

（6）点击"公式"，选取热学公式库中的"玻意耳律"公式，再输入"自由表达式"$k=1/V$代表体积的倒数，计算得出一组实验数据（图2-11-16）。

（7）观察实验结果，发现压强与体积的乘积基本为一常数。

（8）启动"组合图线"功能，设定X轴、Y轴分别为"V"与"p_1"，得出一组"p-V"数据点（图2-11-17）。

（9）观察可见，数据点的排列具有明显的双曲线特征。点击"拟合"，选取"反比拟合"，得到一条拟合图线

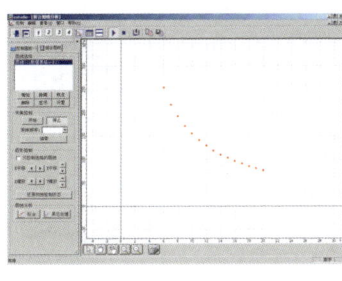

图 2-11-17 "p-V"数据点

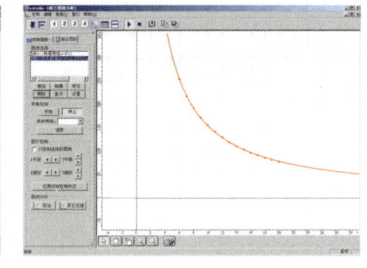

图 2-11-18 "p-V"数据点反比拟合图线

(图 2-11-18),该图线与数据点完全重合,证明了事先关于压强与体积成反比的猜测。

(10)设定 X 轴、Y 轴分别为"$k(k=1/V)$"与"p_1",得出一组"p-$k(1/V)$"数据点。观察可见,数据点的排列具有明显的线性特征。点击"拟合",选取"线性拟合",得到一条非常接近原点的拟合图线(图 2-11-19),该图线贯穿了所有数据点,证

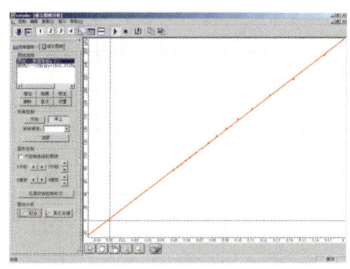

图 2-11-19 "p-$1/V$"数据点线性拟合图线

明了事先的猜测:压强与体积的倒数成正比(线性关系)。

(11)观察分析上述图线,总结出压强与体积的关系。

2. 安培力测量

◆ 实验目的

探究安培力与电流以及导线长度的关系。

◆ 实验原理

在匀强磁场中,当通电导线与磁场方向垂直时,电流所受的安培力 F 等于磁感应强度 B、电流 I 和导线长度 L 三者的乘积。将缠绕多匝导线的长方形线圈的某一边置于强磁场中,线圈的边长之比为 2:1,更换置于磁场中不同的边框,可视为更换磁场中导线的长度。

◆ 实验器材

朗威®DIS、计算机、长方形线圈、专用吊架、钕磁铁、铁架

台、滑动变阻器、学生电源。

◆ **实验装置图**

见图2-11-20。

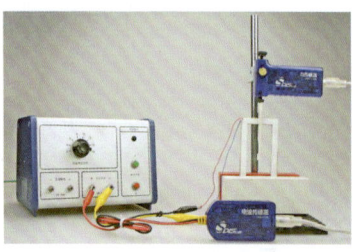

图2-11-20　实验装置图

◆ **实验过程与数据分析**

（1）将一只电流传感器和一只力传感器分别接入数据采集器。

（2）将力传感器固定在铁架台上，把力传感器的测钩更换成专用吊架，调整传感器的高度，使线圈的长边刚好置于强磁场中。

（3）用分压法将滑动变阻器、学生电源、线圈、电流传感器组成闭合电路，接通学生电源，对两传感器调零。

（4）打开"计算表格"窗口，接通学生电源，移动滑动变阻器的滑片，使线圈中的电流逐渐增大。每改变一次电流，手动记录一次数据。记录结束后保存实验数据。

（5）点击"绘图"，选取X轴为"I_2"、Y为"F_1"，得到一组安培力随电流变化的数据点。观察可见，数据点的排列具有线性特征，点击"拟合"，选取"线性拟合"，可见拟合线与各数据点基本重合且过坐标原点（图2-11-21），证明安培力与电流成正比关系。

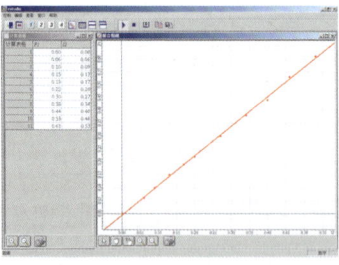 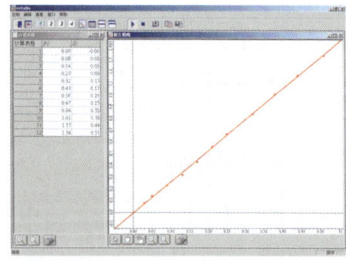

图2-11-21　安培力-电流关系图线（长边）　　图2-11-22　安培力-电流关系图线（短边）

（6）把线圈的短边放在强磁场中，重复步骤4～5，得到另一组实验数据。数据点的线性拟合同样证明了导体所受的安培力与流过导体的电流成正比关系（图2-11-22）。

(7) 调用第一次实验的数据，点击"绘图"，组合显示两次实验所获得的数据点并进行线性拟合，得到在原点相交的两条图线（图2-11-23）。

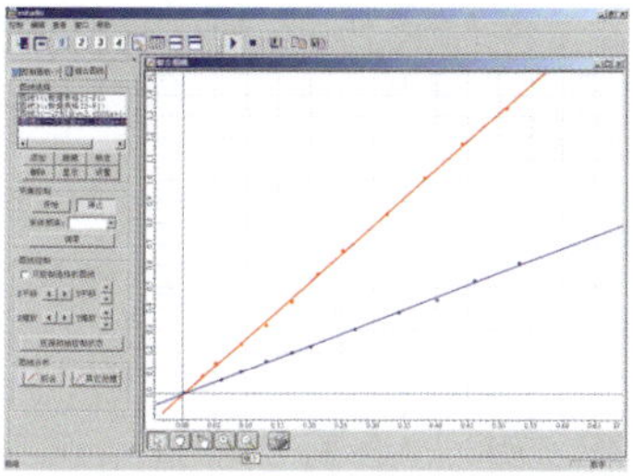

图2-11-23 组合显示两条图线并加以比较

(8) 其中，上方和下方图线分别是线圈长边和短边在磁场中所受的安培力与电流的关系图线。使用右键"鼠标显示坐标值"，不难看出：电流相同时，长边对应的力值（上方图线）是短边对应力值（下方图线）的2倍，因长边与短边的长度比为2∶1，说明安培力与导线在磁场中的长度成正比。

(9) 总结电流、磁场中的导线长度与安培力的关系。

3. 研究弹簧振子

◆ **实验目的**

观察弹簧振子的位移与力的关系。

◆ **实验原理**

弹簧振子做简谐振动时，其位移与所受的力呈现反相变化。

◆ **实验器材**

朗威®DIS、计算机、弹簧、铁架台、支架。

◆ **实验装置图**

见图2-11-24。

◆ **实验过程与数据分析**

(1) 将位移传感器接收模块和力传感器分别接入数据采集器的第一、二通道。

(2) 将力传感器固定在铁架台上，弹簧挂在其测钩

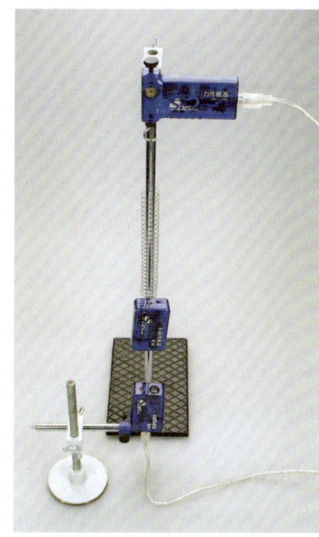

图2-11-24 实验装置图

驾驭图形——DIS通用软件的另一大优势：

本文列举的前两个实验突出了DIS通用软件的数据处理功能。而"研究弹簧振子"实验，则突出了通用软件的图形处理功能。与数据相比，图形能够更好地展现物理变化的趋势，并且生动而形象地展示物理变化的周期。前文已述，借助图形认识趋势和周期对于提升学生物理思维的水平大有帮助。因此，能够帮助学生轻松驾驭图形的通用软件也自有其教学价值。

DIS 上海创造——数字化实验系统研发纪实

累并快乐着——DIS通用软件的使用体验：

相比专用软件，DIS通用软件用起来是要"累"一些。所谓累，也不过是夸张的说法，指的就是作为用户，自己要能够掌控从数据采集到数据使用的全过程，所需要的各种功能都要自己调用，比使用专用软件的负担要重一些，操作要多一些。

但是，这种"累"不是没有回报的。用户获得的，就是对整个实验过程，特别是数据采集和数据处理过程的全程掌控，换句话说，是自由。虽然累一点，但能够获得自由，相信用户不仅会认为这是值得的，而且还会因此而感谢DIS通用软件。

上，把位移传感器的发射模块挂在弹簧底部，让其发射口向下。

（3）在支架上固定好位移传感器的接收模块，让其接收口向上，放置在发射模块的正下方。

（4）对力传感器调零（作相对测量），打开"组合图线"窗口，点击"添加"，选择显示"位移-时间"和"力-时间"两条图线，点击"开始"，使两条图线同步。

（5）向下拉动位移传感器发射模块，松手后该模块作为弹簧振子上下振动。

（6）利用"只控制选择的图线"功能，选中"力-时间"图线后对其进行"Y"轴放大，使力的变化更为明显，遂得到两条简谐振动图线（图2-11-25）。

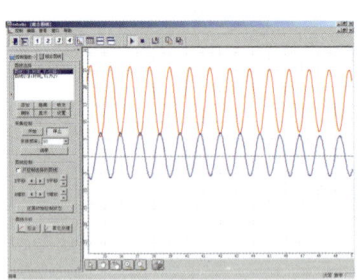

图2-11-25　弹簧振子的位移与力图线

（7）图2-11-25中上方图线是"位移-时间"，下方图线是"力-时间"。观察分析可知：在位移最小时（发射模块最靠近接收模块），振子对弹簧的拉力最大；在位移最大时（发射模块最远离接收模块），振子对弹簧的拉力最小（示重已小于振子的重力），可见两图线反相。

（8）利用"只控制选择的图线"功能，对位移-时间图线单独向下平移，实验效果更加明显（图2-11-26）。

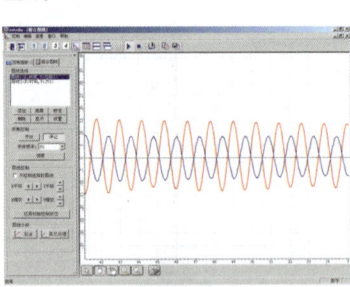

图2-11-26　叠加显示弹簧振子的位移与力图线

（9）将位移传感器的接收模块固定在弹簧的上方，与力传感器并列。使发射模块的超声波发射口向上，重复实验，比较使用两种装置的实验结果。

由上述实验案例可以看出，相对于基础型教材专用软件，DIS通用软件的操作要复杂一些，但软件中供学生自主设置、选择使用的工具也要丰富得多。学生在进行物理实验的同时经受了实验设计、方法选择、工具使用等多方面的训练，与将来所要面临的实际工作更加贴近，软件的教育功能得到了更充分地发挥。

第十二节　DIS走向研究性学习

研究性学习，指的是以课题为载体，以学习和应用基本研究方法为目标，以个体和合作研究、体验为途径的学习活动，其实施形态主要是有指导的学生自主活动。尽管研究性学习的本质决定了其形式必然是灵活多样的，但所有的研究性学习均包含以下步骤：问题提出→相关资料→实验探究→拓展应用。

作为信息技术与理科实验教学整合的重要工具，DIS可以在研究性学习的推进过程中发挥其独特的系统优势，起到积极的促进作用。

一、拓展研究课题

研究性学习的首要内容是，让学生以自己的观察和推理为出发点，提出具有研究价值的课题。"万事开头难"，特别是在传统的灌输式教学的影响下，教学内容、过程和方法都已基本固化。在保持知识传授的基础上，以改变学生学习方式、培养学生的创造力和自主学习的能力为目标确定研究方向、提出研究课题，既是对学生的考验，也是对教师的挑战。

"蚕在太空中如何吐丝"之所以入选美国航天飞机实验，就是因为该课题的实验过程虽然简单，但却高度浓缩了物理学、微重力学、生物学、材料科学等学科的前沿内容；虽然常规实验室不具备研究环境，但实验又非遥不可及——是航天飞机的例行飞行提供了实验的可能，从而

追忆"研究性学习"：

在二期课改之初，研究性学习是一个热门话题。虽然近几年被提及的不多，但随着探究式教学、STEM教育和创客教育的蓬勃发展，研究性学习大有焕然一新、重新上阵的趋势。

从概念上来说，研究性学习首先是一种学习方式，上海二期课改提出研究性学习，其实是教育系统内部自发的改革和提高。作为一种内生性发展的结果，研究性学习其实本来就是教育教学的一部分，不存在外部强加、水土不服等问题。因此，结合探究、STEM和创客的长处，新时期的研究性学习必定大有可为。

催生了这一精彩实验。这也从另一方面说明了工具的作用：没有工具，人们只能用手挖沙、用手折枝，做一些很有限的工作；有了工具，人们才可以丰富和扩大自己的工作范围，比如用刻刀雕刻、用机床切削、用显微镜研究微观世界。

作为与信息技术高度整合的实验工具，DIS不仅为教师和学生提供了解决问题的手段，也提供了研究的方向，从而促进了研究课题的拓展和完善。

例如，在没有接触到DIS位移传感器的时候，动态位移的实时测量基本无法实现，教师和学生也谈不上针对这方面的自主选题、自主探究。而一旦应用了DIS，教师和学生了解到了位移传感器的功能，就会发现不仅可以实时描绘s-t图线，完成"弹簧振子振动图像"这类基于传统器材较难完成的实验（图2-12-1），还可以将s-t图转为v-t图，实现速度和加速度的测量（图2-12-2），进而研究加速度与力的关系、加速度与质量的关系，大大丰富了可供研究的课题。

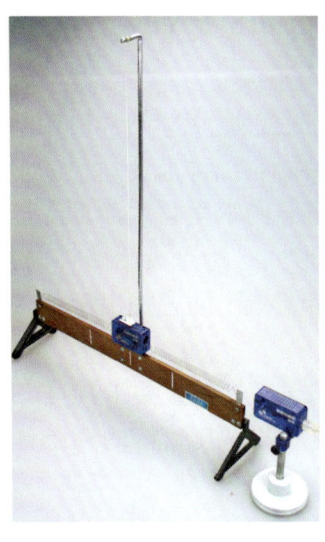

图2-12-1　描绘弹簧振子振动图像

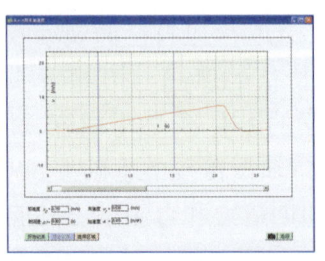

图2-12-2　由v-t图求加速度

再如，传统实验中一直缺乏磁场的定量研究手段。DIS磁感应强度传感器的出现改变了这一局面。尽管上海二期课改高中物理教材中只导入了"通电螺线管内部磁场研究"这样一个实验，但学生和教师依托磁感应强度传感器自主开发的实验可谓数不胜数：匀强磁场、直线电流磁场（图2-12-3）、磁感应强度与距离的关系、用磁感应强度传感器测转速、不同类型的电器（手机、随身听等）的磁感应强度对比，等等。

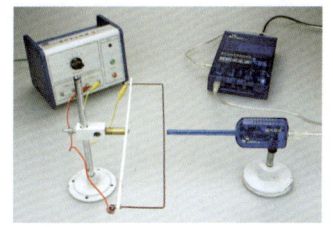

图2-12-3　直线电流磁场研究

另外，DIS微电流传感器很好地解决了微小信号测量问题，原来想做而做不成的诸多实验都有了理想的解决方案，如地磁场感生电流、单导线切割磁感线感生电流（图2-12-4）、水果电池、玻璃导电等。

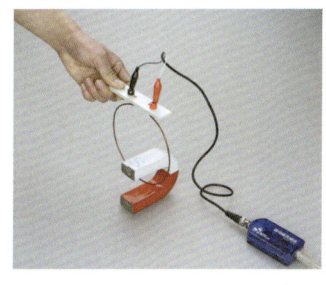

图2-12-4　单导线切割磁感线感生电流研究

DIS传感器的设计和开发均体现了笔者"一物多用"的思想。因此，传感器除填补了传统实验测量空白，直接将研究性学习扩展到了这些全新领域，还具备横向扩展功能，其本身即蕴含着丰富的课

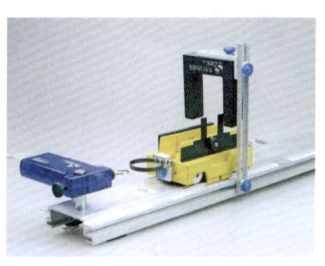

图2-12-5　用力传感器测量碰撞过程中的受力情况

题资源。稍加引导，学生即可联想到：力传感器既可用于拉力测量，又可用于压力和碰撞受力测量（图2-12-5）；既可用于传统的力学实验，又能用于材料力学实验（杨氏模量等）、流体力学实验（水和空气的阻力研究等）、热学实验（材料的热胀冷缩、气体膨胀测量等），还能用于电学实验（安培力测量等）。而温度传感器，不仅可用于常规的温度测量，还可用于研究红外线的热效应、气体压缩使温度升高、电流的热效应等有趣的实验。

图2-12-6即罗列出了基于力传感器的几十项实验，

第二章
DIS艰难起步

拿着器材找课题——DIS有能力全方位支持研究性学习：

本文为了论证DIS在拓展研究性学习课题方面的作用，举了很多例子。实际上在随后DIS的应用发展过程中，这些论断都得到了充分的证实。而笔者在此需要强调的，则是我们利用DIS已有的技术基础，不断丰富和完善DIS本身的经验。回顾过去的十六年，第一个五年是解决DIS有没有的问题，我们完善了传感器和数据采集系统；第二个五年是解决DIS拓展应用问题，我们就拿着已有的传感器、数据采集系统与创新实验装置进行了有机组合，结果大量DIS配套实验器材应运而生，诸多实验难题迎刃而解，DIS的教学价值也得到了显著提高；第三个五年（或六年）是前两个阶段的升级，成熟技术使得我们在DIS本身的创新和实验的拓展方面都变得游刃有余，DIS家族日益庞大，教学应用更加广泛。张民生副主任曾夸奖笔者是上

DIS 上海创造——数字化实验系统研发纪实

海教育第一创客，我们感觉受之有愧。但有一点是可以肯定的：DIS 的结构和功能的确具备极大的弹性，我们也将这种弹性用到了极致，这样才保证了研发中心自组建以来的创新发展从未停歇。而笔者更为希望的，是整个教育界将 DIS 的效用充分发挥出来，使之成为研究性学习、探究式教学、STEM 或创客教育的重要工具，最终使学生的成长受益！

明珠暗投？无所不能的 DIS 能否"首发出场"：

2005 年，画出图 2-12-6 的这幅图片——力传感器的扩展应用及发散思维导图，笔者用了不到四十分钟时间。但期待一个能把上述实验都做完的用户出现，笔者等了十五年时间。可以说，不仅我们设想的

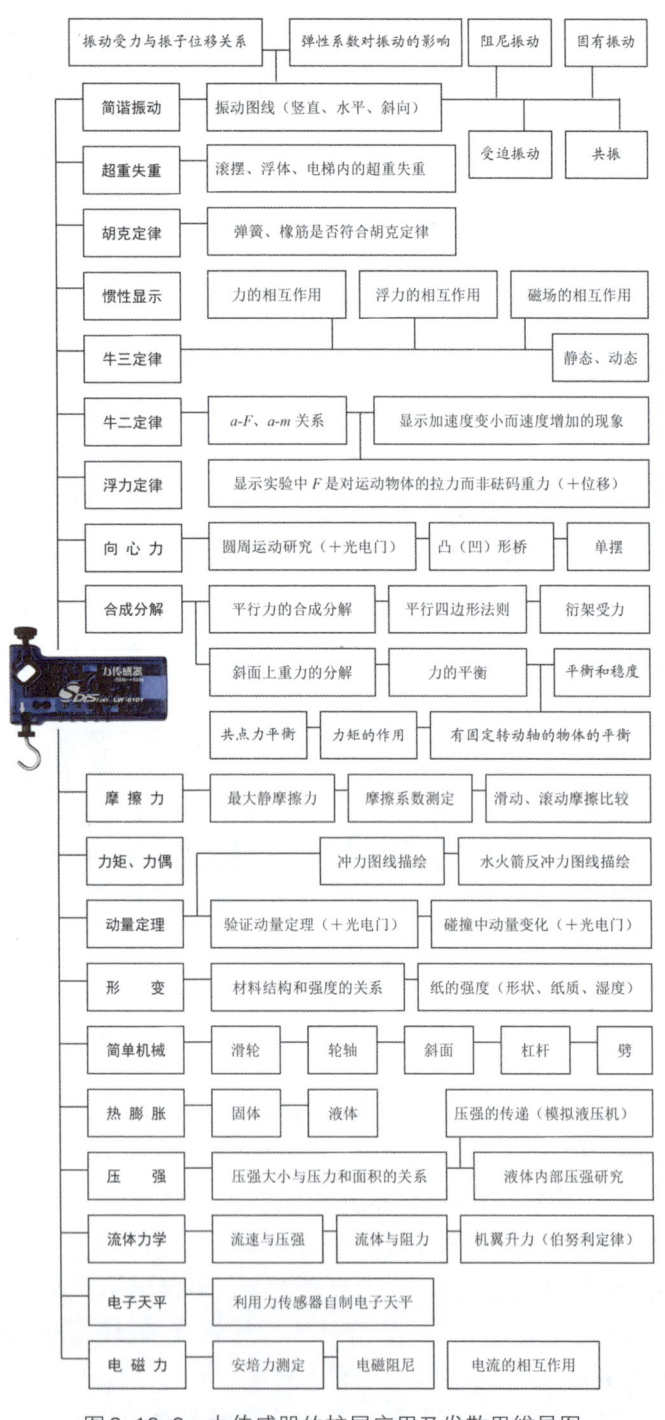

图 2-12-6　力传感器的扩展应用及发散思维导图

更重要的是给出基于传感器的扩展应用丰富了研究性学习课题的发散思维方法。这不仅是知识的活学活用，更是学生思维方式的空前进步。

应用表明，在使用DIS之前，"苦思冥想找课题，费尽心机找器材"一直是研究性学习过程中的普遍现象；使用DIS之后，循着"拿着器材找课题"的思路，不仅课堂教学内容得到了延伸，日常生活中的种种现象也都成了研究对象。DIS开放式的结构、广泛的测量和研究功能直接促进了教师和学生在研究课题方面的不断突破，工具的启发和导向作用日益显著。同时，工具的应用使学生在规划课题的时候思路更加开阔、"胆子更大"，某种传感器不适合换另一种，一种传感器做不来就尝试多传感器组合……学生进行实验探究的主体性得以充分发挥，学生正在成为学习的主人。

二、优化研究方法

研究性学习的核心就是实验探究，而实验探究所强调的就是想得出、做得到，实现一个完整的探究过程对学生来说是最重要的。只要过程完整，实验做得出，事先的设想错了也没关系——根据逆向思维法则，错误也是研究的素材、教学的资源。可如果设想中的实验最终做不出，不仅会大大挫伤学生的探究热情，研究性学习也就失去了"研究"色彩而演变为"思辨"了。DIS的测量、显示、计算和分析功能，突破了传统实验的诸多限制，大幅度优化了研究方法，为研究性学习的顺利开展提供了有力支持。

牛顿管实验早已被广大师生熟知。该实验揭示了空气阻力现象，并引出了自由落体的定义。但长期以来，该实验始终停留在定性阶段，学生和老师想深入探究造成管内羽毛和钱币下落速度差异的根本原因，却因缺少合适的气压测量装置而无从下手。

DIS在研究性学习中的应用始终没有轰轰烈烈地展开，就是按照教材要求的一般性的DIS实验，也是不断被压缩。DIS，日益成为一个在场下坐冷板凳的球员，身怀绝技却始终得不到"首发出场"的机会，偶尔登场亮相，也仅限于高中学业水平考试规定的有限的几个实验。这实在与上海课改的"初心"不相符。

不仅说到做到，更要自我超越：

回顾当年，本文问世之时，我们已经完成了使用DIS优化研究方法的很多实例，但有一部分例子尚属于合理推演，并未付诸实施。但如今，不仅本文所有涉及的应用案例都已成为现实，我们更凭借不懈的努力对当时的设计进行了大幅度超越。例如针对二维运动的研究，当时尚未开始，现在已经进行了三个轮次，试用了三种技术路线，取得了两个系列的解决方案；针对法拉第电磁感应定律的研究，

DIS 上海创造——数字化实验系统研发纪实

形成了两种成熟的技术方案。我们不满足于说到做到,更努力超越自己。但还是那个问题:期望老师和学生们放开手脚使用,让DIS成为你们手中的研究工具!

图2-12-7 使用三通将压强传感器接入牛顿管

借助一个三通将压强传感器前端测管与牛顿管相连(图2-12-7),即可实时监测管内的大气压强值。此时再观察羽毛和钱币下落速度的差异,就有了重要的参考依据:气压值。使用抽气机逐渐改变牛顿管内的气压,可见两者下落速度趋向接近;实验表明:当管内气压降至外部大气压的7%时,羽毛和钱币即可等速下落。

基于上述应用实例,我们可用类比的方法,将诸多类似的传统定性观察改造为定量研究,并抓住这些实验的本质——气压的变化。比如"真空铃""低压沸腾""真空喷泉""浮沉子"等,连"瓶子吞鸡蛋"也有了新意。

使用新装置——DIS压强传感器改造传统实验,一方面是对传统实验潜力的挖掘,另一方面则是让人眼前一亮的创新。当学生看到自己早已熟悉得不能再熟悉的实验又有了新做法、新发现,这种惊奇和兴奋往往就能成为他们继续探究的动力。

从低端研究到高端研究——DIS对研究性学习的支持:

研究性学习本无高低之分,但借助其使用的工具,我们还是可以将其划分为低端和高端。所谓低端,指的是使用常规工具的研究;所谓高端,指的是使用DIS这种能够被用户进行升级和改造的智能化工具的研究。为什么这样划分呢?因为我们通过十六年的研发经历认识到:工具的水平肯定会影响和决定研究的水平,使用工具的能力本身就是教育内容的一

为什么锅身一般用金属而锅柄用塑料或木头?同时对金属锅和砂锅加热,哪种锅里的水升温快?若同时停火,哪种锅里的水降温快?真空杯是怎样保温的?这一系列生活中的问题都涉及一个很重要的物理概念——热传导。受限于温度测量方法,传统的热传导实验装置仅能进行定性观察。笔者使用DIS温度传感器对该装置进行了改造(图2-12-8),不仅实现了定量研究,还利用软件的组合显示

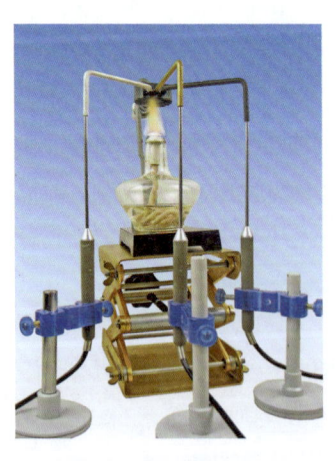

图2-12-8 经改造的热传导实验装置

功能获得了不同材料的导热升温图线(图2-12-9),突破了传统实验的局限。

将上述研究方法推而广之,诸多研究课题都可以迎刃而解,更重要的是学生可以借此掌握DIS温度传感器的活用方法——热传导可以研究,

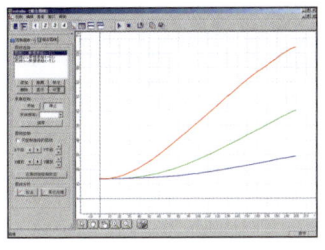

图2-12-9　不同材料的导热升温图线

热辐射也可以研究;升温现象可以研究,降温现象也可以研究;既可使用单传感器测量,也可使用多个传感器进行基于控制变量法的对比。

碰撞研究,是传统力学实验中的难点。其难度一方面在于缺乏可靠的力测量手段,另一方面在于碰撞是典型的暂态现象,过程转瞬即逝,常规的测量手段无法对这一物理过程进行展示。

使用DIS力传感器,可构造出理想的碰撞研究装置(图2-12-5)。借助软件的强大功能(组合显示、图线锁定、自由坐标等),不仅可以获得一次碰撞瞬间的F-t图线,还可以将多次碰撞的结果组合在一起加以对比。图2-12-10

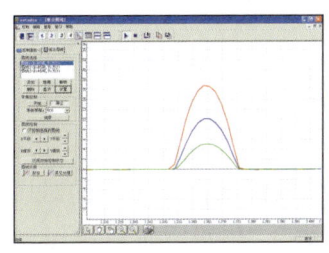

图2-12-10　三次碰撞F-t图线组合

即为三次碰撞的F-t图线组合,小车的质量保持不变,但速度逐次增加,可见F-t图线的峰值也随之增高,表明其动量随速度增加而增大。

观察图2-12-10,细心的学生会发现:尽管碰撞前小车的速度不同,但为什么三次碰撞的完成时间如此接近?由此进入下一轮探究:首先保持图2-12-10使用的弹簧圈不变,增加碰撞次数,获得速度从低到高的多组实验图线(图2-12-11),归纳其规律;其次保持小车运行速度基本不变而改变碰撞介质,换用塑料块、铁片、

第二章
DIS艰难起步

部分。DIS既有硬件也有软件,硬件可扩展、软件可升级。使用DIS的过程,又离不开与计算机的交互,这对于用户来说意味着更多的知识和能力。正是因为这样,我们才将借助DIS进行的研究性学习定义为高端研究,并且期待着这种高端研究能够成为学生成长历程中的助推器。

工欲善其事必先利其器:

开展研究性学习,必然要有研究性的工具。笔者当年就已断言:没有工具的研究性学习只能沦为思辨。而对于尚未奠定完整科学基础的学生来说,思辨或思想实验是不可想象的。DIS未必是开展研究性学习的最优工具,但也可以进入优选工具之列。至少,伴随着教材而统一装备的数字化实验工具,可以将开展研究性学习的便利条件送到教师和学生身边。

上海创造——数字化实验系统研发纪实

自动控制——利用DIS开展研究性学习的最新案例：

关于DIS与研究性学习之间的关系，笔者早在十多年前就已详述。在本文点评之末，似乎有必要增加一类将DIS应用于研究性学习的新案例，即基于DIS开展的自动控制。

传感器是自动控制的基础，计算机或相应的计算单元是自动控制的核心，各种电机和继电器就是自动控制的腿脚。上述结构也可以简化成"传感器+控制器+执行器"。DIS已经提供了"传感器+控制器"的基本架构，用户只需将基于传感器的数据，在计算机内部设置好相关的控制逻辑，即可将控制信号输出到执行器上，实现自动控制。

与其他控制电路组件相比，DIS能够采集的数据源相对广阔，基于计算机的编程也使得控制逻辑的实现相对容易，而控制信号的输出也能够实现标准化。因此，DIS稍加改造就是理想的控制模型。我们已经在此基础上开发了

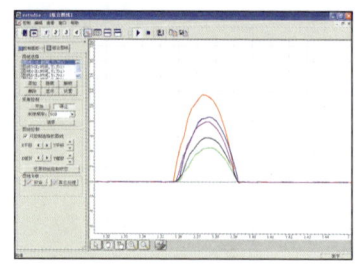
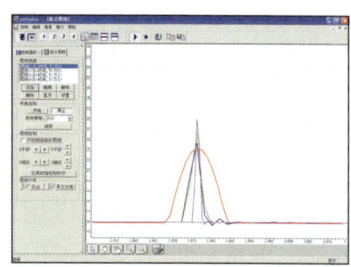

图2-12-11 五次碰撞$F\text{-}t$图线组合　　图2-12-12 换用不同介质获得的$F\text{-}t$图线组合

纸片来碰撞力传感器，并行显示所获得的实验图线（图2-12-12）。由图2-12-11、图2-12-12可总结出以下规律：碰撞介质不变，每次碰撞完成的时间基本相同；速度不变，不同介质的碰撞完成时间差异较大。

该实验研究到此并没有画上句号。有了清晰的碰撞图线，是否能够与课本上所讲的"弹性碰撞""非弹性碰撞"形成对应呢？

上述三个实验例说明，将DIS引入研究性学习，不仅可以凭借其种类齐全的传感器填补传统实验研究的空白，而且能够凭借图线功能，让实验探究从"靠数据说话"过渡到"靠图线说话"，用展示物理过程、捕捉暂态变化、实现多次测量结果的对比，明显改善了研究方法，确保了学生"想得出做得到"。

三、提升思维品质

十年树木，百年树人。教育的终极目标在于赋予学生终身学习、自主学习的能力。在构成这一能力的诸多要素中，最为重要的是创造性思维方式。培养学生的创造性思维，在此基础上发现问题、解决问题，在研究过程中掌握科学方法，建立STS的关联，正是二期课改推广研究性学习的用意所在。

在研究性学习中引入DIS，可以充分发挥其作为软硬件一体化信息技术平台的作用，为研究性学习的实施提供

第二章
DIS艰难起步

多元解决方案，并直接促进学生创造性思维方式的培养。

另辟蹊径、与众不同，做别人没有做过的事，是创造性思维的根本特征。研究性学习怎样鼓励学生另辟蹊径呢？

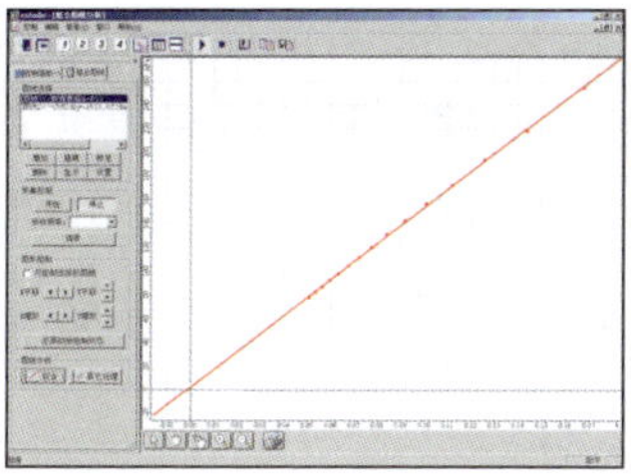

图2-12-13 "p-1/V"图线

上海浦东东辉高级中学的韩老师在指导学生进行研究性学习的实践中，总结出了用DIS压强传感器测量不规则小物体体积的方法——将待测小物体（如米粒、黄豆、花生等）置入压强实验配套的注射器，利用置入前后p-1/V图线（图2-12-13）在纵轴（体积）上的截距差计算其体积。按照此方法，测得了一粒米的体积——约2毫米^2。

当然，测量不规则小物体的体积可以采用多种方式，韩老师的方法也不是唯一的，但却是有创意的，其价值在于让学生学会如何借助身边、手头的工具进行研究的方法，并解决了看起来很难解决的问题。学生获得了惊人的数据，留下了深刻的印象。如果老师加以引导，学生们的思路还将进一步拓展。经过几个研究过程，足以给学生以暗示和启发——当"另辟蹊径"成为习惯，就会享受到"独树一帜"的乐趣，这正是科学探索者的精神动力。

发散思维是创新和创造的基础。发散思维源于联想、类比和推理，是一个积极、活跃的思维过程。确立研究课题、需求研究方法的过程，就是培养发散思维的过程。刚刚接触发散思维训练，学生难免不着边际，带有胡思乱想的色彩。此时，教师借助DIS，即可对学生的思维加以积极地引导，使之沿着科学的轨迹发散。图2-12-6即给出了利用发散思维挖掘某个传感器应用潜力的例证。

DIS包含了力、热、声、光、电、磁以及原子物理等多种传感器，其测量范围基本涵盖了中学物理所涉及的物理特征和物理过程。因此，在图2-12-6的基础上，教师鼓励学生进行逆向思维，反过来按照各种传感器的功能去对应某一个研究对象，马上就会发现即便看起来再简

多种自动控制模式，并已在DIS机器人、逻辑电路实验器、数字化创客工具包等新产品领域得到了充分展现。

受限于上述案例出现的时间，它们并没有被列入当年的论文。现在加上，还是强调一点：我们从未停止对自己的超越。

单不过的研究对象,也拥有近乎无数多个研究侧面。图2-12-14说明,由最常见的物质——水,即可开发出如此之多的研究课题,而这些课题,就是学生根据DIS提供的各种研究手段——传感器倒推出来的。

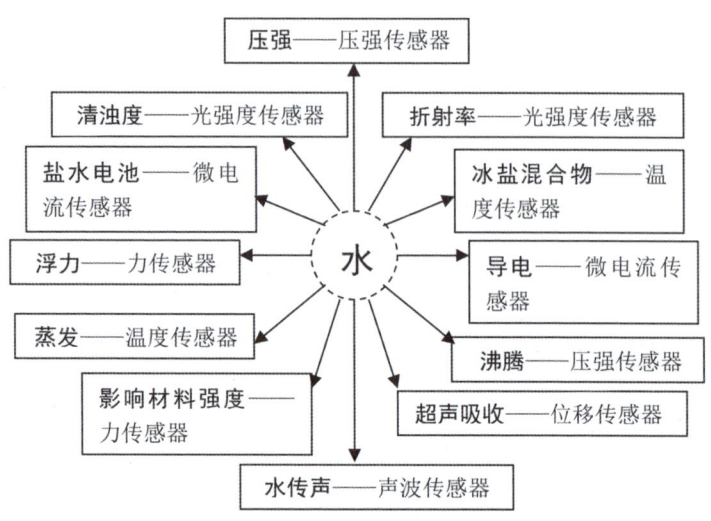

图2-12-14　由"水"拓展出来的部分研究课题

另外,研究性学习不仅仅是要让学会发散思维、拓展研究思路,还要让学生掌握综合、归纳、抽象的研究方法。因此,学生的思维发散以后还要收敛。比如,教师对图2-12-14中水的有关特性加以总结:一种简单、普通的物质尚具有如此复杂的特性,我们对其他事物的认识可不能以偏概全啊! 由此即可引出系统的观念和科学的态度,进一步发挥研究性学习更深层的教育意义。

研究性学习的推进,承载着上海二期课改和国家新一轮课程教材改革改变学生学习方式的重任,标志着教育向其本原的回归,因而具有格外重要的意义。理想的研究性学习,是先进的思维方式与系统的学科教学知识、丰富的实验教学经验及先进的技术手段的完美结合。在这一领域,DIS的作用应该远远超出本文的总结,更多成功的经验正等待着老师和学生们去自主探究和创造。

第三章
DIS顶峰攀登

~ 叙词: 转 ~

  2010年,"研发中心"已经成功运作了7年,克服了起步阶段的艰难,完成了上海中学物理教材编写的任务,平稳过渡到实验改革与支持学习方式转型的研发,向着物理课程与信息技术整合、新产品研发、服务课堂教学等"关键难点"继续前进,并不断攀登一座座高峰,取得了不菲的成效。比如,DIS项目在"2014年国家级教学成果奖(基础教育)"评选中荣获一等奖。

  永不满足,没有最好,只有更好! DIS在理科教学领域不断拓展探索的深度和广度:在实验中"移用"更先进、更有效的信息技术,提高实验的精度;攻克传统实验无法克服的困难,让其巧妙地呈现在师生面前;优化现有的实验,使其更加直观化、显性化……本章中呈现的论文及点评就是最好的例证。

第一节　DIS二维运动实验系统的研发之路

从理念派到技术流——DIS的跨越与我们的进步：

从2004年到2012年，研发中心把DIS从一个概念变成了现实。八年之后的这些论文，也基本上摆脱了理论上的纠结和观念上的纷争，开始着重于DIS背后的技术实现。这是中国教育界在实验教学工具领域进步的结果，也是我们研发中心自身完成认识和实现双重跨越之后的必然。尽管我们将DIS的研发事业定位为"永远在路上"，但这时，我们已经有了足够的自信，向整个教育界讲述我们真实的研发故事了。

一、研发背景

1. 传统实验方法回顾

描绘二维运动轨迹，传统上使用频闪摄影和电火花描迹两种方法。

频闪摄影拍摄的频闪照片可配合运动学、动力学等内容的教学，对物体的运动状况、运动规律作定性和定量的分析、研究之用。实现频闪摄影，需要使照相机保持快门开启，利用频闪光源进行间断曝光，这样，就可以按照一定时间间隔，将运动物体运行到不同位置时的图像叠拍在同一张照片上。图3-1-1所示为用频闪光源拍摄平抛运动实验的装置和频闪照片。

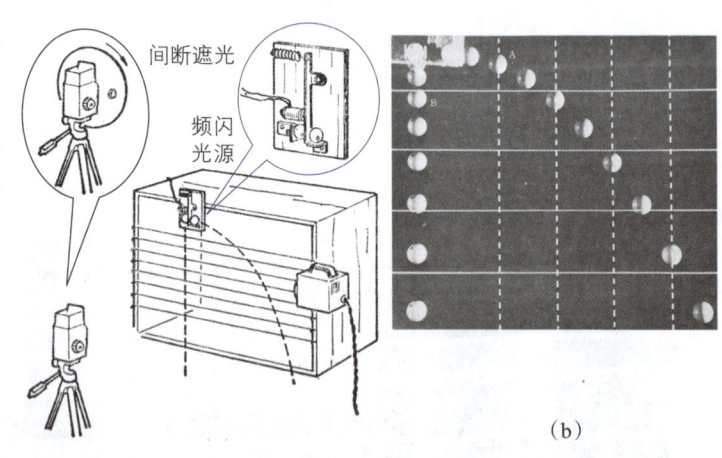

图3-1-1　用频闪光源拍摄平抛运动实验的装置和频闪照片

另一种变形的频闪摄影方式称为"间断遮光拍摄法"。与频闪摄影不同,此方法只需用普通光源即可。将照相机置于开有窗口的转盘后面,只有在窗口对准镜头的瞬间才能使相机中的胶卷曝光,因为转盘是匀速旋转的,所以仍可以获得物体在运动过程中不同位置上的叠拍图像。

电火花描迹的装置示意图见图3-1-2。支架上装有铜箔板和金属网两个极板,板和网平行放置且相互绝缘,其间距稍大于作为运动物体(通常为铁球)的直径。铜箔板上贴有记录用纸。当铁球在两极板间移动时,加在极板间的高压脉冲在纸上定时留下电火花击穿点,从而显示出铁球的运动轨迹。

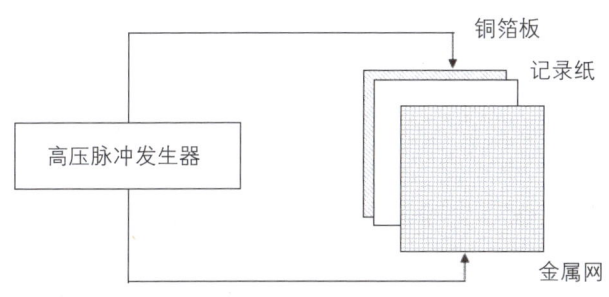

图3-1-2 电火花描迹的装置

除此之外,还有人尝试使用压感纸配合斜面做近似实验来描绘二维抛体运动的轨迹。该方法的原理相对简单,但一方面测量方式具有一定的间接性,另一方面对实验设备、操作方法和熟练程度都有一定的要求。限于此,二维运动实验的成功率不高,需要多次尝试方可获得较为理想的轨迹,而且多次实验不可避免地会增大系统误差。

2. 二期课改催生新的实验手段

2002年推出的《上海市中学物理课程标准(试行稿)》在"物理研究型课程内容示例"中指出:"用DIS描绘合运动轨迹。以平抛运动的运动轨迹为背景,用

DIS 上海创造——数字化实验系统研发纪实

二维运动实验系统——数字化实验的业界高峰：

在传统实验方法之外，很多人尝试了使用数字化方法解决二维运动的问题，但基本上采取的都是基于影像的数字分析技术，不但技术要求较高，而且分析结果的呈现也滞后于实验过程。我们之所以将DIS二维运动实验系统认定为业界高端，绝非自吹自擂，而是在于我们在这个系统的研发设计中不仅"固执"地沿用了针对DIS系统的一贯要求——"实时测量+实时分析"，而且在成功地解决了无线测量和无线传输技术难题之后，率先实现了上述目标。如果说在二维运动实验系统之前，我们还是在努力追赶数字化实验的世界潮流，那么在二维运动实验系统之后，我们已经使国内在这个领域具备了世界级的技术和产品。

DIS传感器分别测出做抛体运动、圆周运动或振动的物体在不同时刻的两个分位移的大小，运用计算机描绘出合运动的轨迹。然后根据轨迹的形状，猜想轨迹与数学中的一次函数或反比函数或二次函数或三角函数……的图像是否相似。应用计算机的函数功能，将相应的函数图像与所得到的合运动的轨迹进行拟合，对自己猜想进行验证，从而得到合运动的数学表达式。最后通过交流、讨论，归纳总结出所研究的合运动与两个分运动之间，在位移、速度等方面的关系。"上述要求，凸显了上海二期课改通过"自主学习、探究式学习和团队合作"推进"学生学习方式转变"这一核心目标，对DIS实验的开发和研究具有重要的指导意义。

基于课程标准，研发中心在DIS位移传感器（一维）的基础上，设计研发了"DIS二维运动实验系统"，为二维运动实验提供了一种新的实验手段。

DIS二维运动实验系统由"二维运动发射器""二维运动接收器""二维运动实验专用软件"和不同类型的"二维运动实验装置"构成。二维运动发射器、接收器应用先进的传感技术和创新的结构设计，构成了一套"信号发射与接收系统"。其中，二维运动发射器被设计成实验中的运动物体/抛体；二维运动接收器采用无线定位的方式，对运动物体——二维运动发射器的运动轨迹进行跟踪记录，并且直接通过USB接口将接收到的信号上传至计算机，使运动物体的运动状况实时显示在专用的软件坐标系内，以供教学研究之用。

二维运动实验专用软件对运动物体的运动状况有多种表现方式，既有频闪照片、打点计时等与传统实验结果一脉相承的表现方式，又有突出计算机强大功能的轨迹描述、图线描绘等表现形式。

将二维运动发射器和接收器安装在不同类型的二维运动实验装置上，可支持多种二维运动实验。目前，研发中心已开发了近十种二维运动实验装置。

3. DIS二维运动实验系统进入教材

DIS二维运动实验系统诞生以来，多次经专家认证和课程教学的实践，获得了广泛好评。2009年，该系统在第七届全国优秀自制教具评选活动中荣获一等奖。后根据教材主编的提议，二维运动实验系统已被正式引入上海二期课改高中物理教材。相信借助这种新型实验手段，学生不仅能更为透彻地认识二维运动的物理规律，而且能将对运动与时空关系的认知提高到新的水平。

二、二维运动发射器、接收器的基本结构和工作原理

"二维运动发射器"[图3-1-3(a)]和"二维运动接收器"[图3-1-3(b)]是整个DIS二维运动实验系统的核心。上述发射器和接收器可安装在研发中心设计的多种二维运动实验装置上，能够完成十几项二维运动实验。

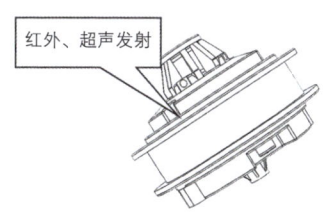

(a) 二维运动发射器

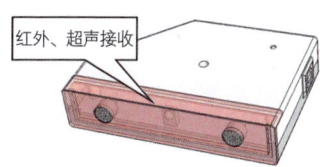

(b) 二维运动接收器

图3-1-3

为获得相对理想的二维运动模型，研发中心对二维运动发射器和二维运动实验装置进行了综合设计，并经过反复试验确定了二维运动发射器的外形结构和二维运动实验装置的基本构成——前者为滚轮造型，而后者大多安装有适合滚轮滚动的铝合金轨道。

二维运动发射器内含电源及超声、红外发射装置，可同时发射超声波和红外线；二维运动接收器内含两个超声波接收和一个红外线接收装置，并且拥有数据接收和

不负所托——DIS二维运动实验系统的研发动力：

应该说，率先提出二维运动实验系统研发需求的是《上海市中学物理课程标准》，但因为标准中的表述不是那么具体，因此除了笔者等少数几个教材编者之外，大家都没有把课标要求与具体的二维运动实验研究相关联。

2004年，著名物理教学专家何润伟先生则向研发中心的副主任李鼎明确提出：在使用位移传感器解决了一维运动的实时测量之后，能否进一步解决平抛、斜抛、运动的合成与分解等二维运动的实时测量问题？因此，在DIS的研发初期，虽然受限于技术手段，我们一时还解决不了，但二维运动的研究已经成了笔者的一块放不下的"心病"——笔者已经暗下决心：一定要解决二维运动实验难题，否则有负课标和何老师等人的重托。

移用——解决二维运动实验系统的核心技术问题：

研发中心一直没有

开始二维运动研究的原因在于没有找到合适的技术手段。而最终促成二维运动实验系统研发启动的，则是笔者的一次大胆移用——将一种在电子白板系统中广泛应用的定位技术移植到DIS中来。这次移用的成功也使得我们进一步认识到：对DIS研发来说，很少需要在材料和原理层面从头进行研发，现成的技术解决方案说不定就在我们身边。我们需要做的，首先是努力发现，其次是果断移用。

移用≠照搬：

移用看起来比基础研究省力，但实际上还是对研发实力的考验，因为移用毕竟不等于照搬。就DIS二维运动实验系统来说，其定位的核心技术在电子白板领域虽已相对成熟，但白板的使用环境与实验要求的平抛、斜抛、运动的合成与分解存在很大不同。不说别的，白板系统中的信号源——电子笔是握在人手里的，书写的速度也是有一定限度的，而抛体运动末端的切线速

计算电路及USB通信电路。

二维运动接收器安装固定在实验装置上，超声和红外接收装置均朝向二维运动发射器的运动区域。实验中，接收器接收发射器发出的超声波和红外线信号，根据接收到的红外线信号与超声波信号的时间差乘以各自的传播速度得到发射器（运动物体）与两超声波接收装置的距离，进而基于事先设定的零点，求解运动物体在二维平面上的坐标值，实现对二维运动物体的实时定位（图3-1-4）。

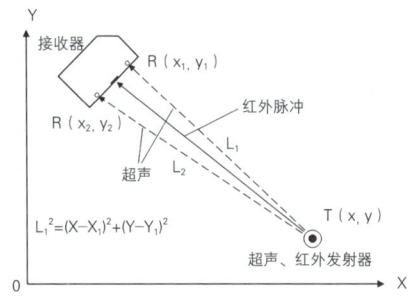

图3-1-4 运动物体在二维平面上的坐标值

二维运动发射器的电路框图见图3-1-5。其中，单片机对超声波和红外线的发射进行时序控制并驱动电路超声发射膜和红外发射管工作，发射出脉冲信号。

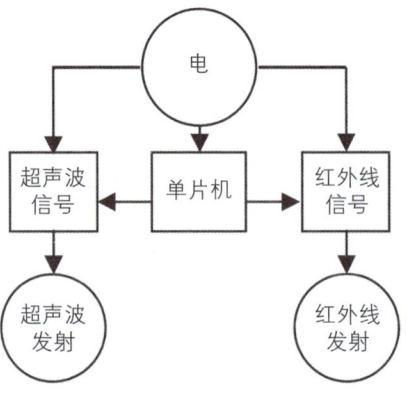

图3-1-5 二维运动发射器的电路框图

二维运动接收器的电路框图见图3-1-6。接收器直接使用计算机的USB接口供电。基准电压电路为放大和脉冲提取电路提供基准电压。超声波接收器收到超声波信

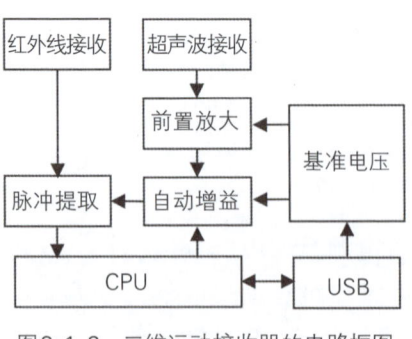

图3-1-6 二维运动接收器的电路框图

号,经过前置放大器放大,与红外线信号均进入脉冲提取电路,变为方波脉冲被CPU捕捉。CPU首先计算出发射点(运动物体)与两个超声波接收装置之间的距离,再计算出发射点(运动物体)在平面坐标系内位置,由USB通信模块上传至计算机。

度接近5m/s。要对这样一个信号源进行定位,其技术要求与白板显然有很大不同。所以要认识到:移用的是原理而不是器件,移用之后的二次研发才是关键!

三、应用

1. 基本规范

使用DIS二维运动实验系统进行实验的基本规范如下:

(1)将二维运动接收器安装固定在实验装置上,并通过数据线连接到计算机USB接口。

(2)启动计算机内安装的DIS二维运动实验专用软件。

(3)打开二维运动发射器的电源开关。

(4)如进行平抛运动实验,按照实验要求定义坐标零点。

此时如将二维运动发射器置于二维运动接收器所在的二维平面内,且发射器与接收器的距离不超出规定范围,计算机即可实时显示发射器的坐标位置点。

(注意:由于超声波的固有特性,本系统存在半径约为10 cm的盲区。)

2. 实验开发

DIS二维运动实验系统的实验开发,是一个从硬件到软件、从核心装置(发射器和接收器)到外围器材(二维运动实验装置)不断优化、完善的过程。

研发中心经过多年努力,已基本定型了DIS二维运动实验系统的发射器、接收器和软件,并陆续推出了多种具有物理经典模型意义的二维运动实验装置。正是发射器、接收器和软件以及实验装置的有机组合,终于使得平抛、斜抛、伽利略理想实验、圆周运动、运动合成、单摆振动等众多二维运动实验获得了"数字化"的解决方案。而且,研发中心研究发现,将DIS二维运动实验系统应用

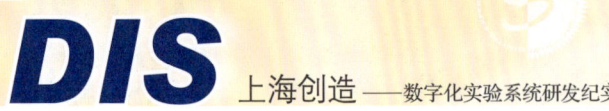

一物多用——DIS的价值体现:

在2004—2005年的论文中，笔者已经"晒"出了力传感器的应用和水的实验研究发散思维导图。其实，强调一物多用，是笔者和研发中心一贯的坚持。对于用户来说，只有做到一物多用，才能使教学仪器和教育装备的价值最大化，同时也才能够通过使用某种教学仪器或教育装备让学生获得思维上的启迪。

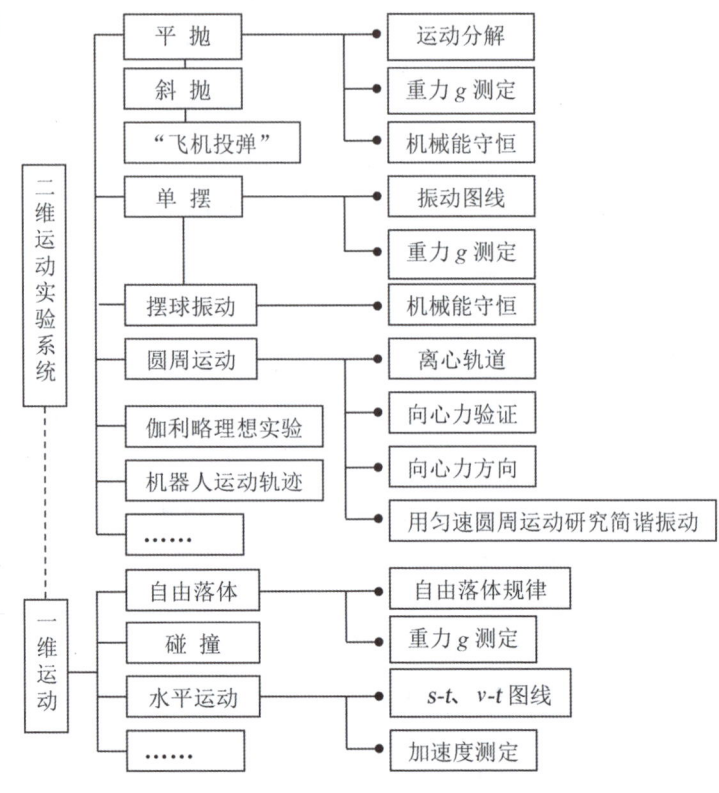

图3-1-7　DIS二维运动实验系统应用的思维导图

于一维运动（基于轨道的直线运动），能有效填补原DIS位移传感器（一维）的很多不足，取得令人意想不到实验效果（图3-1-7）。

四、实验实例

1. 平抛运动

（1）实验装置

该实验需要使用与DIS二维运动实验系统配套的实验装置——平抛运动实验器（图3-1-8）。该实验器由物理支架、立杆、轨道构成。轨道呈倾斜状安装在立杆上，轨道上端设有位置可调的释放夹，改变释放夹的高度可以改变抛射速度，轨道末端设有调零器和水平仪。轨道为铝合金材质,经折弯处理,其宽度恰好允许二维运动发射器在其中滚动,且能减小晃动和摩擦。二维运动接收器安装在立杆顶端,其红外、超声接收装置所在的面与实验台成45°夹角,正对轨道末端,与发射器滚动抛出后的飞行轨迹处于同一平面内。

(2) 实验操作

实验时,按如下步骤操作。

- 将二维运动接收器连接至计算机。

- 点击"二维运动实验专用软件"主界面上的实验条目"平抛运动",打开软件(图3-1-9)。

- 开启二维运动发射器的电源。

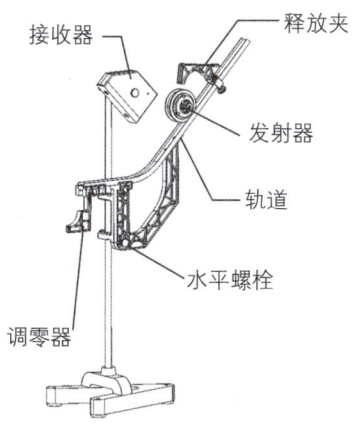

图3-1-8 平抛运动实验器装置示意图

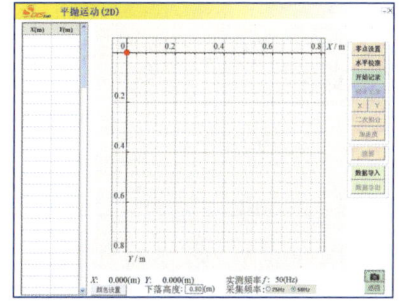

图3-1-9 平抛运动软件界面

- 将发射器置于平抛导轨水平端的边缘[图3-1-10(a)],并使其与调零器吻合,点击软件"零点设置"。

- 将二维运动发射器沿导轨向后水平移动3～6 cm[图3-1-10(b)],点击"水平校准",校准接收器的水平坐标。

- 用释放夹将二维运动发射器扣住[图3-1-10(c)]。

- 点击"开始记录"。

- 扣动释放夹,令二维运动发射器向下滚动。

- 当二维运动发射器通过导轨末端的零点时,系统即开始自动定位发射器,并将其在二维平面内的位置点数据上传至计算机,在坐标系内按照一定的时间间隔绘出其连续的位置点[图3-1-11(a)]。

- 发射器落地后,点击"停止记录"。

DIS 上海创造——数字化实验系统研发纪实

阶段性的成果，其实是一段征程的开端：

本文撰写之时，我们还多少沉浸在研发成功的喜悦之中，尚未认识到：此时的二维运动实验研究，仅仅是我们一系列征程的开端而已。这一系列征程不仅包含了对这套系统的持续改进，还包含了新的技术路线的引入、大量的尝试、失败、再尝试，直到目前DIS模板系统定型，这段征程还没有要结束的意思。笔者之所以要推出"前文今点"，正是想借助这种类似"穿越"的做法，来完成基于客观发展过程的自我评判——前事不忘后事之师啊！

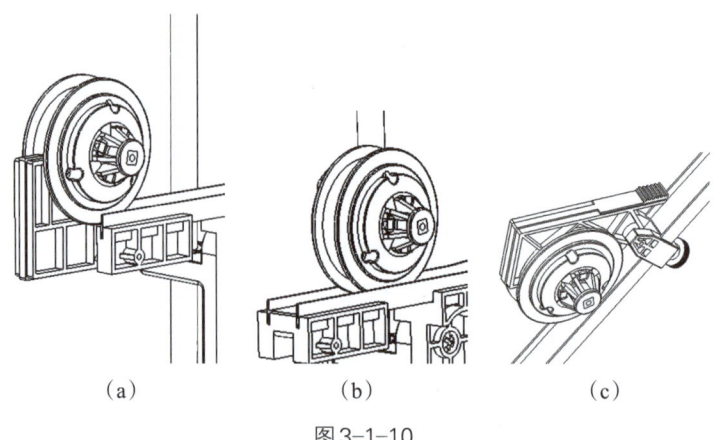

图3-1-10

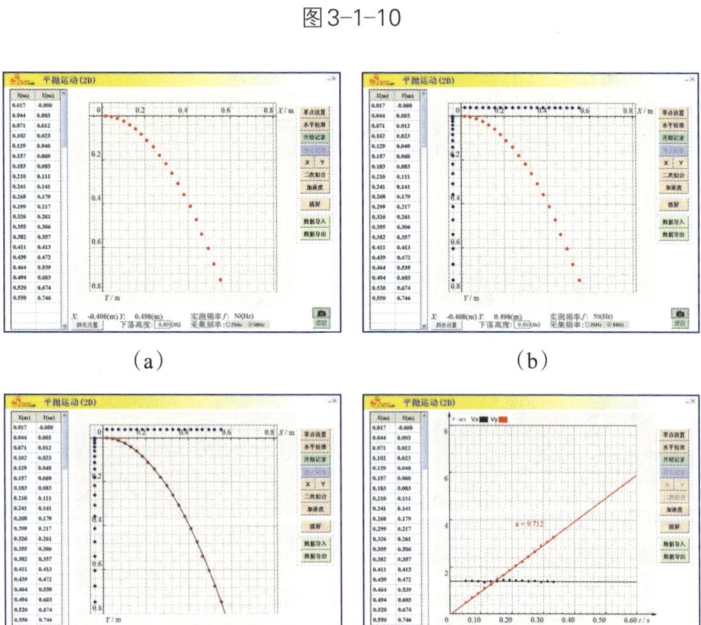

图3-1-11 平抛运动实验

（注意：应在二维运动发射器落地的区域设置柔性回收垫，以保护发射器！）

· 依次点击"x""y"，可分别显示x、y方向的分运动轨迹[图3-1-11(b)]。

· 点击"二次拟合"，可对运动轨迹进行曲线拟合

[图3-1-11(c)]。

• 点击"加速度",可计算平抛运动在竖直方向的加速度数值,并与当地的重力加速度进行比较[图3-1-11(d)]。

• 点击"数据导出",可将实验数据存为历史数据或导出至Excel等软件。

• 点击"数据导入",可将以前保存的历史数据导入软件,并进行分析。

[注意:实验中运动轨迹的采样频率可选(系统默认为50Hz)。上述图片对应实验的采样频率都为50Hz。]

2. 单摆运动

看似简单的单摆运动,其中蕴含着丰富的物理思想。由于传统测量工具所限,以往实验中难以获得对于教学至关重要的信息。

用DIS二维运动实验系统做单摆运动实验,不仅能测出单摆的周期和重力加速度,还能通过运动轨迹来研究摆球的运动状态。该系统获得的振动图线还可以证明:在摆角很小的情况下,单摆振动时的回复力和位移成正比,且方向相反,这正是简谐振动的标准定义。

(1) 实验装置

图3-1-12(a)为实验装置图。装有把手的发射器作为单摆悬挂在支架上。为使发射器摆动稳定,采用双线悬挂形式(其物理机理与单线相同),摆线的长度利用夹子可做调整。接收器固定在支架顶端,接收器窗口和发射器应处于同一平面内。采样频率默认为50Hz。

(2) 实验操作

• 点击"二维运动实验专用软件"的实验条目"单摆",打开软件。实验界面如图3-1-12(b)所示,界面上方是实时轨迹图,下方是s-t图。

• 点击"开始记录"。打开发射器电源,并使发射器在平衡位置静止。

• 点击"平衡位置",使界面上的红色轨迹球移到轨迹显示图的原点上[图3-1-12(b)]。

DIS 上海创造——数字化实验系统研发纪实

从被测量到成为测量体系的一部分——DIS二维运动实验系统中信号发射器的设计贡献：

　　这里涉及的由二维运动实验系统完成的多个实验，都具有一个重要特征，即通过由DIS二维运动实验系统中的信号发射器充当经典实验中的移动物体，使之由单纯的被测量的对象，变成了能够给实验系统提供测量信号来源的智能化部件！我们借助移用过来的技术打造出的这个智能化的信号源，替代了传统实验中的摆球、振子和物块，让它在运动过程中不断释放信号，测量系统则能够完成实时定位，这是对传统实验方式的重大跨越。

　　对于需要测量运动物体的位置并描绘其运动轨迹的实验者来说，使用传统的方法，好比用防空雷达找飞机。不是找不到，但消除噪声、滤波增益等方面的工作量实在太大，即定位的效率太低。使用DIS二维运动实验系统，被测物体转而主动发射信号

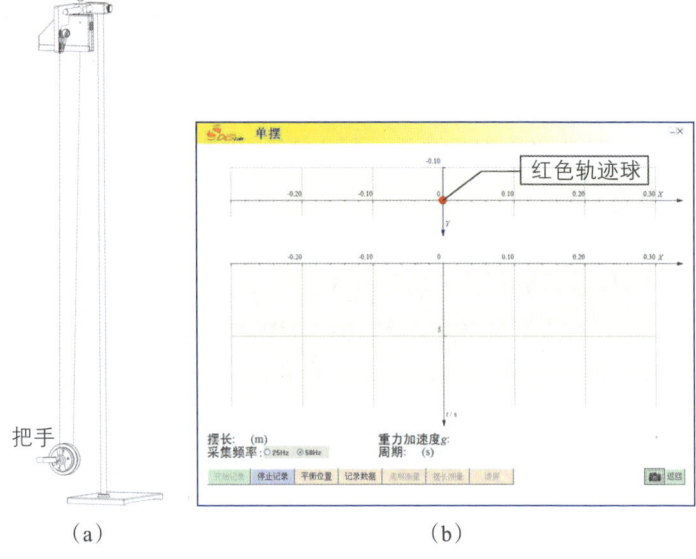

图3-1-12　单摆运动实验装置和软件界面

● 借助本系统可精确测量摆长。此时，发射器的摆动幅度应大于20 cm。步骤如下：

A. 手持发射器把手，放手后让发射器摆动，点击"开始记录"，当 s-t 图像显示一个完整周期后，点击"停止记录"（图3-1-13）。

B. 在数据表中选择最大负位移与最大正位移之间的区间。点击"摆长测量"，系统即可算出摆长 L。

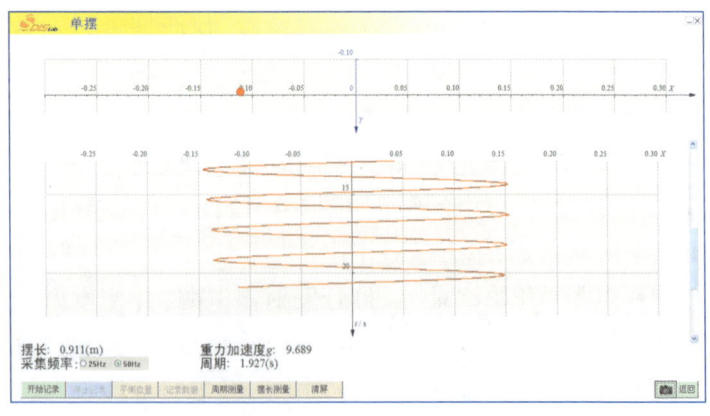

图3-1-13　软件绘制 s-t 图像

- 借助本系统可精确测量摆的周期。

目的如下:单摆法求重力加速度的公式是简洁而优美的物理公式。通过验证单摆公式并结合科学史教学,可强化学生对科学发现的体验。在摆长 L 恒定的情况下,验证单摆公式的关键就是精确地测量周期 T,从而求得 g 值。为实现这个教学目的,本实验软件设置了测量周期的功能。

测量周期的步骤如下:

A. 将发射器的摆动幅度控制在5°以内。

B. 点击"开始记录",当 s–t 图线延伸满幅时,点击"停止记录"。

C. 读出可以测量的整周期数,调整界面的"周期数"与之对应。

D. 点击"周期测量",在 s–t 图中依次点击起始点和结束点,系统即可计算出单摆的周期 T 和重力加速度 g。

E. 比较测量得到的 g 值与当地实际值,研究误差产生的原因。

3. 匀速圆周运动投影

匀速圆周运动的投影是简谐振动。但在中学物理教学中,不能用高等数学来推导简谐振动的位移方程和周期公式。因此,提供基于实验的直观的简谐振动图像,对于教学就有特别重要的意义。图3-1-14所示为传统实验装置的示意图。

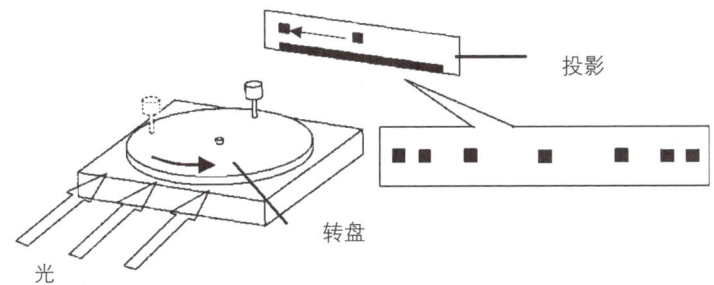

图3-1-14　传统实验装置示意图

应用DIS二维运动实验系统和配套器材,可直观形象地显示出匀速圆周运动的投影是简谐振动。

供系统定位,这比在飞机上安装雷达信号应答器给定位提供的方便更进了一步,使测量难度一下子降低了几个数量级。就实验教学来说,这是技术发展的成果,但首先是思维转换的功劳。其实,从2002年DIS分体式位移传感器开发完成之后,运动学实验被测物体的智能化时代就已经拉开了帷幕。

但受限于实验传统,我们还是推行了将智能化的信号源安装在轨道小车上这样一种折中的策略,同时也尝试了将分体式位移传感器的发射器作为弹簧振子甚至自由落体使用,并取得了相应的成功。但二维运动不同于一维运动,这些实验中已经没有小车这样的平台供信号源与其组合,那么我们也索性将信号发射器打造成了抛体、振子和物块,使其直接能抛、能滚、能振动。现在看来,正是这一思维层面的转换或者说跨越式替代,使得整个实验局面为之改观。而研发中心随后推出的光电数码轨道、光电计时测距实验器（π系统）以及一系列无线智能实验装置，都是在这种思想方法的启迪之下完成的。而我们也因此而深刻认识到：要想"一览众山小"，必须首先"会当凌绝顶"。不在思维层面上下功夫创新，不在工程学层面上下功夫创造，始终在别人身后亦步亦趋，何谈教育自主、产业自立、国家自强？

(1) 实验装置

如图3-1-15所示，底盘一端装有接收器，另一端安装的电动转盘带动发射器做匀速圆周运动，其转动半径可调。

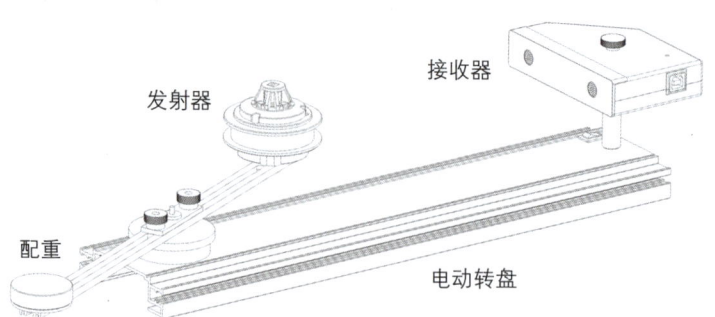

图3-1-15　匀速圆周运动实验装置示意图

(2) 实验操作

• 实验时，先将发射器置于电动转盘的圆心处，点击"原点定位"，使界面上的红色轨迹移动到圆心处（图3-1-16）。

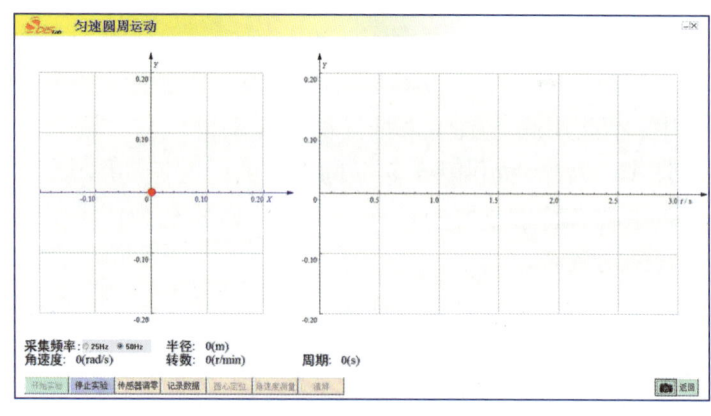

图3-1-16　匀速圆周运动实验软件界面

• 再将发射器固定在电动转盘的悬臂上，开启转盘电源。

• 点击"开始记录"。发射器匀速转动时，不仅可见其圆周运动的轨迹，还可见到其在Y轴上做往复运动的投影——具备正弦波特征的曲线（图3-1-17），从而加深对简谐振动的理解。

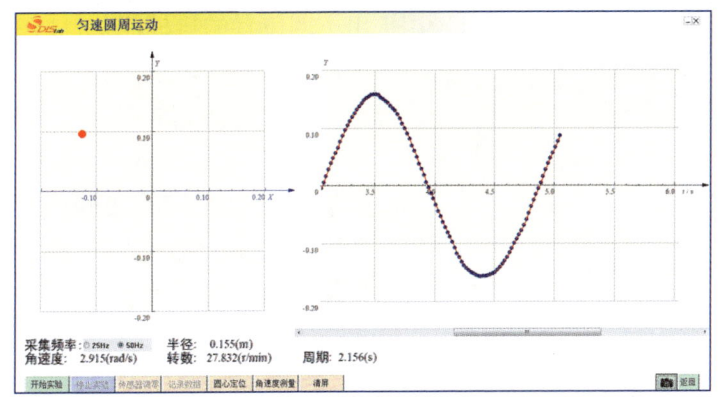

图 3-1-17　圆周运动的轨迹

● 点击"圆心定位",在振动曲线上选取一定区域,系统即可显示圆周运动的半径和角速度的大小(图 3-1-18)。

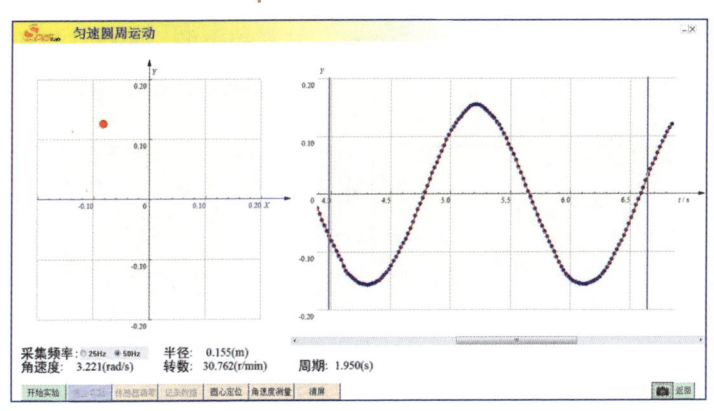

图 3-1-18　圆周运动的半径和角速度的大小

4. 验证摆球摆动时的机械能守恒

研究机械能转化和守恒,一般选用自由落体进行研究。采用 DIS 二维运动实验系统后,具有普遍意义的曲线运动即可被用来研究机械能的转化和守恒,可使学生对"能"这一概念的本质内容——转化和守恒产生深刻的印象,并可以为学生在今后的学习中运用能量守恒和转化的观点来认识物理规律、分析物理问题打下基础。

(1) 实验原理

通过定量测定摆锤在不同位置的高度和速度,计算

上海创造——数字化实验系统研发纪实

移用、移用、再移用：

在完成了使用信号发射源替代摆球、振子和物块的工作之后，二维运动实验系统的基本结构就建立起来。但要想立足这一结构实现相应的功能，尚有大量艰苦细致的工作要做，主要是机械接口装置的设计。提到接口，很多人按照字面意思将其定义为接线板或者插槽、插头。我们在这里使用的是接口的广义概念，即二维信号发射和接收装置与实验器材的所有衔接装置。

鉴于物理实验讲究的是标准化和理想化，各类实验装置本质上都应该是标准的物理模型，比如单摆、匀速圆周运动、离心轨道、阻尼振动装置等。在保持该物理模型完整性的同时，将二维信号发射和接收装置与其完美结合，是工程学领域一个不大不小的挑战。为了克服上述困难，我们继续开启移用思维，推行"拿来主义"。比如匀速圆周运动投影实验所用的转盘，就来自废旧电唱机的拆件；离心轨

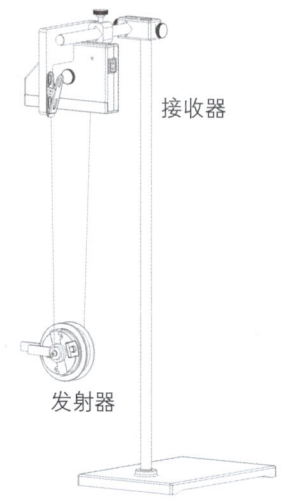

图3-1-19 用二维研究机械能守恒定律实验装置示意图

出不同位置的机械能，最后归纳出机械能守恒定律。

（2）实验装置

如图3-1-19所示，该实验装置与单摆实验相同。为研究方便，可缩短摆长，增加摆动的角度使之大于5°。

（3）实验操作

• 连接计算机及接收器，点击"二维运动实验专用软件"的实验条目"机械能守恒"，打开软件。

• 点击"开始记录"。打开发射器的电源，使发射器静止在平衡位置（最低端），并点击"设置零点"（图3-1-20）。

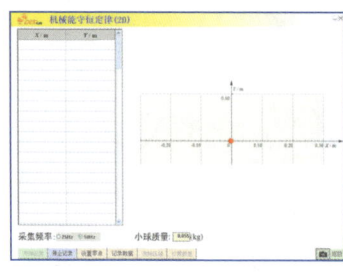

图3-1-20 机械能守恒定律实验软件界面

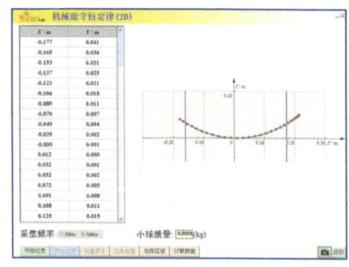

图3-1-21 单摆的运动轨迹

• 使发射器偏离其垂线位置后释放，使其摆动。点击"记录数据"，系统即可自动记录发射器——单摆的运动轨迹（图3-1-21）。

• 点击"选取区域"，在运动轨迹上选取适当区域后，点击"计算数据"，系统即可计算出所选区域中各运动轨迹点的重力势能、动能及其总机械能（图3-1-22），并绘出对应的图线。

• 从图3-1-22可以发现：物体在只有重力做功的状况

下，其重力势能（图3-1-22中的a）和动能（图3-1-22中的b）可以相互转化，而总的机械能（图3-1-22中的c）保持不变。

道也是拿来的成品，当然经过了重新设计使之便于二维信号发射源的稳定滚动；二维运动合成实验装置，同样参考了已有的成熟系统。一系列的移用，不仅大大缩短了研发进程，还在消化吸收已有技术的基础上迅速形成了自己的特色和优势，使二维运动实验系统的"产品族"在短时间内就得到了丰富和完善。

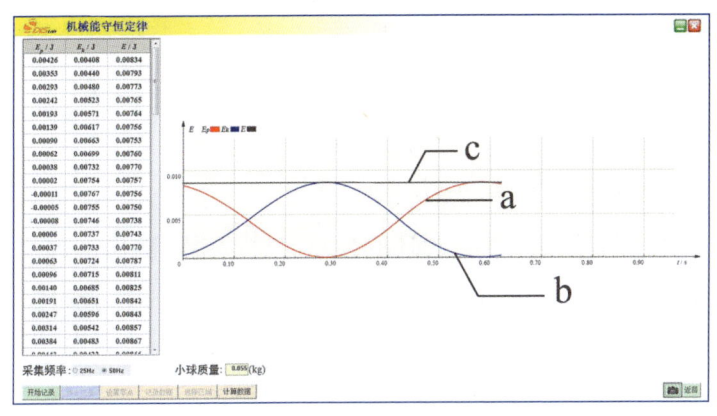

图3-1-22 重力势能、动能及其总机械能对应的图线

5. 离心轨道

传统的离心轨道经常用来演示物体在竖直环形轨道上的运动，因包含动能势能转换、圆周运动等众多物理要素，所以它是一种深受师生欢迎的实验器材。将DIS二维运动实验系统引入离心轨道实验，无疑会凭借量化的优势为这一实验增加更为丰富的教学内容。

（1）实验原理

让小球在实验器的斜坡上先后从不同高度沿轨道滚下。实验表明：如果小球从足够高的位置自由滚下，到达圆环顶点时不会坠落，并继续沿轨道滚动前进。这个高度可根据计算获得。

设圆环的半径为R，小球的质量为m，它从高H的位置开始滚下（图3-1-23）。开始时小球具有的重力势能为mgH，到达圆环顶点时具有的重力势能为$mg·2R$。如果不考虑小球滚动时克服各种阻力所消耗的能量，那么它减小的重力势能就转变成动能，因此小球到达圆环顶点时具有的动能为：

$$mgH-mg·2R=\frac{1}{2}mv^2\ (v是小球的线速度)。$$

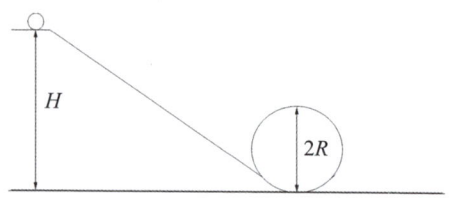

图3-1-23 离心轨道实验原理

由此应有:$v=\sqrt{2g(H-2R)}$。

所以要使小球在圆环的顶点时继续沿轨道做圆周运动,所需要的向心力为:

$$F=\frac{mv^2}{R}=\frac{2mg(H-2R)}{R}$$。

如果小球所受的重力($G=mg$)小于小球到达圆环顶点所需要的向心力($G\leqslant F$),那么小球就不会离开轨道坠下,而是继续沿轨道做圆周运动。根据这个条件,应有:

$mg\leqslant\dfrac{2mg(H-2R)}{R}$。解得:

$H\geqslant 2.5R$。

(2)实验装置

将DIS二维运动实验系统与如图3-1-24所示的离心轨道相配合,即构成了离心轨道实验的基本装置。

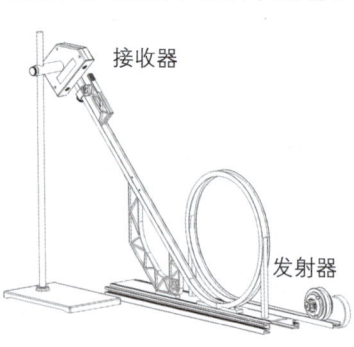

图3-1-24 离心轨道实验装置示意图

(3)实验操作

• 实验时,连接计算机和接收器,点击"二维运动实验专用软件"的实验条目"离心轨道",打开软件。

• 实验界面如图3-1-25所示,左侧是数据表格,右侧为实时轨迹图。

• 点击"开始记录",

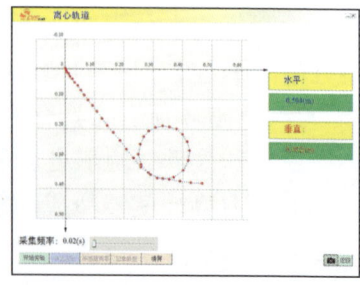

图3-1-25 离心轨道实验软件界面及绘制的运动轨迹

开启发射器电源。让发射器从轨道高处自由滚下,软件即实时显示其运动轨迹。

• 实验显示:发射器能够到达轨道的最高点,而且从轨迹的分布以及所得到的数据证实(在误差范围内),经过各点的动能和势能的变化规律符合机械能守恒定律。

• 当释放高度 $H \leqslant 2.5R$ 时,发射器将无法到达轨道的最高点,此时可以观察到不同斜抛运动的对应轨迹,其各点的数据同样符合机械能守恒定律。

6. 运动合成

一个物体同时参与两个运动,这个物体实际的运动称为合运动,参与的两个运动称为分运动。运动合成的演示通常以"位移合成"为代表。

(1) 实验装置

将DIS二维运动实验系统与运动合成分解实验器相结合(图3-1-26),即构成了运动合成实验装置。

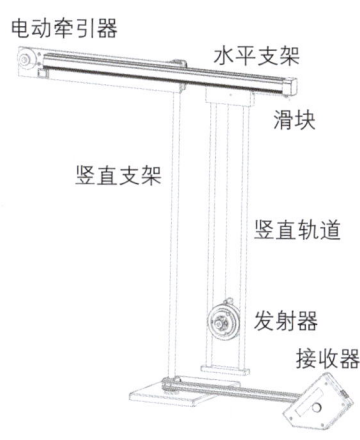

图3-1-26 运动合成实验装置示意图

其原理如下:当电动牵引器顺时针转动时,滑块向左移动,发射器被牵引以相同速度沿竖直轨道向上运动,发射器同时参与水平向左和竖直向上的合运动;当牵引器逆时针转动时,发射器参与向左和向下的合运动。系统描绘出的发射器运动轨迹,即为合运动的轨迹。

此实验装置结构比较简单,优点是一目了然,便于学生理解和掌握,缺陷是只能研究互相垂直的分运动合成。该装置的改进方向是改变两分运动的角度,又令两分运动互相独立,则实验将更具有一般性。

(2) 实验操作

• 点击"二维运动实验专用软件"的实验条目"运动合成",打开软件。

- 点击"开始记录"。打开发射器的电源。将发射器调至轨道最低点,并靠近接收器。点击"传感器调零"。
- 打开实验器的运动控制开关,点击"记录数据"即可获得发射器的运动轨迹图(图3-1-27)。

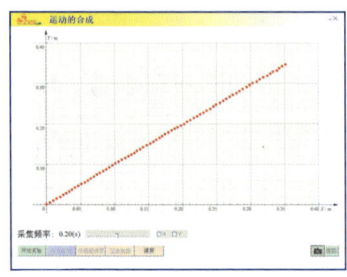

图3-1-27　发射器的运动轨迹　　图3-1-28　发射器沿X轴和Y轴的分运动轨迹

- 点击界面中的"X"和"Y",计算机自动描述出该运动沿X轴和Y轴的分运动轨迹(图3-1-28),可见显著的线性规律。
- 改变传感器的采集频率,重复实验,分析合运动与其分运动的关系。

7. 阻尼振动

振幅随时间减小的振动称为阻尼振动。阻尼振动是非简谐运动。利用DIS二维运动实验系统和配套器材,可显示阻尼振动的振动图线。

(1) 实验装置

如图3-1-29所示,固定支架上装有接收器,振动臂的另一侧固定发射器,振动臂的长度可调。

(2) 实验操作

- 点击"二维运动实验专用软件"的实验条目"阻尼振动",打开软件。

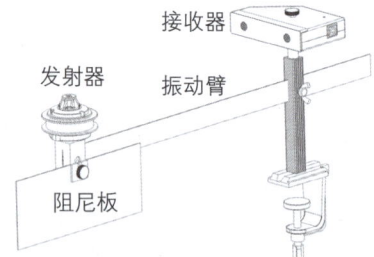

图3-1-29　阻尼振动实验装置示意图

- 打开发射器电源,点击"开始记录"。保持振动臂静止,点击界面上的"传感器调零",使界面上的红色轨迹点移到坐标系的原点。

• 使振动臂振动，点击"阻尼振动"。软件界面左侧坐标系实时显示发射器所在的位置，右侧坐标系显示发射器在Y轴方向随时间变化的投影（图3-1-30）。

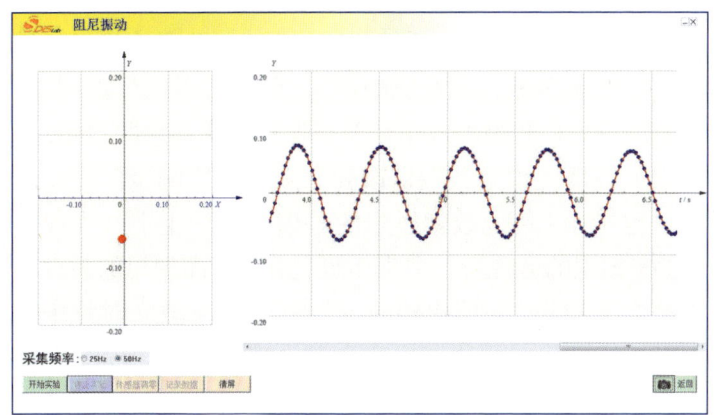

图3-1-30　发射器在Y轴方向随时间变化的投影

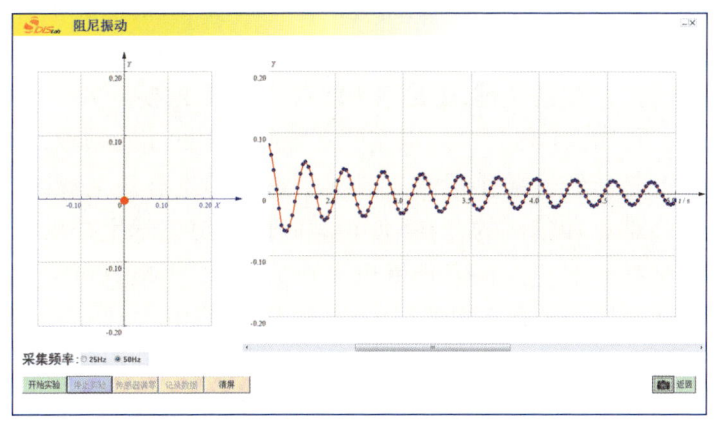

图3-1-31　不同阻尼振动图线

• 改变振动臂的长度、振动臂的配重以及阻尼板，可比较不同阻尼振动图线的差异（图3-1-31）。

五、研发后记

DIS二维运动实验系统能给教学带来什么？在研发

此时点评五六年前的论文，发现彼时我们的认识，已经逐步从学科教学的层面上升到了教育学和认知心理学的层面。我们对实验教学工具、方法和过程的认识，也有了显著的提升。如果说2002年研发中心设立之初，我们尚不能完全理解张民生副主任的远见卓识，尤其是他关于教学工具也是教育资源的论断，那么此时我们已经开始领会到他设计并组建研发中心、力推DIS研发和应用的良苦用心了。

因此，伴随着一项项研发成绩的取得，研发中心的进步绝不仅限于技术、工程和物质层面，而是首先体现在认识和思维层面。借助不间断的努力工作，我们首先塑造了自己，其次才贡献了日新月异的DIS。

该系统的过程中，这个问题始终萦绕在我们的脑海中。

工欲善其事，必先利其器。对教师来说，教学方法和手段的更新，已经使教学中的"不可能"变成了"可能"，也使得知识讲解过程中的"不可见"变得"可见"。想必DIS二维运动实验系统能够为教师提供相应的助力，但我们更期望DIS二维运动实验系统能够为广大学生带来启发！

按照著名教育家杜威的理论：学生才是教学的中心。国家新一轮课程教材改革纲要对课改基本理念的表述，也在很大程度上说明我国课改受杜威思想影响至深。杜威同时也指出：传统教学思想的基础是把学生定义为或默认为"知识的旁观者"，其职责就是接受；而理想的教育应该把学生看作"知识建构的主体参与者"，教学过程中应创设探究环境并构建以探究为主的教学方式，促进"知行合一"，让学生从"做"中学。近年来的教育心理学研究也表明：视觉是学生获取有效信息的主要渠道，视觉信息要占到学生所获取的有效信息的80%以上。因此，提供直观感受和体验，解决看得到或看不到的问题，不仅是教师"教会"学生的关键，更是学生能否"学会"的要点。

具体到DIS二维运动实验系统所开创的实验领域，基本上是传统实验手段和工具落后形成的难点甚至禁区。这些难点和禁区的存在，使得教师即便想为学生提供与课堂教学对应的探究环境也无能为力，学生也只得沦为被动的接受者和旁观者，甚至冥想者。而DIS二维运动实验系统的出现则扭转了这种局面，学生能够获得的直观认识和体验空前增加，这对于学生完成"从现象到规律、从体验到认知"的跨越至关重要。

所以，我们在DIS二维运动实验系统的研发过程中，不仅考虑到了方便教师的教学使用，更侧重了启发和引导学生的自主探究。为此，我们经过反复研究、尝试，决定：

1. 沿用"超声波＋红外线"作为支持该系统测量功能的物理基础

目的：与一维运动传感器——DIS位移传感器的原

理相同，尽管接收器由单接收改为双接收，但还是便于学生理解，并体现了工具发展的渐进性。

2. 采用"核心模块（发射器和接收器）+扩展器材"的基本结构

目的：体现现代工业设计中的模块化思想，同时为学生和教师基于核心模块自制更有特色的扩展器材，解决更多的实验问题打下了基础。

3. 强化"数形结合"的软件呈现方式

目的：促进学生对于数形关系的认知，支持他们透过现象发现规律。

4. 设置了"半自动"的实验过程

目的：强调学生必须经历必要的操作甚至多人协作，以使其获得探究的感受和体验。这就是我们对"做中学"教育思想的贯彻。

5. 争取让每一个实验都"好玩"

目的：DIS的研发使人心灵年轻——这是我们自己的工作体会，我们更想通过DIS的使用让学生们的思想永远鲜活。因此我们增加了DIS二维运动实验系统系列扩展实验的趣味性，比如"让装置动起来""让发射器飞起来"，同时也给学生以暗示：你也可以按照这样的思路来动手创设实验，来进行探究。

DIS二维运动实验系统还能给教学带来什么？让我们一起来研究吧！

第二节　DIS无线向心力实验器的研发之路

一、研发背景

"向心力加速度和向心力"是上海高中物理教材（拓展Ⅰ）中的内容，基于该定律的重要地位及学习难度，课程标准将其学习水平确定为B级要求，不仅要求学生初步掌

从无到有，从有到优——DIS向心力实验器的研发启示：

从2002年搞出基本模

型，2003年启动结构设计，2005年第一代向心力实验器定型，到本文问世之前无线向心力定型，研发中心的向心力实验研究不仅跨越了十几个年头，形成了两代产品，而且揭示了研发中心工作的一个基本规律：先从无到有，再从有到优。这一方面是由人类的认识规律——波浪式前进、螺旋式上升决定的，也是理想与现实妥协的结果。在技术积累没有达到一定水平促成质变的情况下，只能先解决有没有的问题。待时机成熟，再图升级。无论是向心力研究，还是安培力研究、逻辑电路研究、二维运动研究，以及模块组合机器人，其诞生和发展都遵循了这一规律。

握学习内容的由来、意义和主要特征，还要求明了知识的确切含义，并能应用它来分析、解决简单的实际问题。

研究向心力加速度和向心力的实验器材很多。图3-2-1为手摇式向心力演示器。该演示器直观性较好，在构思、原理、方法上均有可取之处，亦便于学生理解。缺点是在手摇转动时转速不甚稳定，尽管可对向心力做定量演示，但只能通过目测转速来验证向心力的大小，因而误差较大。图3-2-2所示器材可用来验证向心力公式，但前提是要保持物体做匀速圆周运动，才能准确地测量其周期。这对于实验操作者的要求也过于苛刻。

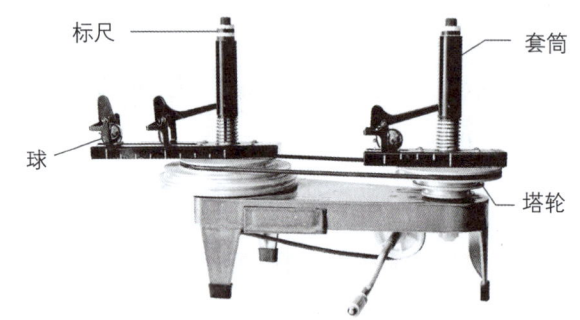

图3-2-1　手摇式向心力演示器

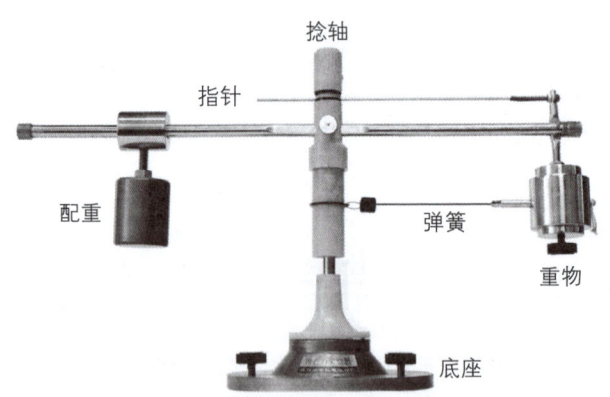

图3-2-2　验证向心力公式实验器

图3-2-3所示的简易实验装置也可以用来验证向心力公式。用细绳穿过竖直的玻璃管（或空心笔杆），上端

拴橡皮塞，下端悬挂垫片做重物。手持玻璃管摆动，使橡皮塞围绕玻璃管做匀速圆周运动。作用在橡皮塞上的拉力，就提供了圆周运动所需的向心力，而绳的拉力可以从垫片数量得到。此法源于美

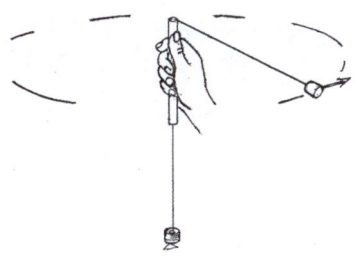

图3-2-3 简易向心力实验装置示意图

国物理教学研究会（PSSC）教材。我国20世纪80年代的"甲种本"和"乙种本"高中物理教材也曾选用此装置来研究向心力，足见其看似简单，却饱含物理思想之精华。

二、上海二期课改的需求与DIS向心力实验器

2002年版上海市中学物理课程标准在拓展课程Ⅰ部分的"活动建议及说明"中指出：在"向心加速度、向心力"的学习中，可将向心力与哪些因素有关作为探究内容，也可以用DIS进行实验。

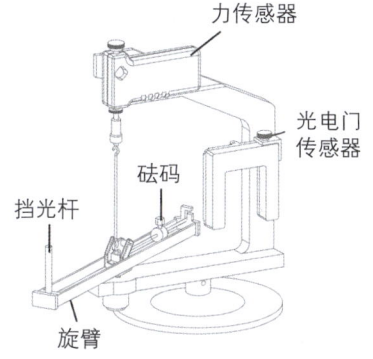

图3-2-4 DIS向心力实验器示意图

研发中心根据此要求，于2003年起，历时两年研发了DIS向心力实验器（图3-2-4）。

1. DIS向心力实验器的构成

如图3-2-4所示，旋臂可绕轴水平转动，其中一侧置有质量为 m 的砝码，此砝码由连动装置与力传感器相连，可将水平圆周运动向心力转化为垂直方向的拉力。悬臂转动，使挡光杆通过光电门；光电门捕捉挡光杆通过的同时触发力传感器采集拉力（即水平圆周运动向心力）数据；力传感器和光电门均接入数据采集器，数据采集器

第一代向心力实验器——一个标准模型的诞生：

在针对DIS系列配套器材进行定义的时候，笔者思忖再三，给出了"标准模型"这个说法。的确，从构思到搭建，从试制到改

进，向心力实验器所围绕的，就是一个圆周运动组件，即向心力的标准模型。有了可调、可控、可测的圆周运动的组件，再加上砝码、挡光杆、测力连杆、力传感器和光电门传感器，即可介入该系统，测量向心力与角速度这两大要素。DIS的其他多种配套器材，也是按照这个标准研发的。比如斜面上力的分解实验器，就是一个倾斜角度可调的斜面，内置了力传感器；再比如查理定律实验器，则是一个小型密封容器，内置了压强传感器和温度传感器；还有各种电学实验板，都是搭建好了的经典电路，接入电流电压传感器即可开始实验。这一经验，完全可以被时刻有自制教具需求的广大教师所借鉴：你想研究某个课题，可以先构建起一个物理模型，再想办法用DIS传感器测量其数据。这也是了不起的创新。到现在为止，DIS的全国用户按照这个套路已经收获了上百个教学比赛和自制教具的奖项。

将传感器数据处理后上传至计算机，计算机基于光电门挡光时间算出角速度ω，对应同时上传的向心力值F，在F-ω坐标系中绘出数据点。

砝码的质量可选择0.01 kg或0.02 kg。移动砝码的位置，可改变圆周运动的半径r。运用控制变量的方法，通过对实验数据、图像的分析和归纳，可以得出向心力F与物体质量m、运动角速度ω以及运动半径r之间的关系。

2. DIS向心力实验器的应用实例

（1）当物体质量保持不变时，向心力与角速度的关系

• 选定砝码质量m，物体运动半径r，转动悬臂，得到一组"F-ω"数据点。选择"曲线拟合"，发现只有"二次拟合"曲线与数据点吻合。

• 点击专用软件上的"F-ω^2"，可得线性分布的数据点。实验结果显示，当物体质量和运动半径保持不变时，**向心力与角速度的平方成正比**。

• 保持质量m不变，改变半径r，重复上述实验，可得到另外两条曲线。拟合之后，可见数据点的分布亦符合"二次拟合"的曲线特征。

• 选取相同角速度下的向心力值，可绘制出向心力与运动半径的曲线，由图像和数据的分析可以得出结论：当物体质量和角速度保持不变时，**向心力与运动半径成正比**。

（2）当运动半径保持不变时，向心力与角速度的关系

• 保持运动半径不变，改变质量，重复实验，基于实验数据点进行拟合。

• 结果显示，当运动半径保持不变时，尽管改变物体质量，但**向心力总与角速度成二次方关系**。

• 由图像和数据的分析，还可以发现：当物体的运动半径和角速度保持不变时，**向心力与物体的质量成正比**。

3. 针对DIS向心力实验器的改进意向

DIS向心力实验器是研发中心基于力传感器和光电门传感器以及向心力实验要求的再创造，其诞生填补了

第三章 DIS顶峰攀登

国内空白。以此为标志，国内数字化实验进入了第二个发展阶段——即配套器材的开发与完善阶段。传感器与计算机的优势在量身定做的各种配套器材的支持下，才开始真正显现。而上海二期课改高中物理教材引入以DIS向心力实验器为实验手段的"向心力研究"实验，则从教材建设的高度肯定了研发中心的创造。自此，DIS向心力实验器开始从上海走向全国。

随着DIS向心力实验器在全国范围内的广泛应用，广大教师在赞叹之余，也对研发中心提出了针对DIS向心力实验器的更高期望，如进一步提高测量精度，尽可能优化实验流程以避免误操作等。著名物理教学专家黄恕伯等提出：要求DIS向心力实验器能够改变旋转平面，以满足类似"垂直立面向心力研究"等不同的实验需求。面对这些要求，研发中心既感到兴奋，又有些许忐忑。兴奋在于DIS向心力实验器一石激起千层浪，引发了这么多同行们的关注；忐忑在于我们深知该实验器的命门所在——这一结构已经在实验精度和稳定性方面达到了较高水平，提升的余地不大，针对改变旋转平面等要求的改进潜力更是有限。尽管我们曾经急中生智将DIS向心力实验器旋转90°（图3-2-5）且当场满足了黄恕伯老师的实验要求——在转速逐渐减慢的情况下研究垂直立面圆周运动向心力的变化（图3-2-6，其中纵坐标为向心力F，横坐

说者有意，听者更有心——黄恕伯老师给我们的启发：

事情的发生发展都需要一个触发点。对于无线向心力实验器的研发来说，其触发点就是当年黄恕伯老师（2007年7月13日，济南东郊饭店）给我们出的一个难题——将向心力实验器侧过来，使旋臂做垂直于实验台面的圆周运动，并测量此过程中向心力的变化。当时，黄恕伯老师利用向心力实验器的这一非典型性使用，精彩地诠释了"钢球在钢管内部做圆周运动时的受力分析"，点评了山东师范大学附属中学老师执教的一堂高考复习课，获得了满堂喝彩。而为黄

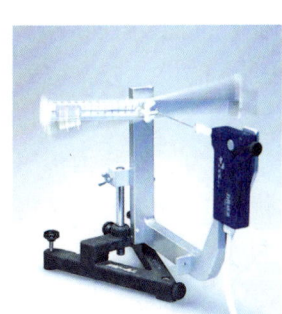

图3-2-5 将DIS向心力实验器旋转90°

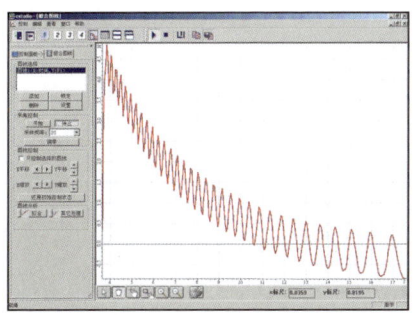

图3-2-6 在转速逐渐减慢的情况下垂直立面圆周运动向心力的变化

老师的实验提供现场支持的研发中心李鼎副主任，也因此大受启发，将向心力实验器的改造议题提交给了研发中心。这就成了无线向心力实验器的研发契机。

回溯此事，可见研发中心始终坚持的在一线教学需求中寻找创意和灵感的策略又一次得到了肯定，而我们注重将老师们的需求转变为产品改进成果的做法，也必将随着"帮你做"等系列活动的持续展开而发扬光大。

标为时间t)，并成功在实验中做出了转速减慢时向心力为负的结果，但也就是从那时候起，一个新的研发目标开始形成——要开发DIS向心力实验器的换代版！

三、DIS无线向心力实验器的研发

1. 改进方案的形成

前文已述，教师们的期望和专家们的建议促使我们看到了DIS向心力实验器的不足。而这些不足，正是我们构思DIS向心力实验器换代版的出发点。

经过对DIS向心力实验器结构和应用等诸多方面的反复梳理，我们将该实验器系统的根本缺陷锁定在了力传感器及光电门传感器的外形结构，以及传感器的有线传输方式上。正是对这两种传感器的外形及其传输方式的妥协，才形成了DIS向心力实验器的最终设计方案，属于"器材适应传感器"。而要升级该实验器，就要想方设法改变传感器的外形结构和传输方式，做到"传感器适应器材"。

好在技术的积累和进步已经使研发中心具备了令传感器适应器材的开发、设计能力。2006年，"斜面上力的分解实验器"实现了将力传感器"嵌入"斜面，传感器适应器材已经成为可能；而随着朗威®DISLabV7.0、朗威®DISLab无线气象站等新产品的开发完善，"测量端-计算机"的无线传输已成为成熟的解决方案。

有了上述基础，以"简化设计、提升性能、拓展应用"为设计目标的"DIS无线向心力实验器"的设计方案也就呼之欲出了：

（1）取消转向连接杆结构，进而消除为了安装力传感器和光电门传感器而设计的梁架，优化向心力实验必需的旋臂结构；将力传感器的核心部件嵌入旋臂，把可更换砝码通过刚性杆直接连接在力传感器的核心部件上。

（2）重新设计光电门传感器使其小型化，便于在新实验器材上布设。

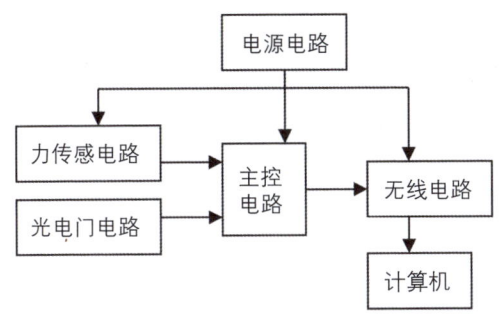

图3-2-7 DIS无线向心力实验器的电路框图

（3）将原有的"传感器-采集器-计算机"三级有线传输结构改为"实验器-计算机"两级无线传输结构。而此时的"实验器"已经凭借其集数据采集、数据处理和数据传输于一体的功能，超越"数字化"而实现了"智能化"（图3-2-7）。

2. 改进方案的实现

有了完善的设计规划，不等于就获得了期望中的产品。理想和现实之间的鸿沟，还需要反复尝试和不懈努力去填平。

"DIS无线向心力实验器"于2010年初立项，2011年完成四种设计方案。经过半年的使用及测评，在2012年初才最终完工。以下就是其中的一种设计方案。

如图3-2-8所示，"DIS无线向心力实验器"主要由

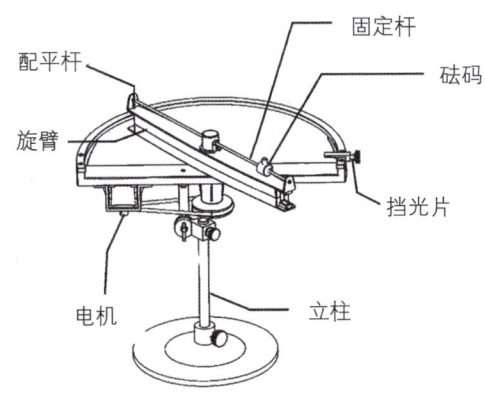

图3-2-8 DIS无线向心力实验器

立柱、角度转接器、皮带轮、旋臂、挡光片、砝码、电机（可选装）等组成。位于旋转臂中心的力传感器核心部件的一侧直接连接固定杆，砝码套在固定杆上做圆周运动，并可根据实验要求改变半径。另一侧连接用于平衡的配平杆。旋臂固定在支架上，可以改变旋转平面。旋臂可直接拨动旋转，亦可由选装的电机通过皮带轮带动旋转。

3."DIS无线向心力实验器"应用实例

"DIS无线向心力实验器"可用来研究：相同质量下向心力和旋转半径的关系；相同旋转半径下向心力和质量的关系；不同角度旋转平面的向心力大小，如模拟凸形桥、凹形桥以及车辆转弯时的向心力。

（1）水平圆周运动向心力研究

- 图3-2-9（a）所示为利用"DIS无线向心力实验器"的实验中，相同砝码质量、不同旋转半径下，向心力和角速度的关系图线。通过"二次拟合"，可说明向心力和角速度的关系是二次函数关系。

- 图3-2-9（b）是基于图3-2-9（a）所获得的数据绘出的"$F-\omega^2$"关系图线。通过"一次拟合"，可说明向心力和角速度的平方是一次函数关系。

- 图3-2-9（c）所示为实验中点击"选取F值"，利用专用软件提供的"竖线"工具将相同角速度、不同旋转半径对应的向心力值记录到数据表格中。

- 如图3-2-9（d）所示，将图3-2-9（c）表格中向心力的值和旋转半径的值建立坐标系进行绘图，可以说明相同角速度下，向心力和旋转半径成正比。

- 图3-2-9（e）所示为相同旋转半径、不同砝码质量下，向心力和角速度之间的关系图线。点击"选取F值"，利用"竖线"工具，将同一角速度下的向心力的值和砝码质量的值记录到表格中。

- 如图3-2-9（f）所示，将图3-2-9（e）表格中向心力的值和砝码的质量建立坐标系后绘制的图线，可以说明在相同角速度下，向心力和质量成正比。

第三章
DIS顶峰攀登

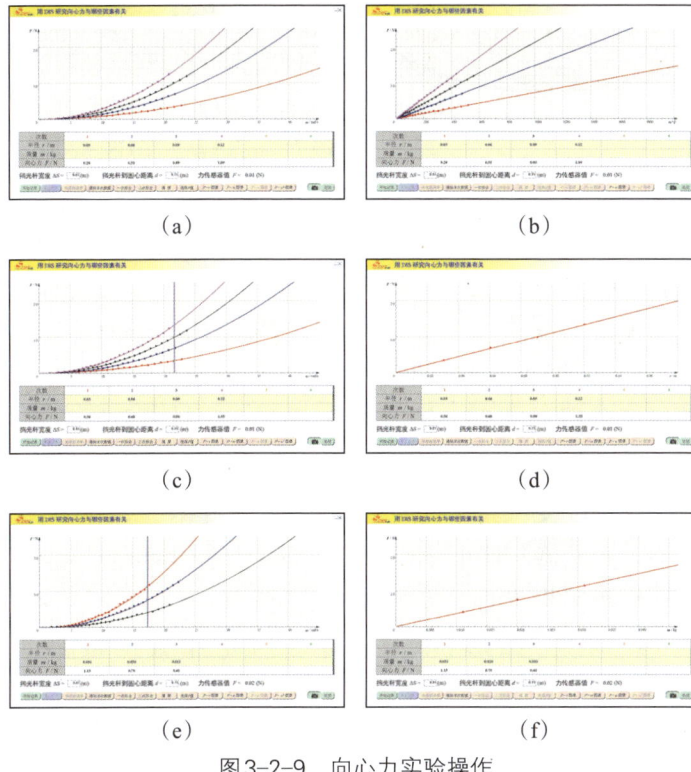

图3-2-9 向心力实验操作

上述实验结果说明,"DIS无线向心力实验器"已完全具备原"DIS向心力实验器"的功能,并在精度上有了较大提高。

(2)车辆过桥系列向心力问题研究

一般的桥面都是向上拱起,称为"凸形桥",凸形桥的中央段可看成一段圆弧,如图3-2-10所示。汽车通过"凸形桥"的最高点时,向心力方向应该竖直向下,向心力$F_{向}$(图中未画出)就是汽车的重力mg和桥面的支持力F_N的合力,即:$F_{向}=mg-F_N$,可得$F_N=mg-F_{向}$,说明汽车通过"凸形桥"时,桥面对汽车的支持力小于汽车的重力。

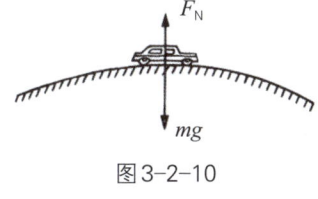

图3-2-10

不是替代,而是超越和互补——DIS两代向心力实验器之间的关系:

DIS无线向心力实验器问世之后,第一代有线向心力实验器"失业"了吗?没有!因为我们在设计阶段,就没有将这两者之间定义为替代关系。从功能上看,无线好像包含了有线。但有线的侧重点是学生分组实验,尤其是在本文面世,研发中心又基于用户需求对有线向心力实验器进行了改造,增设了可选配的策动源,使有线向心力实验器已经可以满足分组实验的绝大部分要求,用户对该产品的喜爱程度不减反增。研发中心针对无线向心力实验器的定位主要是实验探究,尤其是改变圆周运动旋转面与水平面的倾角后,观察和记录向心力的变化情况。因此,两代向心力实验器之间形成了超越与互补的关系,共同构成了向心力实验教学的数字化工具体系。

DIS 上海创造——数字化实验系统研发纪实

让学生"见多识广"——DIS无线向心力实验器的教学价值：

本文的后记中，笔者写到了借助无线向心力实验器，通过改变实验条件，主要是圆周运动旋转平面的倾角，让学生更直观地体验平日里难得一见的经典运动学案例，通过"见多"让学生"识广"。在无线向心力实验器的应用案例设计中，笔者也是这样做的。诸如车辆过桥、火车转弯时的受力分析等问题，都是学生在建立成熟的物理思维之前，特别是拥有对运动物体的受力分析能力之前，比较难以克服的教学难点。而上述问题均可借助DIS无线向心力实验器转化为桌面上的探索研究。因此，在模拟实验环境的改变、丰富学生的认知方面，DIS无线向心力实验器无疑具备很大的教学价值。

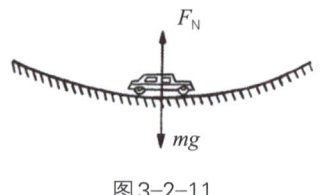

图 3-2-11

反之，当汽车通过如图 3-2-11 所示的"凹形桥"时，向心力方向应该竖直向上，可得 $F_N=mg+F_向$，说明汽车通过"凹形桥"时，桥面对汽车的支持力大于汽车的重力。当然，如果汽车停在桥面上，向心力为零，无论是"凸形桥"还是"凹形桥"，桥面对汽车的支持力都等于汽车的重力。实际使用凹形的桥梁很少，但教学中为了使学生更好地理解向心力，在演示中多进行两种桥面的受力情况对比研究。受制于实验手段，研究多局限于推理和计算，真实实验难以开展。

凭借改变旋转平面角度的功能，竖起来的"DIS无线向心力实验器"即可用来研究汽车过桥系列向心力问题。

- 将实验器的旋转平面调整为竖直。
- 研究"凸形桥"时，需将挡光片置于最高点（图3-2-12）。当砝码（模拟车辆）在最高点（半径R处）静止时，模拟车辆停在半径为R的桥面最高处；砝码受到固定杆的支持力，模拟桥面对车辆的支持力F_N。此时

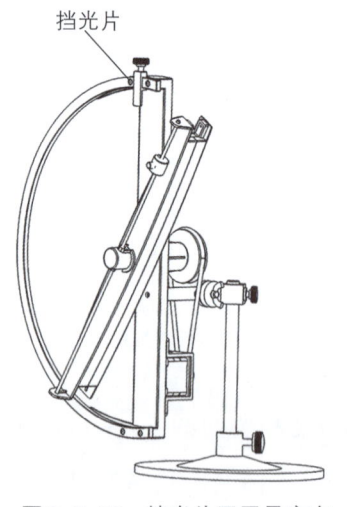

图 3-2-12 挡光片置于最高点

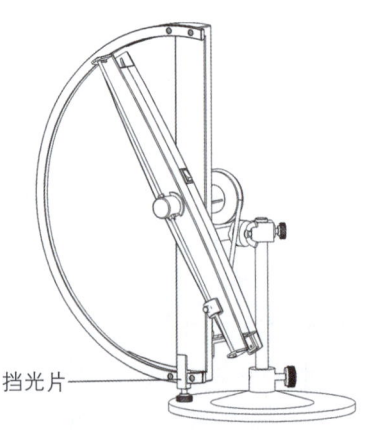

图 3-2-13 挡光片置于最低点

测得模拟桥面的受力情况：$F=mg$。当旋臂旋转时，可测得砝码通过最高点时$F<mg$，这正对应了汽车通过凸形桥时桥面受到的压力小于汽车重力的现象。

• 反之，研究"凹形桥"时，需将挡光片置于最低点（图3-2-13）。当砝码通过该点时，可测得$F>mg$，这正对应了汽车通过凹形桥时桥面受到的压力大于汽车重力的现象。

（3）研究火车转弯中的向心力问题

火车在水平轨道上转弯时，依靠轨道对车轮缘的水平作用产生向心力，但长期行驶对车轮和轨道的磨损都较大。通常使轨道平面与水平面保持一个倾角，以提供向心力。图3-2-14中表示火车的外轨高于内轨时，火车重力G与铁轨支持力F_N的合力F，就提供了使火车转弯的向心力。

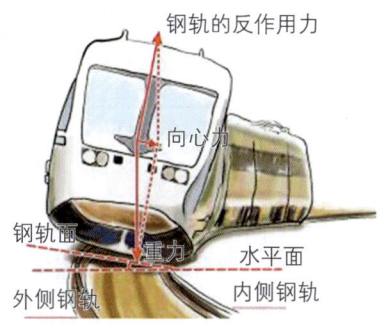

图3-2-14 火车转弯的向心力示意图

火车转弯问题的研究一直以来都是借助公式推导，DIS无线向心力实验器则为研究这个问题提供了一种实验手段。

• 将无线向心力实验器的旋转平面调整为水平（模拟火车在水平轨道转弯）。旋转旋臂，得到此时的"F-ω"数据点，如图3-2-15中a所示。

• 使旋转平面倾斜一定的角度（模拟火车内外轨有一定的高度差）。将挡光片放置在最高点，旋转旋臂，得到此时的"F-ω"数据点。如图3-2-15中b所示。可以看到随着旋转角速度减小，向心力的数值越来越小，表示外轨受到的力越来越小。

• 加大旋转平面倾斜角度（模拟火车内外轨有较大的高度差）。旋转旋臂，得到此时的"F-ω"数据点，如图3-2-15中c所示。

• 观察图3-2-15可知：随着旋转平面倾斜角度的加

火车转弯——拥有动态矢量分析能力的起点：

火车转弯，是国内外高中物理教材均广泛引用的一个经典模型。其对应的教学内容，包含了矢量的基本概念和动态分析等内容，标志着学生的物理思维需要从代数模式向几何模式转换。这对于习惯于将物理概念等同于数学公式，且尚未系统学习立体几何的高中生来说，确实是一个挑战。据笔者的教学经验，很多学生就是因为理解不了火车转弯这个经典模型，而失去了继续学习物理，甚至理科的勇气。因此，在这个教学关口上，恰当使用DIS无线向心力实验器，也许会对很多学生的人生发展起到意想不到的作用。

无线才是王道：

DIS无线向心力实验器最终定型之前，研发中心围绕如何摆脱传感器连线的困扰，实现圆周运动旋转平面倾角可调的目标，可谓煞费苦心。在大量尝试之后，才最终决定引入无线技术，彻底摆脱有线的羁绊。无线向心力实验器成功之后，我们接连开发了大量基于无线通信的智能实验仪器，无线技术的应用也愈加纯熟。我们深刻地认识到：在信息技术高速发展的今天，无线往往代表着最简洁的技术路线和最佳的用户体验。结合WIFI技术在全球的加速推广应用，Google无线教育云平台已然成型。未来，无线才是王道！无线必将成为DIS的技术主流！

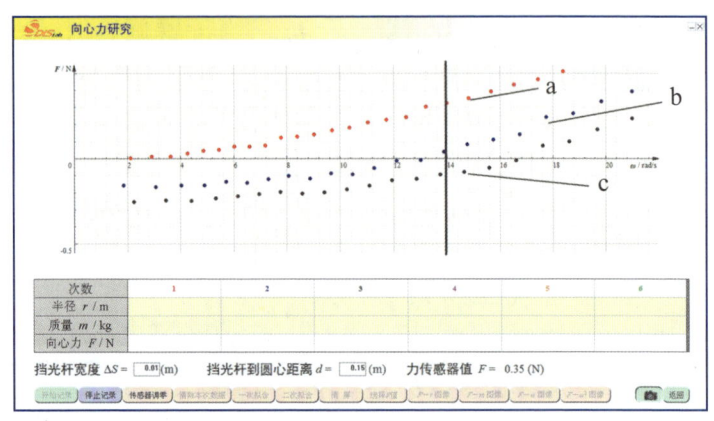

图3-2-15 不同旋转平面倾斜角度数据点分布

大，数据点的分布在下移。

● 选取b分布点与横坐标轴的交叉点为参考点，画一竖直线，这一竖直线与a、b、c分布点的交点表示同一旋转角速度、不同角度旋转平面下向心力的值。

当旋转平面的倾斜角度为零（内外轨无高度差）时（对应a分布点），力为正值。这说明火车以角速度ω转弯时，外轨受到水平向外的压力。

当旋转平面达到一定角度时（对应b分布点），力值为0，显示倾斜状态中砝码的重力的分力恰好提供向心力。这说明火车以角速度ω转弯时，只要当内外轨有恰当的高度差，内外轨均可以不受水平方向的力。

当旋转平面的倾斜角度加大时（对应c分布点），力为负值，表示因倾斜角度过大，砝码的重力的分力大于向心力的值。这说明当火车以角速度ω转弯时，如果内外轨的高度差过大，内轨会受到水平向内的压力。

● 对不同的火车质量、旋转半径，都可以通过此实验器进行模拟。

四、研发后记

向心力实验从传统到"数字化"直到"智能化"的不

第三章
DIS顶峰攀登

断演变,是教学活动和教学手段在信息时代背景下的提升和完善。2003—2012年,两代DIS向心力实验器跨越十年的研发,让我们自身感触良多。

工具的改进,为促进学习方式优化、助力学生学会学习、倡导自主探究、充实学生实践体验和促进学生合作交流提供了有益的帮助。古人云"见多识广",在两代DIS向心力实验器的辅助下,学生思维的广度和深度以及灵活性自然会有增加,想象空间会相应拓展,联想和发现能力也会得到提升。

借助实验,不仅要验证理论,更要发现新知、启迪思维、培养创造力,进而传播科学思想、塑造科学精神。这正是上海市二期课改引入DIS改造传统实验的根本目标。所以,研发中心不仅重视改造实验手段,更重视借助实验手段和实验过程,向学生进行思想、方法、情感、态度和价值观的传递。

因此,建议教师们在开展向心力研究教学的时候,可做以下尝试:首先,从教学目标和要求出发,让学生自己设计实验;其次,在学生的思维活动被激活之后,再结合传统实验器材对学生的创新思维进行归纳,同时指出其优缺点;最后,利用DIS向心力实验器演示分析之后,再向学生呈现DIS无线向心力实验器。借助这个过程,不仅可逐层递进式地强化向心力的各个知识点,更可为学生展示围绕各个知识点所进行的实验探求。而研发中心基于DIS向心力实验器的十年研发历程,此刻就可以转化为生动的教学资源,为学生发展提供更深远的助益。

第三节 DIS法拉第电磁感应实验器的研发之路

一、研发背景

从科学发现的过程中领会科学的真谛:

自1820年奥斯特发现电流的磁效应起,人们就开始

我们经常要求学生针

DIS 上海创造——数字化实验系统研发纪实

对科学知识，不仅要知其然，还要知其所以然。而对于老师自己，如果想在职业生涯中有所建树，也要时刻保持这种探究的态度。本文写作之时，笔者借着重读科学史的机会，进一步理解了法拉第电磁感应定律在人类科学探索历程中的重要地位，同时更加深入地认识到了实验在科学探究中的作用。

法拉第没有受过系统教育，其数学一直不好，但他精于实验、勤奋不懈，积累了大量的实验数据并且形成了敏锐的直觉。电磁感应定律的发现，可以说是天才之举，但严格意义上讲是一个超级勤奋的天才的惊人创举。试想，如果法拉第电磁感应定律的教学以对物理学史的追溯为开篇，让学生通过资料的搜集和实验的体验建立起与科学先驱们的通感，虽然会浪费些许课时，但教学效果定会与平铺直叙、照本宣科的教法大相径庭。

思考：既然电能产生磁，反过来磁是不是也能产生电呢？英国物理学家法拉第发现：变化的磁场能使闭合导线中产生电流。这种现象称为电磁感应。后经过十年坚持不懈的研究，法拉第从大量的实验现象中以近乎天才的直觉总结出了法拉第电磁感应定律。

法拉第电磁感应定律指出：任何封闭电路中感应电动势的大小，等于穿过这一电路磁通量的变化率。本定律可用以下的公式表达：

$$E=-\frac{d\Phi_B}{dt}$$

中学物理教材中，公式简写为：$E=n\Delta\varphi/\Delta t$。

电磁感应现象是电磁学中最重大的发现之一，它揭示了电与磁相互联系和转化的重要特性，在科学上和技术上都具有划时代的意义。

电磁感应发现之后，物理学家逐渐注意到法拉第定律居然是一个描述两种现象的方程：由导体切割磁感线产生的动生电动势；由磁场强度变化产生的感生电动势。

诺贝尔物理学奖得主理查德·P.费恩曼在《费恩曼物理学讲义》中写道："我们不知道在物理学上还有其他地方，可以用到一条如此简单且准确的通用原理，来明白及分析两个不同的现象。"

从这个角度来说，法拉第电磁感应定律是神奇的。也正是这种神奇，使得物理教育领域对于法拉第电磁感应定律的实验验证，注定充满了挑战。

为了验证法拉第电磁感应定律，传统教材中设计了多种实验。这些实验基本上都以各种类型的电磁感应模型为基础，并将电磁感应的基础归结为穿过线圈的磁通量变化。

图3-3-1、3-3-2、3-3-3为教材中常见的电磁感应实验装置。当图3-3-1中磁铁插入线圈或从线圈中抽出时，就会产生感应电流。当图3-3-2中电键闭合或断开时，以及电键闭合后，用变阻器改变线圈A的电流时，或保持线

圈 A 中的电流不变而使它上下移动时，都会使穿过线圈 B 的磁通量发生变化，这时线圈 B 中都会产生感应电流。如图 3-3-3 所示，闭合导线的一部分在磁场中切割磁感线，同样会使闭合电路的磁通量发生变化而产生感应电流。

上海二期课改高中物理教材中，还增加了应用 DIS 微电流传感器，观察穿过线圈平面地磁场的磁通量发生变化而产生的感应电流的实验（图 3-3-4）。

简洁不仅是美，更对应着真理：

　　法拉第电磁感应定律用语言表述起来是复杂的，但是其数学表达式却是格外简洁，甚至用一个公式表述了两个不同的命题！在笔者看来，这种简洁不仅收获了物理领域审美的愉悦，更暗示着它的正确性。根据哲学上大名鼎鼎的奥卡姆剃刀原则："如无必要，勿增实体"，即可推出"简单即有效"的原理。鉴于大量的科学实践已经让奥卡姆剃刀原则屡试不爽，教师在法拉第电磁感应定律的教学过程中，亦可适当引入这个方面的内容，引导学生的思维向更高的层面，如数学、哲学、美学等领域扩展。

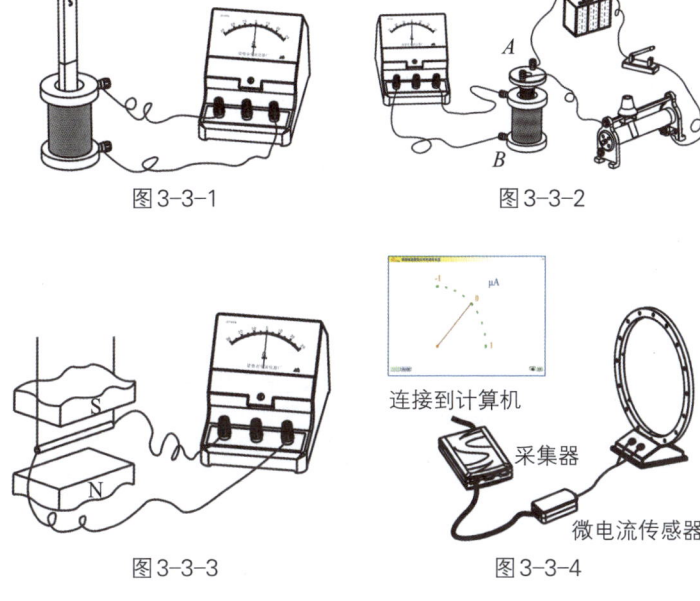

图 3-3-1　　　图 3-3-2

图 3-3-3　　　图 3-3-4

　　上述实验方案，可令学生直观地感受电磁感应现象，便于学生知识的延续和递进。但上述方案的欠缺也是显而易见的：

　　A. 只能对电磁感应规律进行定性说明，无法提供定量的验证。

　　B. 通过灵敏电流计或微电流传感器测得的感应电流来研究感应电动势，无法直接获得感应电动势的大小。

　　C. 方案中有的研究导体切割磁感线产生动生电动势（$E=BLv$），有的研究磁场强弱变化产生感生电动势

($E=\Delta\varphi/\Delta t$)。虽然两者均可称为因磁通量变化产生的感应电动势,但是两者内在的生成机理并不相同。单独以一种电动势(动生或者感生)来研究电磁感应本身,都具有以偏概全的逻辑缺憾,而且模糊了动生电动势和感生电动势原本存在的差异。尽管中学教学中并不强调两者的区别,却容易让学生在将来深入研究法拉第电磁感应定律时产生误解。

上海二期课改高中物理拓展型课程Ⅱ中,设置了学生实验:"用DIS研究回路中感应电动势大小与磁通量变化快慢的关系"。为完成该实验,并借助数字化实验手段将电磁感应实验提高到量化水平,研发中心在2005年推出了法拉第电磁感应定律实验装置原型(图3-3-5)。

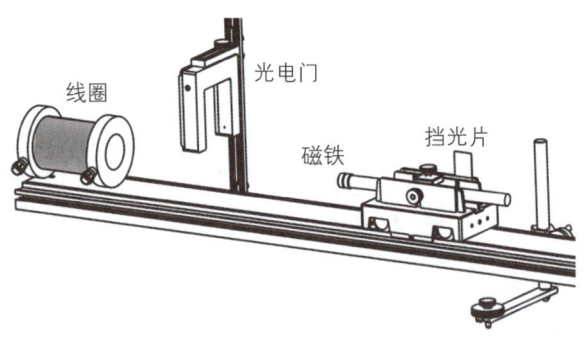

图3-3-5 法拉第电磁感应定律实验装置原型示意图

该装置利用DIS成熟的"轨道-小车系统",线圈安装在轨道低端,连接DIS电压传感器,线圈之前固定有DIS光电门传感器,两传感器接入DIS数据采集器,采集器通过USB接口连接计算机;小车上安装有磁铁和挡光片。其工作原理为:实验时,从轨道的高端释放小车,小车上的挡光片经过光电门且磁铁进入线圈;光电门记录挡光时间Δt,电压传感器记录磁铁进入线圈过程中线圈端电压的变化,以此计算出螺线管的感应电动势E(平均)。

这个原型装置的设计存在致命缺陷:教材主编张越老师在"关于法拉第电磁感应定律DIS实验的问题和改

进建议"一文中指出,该实验的关键在于获得平均电动势 E。在这个实验中,首先针对 Δt 时间内所获得的 E-t 图线进行积分得出了 $\Delta\varphi$(图3-3-6),然后根据公式 $\Delta\varphi/\Delta t=E$(平均)计算得出了 E,而所使

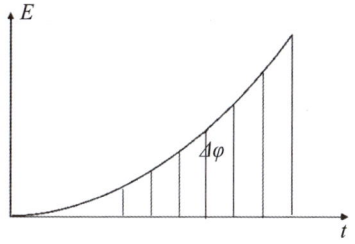

图3-3-6　Δt 时间内所获得的 E-t 图线

用的这个公式,就是法拉第电磁感应定律的表达式。这实际上已经构成了循环论证。

二、DIS法拉第电磁感应实验器(Ⅰ)的研发

在张越老师的及时提醒下,研发中心充分认识到了法拉第电磁感应定律蕴含的物理内容的复杂性和实验验证的难度。为了教材的完善,研发中心决心彻底解决该实验难题。为此,研发中心不仅充分调动了全部研发力量,而且在陆伯鸿等专家的提议下,将"电磁感应"课题列入了上海市物理DIS名师培养基地的重点教学探讨内容,发动学员对此课题的背景、意义、过程,以及研究方法和思路进行了充分深入的讨论,并将实验器材的完善提升到了研究的首要位置。

2007—2008年,研发中心工程师结合新一代DIS产品的研发,重构了高速数据采集系统,确保了多路信号采集的同步性,为研制新一代实验器奠定了良好的硬件基础。

有了高速数据采集系统为基础,研发中心随后构造了全新的实验装置(图3-3-7),即"DIS法拉

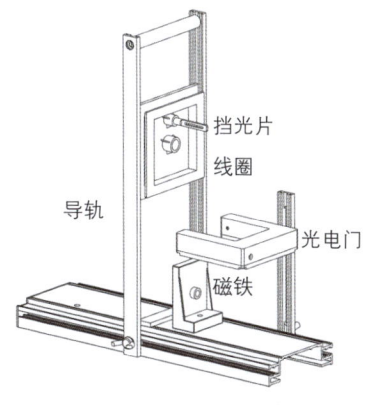

图3-3-7　DIS法拉第电磁感应实验器(Ⅰ)装置示意图

逻辑学,是科学中的法学:

在科学证明的过程中,不能把已知的作为证据来使用。否则,就违背了基本的逻辑规律。在本文追溯张越老师发现的我们第一个实验装置存在的问题的时候,我们就意识到:逻辑学就是科学中的法学。按照逻辑学的要求,科学研究不仅要追求结论的正确,还要遵循过程的正确。而过程的正确,就表现在证据的真实性和论证过程的合理性两大方面。鉴于我们也曾犯过此等逻辑错误,所以有必要再次强调一下物理教学过程中向学生灌输逻辑思维的必要性——逻辑思维,至少可以被视为物理思维的一个基本构成,它对于学生的成长具有深远的促进作用。

第电磁感应实验器（Ⅰ）"。该装置是脱离DIS采集器的独立USB设备，这种系统构造极大地增强了应用的灵活性和教学的适应性。

该实验器的基本构成如下：在DIS配套实验器材标准底座上安装竖直轨道和长方形扁平磁铁（磁场水平指向）；线圈可在轨道上从不同高度自由下落，线圈通过柔软的细导线（确保不会影响到线圈的顺利下落）连接DIS电压传感器；挡光片固定在线圈上端；实验器底座上安装有光电门。电压和光电门传感器均接入实验器采集电路，并与计算机实现USB通讯。

当线圈下落，其底边掠过磁铁端部切割磁感线时，DIS电压传感器测得线圈端电压U的同时，线圈上的挡光片完成一次挡光，由此测出线圈的运动速度。线圈还有多个抽头，不同抽头对应不同的线圈匝数n。

由端电压U与感应电动势E的关系式：$U=E-Ir$（I为回路中的电流，r为切割磁感线的金属导线的电阻），可得$U=E-(U/R)r$（其中R为DIS电压传感器内阻），经过公式换算，可得$U=ER/(R+r)$。

在此实验中，当切割磁感线的线圈电阻忽略不计时，$E=BLv$既是电源电动势E，又是外电路电压U；当切割磁感线的线圈电阻不可忽略时，$E=BLv$表示的是感应电动势E，外电路电压$U=ER/(R+r)$，则端电压U与感应电动势E成正比。

由于E值由系统根据端电压U的测量值计算得来，这就避免了实验器原型设计所存在的循环论证错误。

图3-3-8为"DIS法拉第电磁感应实验器（Ⅰ）"的专用软件界面。其中的三条图线分别为不同线圈匝数（100、200、300）的电动势与速度的关系图线。每一条图线均显示电动势与切割速度成正比；当速度取一定值时，三条图线对应的电动势之比接近1∶2∶3。

由这个实验可以初步验证感应电动势表达式之一：$E=BLv$。

第三章 DIS顶峰攀登

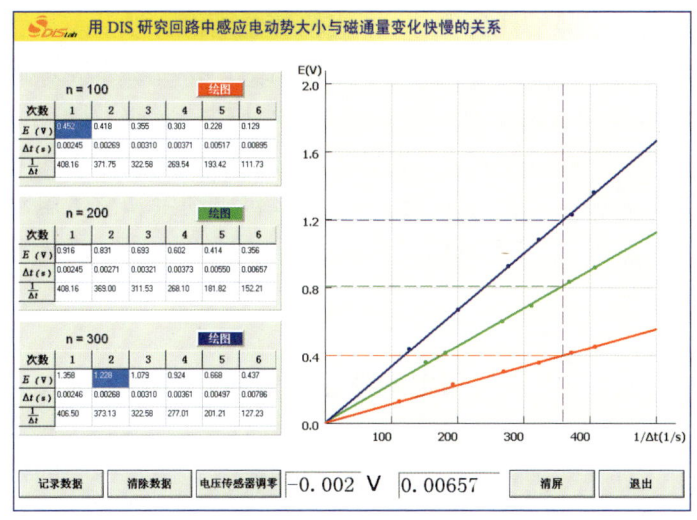

图3-3-8　DIS法拉第电磁感应实验器（Ⅰ）的专用软件界面

实验的过程和方法决定了DIS软硬件的构成：

谈到DIS软硬件开发的依据，大家想到的往往是具体的实验需求，比如测量对象、所需计算等。但在DIS法拉第电磁感应定律实验器的开发过程中，我们深刻地体会到，DIS软硬件的功能设定还需考虑到实验过程和方法，比如本实验引入的数据比较及数据比较所依托的控制变量法。

2010年5月，研发中心应上海市北中学王苏梅、高斌老师的要求，在"DIS法拉第电磁感应实验器（Ⅰ）"中进一步增加了DIS磁感应强度传感器，又将图3-53中固定在实验器底座上的磁铁改为可移动式，以改变磁场的强弱，使该实验器具备了以控制变量法研究$E=BLv$公式中"B"的功能。硬件的改造伴随着软件的完善，该装置很好地支持了王苏梅老师的公开课，此后她与高斌老师合写的论文《探究导体切割磁感线时，影响感应电动势大小的因素——从一堂教学展示课谈起》(《物理教学》2011年6期)详细记录了这次教学与研发积极互动的过程。

王苏梅老师的提议，促进了"DIS法拉第电磁感应实验器（Ⅰ）"的定型。随后该实验器进行了小批量生产，并先后在徐汇、闸北等区的公开课上进行了应用，获得了专家和一线教师的好评。大家除了对实验效果表示满意之外，还对该实验器所采用的独立USB架构给予了充分肯定。

但同时，也有老师和专家提出：该实验装置主要用于验证动生电动势的产生规律，即$E=BLv$，说明它符合法拉第电磁感应定律。至于电磁感应的另一个表现形式——

为了比较不同长度（匝数）的导体在磁场中下落时感生电动势大小，实验器的线框设置了三个抽头，分别对应三个不同粗细（匝数）的导体规格；为了研究同一长度（匝数）的导体以不同速度下落时的感生电动势，实验器的立式框架留出了足够的高度，供用户选取任意点释放线框；为了对不同长度（匝数）的导体在磁场中下落产生的感生电动势进行比较，专用软件中设计了竖线工具……因此，我们既可以说是实验的过程和方法决定了DIS的构成，也可以说是DIS的构成保障

DIS 上海创造——数字化实验系统研发纪实

了实验所需的过程和方法。

理论指导实践——张越老师在解决法拉第电磁感应定律实验问题方面的重要贡献：

实践是理论的基础，而理论对实践有指导作用。凡是学过辩证法的人都有上述认识。而经过了法拉第电磁感应定律实验器Ⅱ的开发，我们对理论与实践关系的理解又加深了一步。因为，正是张越老师的理论指导，才使得我们在DIS研发方面的实践之路找到了正确的方向。具体的过程在本文中均有详述。

在张越老师提出他的理论模型，特别是直接给出了与理想结果对应的软件图示之后，我们所有的工作都开始围绕着怎样建立这个物理模型、怎样获得这个理想结果进行了。尽管剩下的具体工作还是有相当的难度，但理论的指导已经为我们扫清了绝大部分障碍，我们也得以免做90%以上的无用功。在这里，我们不仅要向张越

感生电动势的产生规律，本实验装置则没有涉及。尽管$E=BLv$可以通过一系列变换导出法拉第电磁感应定律$E=n\Delta\varphi/\Delta t$，但毕竟不是直接验证。因此，张越老师提出的教材建设目标——"改变磁感应强度大小，用DIS实时显示感应电动势（感应电动势应该包含动生和感生电动势两种形态！）与磁通量的变化率之间的关系"，尚未完全实现。

三、DIS法拉第电磁感应实验器（Ⅱ）的研发

研发的动力，来自教学需求的挑战。研发中心的信条，就是迎接挑战，把梦想变为现实，将不可能变成可能。

而这一切的基础，就是要构建另一个实验装置，来作为感生电动势的标准物理模型。该装置不仅能依靠导线切割磁场这种传统的方式来引发磁通量变化，而且还要做到磁通量变化的可控、可变。

为此，2010年末，研发中心高级实验师陈开云等推出了一个初级模型（图3-3-9）：利用可调节电压的学生电源给初级线圈供电，通过电压的变化来改变初级线圈磁场的强弱，此时在次级线圈中便产生了对应变化的感应电动势。连接次级线圈的电压传感器记录感应电动势的大小随时间变化的情况（即E-t图线）；插在线圈内的磁感应强度传感器记录次级线圈磁感应强度随时间变化的情况（即B-t图线）。

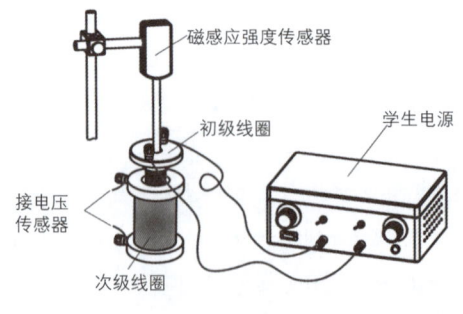

图3-3-9 测感生电动势初级模型

第三章
DIS顶峰攀登

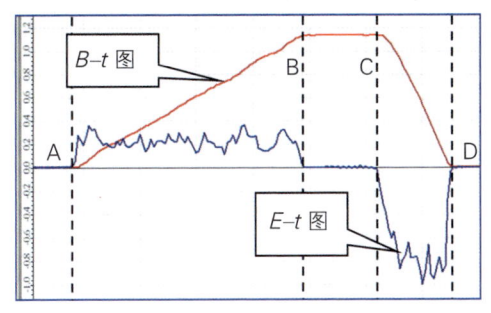

图 3-3-10 改变初级线圈的电压所得到的实验结果

实验时，手动调节学生电源，改变初级线圈的电压，得到了如图 3-3-10 所示的实验结果。观察图 3-3-10 可以发现：当磁感应强度变化慢时（A-B 段图线缓慢上升），对应的感应电动势较小；当磁感应强度没有变化时（B-C 段），对应的感应电动势为零；当磁感应强度变化快时（C-D 段图线急剧下降），对应的感应电动势较大。由此，我们已能够初步揭示"B""E"之间的关系。

这一实验装置简单明了，摈弃了传统实验中普遍依赖导体切割磁感线产生感应电动势（动生电动势）的方法，所获得的是由磁场的强弱变化引起的感生电动势。这已经与张越老师的设想形成了统一。

但该实验并不完美。尤其是 E-t 图线中"E"的波动太大，使得研发中心多少有些羞于面对教材组的审查。谁知张越老师见到这并不完美的实验结果之后却异常兴奋，就像探险者终于发现了期待中的宝藏一样。他随即笔画出针对这个实验的理想图线（图 3-3-11）。

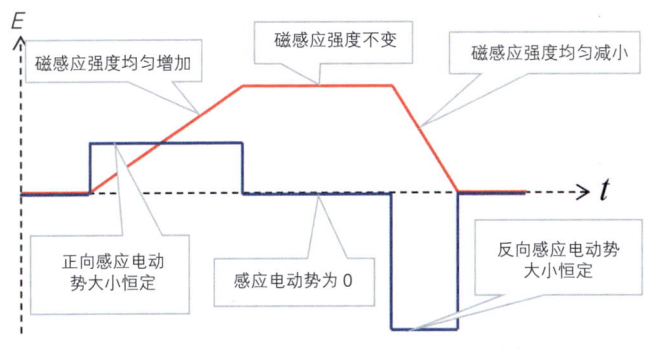

图 3-3-11 测感生电动势实验的理想图线

老师致敬，更要以亲身经验告诫所有读者：把握好理论与实践的关系是多么的重要！而且，哲学是要好好学的！

过关斩将——夺取物理实验领域的金羊毛：

通过 DIS 法拉第电磁感应定律实验器 I "落框实验"，我们记述了验证 $E=kBLv$ 的过程。但是，这个公式仅仅是法拉第电磁感应定律的两大物理含义之一，真正的挑战还是要直接验证 $E=n\Delta\varphi/\Delta t$ ！而这个目标在整个物理教学界尚未实现过，用希腊神话中伊阿宋面对的金羊毛加以比喻真是恰如其分！

在夺取这一缕金羊毛的过程中，我们借助专家的规划——张越老师的理论指导，将整个难题分解为若干个子问题，如智能化专用电源、内外嵌套的两级线圈、专用软件等，加以逐个解决。这一经历，又与伊阿宋夺宝屠龙、过关斩将的故事高度相似。现在回想起来，在一步一个脚印地前行中，每天都

215

有收获。这使得一个艰辛的研发过程变得引人入胜，而我们得以愈加陶醉其中。也许，这就是科研的魅力所在。

研发中心首先查明了：图3-3-10中E-t图线波动过大的原因在于电源的质量和手动调节方式的局限。

限于目前我国教学仪器质量标准，学生电源普遍性能较差，所输出的电"质量不高"，而手动调节这样的电源更难以实现输出电压的平滑过渡，所以信号波动较大也就在所难免。

拔出萝卜带出泥！理想的物理模型还需要理想的电源环境来支持。这是研发中心在研究法拉第电磁感应定律实验中的又一大收获。随后的研发工作兵分两路，一路设计专用高品质电源，一路改进实验器本身。

研发中心工程师赵进等人在高品质电源的设计方面作出了突出贡献，研发出了"DIS专用电源"。该电源具备四种电压输出模式，即：A. 手动调节模式；B. 梯形波输出模式；C. 锯齿波输出模式；D. 组合锯齿波输出模式。通过"模式"按钮，可选择实验所需的电源模式。后来的实验表明，正是该专用电源的研发成功，使获得感生电动势并通过控制变量法研究感生电动势变成了可能。

而在实验器的改造方面，研发中心也取得了重大进展，设计出了如图3-3-12所示的"DIS法拉第电磁感应实验器（Ⅱ）"。该装置沿用了"实验器（Ⅰ）"所采用的独立USB结构，使用DIS磁感应强度传感器和电压传感器。感生电动势由安装在DIS配套器材标准底座上的初级和次级两级线圈嵌套构成的线圈组产生。

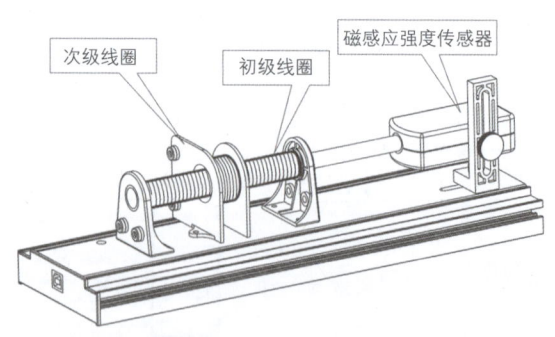

图3-3-12　DIS法拉第电磁感应实验器（Ⅱ）实验装置

第三章
DIS顶峰攀登

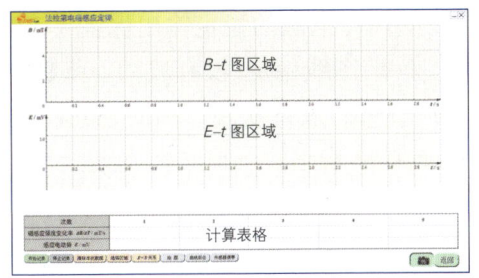

图 3-3-13　DIS法拉第电磁感应实验器（Ⅱ）对应的软件界面

实验时，DIS磁感应强度传感器插入初级线圈中部，用来测量初级线圈的磁场变化；DIS电压传感器连接次级线圈，用来测量端电压U，并以此计算感生电动势E；初级线圈连接DIS专用电源。该实验对应的软件界面如图3-3-13所示。实验过程如下：

1. 手动调节电源，使磁感应强度B不变或随意变化，通过获得的"B-t"和"E-t"图线研究E-B关系（图3-3-14）。可见：当B恒定时，E为零；当B发生变化时，即产生E。实验显示：E的大小与B的变化有关。图中"E-t"图线的波动仍为手动调节、电源输出不够平滑所致，但已被控制在可以接受的范围内。

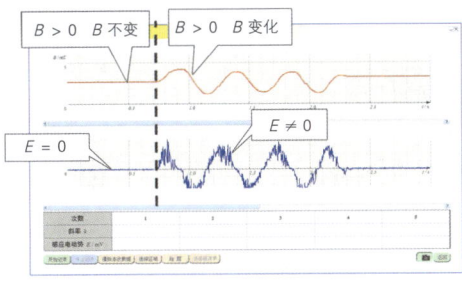

图 3-3-14　通过磁感应强度B不变或随意变化时获得的"B-t"和"E-t"图线研究E-B关系

2. 将DIS专用电源设置为"梯形波输出模式"，通过获得的"B-t"和"E-t"图线研究E-B关系（图3-3-15）。可见：B均匀增加时，产生正向E，且大小恒定；B均匀减小时，产生反向E，大小亦恒定；B不变时，E为零。在B-t图中截取B均匀变化时的斜线段，可见其斜率K（$K=\Delta B/\Delta t$）与E的大小相关。

结构和功能的相互影响和渗透：

我们已经强调了功能需求，即实验的过程和方法引领产品结构的成型，产品的结构保障具体功能的实现这一规律。在法拉第电磁感应定律实验器Ⅱ的研发过程中，智能电源从无到有的构造过程再次印证了这一点。该电源的功能设计均建立在实验需求之上：展示B-t图线和E-t图线的对应关系原理，决定了电源的梯形波输出功能；研究B-t图线变化的幅度与E-t图线变化幅度的对应关系，决定了电源的三角波输出功能。

在上述两个步骤做好了铺垫之后，为了获得B-t图线的斜率k与E值之间的关系图线，我们设置了锯齿波——连续三角波输出功能。基于该功能，我们可以获得连续的数据点。可以说这体现了基于实验的订制，不仅智能电源这种关键硬件，而且连实验器配备的专用软件都是根据上述实验验证需求专门设计的。我们以前强调的技术为教学服务的原则，其实也是对结构功能主义原理的具体遵循。成功的研发，就是在结构和功能之间建立最简单的平衡——这是我们对自身工作进行抽象之后的一点认识。

图中，电源的稳定输出保证了B的均匀变化，从而使得"E–t"图线稳定，没有波动。张越老师笔下的理想图线（图3-3-15）就此实现。然而，实验尚未完结。

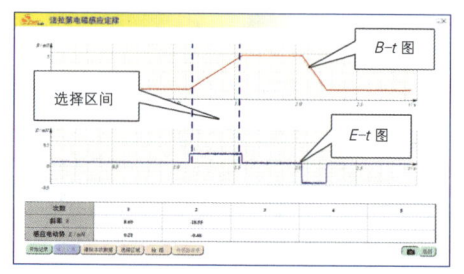

图3-3-15　梯形波输出模式时通过获得的"B–t"和"E–t"图线研究E–B关系

3. 采用"组合锯齿波输出模式"，多次改变B的变化率（即"B–t"图线的上升斜率K），观察研究E–B关系（图3-3-15），可见：K逐渐增大，E随之增大。

4. 利用软件的"选择区域"功能，得到"B–t"图线每个上升段的斜率K和对应的感应电动势E，并将K、E数据计入图3-3-16下方的数据表格。

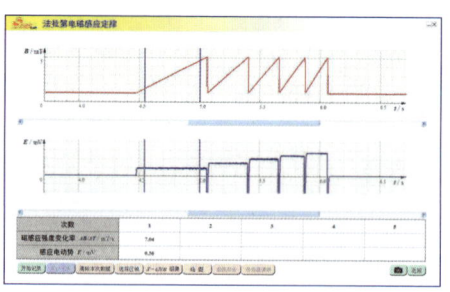

图3-3-16　组合锯齿波输出模式时多次改变B的变化率（即"B–t"图线的上升斜率K），观察研究E–B关系

点击软件界面上的"绘图"，即可获得多组K、E数据点及拟合图线（图3-3-17）。由此可见，"E–K"图线，即"E–($\Delta B/\Delta t$)"图线是一条过原点的直线，表明E和$\Delta B/\Delta t$成正比。

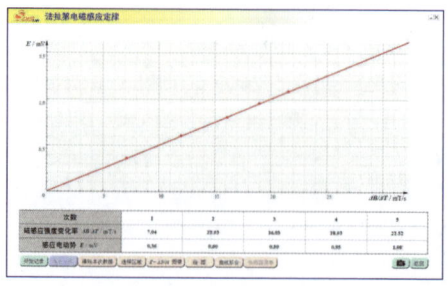

图3-3-17　多组K、E数据点及拟合图线

进一步实验表明：E还与面积S有关，所以 $E \propto \Delta BS/\Delta t$，即 $E \propto \Delta \varphi/\Delta t$。

再进一步实验表明：在K，即 $\Delta B/\Delta t$ 一定时，E还与匝数n成正比。

最终得出结论：$E=n\Delta \varphi/\Delta t$。而这就是法拉第电磁感应定律！

四、DIS法拉第电磁感应实验器（Ⅲ）的研发

为了将单纯的规律验证推广至对更为普遍的法拉第电磁感应现象的认识，使学生更深入理解地法拉第电磁感应定律，研发中心又进而设计了DIS法拉第电磁感应实验器（Ⅲ）。实验器结构如图3-3-18。

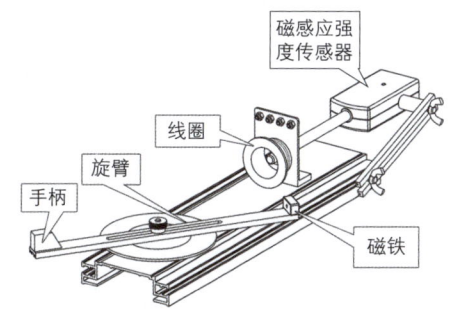

图3-3-18　DIS法拉第电磁感应实验器（Ⅲ）实验装置示意图

实验时，线圈的中央插入磁感应强度传感器，用来测量线圈中的磁场变化。线圈的输出连接DIS电压传感器，用来测量感应电动势。两个传感器通过采集器连接至计算机。

1. 将一个电压传感器连接至线圈的200匝抽头，打开DIS通用软件，使用DIS通用软件"组合图线"功能。旋转旋臂，点击"开始"，记录曲线如图3-3-19所示。分析连续的三个波形，可见随着旋臂旋转速度变慢，电压波形的最高点逐渐降低。取每个波形从最低点到最高点的时间差、最高点的电压值，计算可得感应电动势 $E \propto 1/t$，即 $E \propto v$（速度）。

2. 将三个电压传感器分别连至线圈的200匝、400匝、600匝抽头，将三个电压传感器添加至DIS通用软件的组合

来一点审美追求——法拉第电磁感应定律实验器Ⅲ的研发：

这个实验器仅停留在样机阶段，并没有定型和批量生产。原因有很多，主要是Ⅰ和Ⅱ两个实验器已经把该做的验证都做了。但当时为什么还要搞一个Ⅲ呢？主要是因为这个装置能够把圆周运动与电磁

感应结合起来，绘出漂亮的图线——好玩。其实在科学发展和创造发明的历程中，使命感固然强大，但往往敌不过"好玩"二字。很多发明和突破并非在一本正经的研究中获得，而是由于好玩所致。

在真、善、美三大追求当中，美之所以能够稳居最高层次，就是因为美能够给人带来心灵的愉悦和感动，并促使人进一步地追求。科学并没有给自己带上刻板的帽子，而我们更应该让学生享受认识科学之美，并享受美好的科学教育过程。所以，尽管这个实验器在验证法拉第电磁感应定律方面的实用价值并不太大，但我们还是搞出来玩了一把——欣赏一下优美的曲线，愉悦一下我们自己的内心！

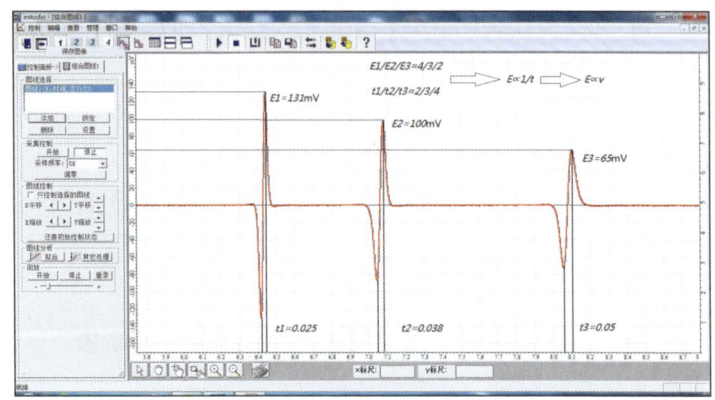

图3-3-19　分析连续的三个波形

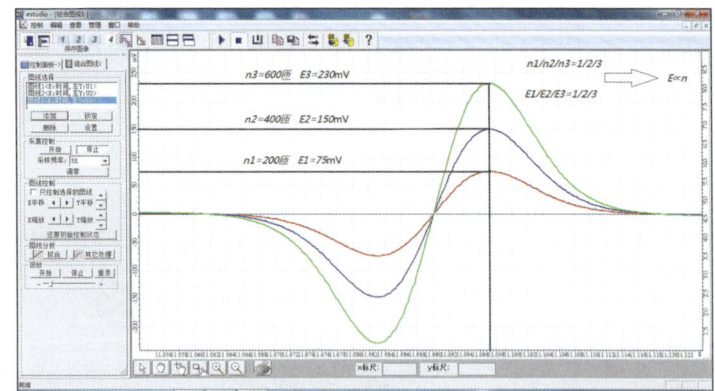

图3-3-20　线圈分别为200匝、400匝、600匝时感应电动势随时间的变化

图线，旋转旋臂，点击"开始"，记录曲线如图3-3-20所示。三个波形分别对应线圈为200匝、400匝、600匝时感应电动势随时间的变化，可以看到三个波形相位相同。取三条曲线的最高点进行分析，计算可得到感应电动势$E \propto n$（匝数）。

相比于前两个实验器，DIS法拉第电磁感应实验器（Ⅲ）严格意义上来说是一个衍生产品。但就是这个衍生产品，一方面完成了对法拉第电磁感应定律的验证，另一方面则通过优美的实测图线展示了物理学独特的美学要素。这也算是研发中心的另一收获吧！值得注意的是：该实验器展示的原理已经被广泛应用于我们身边的各种测量速度的装置。

五、研发后记

从原型到定型再到衍生，研发中心在法拉第电磁感应实验器方面耗费了六年多的时间，这是DIS系列配套实验器材中耗时最长的一个。在这六年多时间里，研发中心经历了攻关的劳苦，收获了思想的升华。

升华之一，是基于对法拉第电磁感应定律的全新认识而形成的科研价值观。爱因斯坦1918年在给他的朋友海因里希·灿格的一封信中写道："当我的头脑里没有什么特别的问题可想时，我就喜欢重新证明那些我早已知道的数学和物理学定理。这本身并无目的，而只是想沉浸于愉快的思考之中……"在法拉第电磁感应实验器的研发过程中，我们逐步认识到这个已被人熟知，而且成就了人类电气时代的伟大物理定律竟然蕴含着这么丰富的内容，而对它的验证居然要接受这么多的挑战之后，我们不禁对法拉第、纽曼、韦伯、麦克斯韦等科学巨匠们当年的贡献又多了一重敬佩。在以完整的实验数据和扎实的逻辑架构实现了对该定律的验证之后，所有研发人员无不实实在在地享受到了发现和思考的快乐，并开始领略到：但凡伟大的科学发现，都是以追求思考的快乐为基础原动力的。对这种快乐的追求，也开始影响和支配着我们的研发活动。

升华之二，则是研发中心进一步坚定了以技术服务于实验教学的信心。从带有致命缺陷的实验器原型初次试水遭到否定，到"DIS法拉第电磁感应实验器（Ⅰ、Ⅱ）"的双剑合璧获得赞扬，再到实验器（Ⅲ）的衍生拓展，研发中心几经挫折后，技术水平有了质的飞跃，并且在教学实践中体现出了技术的价值。研发成功后，很多老教师几乎不能相信"B均匀变化时，感应电动势E恒定"居然能够通过实验清晰、完整地做出来。因为他们已经习惯于口头讲解，并已经将该部分内容锁定为衡量学生物理抽象思维能力的标杆了。这无疑给了研发中心以极大的鼓励。这同

升华的升华——DIS的成功与研发中心的成长：

现在看本文的后记，都能够被当时我们的快乐所感染。这是成熟的快乐，是成长的快乐，更是自我超越的快乐。十几年来，我们创造了DIS，也重塑了我们自己。当然，我们今天的认识又在五年之前的认识之上，但我们不能否认五年前总结的历史价值，因为正是五年前的认识，决定了我们还会飞得更高更远。

时也给出一个启示：只要遵循科学理论的指引，尊重教师和专家的指导，抛弃一蹴而就的幻想和急功近利的习惯，我们完全可以研发出符合教学要求的一流仪器设备。

在DIS法拉第电磁感应实验器Ⅰ、Ⅱ、Ⅲ的研制过程中，我们始终坚持以学科教学需求来指导研发工作。多年来的实践证明：教学仪器的研发离不开技术的应用，但单纯的技术堆砌绝不等同于研发。只有经历学科教学需求的指导，并经过学科教学的验证和完善，技术才能转化成为可以为教学所用的东西，进而达到改变学生学习方式的根本目的。这是一种策略，更是一种智慧。

第四节　DIS模块机器人的研发之路

模块机器人——DIS为STEM教育埋下的伏笔：

当今教育环境下，STEM炙手可热的同时，也带来了诸多概念上的混乱——到底什么是STEM教育？什么样的教育形式才能称得上STEM？其实，从STEM四大内容模块的排序，我们就可以看出，STEM的基础就是科学。只有在扎实掌握科学知识的前提下，才有可能向科学的应用，即技术层面延伸，并将技术与实践相结合，从而形成工程；而在这个过程中，数学倡导的计算、预演和模型化思维则

一、研发背景

新教材的特征之一是完善学习方式。《上海市中学物理课程标准（试行稿）》指出：物理学科必须倡导学习的自主性、探究性和合作性，让学生主动参与学习，体验和感悟科学探究的过程和方法，激发他们持久的学习兴趣和求知欲望，并在探究过程中培养自主学习的能力，逐步实现学习方式的优化。

上海高中物理教材中的"学习包"作为一种完善学习方式的平台应运而生。这是一种新颖学习方式的尝试，它将需要学习的某些内容整"包"地呈现在学生面前，以充分自主的方式让学生组成学习小组，查资料、立课题、搞设计、做实验、得结论，进行讨论交流等。

教材的基础部分安排了四个学习包，"自动控制与模块机器人"是其中的一个。在这个学习包里，不仅要教给学生物理知识，更要通过技术让学生知晓当今世界一些创新的思维方法和策略。这已经不是传统意义上的"给学生一桶水"，而是给学生以充分的"源头活水"，从而丰富学生的成长经历。

第三章
DIS顶峰攀登

如何设计一款适合时代需求，为物理教材"量身定做"的器材，有力支撑学科的课程改革，这是一个难题，也是一种追求、一种梦想。有人说：不易实现的才叫梦想。

电子技术的迅猛发展带来电子器件不断变化。电子管曾经主导了电子技术长达50年，而晶体管问世不到25年就被集成电路所取代，之后更大规模的集成电路不断涌现。对人群中绝大多数人而言，不必去弄明白集成电路内部的结构，而只需要知道它具有的功能即可。我们把具有某一特定功能的电路称为"模块电路"。我们设想，如果了解一些模块电路的功能，以及这些模块电路之间的相互关系之后，就可以根据课题要求将它们进行组合，以达到预期的目标（图3-4-1）。

| 模块 | + | 模块 | + | 模块 | = | 预期目标 |

图3-4-1 模块电路之间的相互关系

这种"模块组合"的启示来源于两个信息：

一是国外有一所学校展示了他们开展创新的一些案例。让我们叫绝的是两个五年级的小女孩，她们向老师提交了一个课题："研究飞入校园的小鸟的种类、特征、习性等"（图3-4-2）。她们在老师的指导下，在校园搭起招鸟屋。当小鸟光临时，触动树枝上的传感器，计算机控制程序启动摄像头，自动装置记录下小鸟活动的全过程。我们了解到：是工具和保障。从这个角度来看，上海二期课改无愧于重塑教育理念、改变教学方式的系统工程。因为在二期课改之初，就形成了与STEM类似的课程理念和课程规划，而且在二期课改高中物理教材中推出了DIS模块机器人的相关内容。

应该说，当时将教材中涉及的机器人加以模块化并归到DIS名下，确实是笔者的努力成果。因为在笔者看来，二期课改导入DIS，不仅改变了实验的测量和分析方法，还引入了自动化的基础——传感器的概念。而根据笔者的理解，以机器人为代表的自动化控制过程无非是三类模块的叠加——传感器、控制器和执行器。DIS既然提供了传感器，再加上控制器和执行器，构造机器人是水到渠成的事情。这个见解不仅获得了教材组有关专家的支持，而且也被后来的研发历程所证实。正是在这个背景下，研发中心开发了DIS模块机器人，并以此开发了

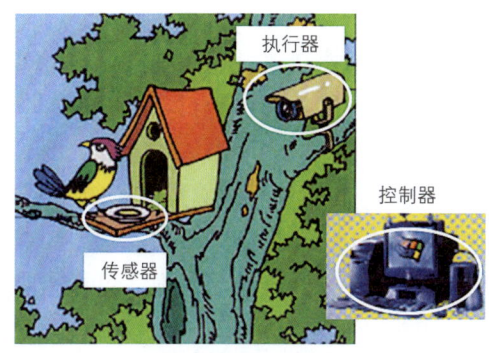

图3-4-2 创新案例

223

相应的课程资源。其实这一系列工作,应该被算作上海教育界在STEM领域最早的系统性尝试。也正是因为有了DIS模块机器人及后来升级版的开发经验,我们才能够建立自己对STEM的深入理解,并对DIS在STEM领域的应用充满信心。因为,DIS的模块机器人,就是STEM教育的优秀载体。

女孩并不熟悉传感器的构造,更不知晓计算机和摄像机的原理和结构,但她们知道这些装置各自的功能,然后把它们组合起来,不仅顺利完成了课题,还撰写了研究报告。

二是漫画家郑辛遥的一幅漫画"简单需要由复杂来支撑"(图3-4-3)。人群中绝大部分人需要的是对钟面指示时间的了解,而对钟表内部的结构关注甚少。这幅画有着意义深远的一面。科技的发展是从简单过渡到复杂,科技的运用却时常反过来,从复杂到简单,希望能够最简单地享受科技发展。这不是一般意义上的简单,而是科技的进步。

图3-4-3　简单需要由复杂来支撑

二、模块机器人研发

早在1997年,我们就开始对自动控制器件进行研究。从对自动控制装置(含机器人)的剖析,我们发现它通常由传感器、控制器和执行器三个模块构成(图3-4-4)。

传感器 ＋ 控制器 ＋ 执行器 ＝ 自动控制装置(机器人)

图3-4-4　自动控制装置(机器人)

陈开云等老师根据上述思路自制的"模块组合教具"(图3-4-5),参加2000年第五届全国自制教具评选获得一等奖。该教具由传感器、控制器、执行器三部分组成,各部分又分为若干个子模块。学生只需了解各子模块的功能,通过各种模块的不同组合,即可搭配成多种不同功能的自动装置。如果有5种传感器模块,5种不同的控制程序和5种不同的执行方式,从理论上讲,可组成125种自动控制装置。

第三章
DIS顶峰攀登

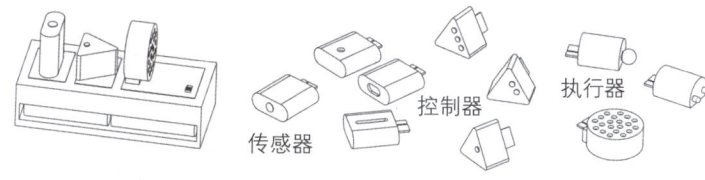

图 3-4-5　自制的"模块组合教具"

根据教材设计要求，教材组要求研发中心以"模块组合教具"作为雏形，开发"模块机器人"作为学习包的平台。模块机器人作为物理教材，有别于市场上各种类别的机器人。由于要在有限的教学时间内完成特定的教学任务，因此模块机器人没有众多的"构件"，也不需要高深的编程技巧，更不是少数学生的实验项目。作为教学要求，它要求每一个学生都要参与其中。通过实验了解传感器，了解自动控制的组成部分，并通过实际操作，学会如何确定研究课题，利用有限的器材，进行组装，按照课题要求完成课题所制定的目标，这里有引导也有创意，是"学习包"希望得到的效果。

"模块机器人"根据模块电路组合的思路设计而成，它由传感器、控制器和执行器三类模块组成（图3-4-6）。

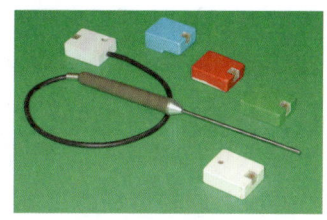

（a）传感器

（b）控制器

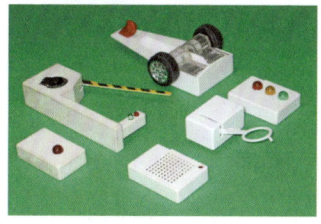

（c）执行器

图 3-4-6　模块机器人

1. 传感器模块

传感器是机器人的"感觉器官"，利用敏感元件将外界各种信息转换成电信号。模块机器人主要有光、声、红外、温度、光电等传感模块。

模块化——抽象思维之后的理论指导实践：

机器人的类型、构成和外观千差万别，但经过笔者的抽象，发现所有的机器人基本上都由三大类功能组件构成，即传感器、控制器和执行器。笔者随

225

即将这三类组件定义为模块。在工程实践中，同一类别的模块应该具备相同的外观、接口和控制方式，这种"毗邻一致"既是逻辑和识别的需要，也是工程实践中成本效益最大化的体现。同时也能够给学生以足够的提示：首先可以认清机器人及所有自动控制系统的构成要素，不被其纷繁芜杂的外表所影响；其次可以根据模块的类别进行平行扩展，以丰富机器人的功能。而对于中学阶段STEM教育来说，其主要目标也就是这两个方面的内容了。

2. 控制器模块

控制器是模块机器人的"大脑"，其核心是微控制器。

图3-4-7为控制器"A、B、C、D"四个按键和插口的分布图。其中，A为"电源"键，是控制器

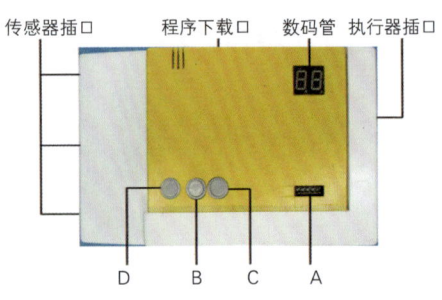

图3-4-7 控制器"A、B、C、D"四个按键和插口的分布图

的电源开关；B为"选择"键，用于选择控制方式；C为"运行"键，用于根据所选定的控制方式开始运行程序；D为"复位"键，用于终止程序运行。

模块机器人可以通过以下三种途径获取控制方式：

（1）控制器自身存储的5种控制方式

按动"选择"键，从数码管中显示的数字可选择控制方式：01——即时控制；02——延时控制；03——"与"门控制；04——"或"门控制；05——"非"门控制。

（2）从光盘中下载控制方式

模块机器人配套光盘中提供了大量的实用程序，通过计算机程序下载，将需要的程序存入控制器中，扩大了实验的范围。

模块机器人配套光盘的实用程序

楼道灯	恒温控制器
抢答器	可调速电风扇
数字显示声光警示器	循迹避障小车
高、低温报警器	边沿小车
双向计数自动门	双向引导小车

程序下载时，运行"选择"DIS模块机器人软件，点击其中的"模块机器人常用实例"（图3-4-8）。点击所选的实验界面（图3-4-9）。

第三章
DIS顶峰攀登

图3-4-8

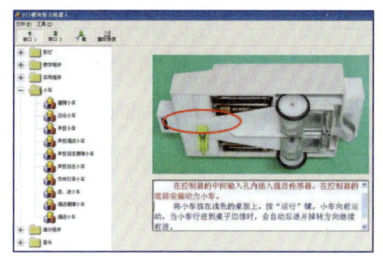

图3-4-9

与时俱进——DIS模块机器人的升级换代：

本文介绍的是DIS模块机器人的V1.0版本。在本文完成后不久，DIS模块机器人的V2.0版本就将定型了。研发中心，就是在对研发方向的坚持和对已有技术的超越中不断推陈出新的。

参照界面中的装置图，将传感器模块和执行器模块插入控制器中。接通控制器的电源，在按下"选择"键的同时按一下"复位"键，数码管上将出现"PC"字样，表明控制器已经进入程序下载状态（图3-4-10）。

点击软件界面上的"下载"按钮，控制器上数码管的数字开始跳动，同时屏幕上出现"执行进度条"（图3-4-11）。当画面上的图标消失后，数码管的数字也停止跳动。按"复位"键，程序下载完毕。

（3）自行设计控制方式

如果希望自己设计控制程序，可以打开DIS模块机器人软件，点击其中的"模块机器人程序设计"，计算机界面如图3-4-12所示：界面的左侧为"传感器模块"栏，包含7种传感器；右侧为"执行器模块"栏，包含5种执行

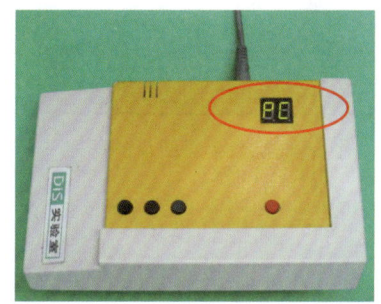

图3-4-10 控制器进入程序下载状态

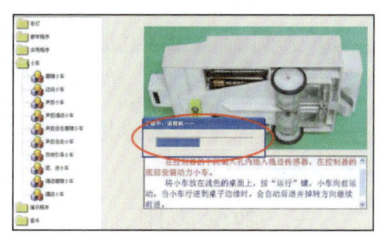

图3-4-11 屏幕上出现"执行进度条"

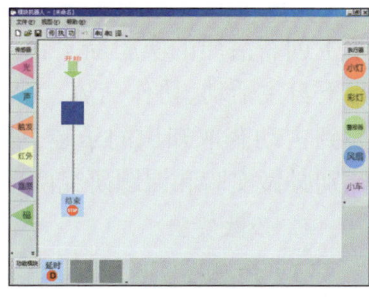

图3-4-12 DIS模块机器人软件

器；底部为"功能模块"栏。界面的中部为程序编写区域。

程序设计时，可根据需要将传感器模块、执行器模块和功能模块用鼠标分别拖放到屏幕的任意位置，然后通过对相关模块的设置和模块间的连线进行程序设计。图3-4-13为小灯闪烁的程序，图3-4-14为小车按矩形行走的程序。

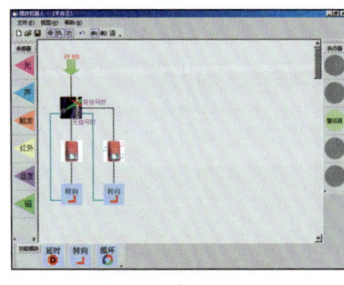   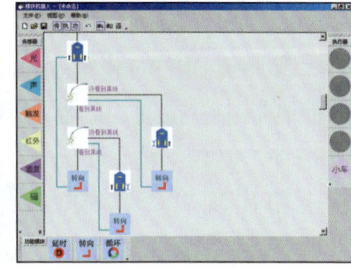

图3-4-13　小灯闪烁的程序　　图3-4-14　小车按矩形行走的程序

3．执行器模块

执行器犹如"人的四肢"，是自动化技术中接受控制信息，并对外进行操作的装置。常用的是机电一体化的器件。模块机器人中配有包含电动机的动力小车、风扇、自动门，灯光、声响组成的彩灯显示、报警等。

通过上述实验，模块组合机器人可以让学生尝试，用有限的模块发挥无穷创意的乐趣。

三、教学应用

学习包中的模块机器人是培养学生创新意识、开发学生创新潜质的实验新平台。其学习过程要求在老师指导下自主活动、协作交流、完成小结、展示成果，让学生体验到主动获取知识的乐趣。因此没有一定的程式，只是区别必做实验和课题研究两项。

1．必做实验

（1）传感器实验

应用"模块机器人"组装一个用不同传感器控制小灯泡

的装置,观察各种传感器对小灯泡的控制作用(图3-4-15)。

(2) 控制器实验

① "与门"实验——应用模块机器人组装的模拟"洗衣机"控制电路

如图3-4-16所示,其中一个开关是电源开关,另一个开关由洗衣机的盖子来控制。只有当电源开关和洗衣机盖子同时闭合时,洗衣机的电源才能接通。

遗憾与反思:

应该说,本文涉及的DIS模块机器人V1.0只是研发中心在这个领域的初步尝试,算是完成了教材的基本要求。但按照现在我们对STEM教育的理解,这一代产品的缺陷还是很明显的。即便是随后定型的V2.0,也没有解决好一个很关键的问题,就是系统的开放性和兼容性。换句话说,对于用户来说,自行添加传感器和执行器还是难以实现的。这个问题要等到DIS的数字化创客工具包定型之后,才能得到圆满解决。

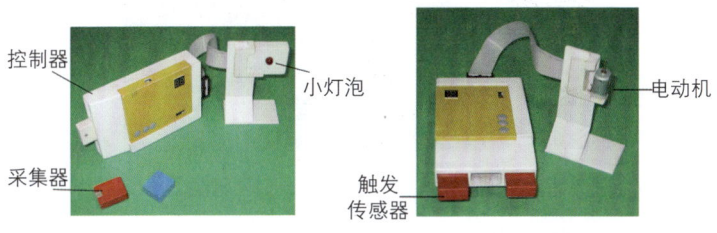

图3-4-15 各种传感器对小灯泡的控制作用   图3-4-16 模拟"洗衣机"控制电路

② "或门"实验

利用模块机器人自定一个项目,要求控制器采用"或门"控制方式来组装一个自动控制装置。

例如,图3-4-17为一个有光照或温度升高时排气风扇都能启动的自动控制装置,控制器采用"或门"控制方式。

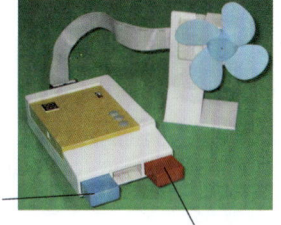

图3-4-17 模拟"风扇"控制电路

③ "非门"实验

图3-4-18为用模块机器人组装的火警报警器。调节温度传感器上的电阻器,观察报警器的灵敏度会发生怎样的变化。控制器采用"非门"控制方式。

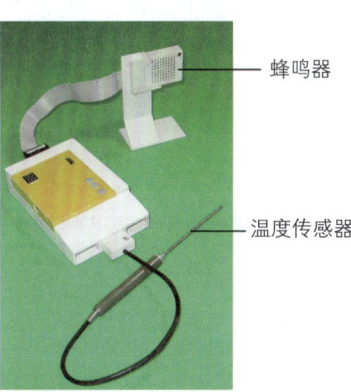

图3-4-18 模拟"火警报警器"控制电路

从规定动作到自选动作——DIS模块机器人的发展方向与STEM教育的目标

DIS模块机器人V1.0研发之初，除完成教材要求的功能外，研发中心尚不敢过多地规划机器人的扩展功能。其实即便规划了，就当时研发中心的技术水平也难以达到，且彼时整个研发重点基本都在解决实验问题上，在这个方面也没有多少资源可以投放。随着研发中心对学生科学认知发展的理解逐渐深入，以及技术水平的不断升级，我们最终认识到：DIS模块机器人必须通过建立开放系统，将其功能从有限的"规定动作"扩展为支持学生随心所欲、天马行空的创造行为的"自选动作"。因为教材的"规定动作"只是一种范式的教育，距离学生自己的创新创造还有一段距离。只有在开放平台的基础上，才能够给学生提供自由的空间和施展的天地，让他们能够根据自己的兴趣和实践的需求去演

（3）执行器实验

用"不同的执行器"组装机器人：选定一个传感器和一种控制方式，然后采用几种不同的执行器，如灯、风扇、蜂鸣器等，观察实验结果。图3-4-19为用光传感器和"即时控制方式"的实验装置。

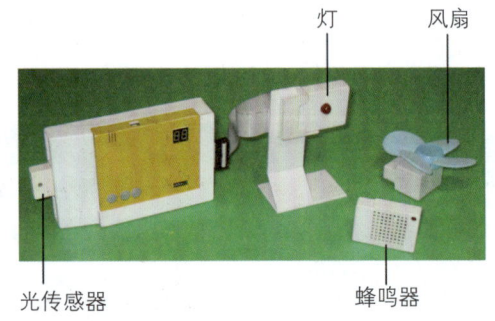

图3-4-19　模拟"即时控制方式"控制电路

2. 课题研究

学生根据选定的课题，插上需要的传感器和执行器，确定控制器的程序后，完成模块机器人组装。图3-4-20～图3-4-23是根据课题研究要求完成的部分作品，如避障机器人、边沿机器人、抛球机器人、循迹机器人。

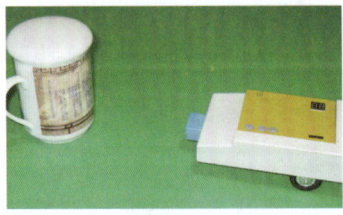

图3-4-20　避障机器人

图3-4-21　边沿机器人

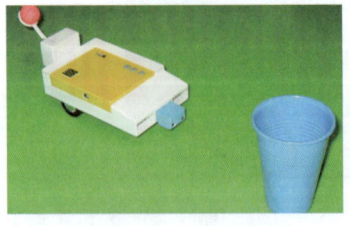

图3-4-22　抛球机器人

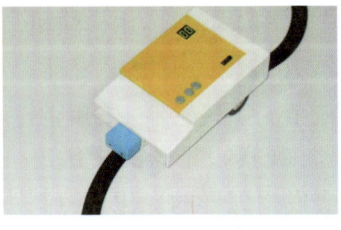

图3-4-23　循迹机器人

四、研发后记

模块机器人以培养学生的创新精神和实践能力为重点,把知识的积累与创新潜能的激发统一起来,将创新融合到课业之中,渗透到全部教学活动中。正是在这种理念指导下,提出设置学习包,是一件很有意义的举措。这是一些能够跳出框框来思考的人,他们是课程的决策者和制定者,他们打造了确保项目长期运行的机制,也做到了学习方式的转变。

模块机器人是研发中心按照课程标准和教学要求,注重从多方面发挥模块机器人的先进作用,体现了现代技术与课程整合,有效地弥补了传统实验的空白。模块机器人让研发人员感受到,这已经不同于传统项目的改进和提升,更是对人的思维的洗礼,这些影响研究者的思维和情感是其他项目所不具备的。试想,研发者不能敏感把握时代的脉搏,不研究课程改革的要求,就很难满足学生多样化、个性化发展的需求,难以形成基于学生投入实践创新的理想环境。

模块机器人之所以有别于常识中的机器人,是首次把组合思想——这种时代所推崇的创新思维方法融入机器人的研究之中,是开发和显露学生潜在创新意识的一次尝试。学生在课题的选择、设计和操作过程中,有充分的自主,他们可以根据自己的兴趣特长和认知水平,在动手中创新,在实验中创新,为实现自我价值提供源头。

练"自选动作"。研发中心随后围绕STEM的专项研发,基本上都是按照这一思路开展的。

第五节　DIS逻辑电路实验器的研发历程

一、研发背景

现代信息技术已经成为我们生活和工作中不可或缺

逻辑电路——STEM教育的基础:

在第四节中,我们阐

DIS 上海创造——数字化实验系统研发纪实

述了DIS模块机器人与STEM教育之间的关系。其实，比DIS模块机器人更加贴近STEM教育的，是DIS逻辑电路实验器。为什么这么说呢？因为机器人是自动控制的集成之作，自然可以成为STEM教育的重要工具。但是，什么是自动化的基础呢？一般人可能会说是传感器。不错，传感器可以成为自动化的控制信号来源，但要说现代意义上自动化的基础，还得是DIS逻辑电路实验器所对应的一个伟大的工程应用——数字电路！如果知道了数字电路是整个自动化的基础，而DIS逻辑电路实验器正是数字电路的教学模型，我们即能对该实验器在STEM教育中的定位产生全新的认识。

的重要部分，现代信息技术把我们带进了"数字时代"。人们把一条条信息转换成一串串由"0"和"1"组成的二进制数据，通过电路的"断""通"来传递和储存信息。完成这种功能的电路就是数字电路，又称逻辑电路。

上海高中物理教材将"逻辑电路"这一具有时代气息的内容单独列出，突显其重要地位。上海二期课改启动时，负责课改的徐淀芳主任提出："按照课改要求编写教材设计新实验，按照新实验要求研发新仪器，用新仪器来做教材中的新实验！"

教材的策划者意识到：要在技术为课改服务的前提下自主研发新教材所需的实验设备，以保证设备对教育、教材的适切性和稳定的知识产权。在这一背景下，"逻辑电路"这一实验器材也就成为研发中心的攻关课题。

研发中心会同教材组有关专家和一线教师，对研发目标定下了"调子"：① DIS逻辑电路实验器要采用模块组合，让学生充分发挥想象力，通过不同组合构造各种形式的逻辑电路，既能达到对基本逻辑电路知识的认知，又为拓展学习留有余地。② DIS逻辑电路实验器能为抽象的逻辑电路提供直观形象的感性材料，特别是学生对于逻辑电路输入、输出缺乏直观的感受，希望能在这方面有所突破。③ DIS逻辑电路实验器是一种新仪器，没有参照物可循。要求其外形、结构、色彩具有时代特色，让学生对器材感到新奇、惊艳，激发"玩"的向往。

总之，大家都不希望做成"面包板"，进行元器件插装的形式，以免过多纠缠于技术细节。逻辑电路实验器是物理仪器，而不是"劳技课"或"通用技术"所需的器材，要以物理学科知识的落实作为出发点。

有了方向，有了目标，但行程并不轻松。

二、DIS逻辑电路实验器Ⅰ型的研发

逻辑电路实验器采用模块化设计，其基本模块门电

路的外形呈六边形的蜂窝状，颇具时代气息，其表面涂有色彩、标有符号，以致区分。

1. 门电路模块

与门模块[图3-5-1(a)]上有2只绿色指示灯，分别表示输入口的逻辑状态。模块提供2个输入口和1个输出口。

与门模块的输入口可插入各种开关模块或传感器模块，输出口可插入各种执行器模块。当输入信号为高电平(高电压)时，模块面上对应的指示灯点亮；输入信号为低电平(低电压)时，模块面上对应的指示灯熄灭。

或门模块[图3-5-1(b)]的结构同与门类似。非门模块[图3-5-1(c)]有1个输入口和1个输出口。

逻辑门与0和1——数字电路成为自动控制基础的原因：

要表现数字电路，很多人都会选择以无数的0和1作为背景。为什么这么做？首先是因为数字电路时代也是二进制的时代，0和1的组合可以代表任何类型的信息；其次是因为0和1是数字电路能够传输和识别的，而识别的基础，就是逻辑门电路。DIS逻辑电路实验器的三个门电路结构，对与、或、非三种逻辑状态予以了直观显示，其他的开关则形成了辅助和扩展，把原本不可见的数字电路传输和识别信息的工作流程可视化、直观化，起到了"直指人心"的教育作用。

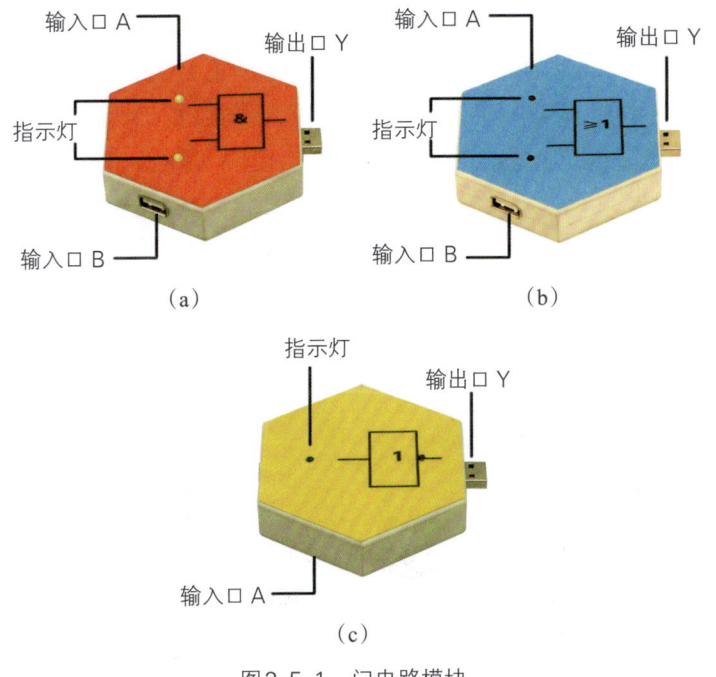

图3-5-1　门电路模块

2. 其他配套模块

开关模块[图3-5-2(a)]所标明的"断开"和"闭合"，指的是电路中开关S_1或S_2的状态。开关拨向"断

233

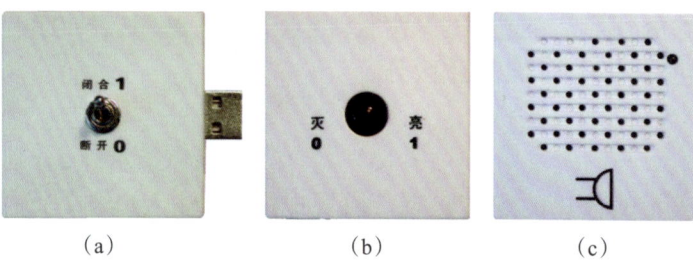

图3-5-2　配套模块

开"一端时,逻辑状态为"0";拨向"闭合"一端时,逻辑状态为"1"。

小灯模块[图3-5-2(b)]:小灯熄灭时逻辑状态为"0";点亮时逻辑状态为"1"。

蜂鸣器模块[图3-5-2(c)]:发声时逻辑状态为1;停止发声时逻辑状态为0。

"上开关"模块[图3-5-3(a)]和"下开关"模块[图3-5-3(b)]因开关位于分压电路的不同位置而得名。对于"上开关"模块:当开关断开时,模块实际输出的逻辑状态为"0";当开关闭合时,模块实际输出的逻辑状态为"1"。对于"下开关"模块:当开关断开时,模块实际输出的逻辑状态为"1";当开关闭合时,模块实际输出的逻辑状态为"0"。

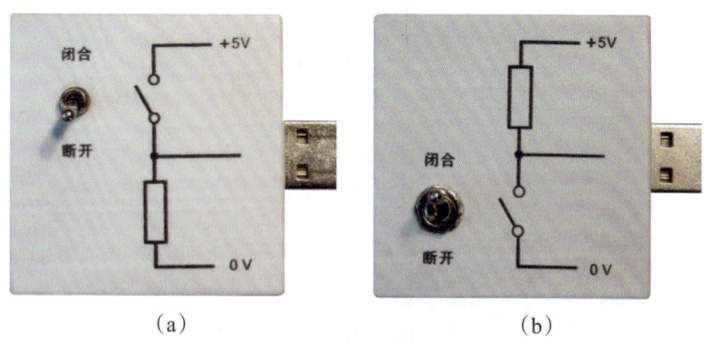

图3-5-3　"上开关"模块和"下开关"模块

光照传感器模块[图3-5-4(a)]内部的光敏电阻受

到光线照射时,电阻值变小,反之变大。顺时针旋转模块中的变阻器,其电阻值变小,反之变大。

温度传感器模块[图3-5-4(b)]温度升高时,模块内部热敏电阻的电阻值变小,反之变大。顺时针旋转模块中的变阻器,其电阻值变小,反之变大。

自由组合——DIS逻辑电路实验器的结构功能要点:

前面,我们有意无意地借助社会学领域的结构功能主义诠释了在DIS的开发过程中,功能需求与产品结构之间的相互影响和制约关系。在DIS逻辑电路实验器身上,我们同样可以总结出结构功能主义的影响——通过模块化设计和标准插口的应用,处于控制核心的门电路和控制外围的传感及执行设备都是可等价互换的,构成自动控制系统的信号来源、控制逻辑和执行设备可以自由变换,用户的自由度、可操控性得到了空前保障,结构再次支持了教育和教学功能。

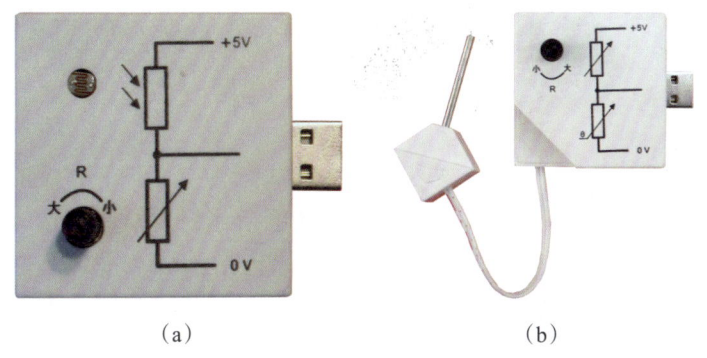

图3-5-4 光照传感器模块和温度传感器模块

3. 逻辑电路基本实验

(1) 与门实验

图3-5-5所示为组合后的与门电路,我们通过实验来研究与门的输入和输出之间的逻辑关系。

将两只开关模块分别插入与门模块的输入端,然后将与门模块插入小灯模块,如图3-5-5(b)所示。接通电源,当开关的逻辑状态为"1"时,与门模块对应的绿色指示灯点亮;当逻辑状态为"0"时,对应的指示灯熄灭。

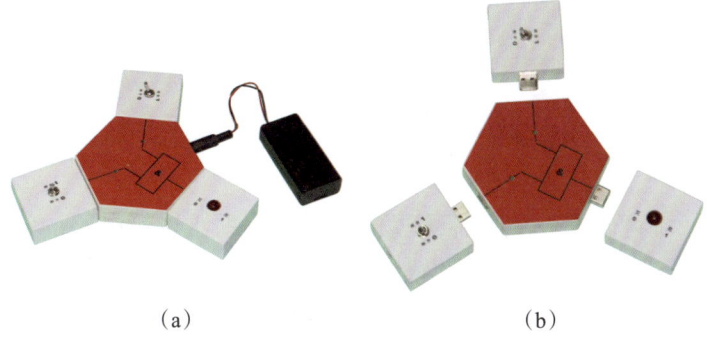

图3-5-5 组合后的与门电路

两只开关有4种逻辑组合,只有当与门两个输入端的逻辑状态均为"1"时,其输出端的逻辑状态才为"1",小灯点亮。除此以外,输出都为"0",小灯熄灭。

(2)或门实验

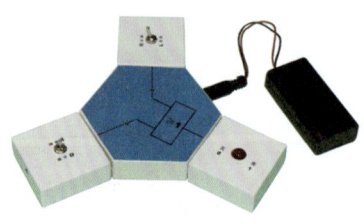

图3-5-6 或门电路

图3-5-6是利用或门模块、开关模块以及小灯模块,通过组合后形成的或门电路。

当或门输入口的逻辑状态为"0"时,对应的绿色指示灯熄灭;当输入口的逻辑状态为"1"时,对应的绿色指示灯点亮。当两个输入口的逻辑状态均为"0"时,输出口的逻辑状态为"0";否则输出口的逻辑状态均为"1"。

(3)非门实验

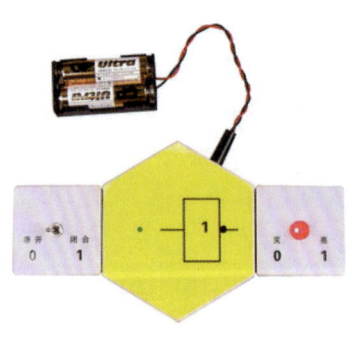

图3-5-7 非门电路

图3-5-7是利用非门模块、开关模块以及小灯模块,通过组合后形成的非门电路。

当输入口逻辑状态为"0"时,对应的指示灯熄灭,输出口逻辑状态为"1",小灯点亮。当输入口逻辑状态为"1"时,对应的指示灯点亮,输出口逻辑状态为"0",小灯熄灭。

把可视化进行到底——DIS逻辑电路实验器Ⅱ型的技术进步:

上文说到,DIS逻辑电路实验器已经实现了数字电路控制逻辑的可视化,

三、DIS逻辑电路实验器Ⅱ型的研发

逻辑电路实验器Ⅰ型的问世虽有助于逻辑电路的学习,但与教学的需求仍有差距。上海市物理教研员汤清修老师指出:能否增加传感器和执行器的种类,便于学生拓展应用;上海市民立中学张溶菁老师提出,如果在计算

机上直接看到输入、输出的逻辑关系,那就更好了。"知屋漏者在宇下",教研员和一线老师指出的Ⅰ型不足就是Ⅱ型研制时要弥补的短板。为此,我们在原有基础上增加多个模块外,主要增加了信号采集器,这样使逻辑电路抽象的输入、输出电平变得直观形象,更把反映门电路输入输出之间的真值表变得鲜活起来。图3-5-8即所示为信号采集器外形图,其有6个通道可以任意接入。

下面以与门为例说明DIS逻辑电路信号采集器的应用。

将两只开关模块分别插入与门模块的输入端,然后将与门模块插入小灯模块。将开关和小灯分别通过信号线接入信号采集器的A、B、C输入口(图3-5-9),信号采集器分别采集与门的2个输入电压V_1和V_2以及输出电压V_3,接着将信号采集器接入计算机。

接通逻辑电路实验器的电源,信号采集器自动识别已插入的3个模块,并分别显示3个通道的文本框和扫描图线。

如图3-5-10所示,拨

图3-5-8　信号采集器外形

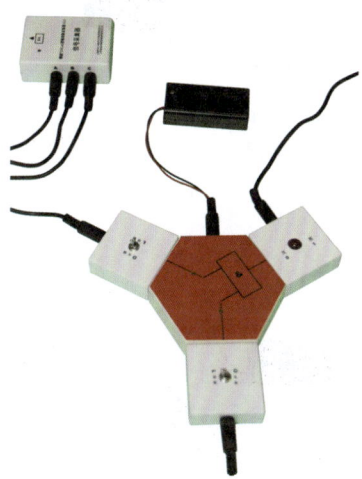

图3-5-9　各部分模块连接图

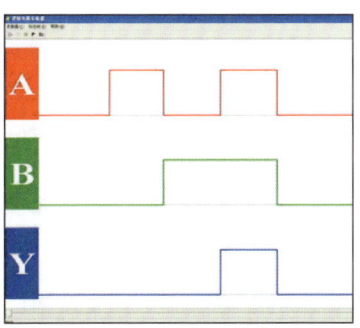

图3-5-10　三个通道的显示图线

但是研发中心并没有满足于以小灯泡的闪烁作为表现方式,而是继续摸索更为形象直观的显示方式,最终通过为逻辑电路增加数据采集和计算机通讯功能,实现了彻底的可视化——通过计算机并行展示逻辑电路内部器件的电平信号与时间的关系。通过相关软件的清晰展现,具有共时性的并行信号之间的逻辑关系能够一目了然,学生对这部分知识内容的理解上升到了更高的层次。

DIS逻辑电路实验器与STEM教育：

DIS逻辑电路实验器的开发过程，其实就是STEM教育的一个成功案例。在这个案例中，"E"，也就是工程学是核心，工程的任务目标是为逻辑电路教学内容提供直观教具和仪器；完成这项工程学设计，需要追溯逻辑电路教学内容的本源"S"，从基础的科学原理出发建立对项目进行考量的指标体系；随后，通过技术"T"的应用，打造出若干种解决方案，方案的主要区别在于其结构特征，经过数学"M"的计算、工程实践的难度、合理性等筛选后，得到最佳方案，从而投入样品的制作。样本完成后，在遵循STEM的标准进行逐项衡量和综合测评，修改后定型投入批量生产。回顾并展示上述工作过程，不仅可以告诉用户DIS逻辑电路实验器的由来，更可以将这个由来本身作为STEM的成功实践案例，供用户参考。

动开关A，观察屏幕上第一通道A：当开关断开时，图线显示的逻辑状态为0；当开关闭合时，显示的逻辑状态为1。拨动开关B，观察屏幕上第二通道B的对应变化。在拨动开关的同时，观察屏幕上第三通道Y：当小灯熄灭时，图线显示的逻辑状态为0；反之逻辑状态为1。

此采集器还具有改变通道、设置、改变图线扫描速度、停止信号扫描、标志线等辅助功能，以利于对图线进行分析和研究。或门、非门的连接电路和逻辑波形图分别如图3-5-11、3-5-12所示。

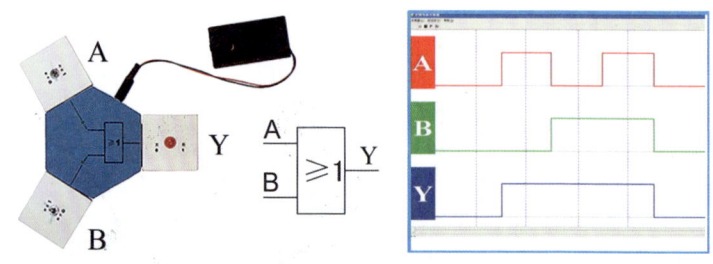

图3-5-11　或门的连接电路和逻辑波形图

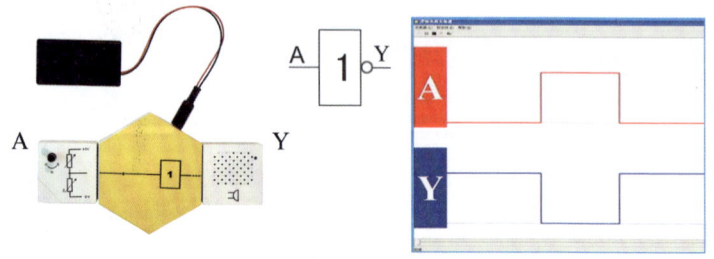

图3-5-12　非门的连接电路和逻辑波形图

单独的门电路从实用的功能上当然有欠缺，因此人们常把几个门组合起来，这种新的逻辑运算称为复合逻辑运算。图3-5-13、3-5-14是用信号采集器显示了组合形式及逻辑波形图。下面是一些逻辑电路应用实例，对于学生联系实际、拓展知识会起到一定作用，其逻辑波形都可以用信号采集器在计算机上显示。

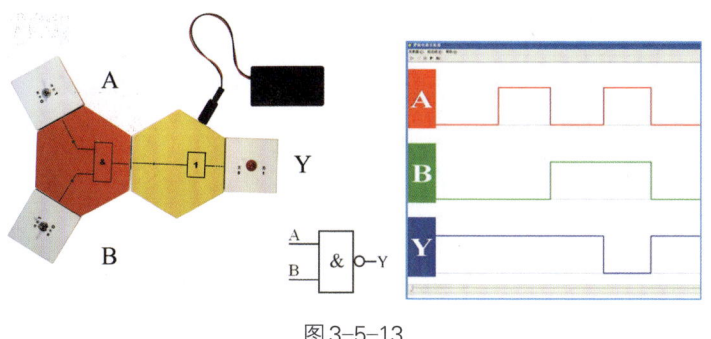

图 3-5-13

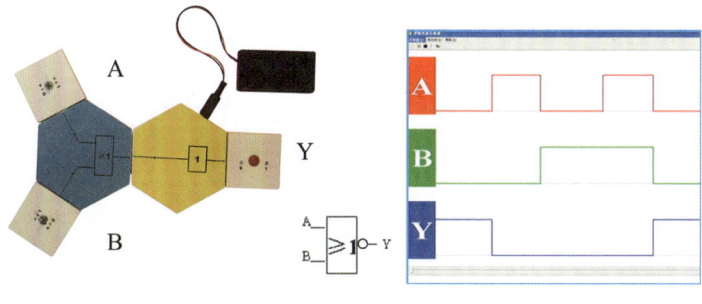

图 3-5-14

1. 楼道灯[图 3-5-15(a)],图 3-5-15(b)为实验方案白天灯不亮,夜晚有声响时灯亮。

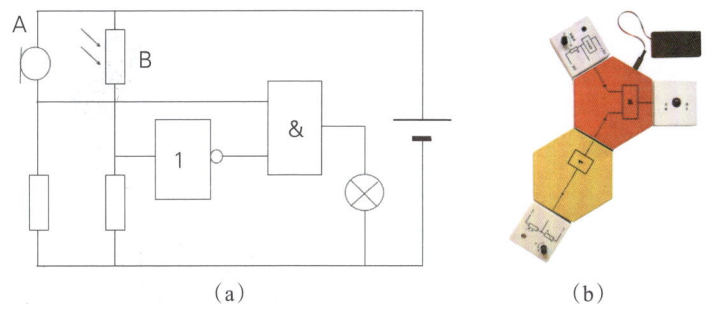

（a）　　　　　　　　　　（b）

图 3-5-15　楼道灯实验方案

2. 光控、温控灯[图 3-5-16(a)],图 3-5-16(b)为实验方案。

3. 用 2 只开关控制 1 盏灯[图 3-5-17(a)],图 3-5-17(b)为实验方案。

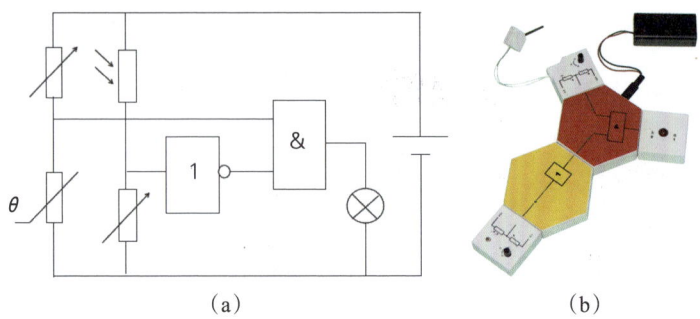

图3-5-16 光控、温控灯实验方案

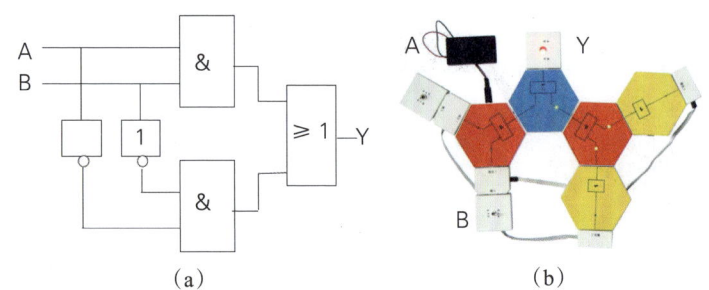

图3-5-17 用2只开关控制1盏灯

4. 磁控、声控报警器[图3-5-18(a)]，图3-5-18(b)为实验方案

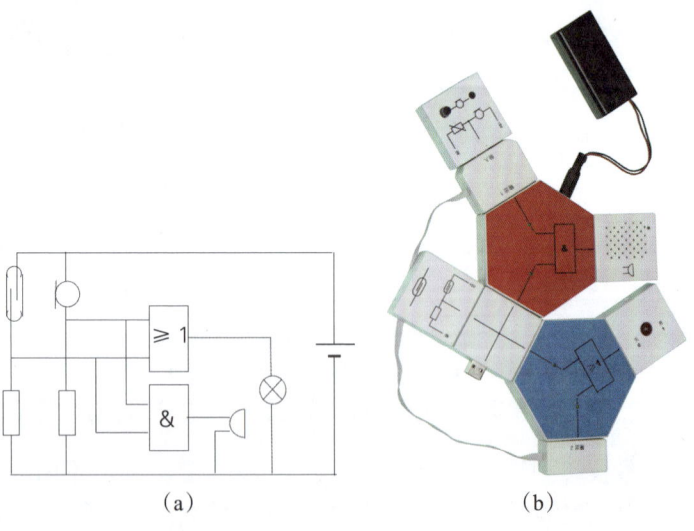

图3-5-18 磁控、声控报警器实验方案

5. 二人抢答器[图3-5-19(a)]，图3-5-19(b)为实验方案

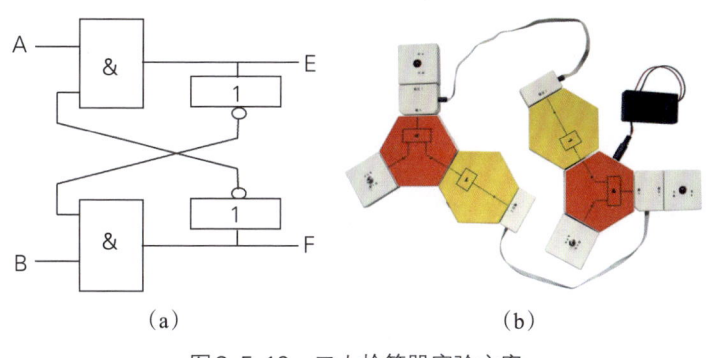

图3-5-19　二人抢答器实验方案

四、研发后记

达到了目标，虽感欣慰、轻松，但感触良多。

"让学生在学习物理科学的同时，接触到一些科学转化而成的技术，从而在一定程度上实现科学、技术和社会有机结合。"这是一种理念和愿望，DIS逻辑电路实验器为这种理念的实现，提供了一种可操作的平台。

DIS逻辑电路实验器的研发，不同于传统器材的改进和完善。它是现代技术发展、课程理念落实的产物。对研发者而言，要促使自己在实践中创造性地解读课程的目标和需求，为新课程的完善贡献自己的智慧。

上海中学原校长唐盛昌认为："现在所有的孩子都做一样的功课，学一样的知识，对一些优秀的学生来说这是不够的，个性化的知识才是未来创新的基础。"

逻辑电路实验器不仅落实了逻辑电路基础内容的教学需求，在同一主题下，还将学有余力的学生置于动态、开放、生动、多元的学习气氛，在自主学习和探索中获得一种新的学习体验，使差别性教学得以落实。

下表所示是2009年和2011年上海高考物理试卷中涉及逻辑电路内容的试题。其潜台词是：时代对知识的需求正在发生变化。有人说这是"指挥棒"，但这棒的指

向刘慈欣笔下伟大的"人阵计算机"致敬：

在科幻大师刘慈欣的《三体Ⅰ》中，有这么一个精彩的片段：一个没有电子电路的文明，靠着庞大的人力资源，通过无数人的组合与规范，搭建出了基础的门电路，并进一步实现了气势恢宏的"人阵计算机"。相通的原理，不同的构造；不同的效率，相同的思路，都是对速度和效率的追求，都是对世界本原的探索，也都是STEM工程实践。致敬，大刘！致敬，《三体》！

向，正是知识获取的导向。以学生发展为本，"说白了就是要让学生在学校里学会将来服务于社会的本领"。而逻辑电路知识正是信息社会的核心内容，DIS逻辑电路实验器必将会成为学习此内容的良器。

上海高考物理试卷中有关逻辑电路的试题

年份	题号	考查内容	截　图
2011	6	复合门电路的基本原理	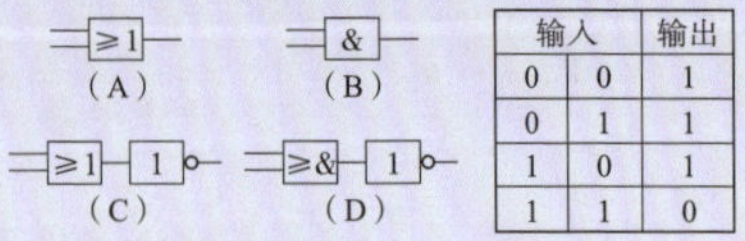
2009	11	复合门电路的设计应用	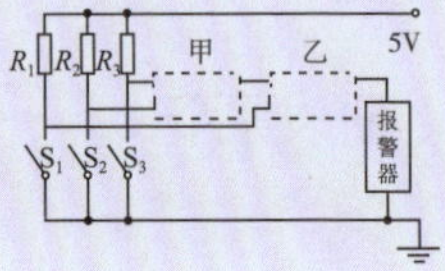

第六节　DIS安培力实验器的研发历程

安培力实验——让公式动起来：

人的认知，通常要遵循从实践到理论，再从理论到实践的过程。前文已述，法拉第电磁感应定律其实并非由具体的实验数据总结归纳出来的，而是法拉第基于大量的实验现象，利用其近乎天才的直觉给出的。随后，在实践过程中逐步得到了验证。而安培力，一个与法拉第电磁感应定律共同构成了

一、研发背景

一段通电直导线放在磁场中，通电直导线受到的力的大小F与导线的长度l、导线中的电流I、磁感应强度B以及电流方向和磁场方向之间的夹角θ的正弦成正比。安培力公式为：$F=KlIB\sin\theta$。

安培力是《上海中学物理课程标准（试行稿）》和教育部编制的《普通高中物理课程标准》明确要求的教学内容。该内容在上海课标中被置于"拓展型课程Ⅰ"，在教育部课标中被置于"选修三"，均定位于专业理工科学生培养所需的知识内容。

1. 教材中的电流天平

要开展安培力的教学，必须开展安培力的实验，因而就要拥有测量安培力大小的仪器。

实验室里的电流天平,是用来测量安培力大小和螺线管内磁感应强度的传统仪器。图3-6-1是电流天平外形结构,由灵敏天平和螺线管线圈组成。天平的横臂能以中部的两"刀口"为轴自由转动。

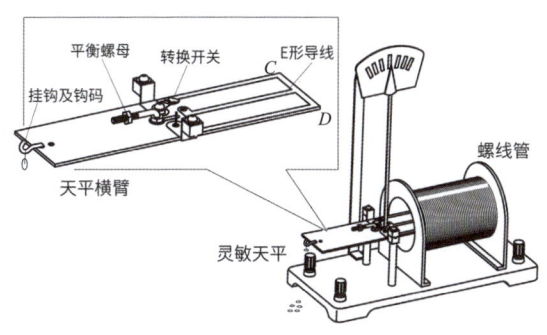

图3-6-1　电流天平结构图

实验时,分别给电流天平的E形导线和螺线管通电。当磁场方向和E形导线中的电流方向如图3-6-1所示时,CD段导线就受到一个向下的安培力,横臂右端因安培力而向下倾斜。在横臂的左端加上适当的钩码,使天平恢复平衡。因为电流天平横臂左右端相等,所以导线CD受到的安培力大小就等于左端钩码的重力。使用时,先调节调平螺母,使天平平衡;再给E形导线和螺线管通电,使E形导线CD段受到的安培力方向向下,接着通过改变螺线管中的电流大小来改变磁感应强度的大小(螺线管内的磁感应强度与通过螺线管的电流成正比),最后在左端的挂钩上挂上适当的钩码,使天平恢复平衡,这样mg就等于我们测得的安培力。这套装置还可用来验证磁场对电流的作用力公式$F=BIL$。

如果要测量B的大小,根据E形导线中通过的电流I则有$ILB=mg$,由此求出待测的磁感应强度$B=mg/IL$。

电流天平比较灵敏,教师在实验过程中要避免风或呼吸影响天平的平衡。当E形导线中的电流较强时(一般大于2A),会观察到地磁场对天平的干扰,引起较大误差。

该天平因灵敏度高,能对安培力等作定量研究,曾为多种教材采用。

电磁学基础的重要定律,则是由安培通过实验数据总结归纳出来的。因此,安培力实验的设计相对于法拉第电磁感应定律实验的设计要简单得多,因为安培力的公式就对应着相应的实验条件。

但是,受限于传统实验装置的精度,依据笔者的多年实验教学经验来看,这个实验要想做好也不太容易。原因主要在于测力手段落后,以及无法建立强度足够且强弱可调的磁场环境。DIS安培力实验器(Ⅰ、Ⅱ)的研发,基本上就是围绕着这两个问题下功夫。事实证明,DIS安培力实验器在教学中的应用还是卓有成效的。尤其是在公式要求的条件之下,产生了相应的力!这对于学生来说,就是一个从理论到实践的过程——公式动起来了!理论是活的!多少语言和文字都替代不了真实实验给学生带来的观察和体验。而这就是DIS的教学价值。

2. 教师自制的电流天平

（1）笔者当年的作品

教学中教师自制电流天平的也不少，图3-6-2所示是笔者早年设计制作的电流天平。多匝线圈置于右端，左端装有秤钩和平衡螺母及阻尼板，杠杆支点做成刀片状与基座上的铜片接触。当刀口通过导线给线圈通电时，则线圈在磁场中受到力的作用。若受力向上可改变电流方向（或磁场方向），在挂钩上加挂小钩码直到平衡，从钩码的重力可求出线圈所受的安培力大小。由于此自制教具直观简洁，教学效果尚佳，当时仿制的老师不少。

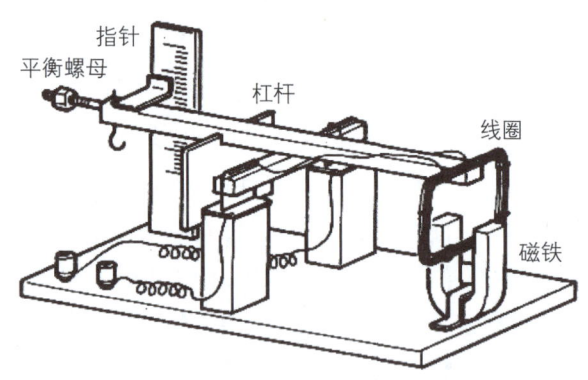

图3-6-2　早年设计制作的电流天平

（2）利用天平改装成的电流天平

在教师自制教具开发过程中，由"天平"向"电流天平"的思维直线迁移促成了使用天平改装电流天平的思路。

如图3-6-3所示，将一个矩形单线框挂在天平左边的秤钩上，并将线框两端引出线固定在横梁上，使不牵动线框，然后在引到电源接线柱处，秤盘挂在天平右边的秤钩上。调节游码使天平平衡，并使矩形线框的底边处在电磁铁两极间磁场较为均匀的区域正中。将电磁铁（由万用变压器组合而成）的线圈接通直流电源（60 V直流电源电流约1安培），于是在两磁极间产生较强的磁场。在矩形线框中通以电流I，线框在安培力的作用下向下运动。如果线框受力向上，则应立即改变电流方向。加上不同质量的

从电流天平到DIS安培力实验器：

我们多年之前就开始了验证安培力公式的努力。当年笔者的作品——电流天平也是设计精巧、形象直观的，一时风头无二。但该装置毕竟是传统实验的产物，很多功能需要借助纯机械装置来实

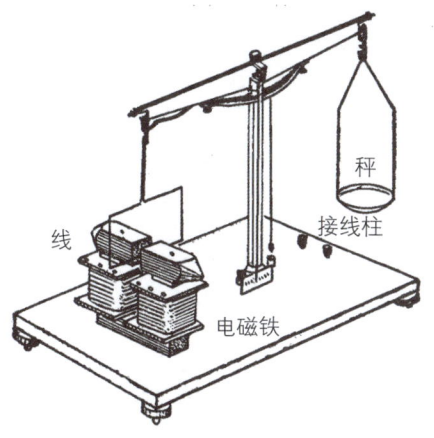

图3-6-3 利用天平改装成的电流天平

砝码,即可测出线框在不同电流下的安培力大小。

(3) 其他类型的自制教具

也有人取几块相同的蹄形磁铁并列放置在桌面上(图3-6-4),可以认为磁极之间的磁场是均匀的。将一根直导线水平悬挂在磁铁两极间,导线的方向与磁感应强度的方向(由下向上)垂直。电流通过导线时,导线将摆动一个角度,通过摆动角度的大小可以比较导线受力的大小。分别接通"2、3"和"1、4"可以改变导线通电部分的长度,电流由外部电路控制。实验时先保持导线电流不变,改变导线通电部分的长度;然后保持通电部分长度不变,改变导线中的电流,观察这两个因素对导线受力的影响(图3-6-5)。

另一个方案是由图3-6-6所示的多匝线圈产生磁场,架在支架上的单匝导线由金属刀口通电。单匝导线受安培力作用发生偏转,连接在上面的指针即可指示安培力的大小。此器材所依赖的多匝线圈产生的磁感应强度较弱,但其灵敏度基本能满足教学需求。不足之处是通电导线的长度不能改变,这在一定程度上影响它的使用价值。

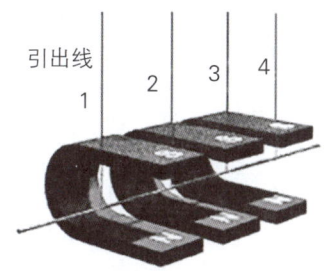

图3-6-4 并列放置的蹄形磁铁

现,测量的连续性、操作的便捷性都成问题。随着DIS的研发进展,研发中心对于数字电路和传感器的把控能力逐渐提高,设计DIS安培力实验器的条件已经成熟。从这个角度来讲,确实能够为我们常常用来劝说老师们更新实验工具的那句"工欲善其事,必先利其器"给出一个鲜活的注解。只不过在这里,笔者是"工",DIS的技术积累则是我们用于"善其事"的利器。

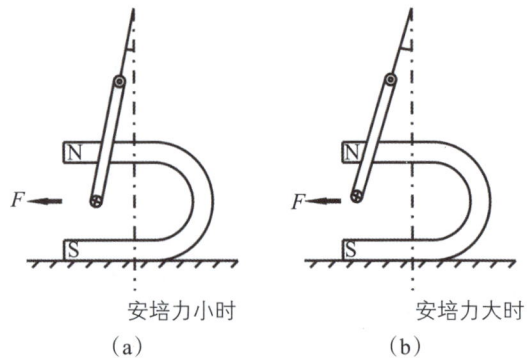

图3-6-5 观察导线受力的影响因素

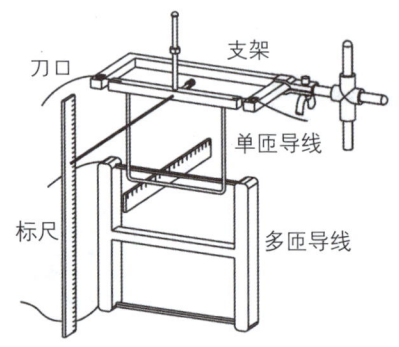

图3-6-6 多匝线圈产生磁场

综上所述,各种各样的电流天平对应了一个从结构和工艺入手,以模拟的方法显示安培力的存在,并研究其相对大小关系的思维体系。这种思维体系是"前数字化"时代的标准产物,尽管具有形象直观的优点,但也体现出测量手段缺乏的无奈。而各种精巧的连教师有时候都难以驾驭的测量装置更是将这类教具牢牢地定位于演示实验,学生从中获得直观体验的机会少之又少。

二、DIS安培力实验器I的研发

上海二期课改提出要"大力推进信息技术在教学中的普遍应用,促进信息技术与物理学科整合。用信息技术改造某些已有实验,增加原来不能做的实验这是大势所趋,教材编者要促进这项工作的开展"。为此,上海市教委不仅将DIS实验写入了中学物理课程标准,还组建了上海市中小学数字化实验系统研发中心,来研发实验教学所需的各种DIS设备。

因此,在研发中心刚刚成立之初,DIS安培力实验器的开发就已经被列入研发中心的工作计划。当然,正式拉开该实验器研发序幕的是在测量的核心手段——力传感器得以完善之后。

1. DIS安培力实验器I结构简述

图3-6-7所示是DIS安培力实验器I装置图。该实验器能定量探究安培力与电流以及导线长度的关系。

根据安培力产生的原理,该实验器通过两列强力钕磁铁构造了匀强磁场,使用边长之比为2∶1的长方形多匝通电线圈来获得安培力。该长方形线圈吊在力传感器的下方,因此力传感器的示数就等于安培力的大小。

为更好地验证"当通电导线与磁场的方向垂直时,电流所受的安培力F等于磁感应强度B、电流I和导线长度L三者的乘积",该实验器导入了控制变量法:即通过调整长方形线圈在吊架上的不同位置,使其长边和短边均置于磁场中的同一位置。因此,更换线圈不同的边,可视为改变磁场中导线的长度。为此,连接力传感器和线圈的专用吊架上装有上下两个挂钩,图3-6-8

图3-6-7 DIS安培力实验器I的实验装置图

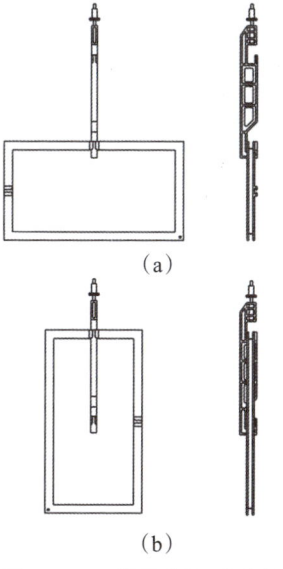

图3-6-8 线圈长短边在挂钩上的位置

模型,还是模型:

前文中,我们多次提及了DIS配套实验器材和智能实验仪器的设计与物理模型之间的关系,并且得出结论:上述器材和仪器研发成功的诀窍,就是在精确的物理模型的基础上增加不影响物理过程的传感测量功能。从笔者在本文中对安培力实验手段的追溯可以看出,各种实验装置的开发莫不如此。理解、掌握、构建并优化物理模型(包含具体的、有形的模型和思维层面的模型两重含义),不仅是教师教学的需要、学生学习的目标,更是相关实验仪器开发的前提和基础。

DIS 上海创造——数字化实验系统研发纪实

再现电流天平的功能,并使之具备实时测量、图线绘制和数据记录功能——DIS安培力实验器Ⅰ:

人的认识和在认识基础上的创新创造,都有其特定的历史性。DIS的研发也是如此。现在看来,当年的DIS安培力实验器Ⅰ,就是将力传感器、电流传感器与电流天平组合后的产物。这种组合创新在最短的时间内实现了传统实验方式与现代测量手段的结合,是笔者一直坚持的高效创新策略。在DIS安培力实验器Ⅰ的研发案例中,这种组合实现了实时测量、图线绘制和数据记录、分析等功能,一举将安培力实验器带入了数字化时代。尽管尚有部分功能上的局限(见本文中的应用总结归纳出来的相关问题),但事实上它不仅解决了安培力实验的可视化问题,更为进一步的升级改造奠定了基础。

(a)、(b)所示分别为线圈长短边在挂钩上的位置。

2. DIS安培力实验器Ⅰ的教学应用

实验时,将电流传感器和力传感器分别接入数据采集器;力传感器固定在铁架台上,将力传感器的测钩更换成专用吊架,调整传感器的高度,使线圈的长边刚好在磁场中。用分压法将滑动变阻器、学生电源、线圈、电流传感器组成闭合电路,关闭学生电源,对电流和力传感器调零;打开"计算表格"窗口,闭合学生电源开关,改变滑动变阻器的滑片(或改变电源电压),使线圈中的电流从0逐渐增大。每改变一次电流,手动记录一次数据。

记录结束后,保存实验数据;点击"绘图",选取X轴为"I_2",Y为"F_1",得到一组安培力随电流变化的数据点。观察可见数据点的排列具有线性特征,点击"拟合",选取"线性拟合",可见拟合线与各数据点基本重合且过坐标原点,实验证明安培力与电流成正比关系[图3-6-9(a)]。

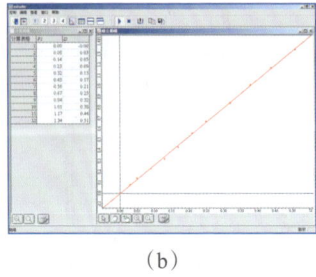

(a)

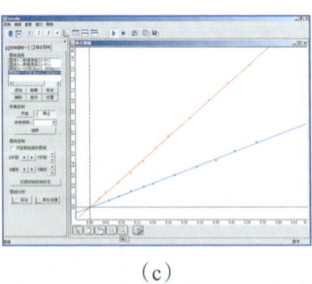

(b)

(c)

图3-6-9 验证安培力实验

把线圈的短边放在磁场中,重复上述步骤,得到另一组实验数据。数据点的线性拟合,同样证明了导体所受的安培力与通过导体的电流成正比关系[图3-6-9(b)]。

调用第一次实验的数据,点击"绘图",组合显示两次实验所获得的数据点并进行线性拟合,得到在原点相交的两条图线[图3-6-9(c)]。其中,上方和下方图线分别是线圈长边和短边在磁场中时的安培力与电流的关系图线。使用右键"鼠标显示坐标值",不难看出:电流相同时,长边对应力值(上方图线)是短边对应力值(下方图线)的2倍,因为长边与短边的长度比为2∶1,说明安培力与导线在磁场中的长度成正比。

3. 上海市进才中学王肇铭老师的探索

位于浦东的进才中学拥有物理实验教学的优秀传统,该校的教师们长期以来一直致力于实验教学的探索研究,成绩斐然。尤其值得称道的是,该校以王肇铭物理特级教师为代表的教师群体,面对研发中心的成果——DIS安培力实验器Ⅰ,并没有单纯接受,而是在独立思考、批判吸收的基础上开展了自己的研究,并为该实验器的完善作出了重要贡献。

2006年秋,王肇铭老师等为了参加全国青年物理教师大赛,专门设计了具有进才特色的安培力实验器。该实验器沿用传统电流天平中以电磁铁构造匀强磁场的方法,并实现了磁感应强度的可调。其安培力的测量方式与DIS安培力实验器Ⅰ相同,都是采用DIS力传感器。但由于电磁铁提供的匀强磁场与DIS安培力实验器Ⅰ使用的强力钕磁铁提供的匀强磁场相比明显较弱,且使用的线圈匝数较少(曾经一度使用过单匝线圈),最终产生的安培力也较弱,使用当时通用的量程为±20N的DIS力传感器测量起来就很吃力。

本着"一切为了教学一线"的原则,研发中心紧急为进才中学开发了当时国内独一无二的量程为±2N的微力传感器,解了老师们的燃眉之急。而该微力传感器的研发成功,也为DIS安培力实验器的升级改造奠定了坚实基础。

4. DIS安培力实验器Ⅰ的应用总结

基于DIS安培力实验器Ⅰ开发的几个安培力实验,在教学上都取得了不错的效果,信息技术与学科教学的整合威力渐显。

但受限于当时的研发环境和技术手段,DIS安培力实验器Ⅰ存在的问题仍然不少:

(1)力传感器量程偏大——±20N,即便钕磁铁提供的匀强磁场磁感应强度已经很大,但为了获得较为显著的安培力,仍需要较大电流(＞1A)。

(2)只能做磁感应强度方向与导线垂直时的受力情况,对于磁感应强度与电流方向夹角的研究得不到器材的支撑。

(3)通过更换线圈的长短边来改变导线长度的方法不甚方便。

与时俱进——DIS安培力实验器Ⅱ的研发:

DIS安培力实验器Ⅱ与Ⅰ的区别,主要在于导入了微力传感器和可水平转动的磁场,并更新了多匝线圈的构造。其中,磁场由静到动无疑是最大的创新点。此举将安培力公式——$F=KllB\sin\theta$ 中磁场与导线之间的夹角研究变成了现实,将物理模型向物理规律又拉近了一步。而根据教学反映来看,DIS安培力实验器Ⅱ的教学效果又在DIS安培力实验器Ⅰ的基础上前进了一大步。

三、DIS安培力实验器Ⅱ的研发

一线教学的需求就是研发中心不断改进和提高的动力源泉。向心力实验器、力的分解合成实验器、法拉第电磁感应定律实验器、逻辑电路实验器纷纷推出改进版,安培力实验器的更新也不例外。

1. DIS安培力实验器Ⅱ的结构

图3-6-10即为改进后的DIS安培力实验器Ⅱ的外形结构图。与DIS安培力实验器Ⅰ型比较,做出的改进主要有:

(1)把量程为±20N的通用型力传感器换成了量程为±2N微力传感器,实验器灵敏度和精度都得到显著提高,因此对线圈加载的电流也显著降低了。

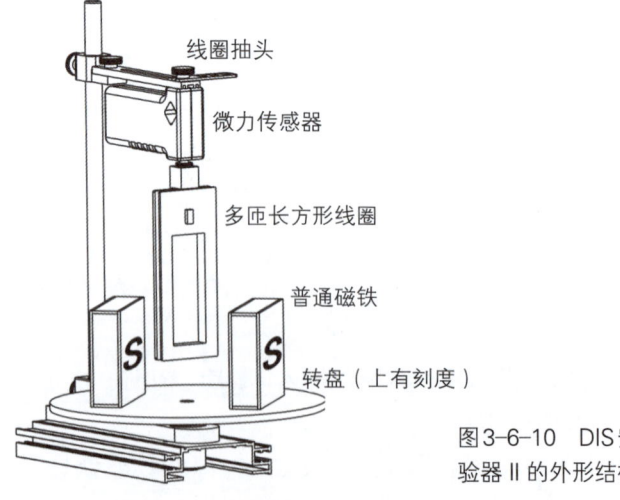

图3-6-10 DIS安培力实验器Ⅱ的外形结构图

(2) 导线采用双线并绕，更换抽头可得到 L_1=150 匝、L_2=300 匝，因此实验时只要改变匝数即可改变 L 的长度。

(3) 两个磁铁异极相对，固定在有刻度的圆盘上。当圆盘转动时，可使悬挂在力传感器下的线圈位于磁场的不同角度，从而可研究磁感应强度与导线有夹角时的受力情况。

2. DIS 安培力实验器 Ⅱ 的教学应用

实验手段的升级为实验教学开拓了更为广阔的探究空间。

(1) "交流电" 引发的 "知识关联效应"

在一次公开课上，学生在使用 DIS 安培力实验器 Ⅱ 研究电流与磁感应强度不垂直的情况时，磁铁围绕着线圈转动，计算机显示屏上出现连续的正弦图线（图 3-6-11）。有学生惊叹道："这不就是交流电吗？"

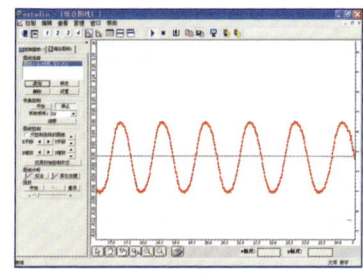

图 3-6-11 显示屏上出现连续的正弦图线

从认知心理学的角度来说，让学生对不同门类、不同内容的知识产生关联效应，是促使其实现知识内化的有效手段之一。所谓一旦认识到 "殊途同归" 的时候，往往能够让人恍然大悟，说的就是这样的认知提升过程。因为此时学生已经从不同角度实现了对同一种概念的建构，完成了 "归纳" 思维，其反向思维过程——演绎推理，必将成为学生认识更为广阔的物质世界的有力工具。

因此，实验教学仪器改进和提高的意义早已超越了 "工欲善其事，必先利其器" 之中 "器" 层面，而提升到了 "道" 的水准。

(2) DIS 安培力实验器 Ⅱ 公开课的启示

DIS 安培力实验器 Ⅱ 刚刚研发完成，某校教师即 "先尝为快"，使用该实验器开设了一堂以探究安培力为主题

由满足教材要求到推动教材发展：

当年上海课改办、教研室下决心自主研发数字化实验系统，就是要破除课程教材建设中的一个死结——没有教材的要求，教学仪器厂家不敢自己搞创新——搞出来新东西与教材不对应，教师不接受，肯定是卖不出去的！而教材编写组也不敢在仪器的更新换代方面搞创新——设计出新的实验方法来，万一没有新仪器的供应保障，那不让广大学校和教师们抓瞎吗？就在这个两头等、两头靠的怪象之下，教学仪器已经沦落为科技含量最低、工艺质量最差的仪器设备了！很多仪器厂就说：我们的电子秤早就出口世界各国了。但之所以还生产天平只有一个原因：学校做实验要用。

研发中心成立之后，

也的确不辱使命,按照教材和教研室领导的规划,很好地破解了这一死结,课程教材建设与新实验仪器的研发形成了积极的、持续的相互促进。研发中心也由最初的实现教材组提出的仪器设计要求,演变为通过自主设计的新仪器被教材组接受,实现了对课程教材改革和发展的实际推动。对此,我们深感自豪。

的公开课。

课后交流时,任课老师谈了自己的感受:

① 安培力F是磁场对通电电流的作用力,那么它的大小就很可能跟电流I、导线长度L、磁感应强度B有关。要求学生对此进行猜测或者提出假设。而实验手段能否支持学生针对猜测和假设的验证至关重要。否则,猜测和假设将始终处于"空想"阶段,探究也就无从谈起。

② DIS安培力实验器 II 的结构和功能首先构造了标准物理模型,展现了安培力形成的所有要素;其次,各种传感器的使用使得学生开展针对猜测或者假设的验证成为可能,而软件的"数据+图线"的表现方式更是将各种验证结果统一起来,形成判断标准。这就给学生铺设了一条"只要你展开探究,就会收获结果"的道路。对于老师来说,DIS安培力实验器 II 准确对应了各个教学关键点,使得完成安培力探究的教学任务变得较为轻松。

③ 研发中心针对实验手段的创新创造为实验教学提供了有力保障,其工作与一线教学休戚相关。

四、研发后记

尽管探究性教学不是中学物理教学的全部,但在"经历科学过程,体会科学方法,树立科学的价值观"的课标要求之下,探究性教学在中学物理教学活动中的比例日渐提高。

上海二期课改高中物理教材设置了基础型、拓展型和研究型课程。不同类型的课程针对同一个知识点的要求自然有着显著差异。

在教材建设中,不同难度的知识点在不同课程类型中的分配和体现,一方面与不同课程的培养目标相关,另一方面也与该知识点的研究难度相关。以安培力为例,用传统实验手段研究起来较为困难,因此针对该知识点的要求也相对较低,对应的实验研究要求也比较简单。

但这并不是意味安培力概念不重要——基础型课程和拓展型课程中均有安培力的内容就是明证。

而DIS安培力实验器Ⅰ、Ⅱ研发完成后，可能会促使教材编写组针对安培力的教学要求发生相应变化。因为，DIS安培力实验器已经将实验教学的效能提升到了前所未有的高度。

第七节 DIS智能力盘的研发历程

一、研发背景

凭借可视化破除学生对矢量的认知门槛：

说物理好学，在于经过物理思维的抽象之后，物质世界就会变得格外简单、清晰，至少在中学物理的知识视野中是这样。物质世界是可以被认识的，而且可以经过物理学的描述得出简单、清晰的图景，这种观念的建立有助于中学生建立人是客观世界的信心，并可进一步激发其探索未知世界的勇气。

说物理难学，则在于学习并掌握物理学的抽象思维。这需要学生抛弃纷繁芜杂的表象，而抓住物质世界内在的规律并提炼其共性、把握其个性。以笔者学习并教授物理学的经验，这个过程对应的是中学生认知水平一个质的飞跃。实现这个飞跃，有时候真的需要类似于佛学所说的"顿悟"。而支持这种"顿悟"的，则是文字、数据和图形构成的综合符号系统，以及设计得当的实验。

笔者多年的教学经验证明，对大多数学生来说，高中阶段导入的"矢量"概念足以构成一道认知门槛。跨过去，物理学可能一通百通；跨不过去，就可能使相当一批学生终生对物理学避之不及。何也？关键在于矢量的抽象性。依照传统的实验手段，矢量的大小可以测量，但其方向却难以把握。静态的矢量方向（力的合成和分解）尚且需要想象，动态的矢量方向（向心力）就更难理解。实

教学，主观上是知识的传授、技能的延续和潜能的激发，客观上也时刻存在着对学生的筛选和分类。学生学习到一定程度，就会根据自己的能力倾向和兴趣爱好，选择某一个专业作为自己长期努力的方向。中外莫不如此，只不过国外的分科一般要等大学二年级以后，而我国的分科实际上在高中阶段就开始了。面对着学生和学科的双向选择，首先我们承认并不是所有的学生都适合或者喜欢学习物理。因为随着物理概念的逐级递进，肯定会有学生开始知难而退，转向其他兴趣点。这个过程是一个自由

的、双向选择的过程，教育者不应该予以过多干预。

但是我们同时也要认识到：某些学生并非生来不适合学习物理。他们只是在特定的学习阶段受到阻碍，在特定概念的认知方面遇到困难，如果在这个阶段得到了合适的帮助和支持，过了这个坎儿他们照样能在物理学上取得成功。因此，本文中针对矢量认知障碍的分析，其实是建立在这样一个假设基础之上的——我们不指望能够帮助所有的学生，但可视化的矢量实验体系肯定能够让那些本来适合学物理，但暂时遇到困难的学生跨过这道障碍，帮他们捅破这层窗户纸，让他们回归物理学习的快乐。

验教学界长期以来缺乏针对矢量的直观显现手段，导致了"矢量"门槛的形成。

二、力的合成和分解实验回顾

1. 教材要求

牛顿在著名的《自然哲学的数学原理》中曾把共点力的合成和分解作为三大运动定律的推论。

高中物理教材在力的初步概念基础上，通过实验分析，归纳出力的平行四边形法则，明确提出力是一个矢量，并指出平行四边形法是矢量合成、分解的普遍法则。在具体的教学中，下述几点必定是教材的关注点。

（1）矢量是学生第一次接触的概念，教材以力这一物理量的特征作为典型，提出矢量。矢量概念的建立有一定的难度，学生习惯于单纯从量值大小认识物理量，教材中要突出力的大小和方向是共存的。

（2）矢量和标量在运算法则上有根本的区别，标量的合成是代数的加法，矢量的合成是平行四边形法则。学生掌握平行四边形法则是正确理解矢量概念的核心。平行四边形法则也是研究物体平衡条件以及深入学习的基础。

（3）力的合成和分解都体现了等效方法的运用，合力和它的分力是一种等效力，这种等效替代的概念虽比较抽象但学生又会感到新鲜和奇妙。这些问题如果仅限于直观体验的描述，远谈不上对概念本质的揭示和把握，而应用实验手段定能成为处理这些问题的利器。

2. 实验手段

图3-7-1为力的合成和分解实验的传统实验工具。图3-7-2所示为使用上述传统实验工具验证（或探究）两个共点力的合力大小与分力的关系的实验，目的是为了对力的平行四边形法则有所认知。

用图钉把橡皮筋的一端固定在A点，橡皮筋的另一端拴上两个细的绳套，用两个弹簧测力计互成角度地拉橡

第三章
DIS顶峰攀登

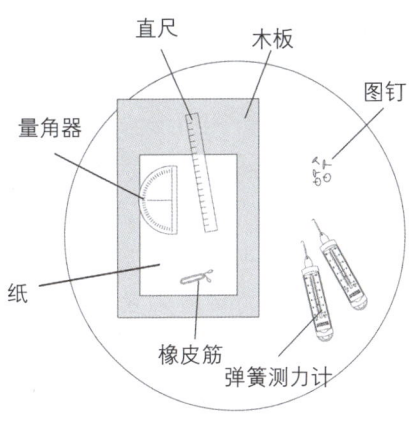

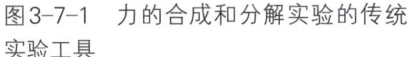

图 3-7-1　力的合成和分解实验的传统实验工具

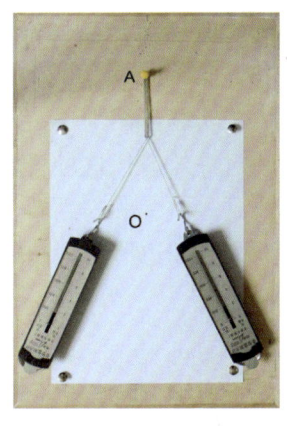

图 3-7-2　用传统实验工具验证平行四边形法则

从模拟方法到数字方法，从间接到直接：

研发中心成立以来的工作经验告诉我们，DIS 实验与传统实验的区别，就是让测量从模拟方法过渡到数字方法，让学生对实验现象的认识，从间接方式转为直接方式。围绕着力的分解与合成实验，DIS 几代实验器的开发就证明了这一点。

皮筋，使橡皮筋伸长到某一位置 O；从 O 点沿着两条绳套的方向画直线，按选定的标度作出这两只弹簧测力计的拉力 F_1 和 F_2 的图示，以 F_1 和 F_2 为邻边作平行四边形；过 O 点画平行四边形的对角线，作出合力 F 的图示（图 3-7-3）。

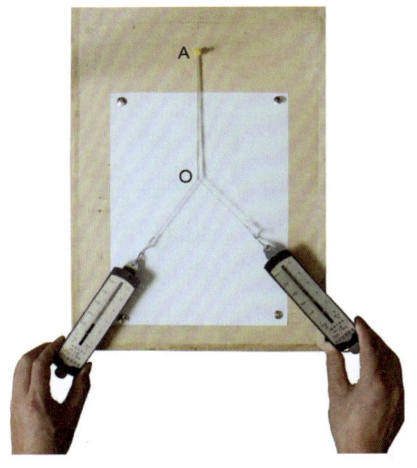

图 3-7-3　两只弹簧测力计的拉力 F_1 和 F_2 的图示

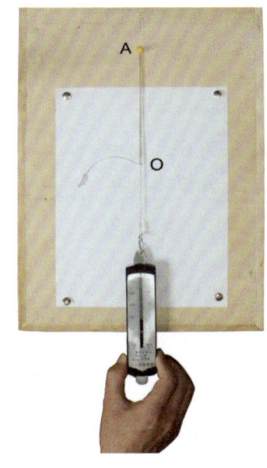

图 3-7-4　弹簧测力计的拉力 F' 的图示

只用一只弹簧测力计通过细绳套把橡皮筋的结点拉到同样的位置 O，记下弹簧测力计的示数和细绳的方向，同样作出这只弹簧测力计的拉力 F' 的图示（图 3-7-4）。

如果力 F' 与用平行四边形法则求出的合力 F 在大小和方向相同，就可以说明它们之间是等效的。

实验虽然简单，但学生对力的平行四边形法则的领悟和对等效替代这种科学方法有了直接体验，实际上已经触及这些概念的内涵。全国有多套教材采用此内容作为"力的平行四边形法则"的验证性（或探究性）学生实验。

3. 相对成熟的实验装置

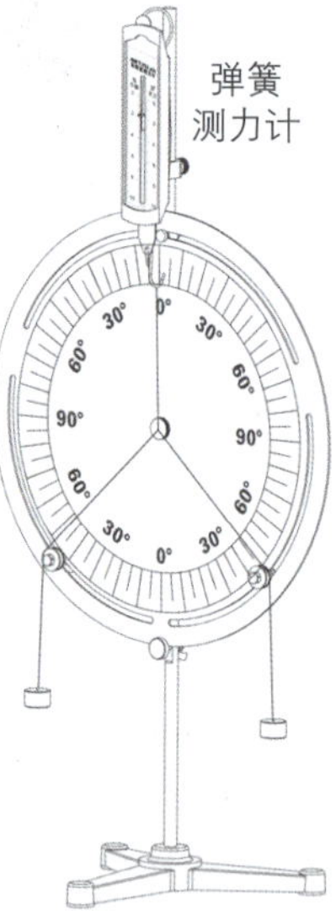

图3-7-5所示为"力的合成与分解演示器（J2125）"。该演示器一改学生实验在水平面上操作为竖直面上进行演示。在一个分度直角坐标盘上，借助细绳汇集合力和分力于一个圆环上，使圆环的中心能在坐标原点的位置。分力由若干定值钩码给出，坐标的分度指示出挂线的夹角大小，合力则从连接圆环的弹簧测力计测出。实验时按照给定的两个分力 F_1、F_2 的角度大小，调整滑轮的位置和加挂钩码的个数，调整弹簧测力计的上下位置和角度，使圆环在两个分力和弹簧测力计的共同作用下处于悬空状态，且与坐标盘圆心重合。此时弹簧测力计显示的就是两个分力的合力，当分力是对称时，即分力的大小相同并分居坐标盘垂直两侧的角度相同，合力的方向必与垂轴重合，弹簧测力计保持在垂轴上。

在不对称的分力作用下，合力必偏离垂轴的一个角度，需调节弹簧测力计偏离垂轴一个角度，使圆环坐标同心（图3-7-6）。

力的分解是力的合成的逆运算，

图3-7-5　力的合成与分解演示器

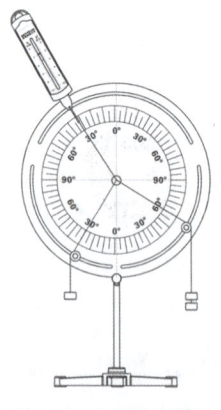

图3-7-6　圆环坐标同心

并同样遵循平行四边形法则,用此实验器也可演示力的分解。

该实验器还可用作共点力的演示实验,实验证明:在共点力作用下,物体的平衡条件是合力等于零。

4. 传统实验手段综述

以上传统实验手段的优点是简单、直观。缺点则是手工操作步骤繁多,对技巧要求较高,实验时读数、描点、画线等步骤费时费力,且学生上手后实验误差普遍较大。

采用上述手段进行力的合成和分解实验,只能进行静态测量,无法进行动态研究,尤其是两力夹角的测量与计算,更是实验操作过程中的难点。而如果不能够在动态变化中展现力的大小及方向的实时变化,学生对于"矢量"的认识,还是处于不完整的状态。为此,笔者曾经在三十年前开发了一套教学模型(图3-7-7),来演示合力随两个分力的夹角改变而改变的现象。尽管当时也取得了不错的教学效果,但现在看来还是偏重于定性观察,定量测量的效果还不是很理想。

图3-7-7　自制教学模型

三、DIS力的合成与分解实验器V1.0、V2.0的研发

1. DIS力的合成与分解实验器 V1.0

研发中心成立后,沿着信息技术与物理教学整合的思路,围绕力传感器的使用,先后完成了力的合成与分解实验器V1.0(图3-7-8)、斜面上力的分解实验器(图3-7-9)等多个新型实验装置的开发,有效促进了力的合成与分解领域实验手段的进步。

上述两种实验装置尽管均引进了力传感器,但仅仅是完成了静态力大小的测量,两个力的夹角还是要靠人

饭,要一口一口地吃:

人类的认识遵循波浪式前进、螺旋式上升的规律。转化为老百姓的话来说,饭要一口一口地吃。在介入DIS研发之前,笔者早就开始了基于矢量可视化的探索并制作了大量生动形象的教具。这些成果都成了用DIS研究力的合成与分解课题的有力借

鉴。而随后的DIS与此相关的配套器材和智能仪器的开发，更是遵循从无到有、由浅入深的原则，通过仪器设备的升级逐步解决各种实验难题。这既是技术发展的必然结果，也是认识提升的规律所致。因此，渐进渐改，是研发的合理流程。追求一次解决所有问题，看起来是追求完美，但恰恰是不合实际。

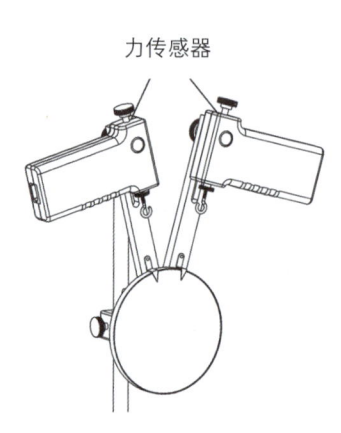 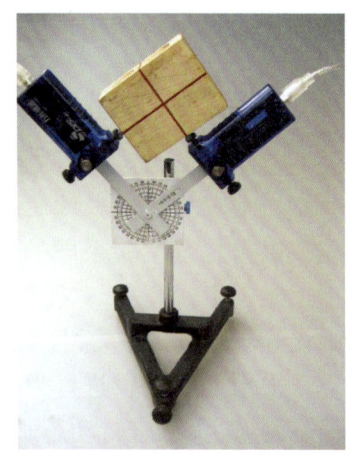

图3-7-8　力的合成与分解实验器V1.0　　图3-7-9　斜面上力的分解实验装置

殊途同归——DIS力倾角测量手段的转换和升级：

智能手机对非智能手机的替代，很大程度上体现在按键的消失上。其实物理键消失了，但并没有被消灭，而是被软件替代为虚拟按键，继续为人使用。在DIS围绕着力的角度测量方式的更新、升级方面，也体现了这个规律。技术让人看得见的刻意为之的角度测量装置变为人看不见的内置的角度传感器，并实现了力的角度（方向）和大小的并行测量。虽然是殊途同归，但用户体验已经不可同日而语了。这就是技术的进步。

工控制，依照刻度盘进行手动调节。因此，这距离全部实验数据的采集和处理自动化尚有不小的距离。

2. DIS力的合成与分解实验器V2.0

2008年，应山东师大附中物理组的要求，研发中心基于常规的"力的合成与分解演示器（J2125）"，为其改造出了一台具备夹角自动测量功能的智能化"力的合成与分解演示器"，并被研发中心命名为"DIS力的合成与分解实验器V2.0（图3-7-10）"。该装置除使用力传感器替代了弹簧测力计之外，还首次引入了测量两力臂夹角的角度传感器（置于力盘背面，与两个力传感器的支撑杆连接，见图3-7-11）。这次定制行动再次体现了一线用户需求所产生的强大动力，并对DIS的模范用户——山东师大附中的教学比赛和培训等活动给予了有力支持。

（1）结构与功能

DIS力的合成与分解实验器V2.0在结构上应用了力传感器和角度传感器。如图3-7-10所示，两个力传感器分别安装在各自的支撑杆上，其背后装有角度传感器，并与力传感器联动（图3-7-11）。实验器通过力传感器和角度传感器自动测量实验所需的全部数据，由计算机软件

第三章 DIS顶峰攀登

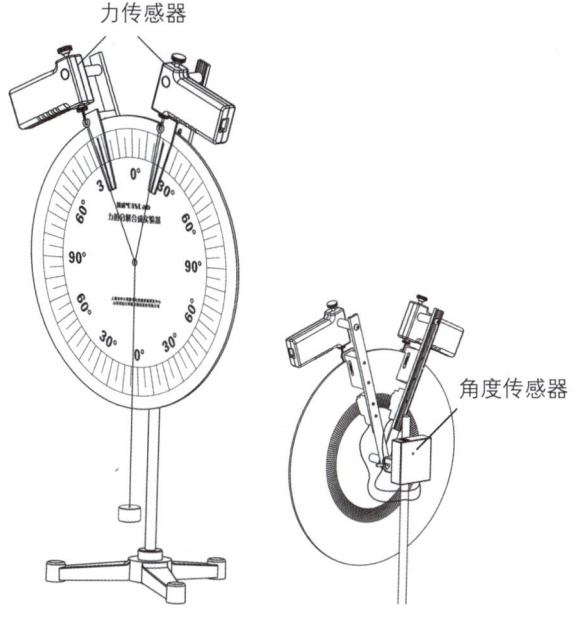

图3-7-10 DIS力的合成与分解实验器V2.0　　图3-7-11 角度传感器与力传感器联动

自动显示并保存分析此数据。该实验器省去读数、画图等人工操作，特别是能动态显示两共点力合成的平行四边形法则，实验数据计数准确，精度高，实验效率大幅度提高，为学生深入探究力的合成和分解知识提供了时间和空间。

（2）创新点

将角度传感器引入该实验器是一个重要创新。角度传感器通过角度测量元件（电位器和光电数码盘等），测量角度变化，通过电路将角度的变化信号转变为电信号，并输出角度值。

（3）实验应用

DIS力的合成与分解实验器可进行力的合成和分解等多个实验。

① 力的合成实验

两只力传感器和两只角度传感器分别与外部的数据采集器连接，将两只力传感器的挂钩指向刻度盘的圆心，

复合传感器——DIS的未来研发方向：

"力/倾角"传感器是DIS智能力盘的基础。这个传感器的研发成功给了研发中心一个有力的启示——开发能够并行测量相关物理量的复合传感器，可以显著提高仪器的测量效率，方便用户使用，尤其能够揭示相关物理量之间的内在关联，比如"温度/压强""温度/湿度""温度/露点""电流/电压"等。这种复合传感器应该成为DIS下一步研发的重点。

在挂钩上各拴一线绳，两线绳的另一端在刻度盘的圆心处打结拴在一起，于两线绳的正下方引出另一线绳并挂一定质量的砝码。当转动调节两个支撑杆时，两只力传感器和两只角度传感器将同时检测到相应的力数值和角度值，由数据采集器采集实验测得的角度值和力数值后在计算机软件里自动显示并保存，利用计算机软件里数据处理等功能进行分析实验数据，从而验证共点力的合成的平行四边形法则。

② 力的分解实验

两只力传感器和两只角度传感器分别与外部的数据采集器连接，调整支撑杆的固定方向，将两只力传感器的挂钩用T型滚轴代替，用已知质量的物块放在两只力传感器的滚轴上，使力传感器的T型滚轴指向物块重心的方向。两只力传感器和两只角度传感器将同时检测到相应的力数值和角度值，由数据采集器采集实验测得的角度值和力数值后在计算机软件里自动显示并保存，利用计算机软件里数据处理等功能进行分析，从而验证共点力的分解同样遵循力的平行四边形法则。

（4）评价与反思

DIS力的合成与分解实验器V2.0虽然解决了力与角度的自动测量问题，但毕竟是根据用户的要求仓促定制而成，和产品相比，定制品明显缺乏系统规划和设计，应付教学比赛绰绰有余，而合理性、可靠性都显不足。而且由于角度传感器与力传感器分别测量，实验中需要同时接插四只传感器，且必须事先分清力传感器与角度传感器的对应关系，操作相对复杂。

因此，尽管该实验器已经完成研发，但是一直没有批量生产。

四、DIS智能力盘的研发

笔者凭借多年的物理实验教学经验，早已认识到力的合成与分解实验对于学生了解和掌握"矢量"概念的重要意义。因此,对使用传感器及相关信息技术彻底解决力的合成与分解实验的追求一直没有停止。

功夫不负有心人。在笔者的策划之下,研发中心的工程技术人员终于研制出了能够实时测量力的大小及其方向的复合传感器——"力/倾角传感器"。其实,这也只不过是加速度传感器在武装了苹果手机等智能化设备之后向教学仪器的又一次"移用"。但即便是"移用",在中国教学仪器行业也属创新之举,且终于使得笔者多年的设想得偿所愿——"智能力盘"(图3-7-12)得以问世。

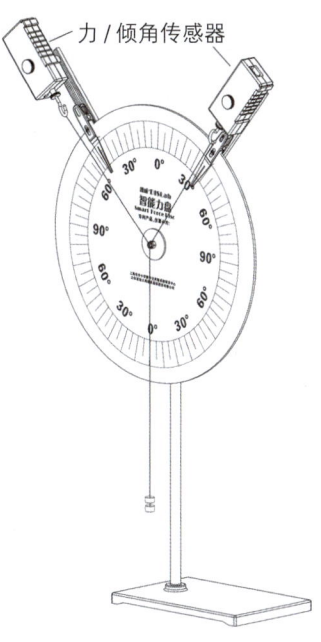

图3-7-12　智能力盘

1. 结构与功能

智能力盘的研发,主要是通过"力/倾角传感器"的研发成功,解决了在竖直方向上同时测量力的大小及其角度的问题。这是"智能化"的传感器催生了"智能化"的力盘。

如图3-7-12所示,智能力盘的圆心处安装有两个能够绕力盘圆心转动的力臂,力臂上均安装有"力/倾角传感器",三根细绳的一端打结在一起,打结点位于力盘的圆心处。两根线绳的另一端分别与一个"力/倾角传感器"连接,第三根线绳的另一端悬挂钩码,两个"力/倾角传感器"均与数据采集器通过通讯线连接,数据采集器通过通讯线与计算机连接。计算机上显示出共点力的大小及共点力之间的角度数据,并在图像中描绘出两个共点力与其合力的平行四边形图线(图3-7-13)。

DIS 上海创造——数字化实验系统研发纪实

一物多用——创新结构赋予DIS智能力盘全新的功能：

一物多用是笔者一直坚持的实验教学理念，目的是提高实验仪器设备的使用效率，同时通过对同一件仪器设备的功能挖掘，向学生展示一种扩展、发散的创新思想。但是，一物多用是有前提的。没有适合的结构，很多仪器设备就难以跟很多具体的需求建立接口，一物多用也就成了空话。就DIS智能力盘来说，研发中心在设计之初就充分考虑了其多种多样的实验应用，并基于上述应用需求对该实验器的结构进行了反推式设计，保证了其应用的灵活性和扩展性。本文中涉及的这么多实验，就是对DIS智能力盘一物多用功能的展示。

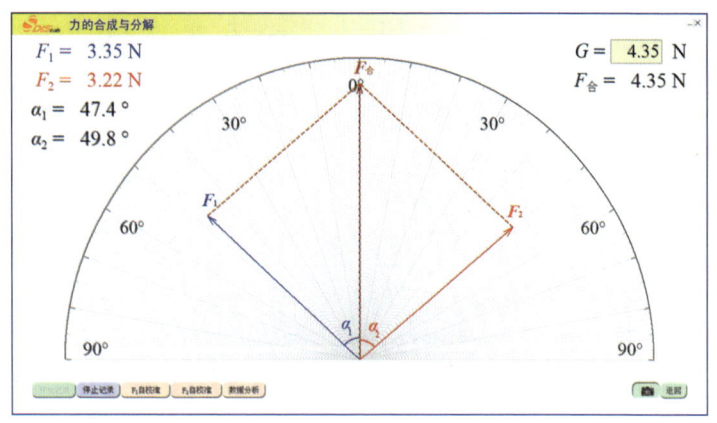

图3-7-13　图像中描绘出两个共点力与其合力的平行四边形图线

2. 实验说明

（1）力的合成

实验时把钩码的重力输入计算机，即可与其合力进行比较，若其重力与合力图线重合则可验证共点力合成的平行四边形法则。

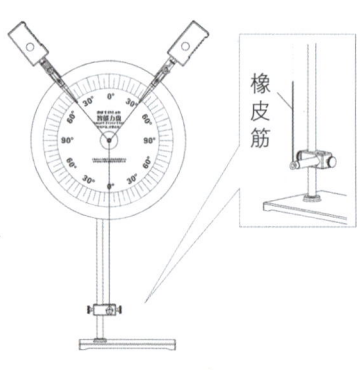

图3-7-14　用橡皮筋代替钩码做实验

用橡皮筋替代钩码做实验（图3-7-14），仍用两个"力/倾角传感器"互成角度拉细线绳，使橡皮筋伸长到某一位置，然后再用一个"力/倾角传感器"拉细绳套，使橡皮筋伸长到同样位置。对比前后测量的数据，亦可验证共点力合成的平行四边形法则。

更为关键的是，在实验时可通过改变两个分力在力盘上的位置，能动态研究共点力中的合力、分力以及合力与分力之间的角度关系，从而验证力的平行四边形法则。这是对传统实验手段，包括对"DIS力的合成与分解实验器V2.0"的突破。这也为学生在动态环境下全面认识"矢量"的特性提供了有力的支持。

实验开始前,应对DIS智能力盘的"力/倾角传感器"进行自校正,以减小因力臂处在不同位置时应变计自重对实验结果产生的影响。

(2)力的分解

前文已述,作为力的合成的逆运算,力的分解理解起来没有力的合成那样容易。学生对一个已知力分解为两个分力时,常知其然不知其所以然。因此教学中急需直观形象的演示实验,从具体的实例入手让学生建立分力的概念,认识被分解力的作用效果。灵活运用DIS智能力盘,即可实现此目标。

图3-7-15显示的是笔者作为教师曾经拿来让学生进行力的分解分析的几道典型例题,这些例题也经常出现在不同类型的考试之中。根据笔者的经验,学生初次面对上述例题,经常表现出困惑或不解。其原因就在于在

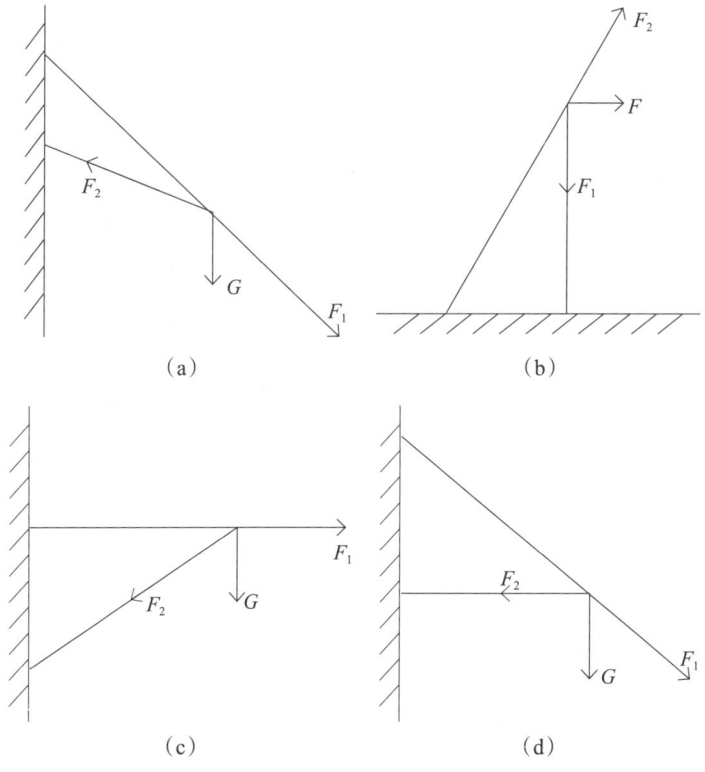

图3-7-15 力的分解典型例题

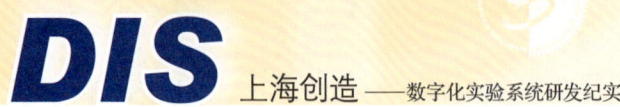

还没有完全认清力的"矢量"特征的时候,缺乏对包括力的分解在内的物体受力分析能力。

给DIS智能力盘添加一些附件,即可构造出上述例题对应的真实物理情境,并通过实时得出的实验数据,对学生的猜想予以验证。

图3-7-16展现了基于DIS智能力盘及添加的硬支撑、滑轮等附件,及与图3-7-16所示例题逐一对应的实验验证方案。相信这些实验足以起到良好的"解惑"作用,让学生顺利突破力的分解这个认知屏障。

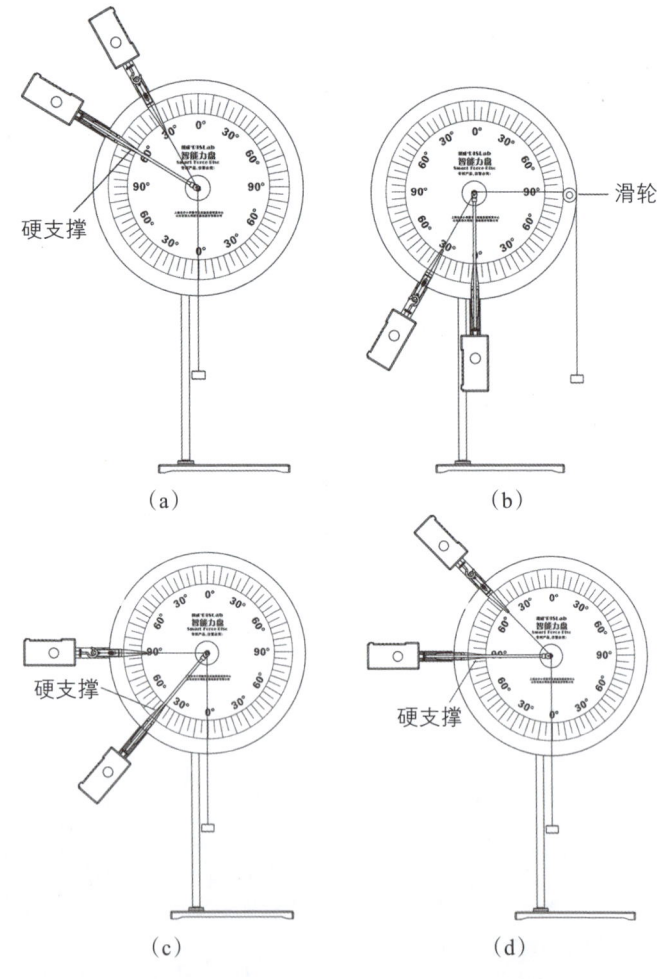

图3-7-16 DIS智能力盘及添加的硬支撑、滑轮等附件

而增加了"T形支撑"等附件之后，DIS智能力盘更显示出了足以替代斜面上力的分解实验器的卓越功能。如图3-7-17所示，智能力盘灵活的设置功能可以构造出比斜面上力的分解实验器更多的精彩实验。

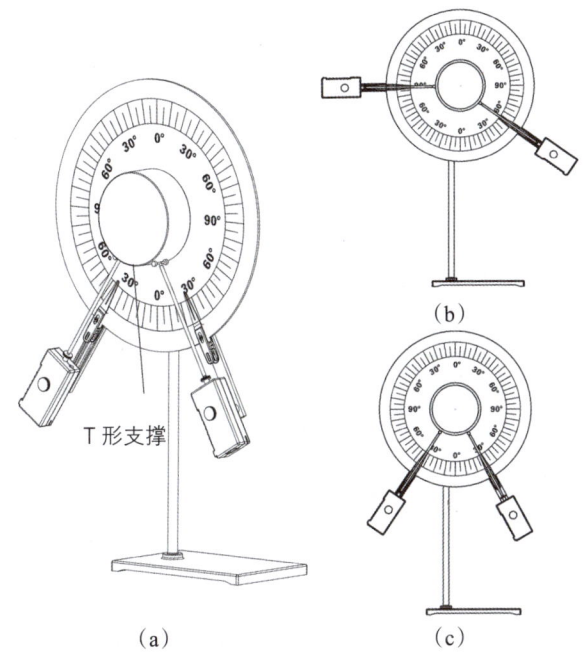

图3-7-17　智能力盘灵活的设置功能

（3）扩展应用

在研发样品的使用过程中，有的老师还别出心裁地将DIS智能力盘应用于拱形桥、楔形砖块等实验的演示（图3-7-18）。

还有老师提议：再增加一个"力/倾角传感器"，用橡皮筋与圆心结点连接，即可直接动态显示力的合成与分解等实验。这些建议都已经被

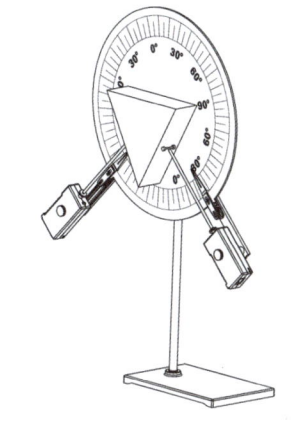

图3-7-18　DIS智能力盘用于楔形砖块实验演示

信息时代的"舍得"观：

直到今天，我们仍然会听到本文撰写之时那样的对DIS的异议——计算机的引入，会对学生能力的培养产生弱化。当然，说这话的专家们都无一例外地手握智能手机。在笔者看来，在信息技术时代，有必要重塑一下很多人的"舍得"观。强化是跟弱化相对的，获得是跟舍弃并存的。舍和得构成了我们贯穿一生的选项。没有舍，就没有得。对于教育工作者来说，取舍的原则很简单，就是"保障学生的终生发展"。

纳入了研发中心的拓展研究计划。

其实，DIS智能力盘的扩展应用充分体现了"教无定法"的教学艺术准则。能够被更多的教师用于自己个性化的教学实践，说明DIS智能力盘正在向可靠的通用型工具方向发展——通用型工具的特点就是忠实地服务于使用者本身，而这也正是研发中心的期望。

五、研发后记

DIS智能力盘的研制，也引起了某些异议，如引入计算机的自动绘图功能，会弱化学生的绘图能力。

其实，当计算机作图替代手工操作的时候，并没有取消学生的动手操作。相反，学生获得了可以不断改变实验条件并实时获得实验结果的能力。比如，改变分力的角度和大小，对比相应的实验结果，这都是对关键知识点的不断加深和强化。这也为学生的自主学习和自主探究奠定了坚实的工具基础。

著名物理教学专家、广西师范大学罗兴凯教授曾经说过："由于数据的采集、处理和图像描述都可实时进行，这样的系统用于学生实验室实验，不仅可使学生从读记数据和图线绘制等烦琐费时的简单劳动中解脱出来，而且可以使学生得到实时的反馈信息，有利于他们真正理解测量数据所表达的意义。他们也有时间和可能对实验条件进行更多的改变并及时得到相应的结果，这样就能进行许多更深入的分析和讨论，从而提高实验室学习过程的质量。"

DIS智能力盘的研发，就是研发中心沿着罗教授所指出的方向，为物理教学的改革所做出的扎实有效的贡献之一。

第八节　DIS二力平衡实验器的研发历程

一、研发背景

二力平衡是初中学生学习物理时第一次将运动和力联系起来的关键知识点。《上海市中学物理课程标准(试行稿)》对该知识点的要求是：巩固力和力的图示的知识；加深对使用测力计测量力的大小的理解；又为学习液体压强和阿基米德原理做准备。鉴于初中物理没有涉及"牛顿三定律"，二力平衡的概念又相对抽象，因此上海二期课改教材把"二力平衡条件"作为"运动和力"一章的重点内容，并安排了"用DIS探究二力平衡"的学生实验。

二、有关二力平衡条件的实验

二力平衡作为一个必做实验，在多种版本教材和实验参考资料中被广泛提及。以下就是老师们摸索出来的多种实验方法的汇总。

1. 小车实验

如图3-8-1所示，小车两端挂有细绳，细绳绕过滑轮，下端各悬吊质量相等的小盘和砝码。小车受到同一直线上方向相反的两个拉力。实验表明，当两个盘中的砝码质量相等，也就是F_1和F_2大小相等时，小车保持静止。可见，作用在一个物体上的两个力，如果在同一直线上大小相等、方向相反，这两个力就平衡。

此实验显示小车的平衡直观形象，但小车除受到拉力F_1和F_2外，还受到重力和桌面的支持力，这两个彼此平衡，但对小车在水平方向上的运动无影响。教学中虽有教师这样提示，但对初中生的认知仍知会产生一定的干扰。

越简单,越复杂：

这句看起来自相矛盾的话其实应该扩展为——越是看起来简单的科学原理，验证起来往往越复杂。原因何在？简单的原理是科学家对大量纷繁芜杂的现象的高度抽象，是一种理想化的归纳性思维的成果，而且往往不是通过实验数据的积累和总结完成的。这就给这些科学原理的实验验证带来了极大的挑战，尤其是在排除干扰，建立与原理对应的理想模型方面。

本文涉及的二力平衡原理可以说是牛顿第三定律的一个变形说法，是初中物理在没有导入牛顿第三定律之前，给学生提供的认知储备。从文字表述来看，二力平衡原理简单明晰。但其实验验证如上文所述，就要面临着排除干扰项、建立理想模型的巨大麻烦。

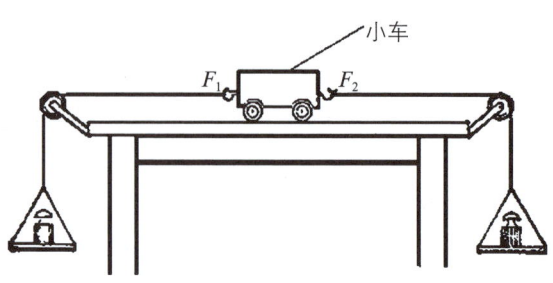

图 3-8-1 小车实验

2. 回形针实验

如图 3-8-2 所示,用两只相同的弹簧测力计将回形针(或圆环)按图钩住。用手把两个弹簧测力计在一条直线上朝相反方向拉开时,从弹簧测力计的示数可知两个拉力的大小。当回形针在两个拉力作用下处于静止状态,即达到平衡时,可发现两个测力计的示数相同。这说明物体同时受到两个力的作用,当它们的大小相等、方向相反且沿同一条直线上时,该物体处于平衡状态。

图 3-8-2 回形针实验

若演示时要使右边或左边的弹簧测力计示数变小,则物体将向左或向右做加速运动,否则回形针就会下垂,或使两边测力计读数同时减小。但由于是用肉眼观察,对测力计示数的动态变化情况较难把握。

实验中把研究物体改为轻质回形针,意在其重力可以忽略,使问题简化。可尽管如此,回形针的重力毕竟存在,硬性忽略会对此后讲授的"受力分析"内容产生不良影响。

在"简化模型,尽可能排除干扰项"的思想指导下,教师们开始倾向于选择只受到两个力——重力和拉力作用的实验场景。如图 3-8-3 所示,回形针在竖直方向上只受到两个力的作用：弹簧测力计对它的拉力和钩码对它的拉力（大小等于钩码的重力）。从实验可观察到：当回形针静止时，弹簧测力计的示数和钩码的重力相等，作用在回形针上的两个力平衡。

3. 悬浮平衡实验

为了拓展学生的思维，教学中还设计了一些不同性质力的平衡实验。图3-8-4是磁力和重力平衡的实验装置。取两块有孔的磁铁，其中一块磁铁放在有木柱的底座上，另一块也放进去，使两磁极相向面相同。这时会发现上面一块磁铁处于悬浮状态，当它静止时，它受到向下的重力和下面磁铁对它向上的斥力大小相等。把悬浮磁铁向下压，磁铁间的斥力增加，这时作用在悬浮磁铁上的斥力和它的重力不平衡，所以一放手就向上移动，直到两个力又处于平衡状态。

图3-8-5所示是显示浮力和重力平衡的实验装置。在泡沫塑料边缘四周每隔相同间距涂上颜色。演示时把泡沫塑料块放入水中，由于其密度小，浸入水中很浅，演示

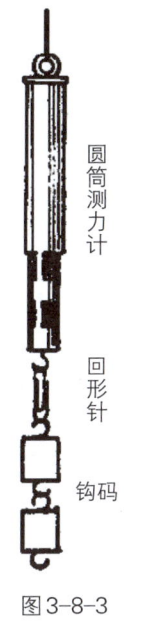

图3-8-3

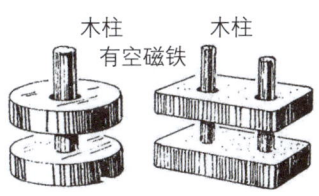

图3-8-4 磁力和重力平衡的实验装置示意图

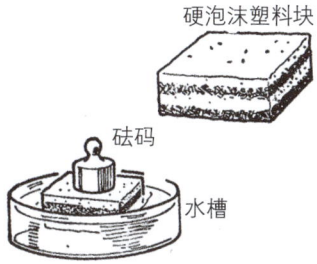

图3-8-5 浮力和重力平衡的实验装置示意图

吹毛求疵还是追求完美：

二力平衡实验在百多年前已有实践，本文中追述了相关的解决方案。但是为什么还要一而再、再而三地改进呢？原因很简单——教学专家并不满足于以前的实验方案。比如回形针实验，有人就指出回形针的重力影响对整个模型来说不可忽略；磁悬浮实验倒是可以彻底抛弃两物体之间的有形介质，但是又遇到了测量的问题——两个外观相同的磁铁具备完全相等的磁力吗？以此类推，水漂浮实验和机翼平衡实验都存在着这样或那样的瑕疵。因为不完美，所以要追求完美，这种思维方式构成了物理教学专家们不断改进二力平衡实验方法的原动力。有人认为这是吹毛求疵，但正是这种吹毛求疵，才确立了科学层面的精确，并在推动科学发展的同时树立了科学的严肃性。从这个角度出发，我们必须承认现实存在的缺陷，直面专家们的需求，以此为原动力，不断促进DIS

自身的发展。

逆向实验——破解验证难题的巧计：

中国古代兵法一直强调的"奇正相变"，其中蕴含着巨大的思维智慧。所谓"正"，指的是常规思路；所谓"奇"，指的则是非常规思路。只有将常规思路和非常规思路根据客观需要灵活地加以运用，才能够在大多数情况下（注意：需要避免各种绝对化的表述！）立于不败之地。在二力平衡实验验证的历史上，逆向实验虽然并非主流，但在笔者看来却是值得总结和发扬的。因为对于这样一个浅显易懂但又以常规办法难以排除干扰加以完美验证的科学原理来说，逆向实验却往往能够起到意想不到的效果。即便逆向方法最后也被确认不完美，我们也可以借此给学生灌输一种思维方式，让他们意识到：物理科学的研究中，也可以使用数学上常用的"反证法"。

时可忽略不计。在上面放上一砝码时，可观察到泡沫塑料块浸没到某一深度平衡。这时它受到砝码向下的压力和水对它向上的浮力，压力大小就等于砝码重力；浮力大小等于排开同体积的液体的重力。

当放上不同重力的砝码，泡沫塑料块浸没深度增加，直到砝码重力与水的浮力相平衡。

图3-8-6所示用薄木片制作两块翼肋，并以吹塑纸作蒙皮做成机翼。在其重心的轴线上穿两根细钢丝，其两端固定在支架上。把电风扇正对机翼的前方。当风扇转动时，由于空气流过机翼上方流速大压强小；流过机翼下方流速小压强大，这个压强差使机翼获得升力。当机翼在某一位置静止时，这时机翼的重力和升力平衡。

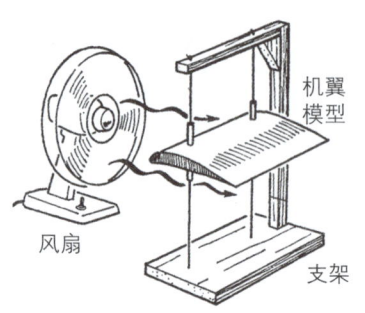

图3-8-6 机翼模拟装置

4. 逆向实验

一般教材中有关二力平衡实验，多为显示正面现象得到结论。图3-8-7所示实验由于有反面现象作背景，使正面现象从背景中衬托出来，在增加了实验的可信度的同时，凸显了二力平衡的条件。

在一张卡片纸两角穿上橡皮筋，并和木板对角线的两端固定的图钉连接［图3-8-7(a)］。实验时先将卡片纸拉至图3-8-7(b)所示处，这时所受二力虽在同一直线上，但从橡皮筋的伸长不同可知，卡片纸所受二力大小不等，松手后卡纸又回到平衡位置；将卡片纸移到图3-8-7(c)所示位置，可以看到两根橡皮筋不在同一条直线上，松开后卡片纸仍会回到平衡位置。

最后将卡片纸一剪为二［图3-8-7(d)］，平衡被破坏。从而进一步反向凸显二力平衡还有一个重要前提，即两个力一定要作用在同一物体上。

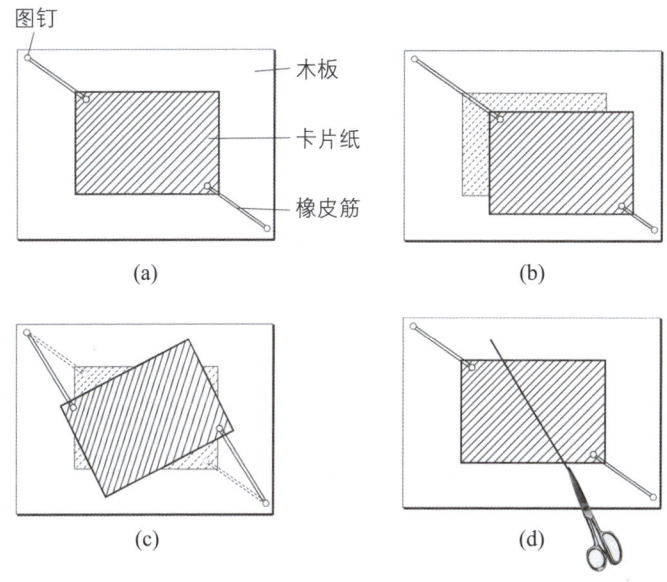

图 3-8-7　简易二力平衡实验

三、DIS二力平衡实验器的早期开发尝试

《上海市中学物理课程标准（试行稿）》规定：初中基础型课程有两个DIS学生实验，"用DIS探究二力平衡条件"就是其中之一。该实验要求学生根据实验目的参照简要的实验步骤，合理选择实验器材，完成观察、测量、验证和探究等任务，同时体现科学探究的要求。

传统教材只讲物体在二力作用下处于静止状态的平衡，对于在两个力或多个力作用下保持匀速直线运动状态，要在学习了运动和力的关系后再作补充。实验设计中一般对做匀速运动时的状态也未作深入研究。

而上海二期课改中学物理教材中在讲述力的平衡概念时，则明确指出"物体在两个力或几个力作用下保持静止或匀速直线运动状态，物理学中就称该物体处于平衡状态"。"静止或匀速直线运动状态"这个复合条件限定，无疑大大提升了对实验的要求。因为静止状态实现不难，而匀速直线运动作为物理学研究中的理想状态，实现

DIS 上海创造——数字化实验系统研发纪实

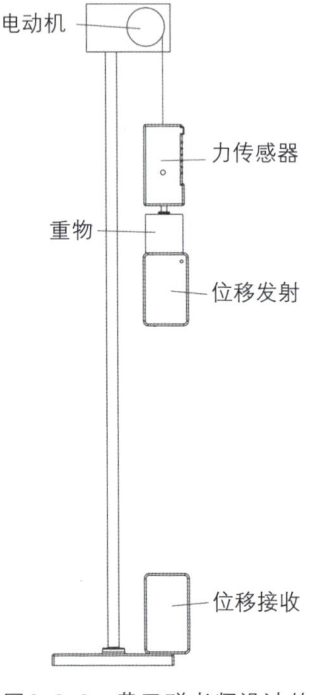

图3-8-8 黄卫群老师设计的实验装置

起来难度就非同一般了。

但也正是在新标准的高要求之下，DIS系统的"先进性、教学性和功能性（上海二期课改中学物理教材主编张越老师对DIS的评价）"才得以充分发挥。

2008年，上海南汇区（现浦东新区）黄卫群老师在全区展示了"二力平衡"一课时，首开了"用DIS探究二力平衡"的先例。

黄老师设计的实验装置如图3-8-8所示，力传感器上挂有重物，重物下端和位移传感器（发射端）相连作为研究对象，其受到力传感器的拉力和自身的重力。这个实验场景的选题延续了"简化模型、排除干扰项"的基本思路，而且使用DIS位移传感器来保证使受力物体满足"匀速直线运动"的条件。

实验中，当研究对象静止时，从力传感器记录的数据可知研究对象所受的拉力和其所受重力大小相等。当电动机匀速牵动实验装置时，从位移传感器记录的数据所绘出的 s-t 图可知，研究对象做匀速直线运动。在研究对象匀速上升时，受到的拉力大小等于其重力大小；同样当研究对象匀速下降时，受到的拉力大小等于其重力大小（图3-8-9）。由此得出，物体受到两个力的作用，做匀速直线运动时，这两个力大小相等，方向相反，作用在同一直线上。

黄老师的公开课证明：DIS不仅提升了实验精度和对实验结果分析处理的效率，还凭借多指标、多参数的测

第三章
DIS顶峰攀登

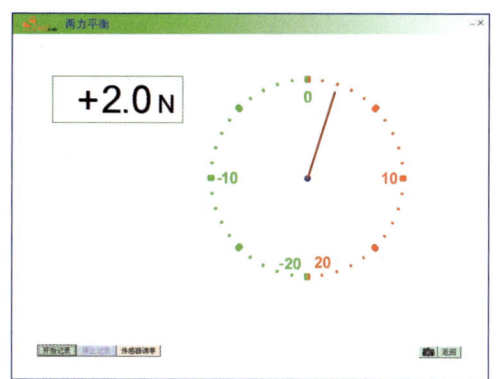

图3-8-9 研究对象匀速下降时受到的拉力大小等于其重力大小

量功能满足了相对"苛刻"的理想化实验条件。在实验过程中,学生亲自参与,动手操作,充分发挥了DIS系统借助计算机采集、处理数据的优势,反复尝试并感受和体验,形成并加深了对二力平衡概念的认识和理解。同时,DIS也显著提升了学生使用计算机获取信息、收集数据、展示结论等方面的能力。黄卫群老师的创意和尝试不仅使听课老师感受到信息技术与物理教学整合的优势,也填补了初中物理使用DIS进行实验教学的空白,同时还促使中心研发出了DIS二力平衡实验器的雏形。

四、针对DIS二力平衡实验器的深入研究

黄卫群老师的实验设计尽管充分调动了DIS的各项功能,使用力传感器显示受力状况,使用位移传感器监测运动状况,但毕竟属于"临时搭建",仅构造了一个二力平衡实验器的雏形。尤其是在格外"较真"的物理教师面前,运动是否"匀速"就引起了一定的争议。大家对"匀速"的追求来自大脑中的理想模型,并将其作为衡量实验成功与否的重要标准,殊不知现实中若想实现"匀速",又何其难也。

研发中心当然深知课程标准编写的良苦用心——之所以明确指出要用DIS做此实验,就是要用现代技术建立接近理想的实验模型。在完成了对黄卫群老师的公开课支持之后,研发中心通过对"动力源"的研究,在构造理

> 不要让不完美阻碍了有益的尝试:
>
> 只要是尝试,就不可能完美;要想追求完美,必须立足于反复尝试并要做好面对失败和挫折的准备。研发中心利用DIS技术针对二力平衡实验的研究过程正是起步于不完美的方案。但客观上说,正是因为当时的不完美,才造就了随后的逐步完美。因此,我们在经历了DIS

DIS 上海创造——数字化实验系统研发纪实

的十六年研发之后,更加深刻地认识到:切不可因为追求完美而停止尝试。尝试尽管难以保证完美,但却是通向完美的必由之路。

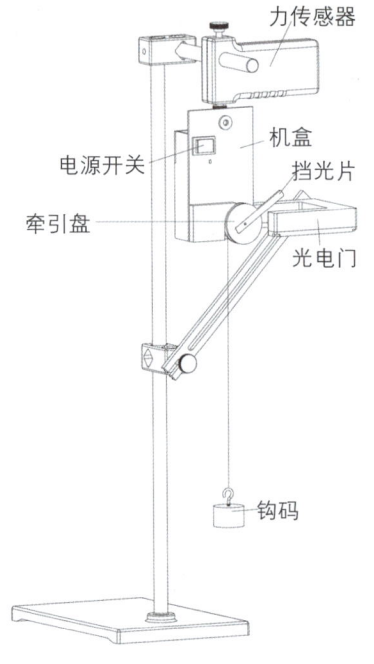

图3-8-10 DIS二力平衡实验器

想的匀速动力源方面又向前迈进了一步。所形成的成果见图3-8-10。

如图3-8-10所示,力传感器固定在支架上,其测力挂钩与装有动力源——调速电机的机盒相连。调速电机带动牵引盘。当其转动时,可牵引重物上下移动,同时牵引盘上的挡光片通过光电门传感器挡光,可测出牵引盘转动一周所需的时间。机盒上的换向开关能控制电动机转向,以使钩码向上或向下运动。软件提供了两种实验界面(图3-8-11)。

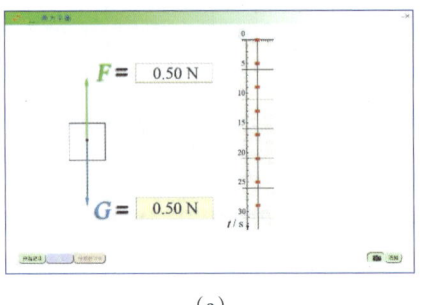

(a)

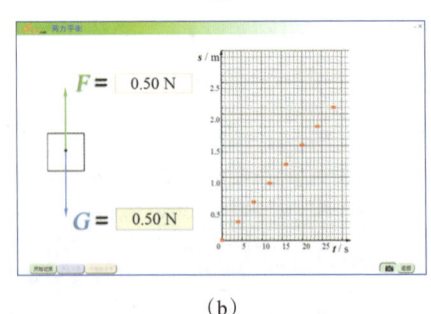

(b)

图3-8-11 DIS二力平衡实验软件的两种界面

实验界面中，G 为钩码的重力，F 为力传感器测量的拉力。实验前，先将力传感器调零，然后挂上钩码。在静止的状态下比较拉力和钩码重力的大小。打开牵引盘的电源开关使其带动钩码向上或向下运动，牵引盘上的挡光片每经过一次光电门传感器，就会在图 3-8-11（a）右侧的坐标系中记录下一点。在图 3-8-11（a）中，若各点的间距相同，则说明钩码运动相同距离（牵引盘的运动周长）所用时间相同，那么钩码所做的即为匀速直线运动，此时比较拉力和钩码重力的大小。图 3-8-11（b）右侧为 s–t 图，若各点连线为过原点的直线，则说明钩码所做的即为匀速直线运动，此时再比较拉力和钩码重力的大小。两种软件显示方式不同，老师可根据教学需求任意选用。

此实验器经多次教学实践，大多教师认为能满足实验要求，但也发现了若干不足之处：（1）按动换向开关时会影响力传感器的数值。（2）当电动机牵引较重钩码时，难以保持匀速运动。（3）牵引盘上挡光片过少，实验界面上的数据点间隔较大。

尽管上述"不足"并不能掩盖该版本二力平衡实验器的优势，但毕竟和大家头脑中的"理想模型"尚存距离。为此，研发中心打算继续引入先进的技术来对实验器进行改造，借助技术实现"理想"。

五、DIS 二力平衡实验器的最终定型

图 3-8-12 所示为改进后的实验器。其外形与前者相似，做出了以下改动：

（1）把电动机改为步进电机。由于步进电机可实施电子调速，在额定功率内负载对速度影响较小。

（2）将单挡光片改为包含多挡光片的挡光轮，以增加测速数据点的密度。

依然不完美，所以有希望——DIS 二力平衡实验器的未来：

看起来，本文介绍的 DIS 二力平衡实验器（定型方案）已经比较完善了。但从教学要求和工程学实践来说，这个实验器其实离完美尚有距离。首先是对于"匀速"这一苛刻的标准来说，只能接近而永远无法真正实现；其次，以"匀速"为标准，在确保实验设备的一致性方面，始终存在着巨大的压力——任何零部件都会呈现统计意义上的离散性，甚至供电环境的波动也会对实验精度带来诸多干扰。对此，我们并没有气馁，而是更加乐观：正因为这些不完美的存在，我们的设备还有改进的潜力，我们的任务和使命也还远远没有完结。

DIS 上海创造——数字化实验系统研发纪实

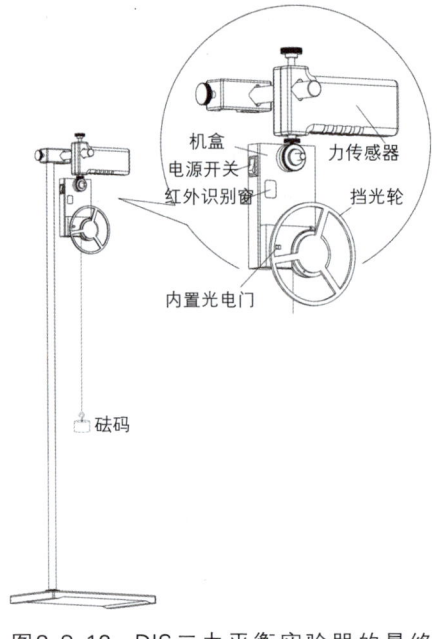

（3）原来外置的光电门传感器改为内置在机盒内。

（4）利用红外遥控器替代了手动换向开关，避免了调整时触动机盒，消除了对力测量的影响。

图3-8-13为其结构原理方框图。实验时软件界面上显示出的点迹及在 s-t 图上运动的图线见图3-8-11。

图3-8-12 DIS二力平衡实验器的最终定型

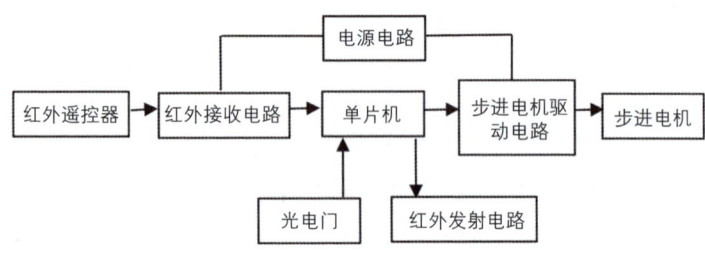

3-8-13 DIS二力平衡实验器结构原理方框图

二力平衡实验器定型后，闸北区（现为静安区）的刘汉章老师借助该实验器上了一节教学研究课。课上，学生真切感受到物体匀速向上或向下运动时两力仍保持相等。课后，出于惊奇，同时还有感悟，学生给予的评价是：DIS实验为我们提供了在探索中求证的手段。

DIS二力平衡实验器不仅能显示静止或匀速时二力的平衡，而且在力传感器和光电门传感器的支持下，还能实时显示运动状态变化时两力不平衡的瞬时状态。这无疑为学生提供了潜在的物理信息，为随后进行深入探究进而学习高中有关内容打下了基础。

六、研发后记

与研发中心的其他成果相仿，DIS二力平衡实验器的开发和完善乃至最终定型体现了围绕教学要求，引入先进技术，通过技术来构建理想物理模型的"普适"的研发思路。

具体到该实验器，先后引进的技术有传感器技术、计算机技术和电机技术。这些技术在引进过程中也是由易到难、逐步升级，最终较好地完成了上海二期课改中学物理课标组、教材组交给研发中心的任务，获得了良好的教学实践效果。

长期以来，新技术引入实验教学往往面临看不见摸不着但又实实在在的阻力——要"保持传统"。保持传统本身没有错，只有让学生了解物理学的历史，才能够把握物理学的现在。但最终，物理教学的目的是为了让一代新人去开创物理学的未来。死抱着实验的传统手段怎么能够成就物理学的发展和进步呢？以"上帝粒子"——希格斯–玻色子的发现这个当代物理学最重要的实验发现为例，如果没有日内瓦大山深处的大型强子对撞机这个新生事物，我们怎么获得对撞的结果？如果没有计算机和无数个传感器构成的精密探测网，我们如何衡量实验效果？如何能测量得出其碰撞的能量区间并判断实验的置信度？当代物理学的发展已充分证明：没有新技术提升实验手段，物理学的新理论就得不到验证，物理学就会停滞不前。

也许有人会说：那是最尖端、最前沿的科学研究，我们是中学物理教学，要求不同，手段当然不一样。说这些的人显然没有理解中学物理教学的根本目标。中学物理教学，除了"授业、解惑"，还要"传道"。而物理学的

"道"，就是对新知识、新理论、新方法乃至新境界的不断追求。说到底，就是创新和创造。不论接受中学物理教育的学生以后是否从事物理学研究，中学物理教学均以培养学生的创新精神、掌握必要的技术手段、形成创新方法为根本目标。认识到这一点，才能够使教育回归"育人"的本质。

的确，我们不能指望把对撞机引入中学物理。但所有现在设计、操作对撞机实验的工作人员都接受过中学物理教育，如果他们的中学物理教育都仅介绍传统实验方法并以此为圭臬，而不借助新的实验手段和方法培养他们借助新技术解决新问题的创新精神，怎能指望他们服务于社会时就能够大展宏图呢？有人说"技术"几乎从来都不是问题，当你有需要时，技术就会向你招手，关键是如何发现新的需要。这句话本身没错，但却也忽略了一个重要的问题：新技术时刻围绕着我们，其导入和应用也并非难事，关键是我们有没有引入新技术的勇气，有没有形成使用新技术的习惯，最为根本的是：我们有没有认识到新技术对于中学物理实验教学的巨大价值。

第九节　DIS光电轨道系统的攀登之路

测量——物理学教育的基础：

近代物理学被引入中国后，曾经被称为"格致学""形性学"，但最终借鉴日语，遂定为"物理学"。从上述命名方式来看，窃以为"形性学"和"物理学"属于目标命名法——

一、研发背景

从运动物体的测量谈起

尽管海森堡的"测不准原理"已经成为量子力学的代名词并被广泛传播，但中学物理教学所涉及的力学主要还是牛顿经典力学，即所谓"低速状态"。因此还是要精确把握运动物体的位置与时间的对应关系，并以此导出物体的运动规律。

各版本中学物理教材不约而同地将物体运动规律的

研究作为开篇之作,其原因大概有三:

(1) 导入物理思想——以"时空信息",即运动物体所达到的空间位置和该位置对应的时间作为运动物体的核心属性加以研究,并将这两者的关系,即"时空关系"作为今后物理学研究的基础。

(2) 导入物理方法——测量和实验是获取运动物体的"时空信息"、研究"时空关系"的基础,同时也是物理学研究的基本方法。

(3) 导入测量和实验手段——了解获取运动物体"时空信息"所用仪器的原理、性能和使用规律,对于刚开始学习物理的中学生具有特殊的意义。

下面即从运动物体时空信息的测量和实验开始,回溯了测量和实验方法的发展,并以此为基础展示研发中心在将数字化实验技术引入该领域后所取得的一系列成果。

二、中学物理教学领域"时空信息"测量和实验方法的发展

中学物理教学中研究"时空信息"可根据实验方法的不同,分为按时间定位置(按时定位)、按位置定时间(按位定时)和时间位置同时确定(时位同定)三大类。

1. 按时间定位置

这是根据事先设定的时间信息,来记录运动物体空间位置的实验方法。代表性的案例是使用节拍器研究物体的运动。

最早的节拍器是水漏,而历史上最著名的"节拍器"则是伽利略的心脏。据说当年伽利略就是靠着他那颗规律跳动的心脏,通过观察得出了单摆的等时性定律。随着钟表技术的发展,出现了专用的机械节拍器(图3-9-1)、电子节拍器。

图3-9-2所示为用电子节拍器研究匀速直线运动的

体现一个学科的研究目标,而"格致学"则属于过程命名法——突出这个学科的研究过程与研究方法。因此,窃以为尽管两种命名方法各有千秋,但后者在促进学习者的行动方面略胜一筹。而物理学习者的行动,就始自测量。

有人说难道实验不才是物理的基础吗?是的。但即便是实验,也是以测量为基础的。从古埃及时代人类最早的大地测量,到古希腊时期阿基米德的浮力测量,再到牛顿时代的万有引力测量和现代的引力波测量,无数测量构成了实验的基础,并最终构建了物理学的大厦。

本文所涉及的,就是学生在学习物理的过程中一个重要飞跃——从质量、长度等静态物理量的测量过渡到速度、时间等动态物理量的测量。测量对象的变化,不仅对应着测量手段的升级,更意味着学生思维必须发生根本性的转换。而这种转换,正是本文的重点——通过测量手段和测量对象的动

静交替，衍生出测量运动的各种方法。让学生理解这些方法背后的原理并熟练掌握这些方法的运用技巧，是物理教育的重要目标之一。

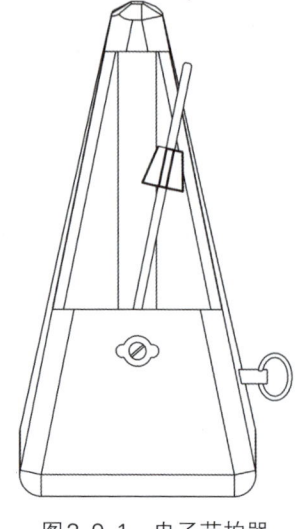
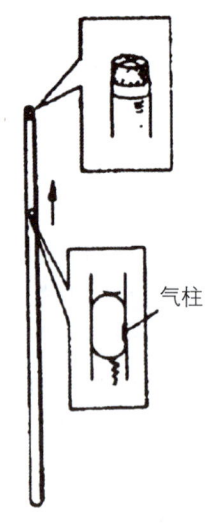

图3-9-1　电子节拍器　　图3-9-2　用节拍器研究匀速直线运动的实验装置

实验装置。取一根长的玻璃管，内装机油或植物油，留出一段空气柱，两端封闭。演示时，把玻璃管竖直倒立过来，观察气柱在管中上升的运动。根据节拍声，用记号笔在管壁上画记号，最后用刻度尺测量在相同时间内气柱通过的距离。结果发现这些距离基本上是相同的，由此说明空气柱的运动是匀速直线运动。这种按时定位的方法虽然比较粗糙，且只能用于缓慢运动的研究，但也不失为一种简便可行的实验方法。

2. 按位置定时间

根据预先确定的运动物体经过的路径（空间位置），以及经过该路径的时刻来研究其运动的实验方法。常用的有秒表（图3-9-3）和演示秒表（图3-9-4）。

秒表一般用于学生实验，用于确定运动物体的起点和终点位置，当运动物体在起点和到达终点位置时分别按动秒表，即能确定运动物体所经过的时间。

课堂演示要求秒表的可见度足够大。演示秒表（图3-9-4）不但可见度大，而且根据演示要求具有启动、结束

第三章
DIS顶峰攀登

图3-9-3 常用秒表

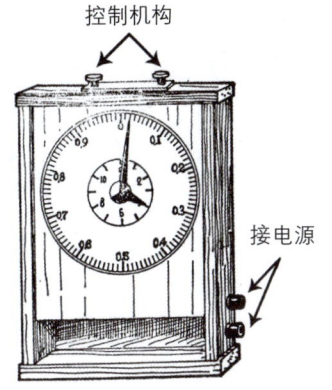

图3-9-4 演示秒表

DIS介入运动测量——精度取胜：

上海的物理教师在谈到DIS的时候，经常引用一个"典故"：DIS使得打点计时器成了一个传说。要知道，打点计时器至今仍是某些版本的高中物理教材中进行运动测量的标配，在十几年前更是全国范围内研究加速度的"神器"。DIS怎么就能让这一"神器"成为传说了呢？原因就是DIS在2002年开创之处引入的光电门和分体式位移传感器，凭借远超打点计时器的精度值，一举让"神器"走下了"神坛"。

其实在教学过程中，要向学生阐明光电门和分体式位移传感器的原理，比让学生了解打点计时器的原理，也简单不到哪里去。但物理老师们对实验精度的执着追求还是战胜了他们的思维惯性——DIS光电门测量时间可以达到亚微秒级的精度，分体式位移传感器也可以将位移的测量精度控制在毫米级。于是，十多年之后，打点计时器已经远离了学

以及自动控制的功能。

3. 同时确定时间和位置

这是指在记录时间的同时，记录运动物体空间位置的实验方法。常用的器材有闪光照相机和打点计时器。由机械或电子定时方法控制上述装置，在照片上得到运动物体的影像或在记录纸上打下点，这不仅反映了物体所处的位置，而且还包含有与这些位置相对应的时间信息。

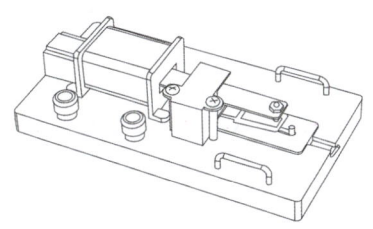

图3-9-5 电磁打点计时器

中学实验室普遍使用的是电磁打点计时器（图3-9-5）。但使用时打点针对纸带的运动会有影响，往往造成的实验误差较大。这也迫使动手能力较强的老师围绕如何打点改进出了"液滴打点计时装置"（图3-9-6）。

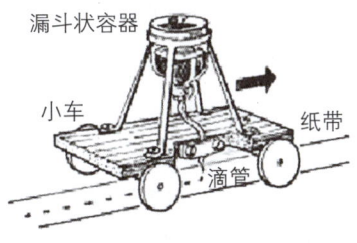

图3-9-6 液滴打点计时装置

另有一种电火花打点计时器，可记录运动物体在一定时间间隔内的位移。由于这种打点器利用50 Hz、近

生分组实验,演变成了一个实验历史上的传说。

5 kV脉冲高压,会把纸击穿,并在纸带上留下点迹。和电磁打点计时器相比,它不会因打点对纸带的运动产生阻力。

三、光电门传感器——测量时空信息的有力工具

1. 结构和原理

广泛应用于工业自动控制领域的光电门传感器采用的就是按位置定时间的方法,因此DIS实验系统也引入了光电门传感器。

该传感器的门式结构如图3-9-7所示。工作原理如下:采用光电管A、B,A管发射红外线,B管接收红外线;A、B间无挡光物体时,电路断开;有物体挡光时电路接通。这样当运动物体经过时就可测出挡光时间。测量时只要在需要研究的位置上装上光电门传感器,在运动物体上插上宽度一定的挡光片,当运动物体经过光电门传感器时,即可根据挡光片的宽度和测得的挡光时间,计算出物体通过光电门所在位置的速度。

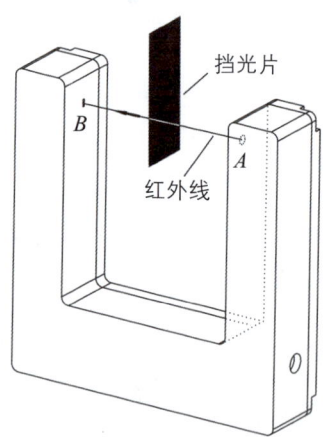

图3-9-7 光电门传感器

2. 教学应用

光电门原理简单、用途广泛,而且可以根据不同使用要求进行多种变形。

图3-9-8所示的是上海二期课改高中物理教材采用光电门传感器测量瞬时速度的实验装置。倾斜的轨道上固定有光电门传感器,小车从轨道同一位置由静止开始下滑。依次将不同宽度的挡光片插在小车上,根据不同挡光片通过光电门传感器的时间,可测出小车通过光电

第三章 DIS顶峰攀登

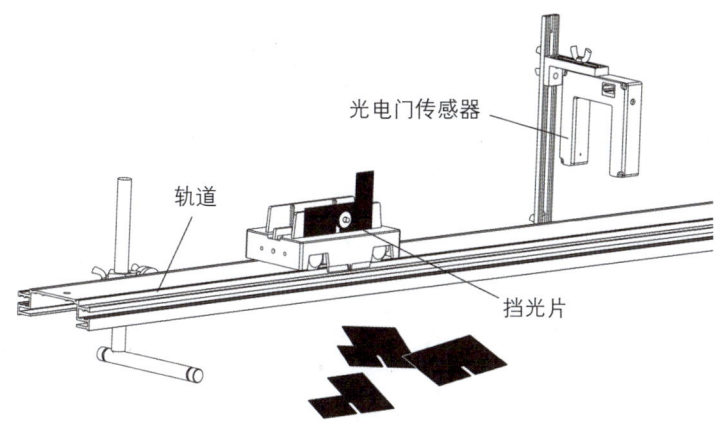

图3-9-8　采用光电门传感器测量瞬时速度的实验装置

门时的速度。从实验数据分析可知，挡光片的宽度逐渐减小时，测量的速度值越来越接近小车经过光电门所在位置的瞬时速度。

3. 应用扩展

单个光电门传感器只能用于测量物体运动到某一特定位置时的时空信息。如果需要研究物体的运动过程，按照直线型的思维方式，恐怕要使用多个传感器，甚至如某些老师所设想的：需要构造一个"光电门阵列"。这当然是典型的机械思维方式。

击破"光电门阵列"这种机械思维的是简单的"置换思维"：与其增加测量端，不如改变运动物体！只要把图3-9-8所示的单点式挡光片变成连续的挡光条，不就可以实现使用一个光电门测量物体的整个运动过程了吗？

"置换思维"虽然简单，但却是具有颠覆性的创造力。其结果是"栅式挡光片"（图3-9-9）和"柔性挡光带"（图3-9-10）的出现。

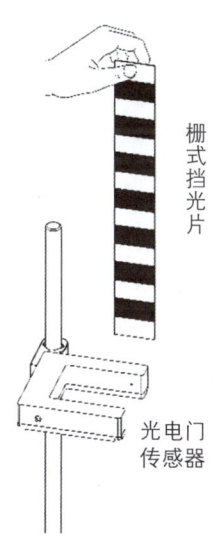

图3-9-9　栅式挡光片工作原理

动静转换——DIS的成功来自物理学的智慧：

在物理学发展的历程中，"等效替代"始终是一个重要思想。当我们无法测量A物体的性质时，我们借助可以被测量的B物体与A物体之间的关系，论证测量B就等于测量A，然后通过测量B最终实现对A的测量。在上海二期课改高中物理教材的编写过程中，张越主编就曾经多次使用"等效替代法"解决实验设计的难题。而研发中心遵照张越老师的设计，也取得了实验仪器和设备方面的诸多创新成果，可以说受益匪浅。在运动测量方面，DIS系统多次在"被测物体动而测量

DIS 上海创造——数字化实验系统研发纪实

仪器静"和"被测物体静而测量仪器动"之间进行转换,这就是等效替代法的具体运用。比如本文涉及的DIS光电门,既有静态使用方式,也有动态使用范例;分体式位移传感器,则是动静结合——发射端运动、接收端静止。这些成果尽管体现在实验设计层面,但其实都是物理学思维的结晶。基础研究的重要性,无须多言啊!

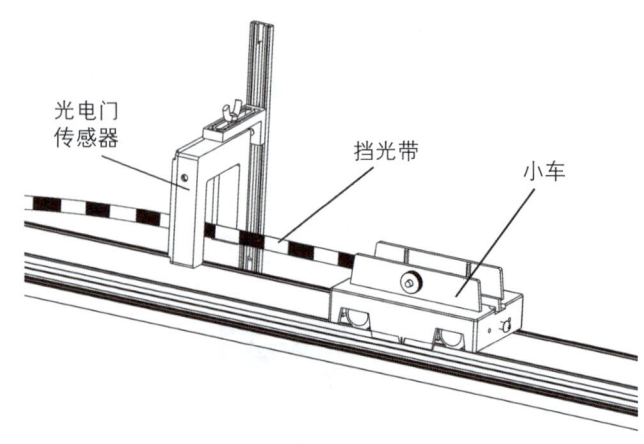

图3-9-10　柔性挡光带工作原理

　　栅式挡光片和柔性挡光带可通过增加挡光次数提供更多的测量数据,除适合研究运动过程的规律以外,还适合在高速或加速度较大的实验中使用。比如,将栅式挡光片和光电门组合使用,即可通过挡光片测得的数据计算出加速度值。教学应用表明,使用该实验方法测得的加速度值与真实的g值相比,误差明显小于使用单个或少数几个挡光片时的实验结果。

四、DIS位移传感器——测量时空信息的另一尝试

　　物理学崇尚"简洁是美"。栅式挡光片和柔性挡光带固然有其作用,但势必会给实验操作平添很多麻烦。如何采用简约的方法来研究物体的运动过程?
　　1. DIS位移传感器的开发
　　2002年,研发中心刚刚成立,即面临这个挑战。当时,研发中心借鉴国际上超声波技术的发展应用成果,研发了如图3-9-11所示的收发一体式超声波传感器。但因为盲区大等缺陷,又结合国产超声波器件的性能,独创了收发分体式DIS位移传感器(图3-9-12)。

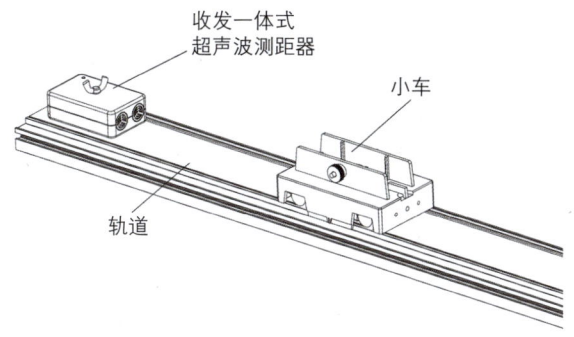

图3-9-11　收发一体式超声波传感器

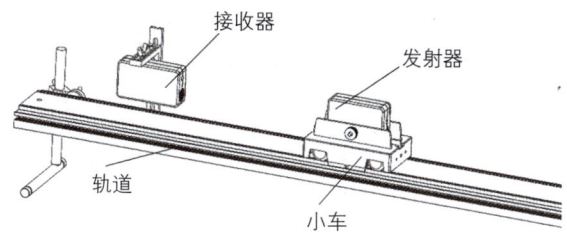

图3-9-12　DIS位移传感器

相比于当时国际上流行的收发一体式位移传感器（超声波测距仪），DIS位移传感器具有精度高、无盲区等显著优点。一经推出，即被上海二期课改教材编写组认可，成为上海教材的"制式装备"，并以此派生了多个DIS实验。

2. DIS位移传感器的不足

多年来的教学实践发现，不管是一体式结构还是分体式结构，只要是使用超声波进行测距都有其先天不足：① 超声波的发射和接收极易受环境温度、湿度和风速的影响；② 分组实验易相互干扰；③ 运动物体在轨道上不同位置的测量精度很难保持一致。尽管研发中心在滤波、检波等软硬件技术上做了大量努力，但超声波本身的物理特性还是成为限制DIS位移传感器性能提升的短板。

图3-9-13是DIS位移传感器实验中描述的速度-时间图线，图中虚线区域内的图线波动曾经长期困扰研发

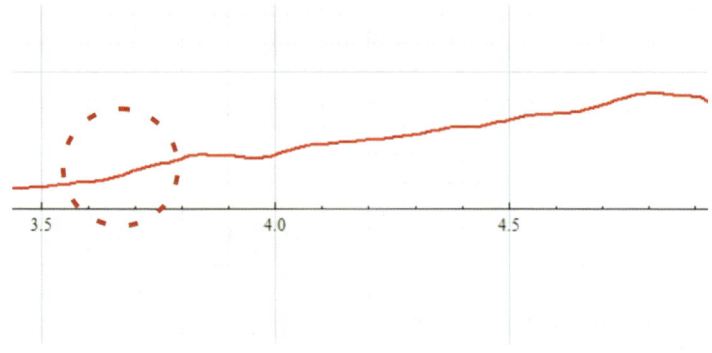

图3-9-13　DIS位移传感器实验中描述的速度-时间图线

中心的技术人员。后经查证,这是由于轨道对超声波的反射所造成。后对整个系统进行了改进升级,虽有所改善,但因为轨道反射波难以被彻底消除,很难使速度-时间图线做到平滑(图3-9-14)。

图3-9-14　速度-时间图线做到平滑

回归光电测量手段——看似被动,实则主动:

DIS对运动的测量方

五、从超声向光电的回归

由于超声波问题迟迟得不到解决,研发中心不得不把目光重新转回性能可靠的光电技术，以期寻求对运动物体时空信息测量的理想方案。

1. 光电读码器——光电门的扩展

基于栅式挡光片和柔性挡光带所代表的连续挡光和连续测量思想，研发中心又做了一次"思维置换"——传统实验模式是光电门固定而挡光片移动；如果挡光片不动而光电门移动，结果将会怎样？首先，从物理原理上来说，两者是等价的。接下来要做的，就是构造这样一个令光电门在挡光片上连续运动并实现测量的系统装置。

思维方向一旦确定，实施方案就不难选择了。在日新月异的信息技术浪潮推动下，当今社会已经为教学仪器和教育装备储备了足够多的技术方案。但要想从这些方案中作出最恰当的选择，仍然需要另一项创造性思维能力——移用思维。

这次，我们选择了光电读码器。光电读码器的技术原理与光电门别无二致，也可以说光电读码器就是光电门在数码识别领域的一个扩展应用。基本的光电读码器内置一组红外发射管和接收管。红外发射管发射红外线，照射到有黑白条纹的数码刻度尺。如果照射位置为黑色条纹，红外线接收管接收不到红外光；如果照射位置为白色条纹，红外线接收管接收到反射的红外光。如果将接收到的红外光定义为"1"，而接收不到红外光定义为"0"，光电读码器即可将黑白条纹读取并译解成为一组二进制数字，供计算机加以识别。经过多年发展，光电读码器已经演变为成熟可靠的器件，其体积也已经实现了小型化甚至微型化。

2. 条码轨道——栅式挡光片的扩展

将光电读码器装上了运动小车上，其扫描的对象怎么安置？

在多种方案中，研发中心选择了在轨道上铺设黑白相间且等宽条纹的方案（图3-9-15）。这样，小车在轨道上的运动就形成了连续的光电扫描，我们也就可以源源不断地获取其运动过程中的"时空信息"了。

式，经历了从打点计时器的模拟测量到光电门的光电测量，又发展到分体式位移传感器的超声波+红外线测量的历程。当超声波测量手段遭遇瓶颈的时候，研发中心再次转向光电手段，通过移用光电扫码器实现了运动物体在运动中的"自主测量"。这看起来是一个被动的过程，但实际上，研发中心通过思维的转换，抓住了光电技术应用的前沿。

这次创新不仅构建了DIS光电数码轨道，进一步提升了实验精度，而且从根本上确立了智能化小车的概念——打点计时器里面的小车完全是非智能的，其使命除了自身的运动之外只有牵引纸带；使用光电门的测量体系中，小车只要搭载一个挡光片或牵引光栅；分体式位移传感器则通过与小车的合并安装，把小车改造成了一个信号源，但整个体系还需要接收端才能完整。直到DIS光电数码轨道体系之内，小车才演变成了能够自主测量自身运动状况的智能化设备。再加上蓝牙无线技术,整个运动学测量实验装置已经完全无线化,这种结构上的干净利落,与哲学上所讲的"奥卡姆剃刀原则"形成了高度契合——如无必要,勿增实体。在所有的解决方案中,最简单的就是最好的!沿着智能化小车的思路,研发中心还开发了精度更高的"π系统",让运动测量和实验技术上了一个新台阶。

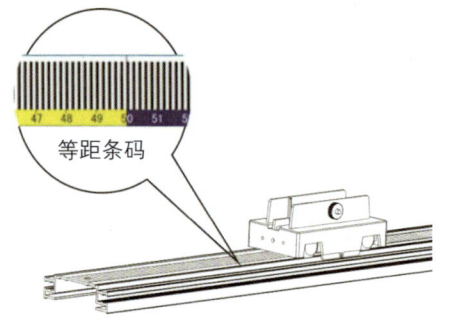

图3-9-15 轨道上铺设黑白相间且等距条纹

3. DIS光电轨道系统的构造

基于上述基础设计,研发中心历时两年完成了DIS光电轨道系统的设计。其基本构造如下:

(1) 带有光电扫描器的轨道小车

该小车外观与DIS力学轨道系统运动小车一致,但底部空间内装设有光电读码器和单片机,并配套以信号处理和传输电路、供电电路。

(2) 铺设有等宽黑白条纹的轨道

该轨道采用DIS力学轨道系统专用铝合金轨道,但表面铺设等宽黑白条纹,供光电读码器扫描使用。调整黑白条纹的宽度,可改变采集的精度。

(3) 专用的实验教学软件

该软件汇集了教材中需要进行时间、距离、速度和加速度测量的多个实验的要求,系专用软件包。

4. DIS光电轨道系统的教学应用

DIS光电轨道系统保持了光电门测量时间的可靠性,又利用轨道上的等宽条纹与光电读码器配合提高了测量距离的精度,因此构成了中学物理实验教学领域一种全新的运动学实验工具。

相比于借助超声波进行的实验,DIS光电轨道系统彻底排除了外接干扰,实验的稳定性、一致性大幅度改善。

图3-9-16所示为采用DIS光电轨道系统完成的"用DIS测定位移和速度"实验中所获得的位移和时间、速度

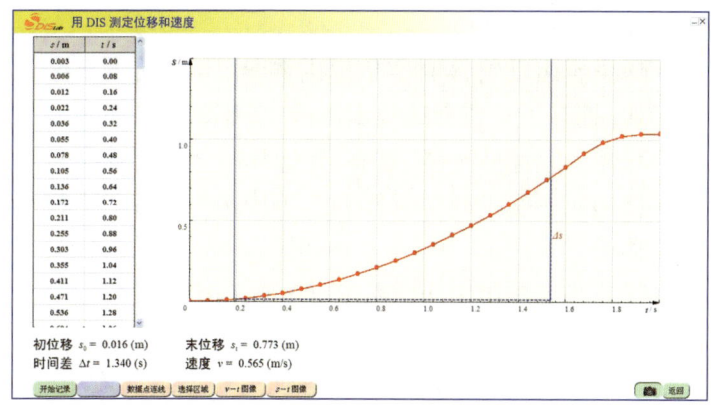

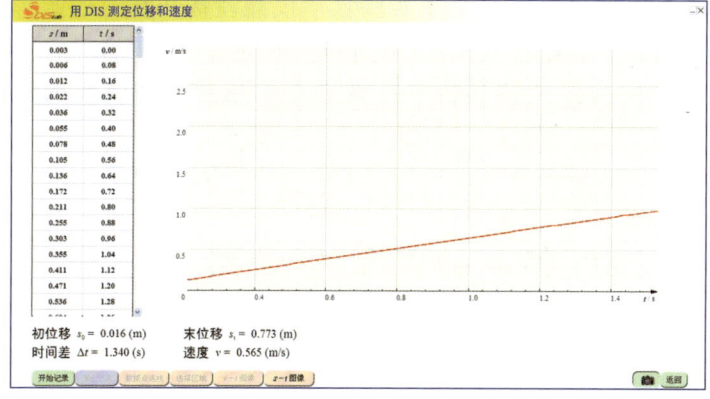

图3-9-16 实验中所获得的位移和时间、速度和时间数据及图线

和时间数据及图线。由数据可见,实验的准确性有了显著提高。作为数据的表现,该实验两个过程中的图线质量也得到明显改善。这是DIS位移传感器(超声波)所难以企及的。

除此之外,DIS光电轨道系统还支持原DIS位移传感器和力学轨道系统组合后完成的所有实验,如受迫振动、共振、衰减振动、碰撞等,且无一例外地获得了实验质量的显著提升。

六、研发后记

教育需求是实验教学发展的动力,而技术进步则是

一篇现在看起来还算满意的论文——对本文的评述:

综合看来,本文是笔者较为满意的一篇文章。原因在于本文系统地介绍了运动测量手段的发展和演变历史,并将DIS的有关尝试有机地融合到了这段历史之中。有一种论点:要想让学生了解某个学科,就一定要让他了解这个学科的历史。古人诚不我欺也!现代教育注重过程,恐怕也是这个道理。

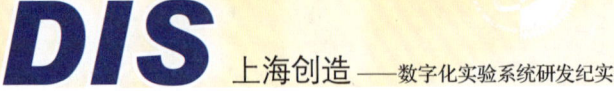

实验教学发展的阶梯。

围绕着运动物体时空信息的测量，人类从古至今不断探索，拥有了一整套的技术手段，分别解决了各自时代中的问题。但世易时移，唯有与时俱进，才能把这种科学探索精神通过实验教学仪器的进步传递给一代又一代的莘莘学子。

很高兴上海市中小学数字化实验系统研发中心一直坚持了这样一个与时俱进的传统，也很庆幸我们总是能够通过"思维置换"和"移用"等创造性思维的应用，不断找到将新技术应用于实验教学仪器装备开发的最佳解决方案。这是个人贡献，更是集体的成功。最重要的是，我们所追求的正是整个教育界在实验教学领域的理想收获。

第十节 DIS静电计的攀登之路

看不见与摸不得——静电实验难倒英雄汉：

静电看不见摸不得的特性，决定了静电实验的确难做。但这背后还是手段和方法的落后。曾几何时，物理学蹒跚起步的时候，任何一个物理量的基础测量和最终确立都难于登天，但不也被一一克服了吗？正是秉承着这种信念，笔者一直坚信新技术的引入能够为包括静电实验在内的各种实验难题找到更为理想的解决方案。

一、研发背景

静电是中学物理教学中非常独特的内容，也是非常难教的一个部分。说它独特，在于这部分内容与其他部分的关联程度不大，相对独立，且较为抽象；但因为它又是中学物理教学中少有的能将学生导向原子物理乃至量子论的基础知识，从这个意义上讲，静电内容不可或缺。说它难教，则在于静电的特性和传统实验仪器的限制，导致静电实验难做，教师的压力大。著名物理教学专家袁哲诚先生就在他的"库仑定律"教案中强调：保持绝缘良好（包括空气干燥）和器材洁净，是做好演示的关键。笔者曾多次目睹涉及静电的公开课因阴雨天气而使实验彻底失败，教师一脸沮丧、学生充满困惑的场景。因此，多年以前笔者就有了用新技术改造静电实验装置的想法。

二、传统静电计简介

中学物理教学中常用的静电计又称电势差计或指针验电器(图3-10-1),主要用于检测电荷和电势差。其历史可以追溯到18世纪后期贝内特发明的验电器。

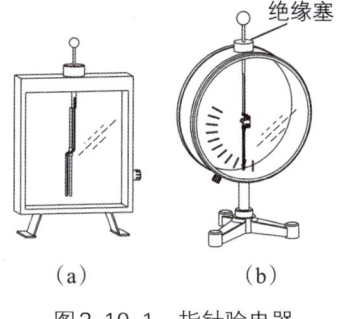

图3-10-1 指针验电器

1. 原理

该类型的静电计从原理上来说就是一个电容器。通过绝缘塞与外壳固定的指针(包括固定针、转动针、金属杆、金属球)相当于一个极板,外壳相当于另一极板。其电容量可认为是一个定值(多在3～5 pF,一般小于5 pF),根据$C=Q/U$可知$U \propto Q$,即指针和外壳的电势差跟指针上所带电荷量成正比。工作时,可动指针和固定针因带有同种电荷互相排斥,导致可动指针能够张开一定角度。指针携带的电荷量愈大斥力愈大,从张开的角度大小可判断指针和金属外壳间的电势差大小。

2. 不足

该类型的静电计原理清晰、结构简单,就当时的物理学发展状况而言,已经属于了不起的发明了。但其不足也显而易见:电容量小(3～5 pF),只要带上少量电荷,电势就会升得很高。这就犹如一个底面积很小的容器,只要注入少量的液体,液位就会升得很高那样。而因为电势很高,与外界的电势差过大,因此该类型的静电计所带的静电荷很易泄漏;而电荷容量本来就小,往往容易一漏而光。

尽管科学家使用了高阻抗的绝缘塞(一般$R > 10^{12}\ \Omega$),尽量把处于高电势下的那点有限的电荷留住,但仍难以抵消环境湿度和温度造成的影响,不能从根本上解决漏电问题。

另外,该类型静电计主要用于静电现象的定性观察,难以将实验定量化。

研发中心的工作也充分证明了这一点——世上无难事,只要肯登攀!

静电实验的理想解决方案来自思想实验——构建于头脑之中的静电计模型:

在回顾笔者多年来围绕电子静电计和DIS静电计及静电传感器的开发历程的时候,本文多次提到笔者针对静电计构建的一个模型,即底面积不同的容器对水的容纳效应。事实上,正是这个看似有点牵强的模型,确保了笔者在电子静电计和DIS静电计及传感器的开发中始终能找到问题的关键点——静电电荷量与电势。如果能够实现大电荷量、低电势,则仪器的抗干扰能力就会变强,否则就会变差。有了这个认识,剩下的事情就是利用不同的技术手段实现这一目标罢了。从理论导出模型,依据模型构建实物并通过实验加以验证。因此可以说,笔者的经历对哲学的认识论和实践论形成了切实的支持。

三、电子静电计的尝试

1. 让思维跳出传统的局限

解决问题的方法多种多样,关键是自己能否跳出传统的局限。

在《物理实验创造技法和实验研究》一书中,笔者就曾提到了逆向创造技法:"每个人几乎都有自己的习惯思路,遇到问题总喜欢往早已形成定势的圈子里套。但是好主意、好方法可能只有在摆脱了习惯性思维时才会产生。大凡成功者都是从人们习惯的思维中摆脱出来,从事物的各个方面,尤其是相反的方面去分析,见人所未见,思人所未思,从而有所创造。逆向技法是改变一般思维程序,即把事物反过来看,并由此解决问题,产生新成果的创造技法。"

因此,围绕传统静电计的弊端,当大多数实验者想方设法确保其绝缘性和实验环境、实验器材的干燥洁净的时候,笔者就想到了应用当时尚属高技术的场效应管,利用静电感应的原理设计一款电子静电计。

2. 电子静电计的设计

在上述思路的指导下,我们尝试利用高输入阻抗的场效应管设计了一台能判断电荷正负,并能在一定程度上相对指示静电电压高低的电子静电计。

图3-10-2所示是这种简易电子静电计的电路图。图

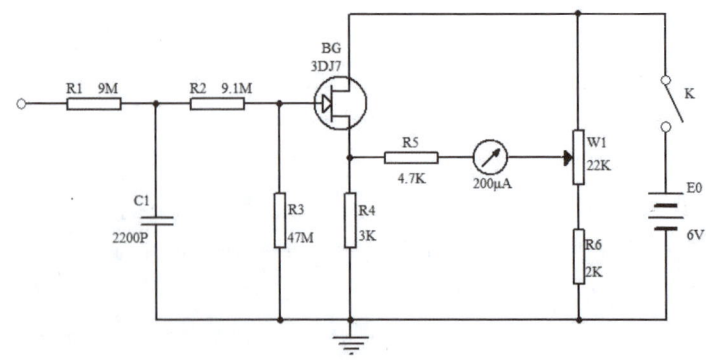

图3-10-2　简易电子静电计的电路图

3-10-3 所示是它的外形图。

实验时，接上电源后调节 W_1 使电流表半偏，在输入端插入金属小球。试用手碰一下金属小球，这时如看到表针回转，说明电路正常。这样，当输入端感应负电荷时，表针向左偏转；当感应正电荷时，表针向右偏转，据此可以判断所测电荷的极性。

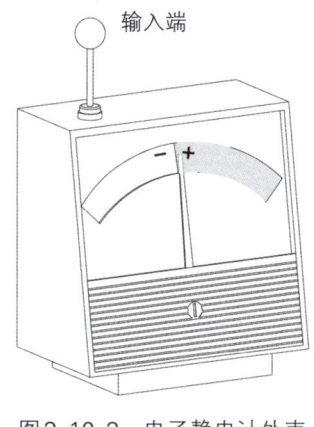

图 3-10-3　电子静电计外壳

3. 成功与不足

这款电子静电计采用感应方法检验电荷，效果良好，不但能满足实验室的需要，而且还可作为学生离开实验室广泛研究静电现象的工具。但是由于这款电子静电计的原理是静电感应，测试结果在带电体离开后不易保持，实验教学中还是存在诸多不便。可即便如此，这款电子静电计还是在当时激发了教师们的极大兴趣，并积累了一些教学应用经验。

四、DIS 静电计的研发

1. 寻求根本解决方案

采用场效应管来设计电子静电计并非笔者当年的首选。笔者实际上更想采用增大静电计电容量的方法，这更符合"逆向创造技法"的思路。其基本设想如下：

如果增大静电计的电容量，其携带的电荷不仅显著增多，带电荷之后电势的升高也显著放缓，与环境的电势差也会随之大大减小。这就犹如底面积很大的容器，注入很多的液体，其液位也不会升得很高。这样的静电计不仅不易泄漏，即便有泄露也经得住泄露。使用这样的静电计做实验，对环境、器材及操作手法的要求就会大大降低，实验效果将会得到保障。

场效应管——当年的高科技，今天也不落伍：

本文回顾了当年笔者开发电子静电计的历程。说起电子静电计的核心器件——场效应管，在笔者搞开发的当年（1985—1986 年间）可是响当当的高科技啊！尽管发明于 1925 年，但实用性器件则定性于 1952 年，随后大规模应用的"金属氧化物半导体场效应管"更是到了 1960 年之后才推出。即便今天上网查询，场效应管都被冠以"新型半导体器件"的称呼。回想 20 世纪 80 年代中期，大部分人还没见过计算机。那时的场效应管，应该比现在的大规模集成电路还要稀罕。因此，笔者当年将其引入教学仪器开发，实在是顶住压力、冒了风险。也可以说，DIS 后来之所以能够借助高技术的应用在实验教学领域攻城拔寨，实际源于多年以前的积极尝试所取得的成功经验。

间接观察与直接观察——为什么有了DIS静电传感器还要开发DIS静电计:

根据本文所述，DIS静电传感器和静电计的内部结构是基本相同的。DIS静电传感器可以通过有线或无线方式连接计算机，DIS静电计也可以通过蓝牙连接计算机使用。一度有人质疑：为什么研发中心针对静电实验搞了两个如此相似的装置呢？其实，问这个问题的人只看到了两个装置相似，而没有看到它们的区别——DIS静电传感器需要接计算机才能使用，属于"间接观察"；而DIS静电计则因为有了实时显示实验结果的液晶屏而具备了"直接观察"的功能，可以在不依赖计算机的情况下独立完成实验，与传统的静电计（含笔者开发的电子静电计）的使用模式相同。因此对于教师和学生来说，完全可以根据不同的实验场景选择使用其中之一，并由此最大限度地满足教学的需求。

但是，受限于当时的技术手段，这个设想始终没有实现的机会。

2. DIS系统完善推动静电计的研究

进入21世纪，信息技术的突飞猛进、电子器件的不断升级，犹如成熟的果子等待我们享用。《上海市中学物理课程标准（试行稿）》引入了DIS之后，我们已经通过近十年的时间积累了相关技术，这使得基于大电容量的DIS静电计的设想得以实现。而此时，不仅要求"知识、技能"，同时强调"过程、方法"的课改纲领，已经使师生对静电实验的期望由单纯的现象演示、定性观察上升到了定量研究和过程把握的高度。这同时也为DIS静电计的研发确定了基准目标。

（1）DIS静电计的基本构成

经过近两年的努力和完善，研发中心完成了两款DIS静电计的设计。图3-10-4、图3-10-5所示分别为DIS静电计Ⅰ型和Ⅱ型的外形图。静电计的输入端可插入金属小球或法拉第圆桶（又称法拉第冰桶）等器材。

图3-10-6是它们的电路结构简图。可见，两种型号的电路类同，只是Ⅰ型的信号通过USB接口由计算机专用软件显示，包含数字、指针和波形等显示方式（图3-10-7）；Ⅱ型自带液晶屏，亦可通过将数据传输到计算机上显示，可用于学生实验，便于室外使用。

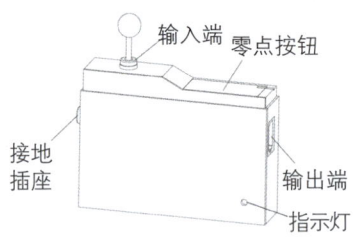

图3-10-4　DIS静电计Ⅰ外形图

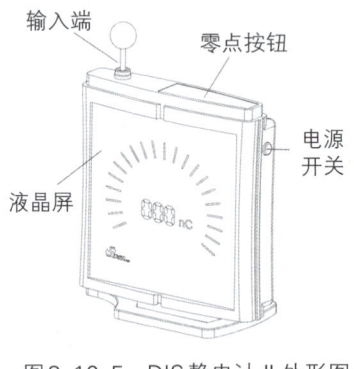

图3-10-5　DIS静电计Ⅱ外形图

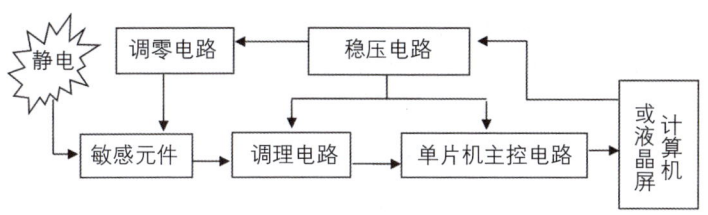

图3-10-6　电路结构简图

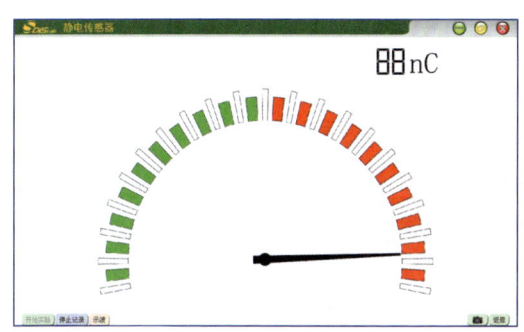

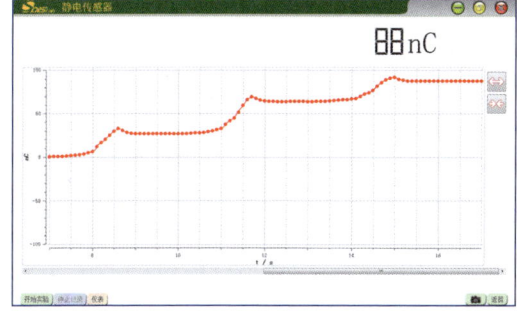

图3-10-7　静电计显示方式

（2）DIS静电计的技术性能

DIS静电计采用了与传统的静电计相同的"电容式"结构。只不过传统静电计借助仪器本身构成了电容，而DIS静电计则在仪器内部设置了大电容电路，电容量比传统静电计大了若干个量级，带电后的电势也相应降低。借助DIS系统日益成熟的信号采集功能，即可对静电实验中的数据进行动态实时显示和记录存储。

DIS静电计相对于传统静电计，性能显著提升：

- 极性指示：当需要判断极性时，传统静电计必须有

DIS 上海创造——数字化实验系统研发纪实

难做的实验往往都很好玩——也谈克服实验难关的教学意义：

本文列举了"电荷守恒""静电感应和感应带电""电荷平衡时导体研究""静电屏蔽""光电效应"五个经典实验。大家可以看出，这些实验具有一个显著的共性：以往受限于实验手段，一般做不出。但现在做得出了，大家都会认为很好玩。之所以说好玩，在于这些实验往往具有实验现象突出或结果出乎意料等特点。总之，很吸引眼球。做这样的实验，学生觉得过瘾，老师也有成就感，其教育意义自不待言。这就引出了DIS研发的深层意义：让学生从快乐中学习，让教师在成就中教学。从这个角度来看，我们怎么努力都不为过。

一个参考电荷，而DIS静电计可以直接指示极性。

- 高灵敏度且灵敏度可调：DIS静电计的灵敏度显著高于传统静电计，且灵敏度可以调整，静电实验的范围可以因测量工具的升级而扩大。
- 定量研究：DIS静电计的一个重要优势在于有线性标度。与只能粗略测量的传统静电计相比，DIS静电计的精度更高。因此可以用DIS静电计来验证物理定律是线性还是指数关系。这使得实验脱离了定性观察状态，进入了测量、分析阶段。
- 过程研究：DIS静电计可以借助示波显示方式实时动态地展示、记录静电实验的过程，这不仅优于传统静电计，同时也使得笔者当年设计的电子静电计相形见绌。
- 可供大型演示使用：DIS静电计与计算机相连，专用软件有数字、示波、仪表等多种显示模式，可与投影、白板等现代化电教手段联用。

五、DIS静电计实验实例

由于DIS静电计的性能提升，一些经典的静电实验都能借此相对方便地获得较为满意的效果。以下是几个使用有显示屏的DIS静电计（Ⅱ型）进行的静电实验案例。

1. 电荷守恒（两种电荷）

电荷守恒是说明电子论的重要实验。两个物体相互摩擦时，总是一个物体得到电子，另一个物体失去电子，因此它们同时带有异种电荷，而且所带的电荷量相等。

此实验需要三个带有绝缘手柄的圆形起电板，起电板分别用金属、硬橡胶和有机玻璃制成（图3-10-8）。

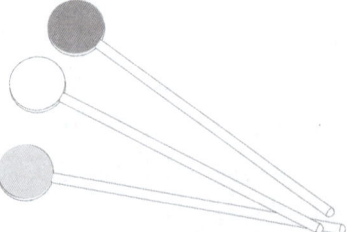

图3-10-8 带有绝缘手柄的圆形起电板

(1) 实验装置如图3-10-9所示，在DIS静电计输入端插上一个法拉第圆桶。

(2) 实验时任选两块起电板，用布擦干净后，放在酒精灯火焰上方掠过以消除板上的残余电荷。

(3) 手握起电板绝缘柄，把两板相互轻轻摩擦一下，先后插入桶内，静电计将显示两板所携带的是等量异种电荷；把两板叠合在一起再放入桶内，静电计显示无电荷，说明两板携带相同电荷量的异种电荷。

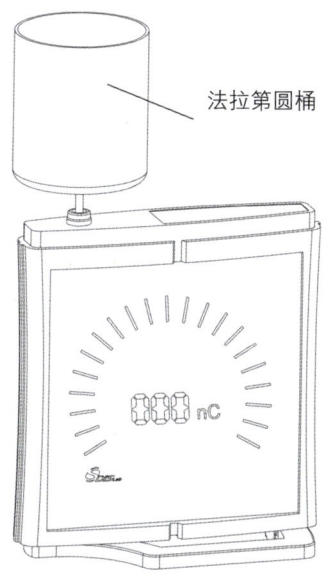

图3-10-9　DIS静电计输入端插上一个法拉第圆桶

(4) 在实验过程中必须注意：勿使带电板与桶内壁接触；起电板上带电量不宜太大；起电板应缓慢放入桶内，若很快放入桶内，有时很可能得出错误结论。

2. 静电感应和感应带电

静电场中的物体，其自由电荷因受到电场的作用而重新分布，从而使其表面的不同部位出现正负电荷，这种现象称为静电感应。教学中，常用这种方法使静电计带电。

(1) 静电感应实验装置如图3-10-10所示：两个DIS静电计用导电杆连接。

(2) 当带电棒（正电）向导电杆一端移近时，由于感应电荷的产生，两静电计显示异种等量感应电荷[图3-10-10(a)]。

(3) 移开带电棒，两静电计都无电荷显示，说明感应的电荷已经中和[图3-10-10(b)]。若先取掉导电杆再移开带电棒，两静电计感应电荷就无法中和，距带电棒近的静电计带有与棒上同种电荷，较远的静电计带有异种电荷[图3-10-10(c)]。

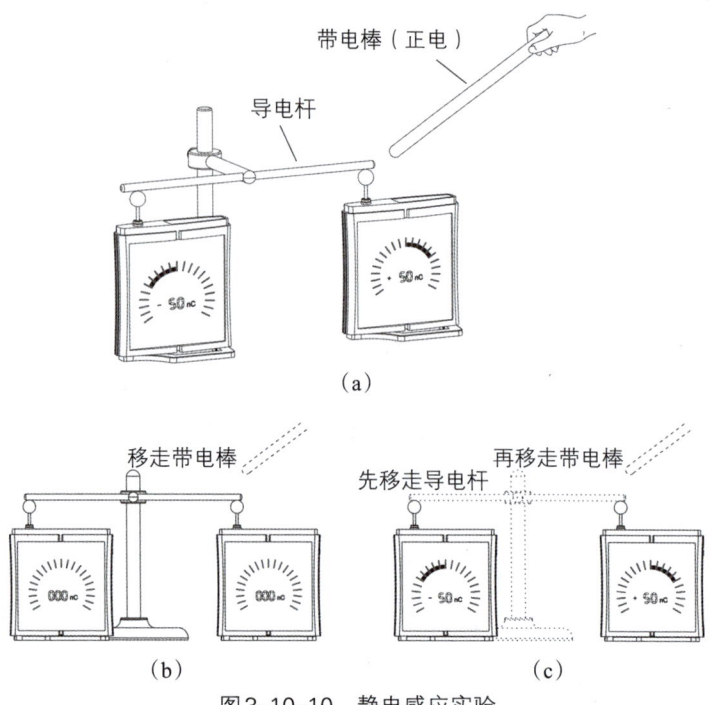

图 3-10-10　静电感应实验

（4）用带负电的橡胶棒重复上述实验，静电计可带电荷正负与上述相反。

教学中还常用图 3-10-11 所示装置，通过静电感应使静电计携带与带电棒异性的电荷。

实验可按下列步骤来进行：实验时把带电棒（正电）移近静电计输入端的金属小球，静电计因感应带上正电荷；按一下静电计零点按钮，静电计显示零电荷；移开

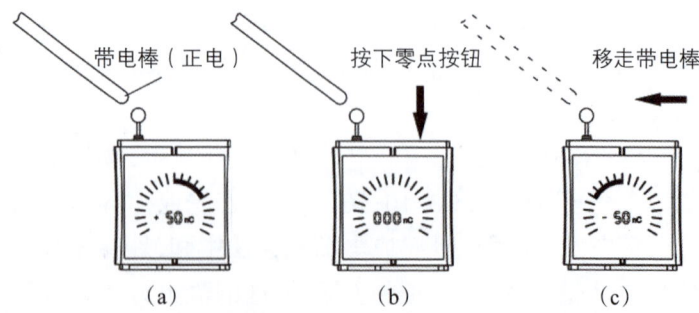

图 3-10-11　通过静电感应使静电计携带与带电棒异性的电荷

带电棒（正电），这时静电计就带上与带电棒异号的电荷（负电）。换上带负电的带电棒重复实验，静电计带上正电荷。

3. 电荷平衡时导体表面是一等势体

在静电平衡状态下，导体内部和表面各点电势都相等，整个导体是一个等势体，导体表面是等势面。

（1）实验装置如图3-10-12所示，将带有绝缘柄的导电球与静电计的输入端用导线相连。

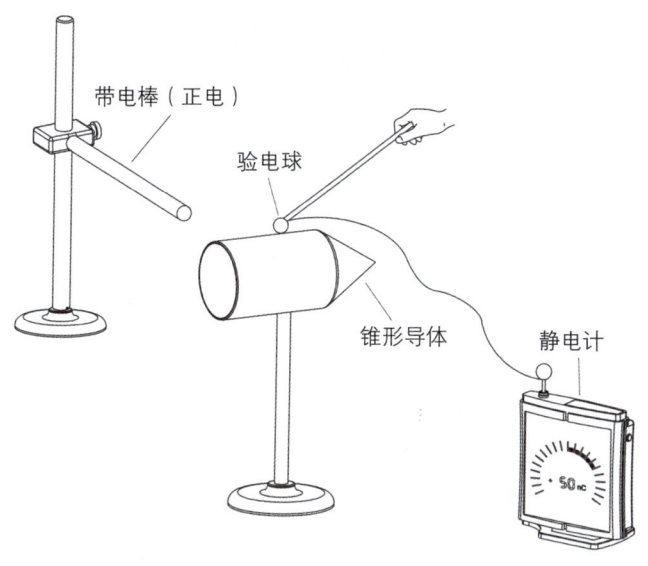

图3-10-12　静电平衡时导体表面是一等势体

（2）实验时将带电棒（正电）靠近锥形导体，使其感应带电。

（3）手持带有绝缘棒的验电球，按图所示方法让验电球在锥形导体表面上移动，静电计显示相同电荷量，说明导体表面各点的电势相等，因此导体表面是一个等势面。

4. 静电屏蔽

用一个导体把外电场遮住，使其内部不受外电场影响，即为静电屏蔽。

有了光电效应实验，谁还会说中学物理教育与诺奖级别的科学距离很远：

中学物理教学是学生认识物质世界的基础。但这并不意味着中学物理离科学前沿很遥远，离诺奖级别的科学成果很遥远。其实在中学物理教材中，既有相对论，又有量子力学，既有工程应用又有试验探索。如果把对应的实验都做出来，相信没有任何人能够小看中学物理的科技含量！但关键还是"做出来"。比如像本文介绍的"光电效应"实验，这可是决定了爱因斯坦获得诺贝尔物理学奖的关键性实验啊！实验设计极为简单，但非常难做，以往老师基本上就是说说而已。是DIS静电传感器和静电计把这个实验带到了教师和学生面前。相信这种震撼带给学生的除了对科学理论的理解，更多的则是坚定从事科学探究的信心。

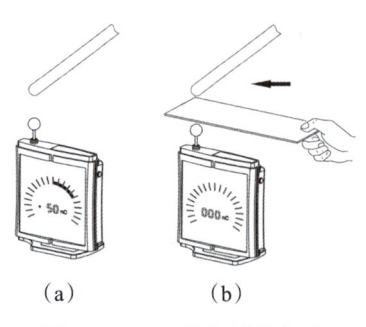

图 3-10-13　静电屏蔽实验

（1）如图 3-10-13 所示，把带电棒靠近 DIS 静电计输入端的金属小球，可见静电计感应带电。

（2）手持金属板（或金属网）插入带电棒和金属球之间，静电计不带电，说明发生静电屏蔽现象。

5. 光电效应

光电效应是说明光的量子性的重要实验。

（1）用 DIS 静电计做光电效应的装置如图 3-10-14 所示，锌板按图所示插入静电计输入端。实验前必须用细砂纸将锌板打磨干净，除去表面的氧化层。选用的紫外线灯管功率为 4 W、波长为 2 537 Å。

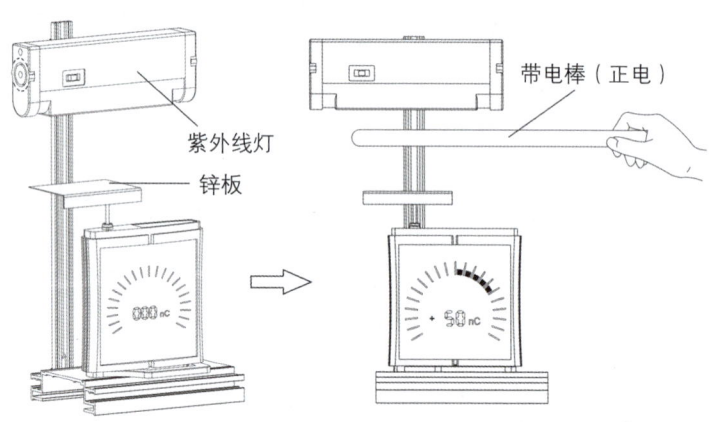

图 3-10-14　光电效应实验

（2）实验时用紫外线照射不带电的锌板时，静电计无电荷显示。若此时在锌板附近放置带正电的玻璃棒，可以看到静电计显示正电荷，说明锌板有光电子逸出使锌板带电。

（3）现象释义：锌板受紫外线作用会逸出光电子，但因逸出的电子聚集在锌板周围形成空间电荷区，使锌板和周围空间电荷区之间形成反向电压,阻碍光电子连续逸出。只有用带正电的物体吸附了锌板周围的负电荷,才能使锌板逸出较多的光电子,静电计才有明显的正电荷显示。

(4) 紫外线易伤害眼睛,应注意防范。

六、研发后记

"让静电实验不再成为老师的畏途"。这是我们研发DIS静电计的初衷。实现了这一初衷,亲眼目睹了老师们实验成功的喜悦,是对我们最大的褒奖。

首先,在将DIS引入上海市中学物理课程标准之初,对DIS在实验教学领域应用尚无明确定论。但是,包括DIS静电计在内的一系列成果恰恰说明了:十年前,引入DIS的决策者们还是极富有预见力的!DIS不等于传感器,传感器只是DIS所应用的大量信息技术手段之一。DIS的根本特点在于信息技术与实验教学的深度整合,这一概念的提出就等于指出了借助信息技术解决实验教学难题的正确方向。提出DIS不是对在物理教学发展史上立下卓越功勋的传统实验仪器的摈弃,而是在这些传统仪器基础上的再创造。而研发中心十年来的工作,更是在践行着这个再创造的过程。信息技术通过DIS的模式服务于教学,不仅有效解决了诸多难题,而且还逐步改变了实验教学的模式,乃至学生的学习方式。同时,DIS也已经成为广大教师和学生们观察和认识物理现象、探索和提炼物理规律的有力工具,以及支持他们进行再创新、再创造的可靠而高效的平台。

其次,是对实验教学仪器的工具性认识。实验教学所用的仪器必须具备什么特征?实验教学仪器和科研仪器、工程测量工具有什么本质区别?什么样的仪器才能充当实验教学仪器?围绕上述问题,传统实验仪器获得了诸多"捍卫者",而DIS所代表的信息技术工具则曾

后记之后记——研究者说:

十六年来,DIS实现了从无到有,研发中心也始终砥砺前行。我们撰写的每一篇论文,都是对我们心路历程的真实记录,而其中的研发后记,更是经验和感受的集中体现。十六年来,驱动我们工作的有外界的任务和要求,也有内在的理想和愿望。而十六年之后的"论文今解"(在本书中均以旁批形式体现),则是我们回顾和反思之后的再次升华。

当"论文今解"终于完成,即将收笔之时,我们只想再强调一句:请老师和同学们动起手来——动手实验,动手实践。从实验中学习,在实践中提高。我们不敢多言DIS对物理教学改变了多少,但研发DIS的十六年切实地改变了我们自己。笔者冯容士今年已七十有七,尚

乐此不疲；另一执笔者李鼎在这十六年间完成了从文科生到科学教育博士的跨越，他的公司在新三板成功挂牌。我们就是动手实验、积极实践的见证，因此希望有更多的老师和学生投入到DIS的应用研究中来。

经广受质疑，难以进入实验教学仪器的主流。其实早在1956年，人民教学出版社出版的《物理》高级中学课本第二册（P.25）中，即使对实际上不甚复杂的传统静电计也给出了如下的教学建议："静电计的原理比较复杂，在中学课程里不予学习，现在只讲它的使用方法。"因此，只要能解决实验教学过程中各种参数的测量问题，工作可靠且成本在学校可接受范围之内，这样的仪器就可以成为实验教学仪器。因此，DIS尽管新颖且原理稍显复杂，但并不背离传统。在切实解决了实验教学的诸多难题之后，DIS完全可以与传统实验教学仪器并列。

最后，是对DIS研发的过程性和复杂性的认识，以及对教学仪器研发的终极意义的探索。DIS静电计等新仪器、新设备经历的复杂而曲折的研发过程，实际上并不是DIS研发所独有的，而是任何一种新事物在被创造的过程中所普遍经历的。就DIS静电计的研发来说，在策划、设计和研发过程中，不断出现思想和实践的冲撞，充斥着不间断的修改与扬弃。正如曾有一位画家对我说的：他作画前都有所构思，但实际绘画时手会"自说自画"，最后的作品可能与原来的构思大相径庭。科学研究表明，大脑和双手的外形不但相似（图3-10-15），而且相互融合、相互支撑、相互

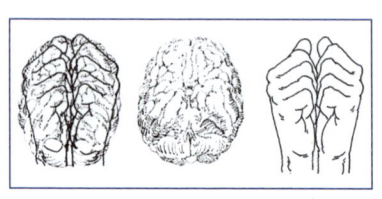

图3-10-15　手脑图

制约。画家的经历说明：手的动作会反作用于大脑，促进大脑改变思路，大脑再将指令下达到手，从而在一遍又一遍的反馈和修正中达到理想的效果。因此，在经历了手和脑之间长期的反制与互动，最终得到DIS静电计之后，笔者衷心期待这样一个创新成果能够在广大师生手中被广泛而深入地使用，以促进师生们的手脑互动，使他们在更高的层次上形成认知的飞跃和动手能力的培养，并取得中学阶段物理学习以及未来科学研究、工程实践等领域的丰硕成果。

第十一节　DIS光电计时测距实验器的攀登之路

一、研发背景

物体的运动规律,是物理学研究的起点。

千百年来,围绕着对物体运动,从最原始的量步法,到现在天体物理领域使用的光谱法,人类发展出了层出不穷的方法和手段。但在DIS诞生之前,用于物理实验教学的测量手段则相对贫乏,主要有打点计时器、频闪照相机等。能称得上有点信息技术色彩的,也就是由光电门或光电门组构成的气垫导轨系统了。这些测量手段一方面构造复杂、操作不易,另一方面缺乏实时性,即测量和分析不同步,影响了实验效率,不利于学生对于运动规律的理解和认知。

DIS诞生之后,研发中心于2002年首先通过分体式位移传感器的研发成功,解决了运动学实验中位移和时间参数的实时测量问题,进而通过计算机软件的功能,将位移和时间通过计算转换成了速度和加速度(图3-11-1)。DIS实验系统由此可实时绘制出s-t图、v-t图和a-t图,实现了运动学实验领域的一大突破。随后,研发中心继续聚焦运动学实验装置的研究,于2010年左右完成了DIS光电

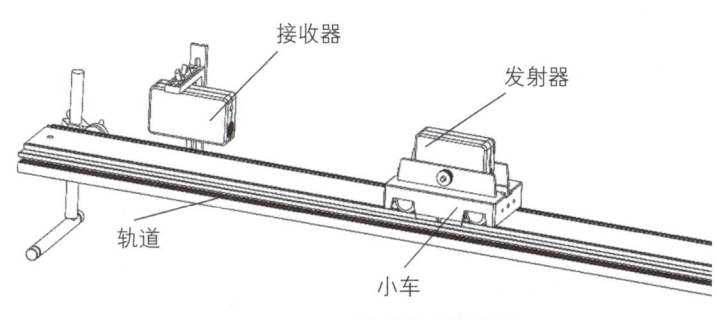

图3-11-1　分体式位移传感器

π系统的命名:

乍一看,"π系统"是一个蛮古怪的名字。在此之前,数码小车、光电小车等叫法已经沿用了一年多。这个命名方案刚提出来,的确令很多专家不太习惯。但笔者还是做了一点小小的坚持,于是这个名字便确定了下来。坚持的原因有两个:其一,揭示该装置的底层原理——使用滚轮进行测距,势必时刻要用到$C=2πr$的计算公式,π这个数学史上最著名的无理数,统辖了该装置所输出的所有测量结果,其重要性不言而喻;其二,使用π来命名这一系统装置,是对数理关系的强调——物理离不了数学,而数学直接服务于物理。要想学好物理,必须精通数学。对于广大学生来说,这也是一个重要的启示。

自我肯定与自我否定：

研发中心自成立至π系统研发启动之时，仅在实时测量运动物体的位移、速度和加速度方面已经走过了三个阶段：光电门、分体式位移传感器和光电扫码分别为三个阶段的对应技术。从这个角度来说，研发中心的努力值得肯定。但是，一个致力于勇攀高峰的群体是不会自满的。通过设立更高目标来自我否定，更是我们的工作常态。没有对先前工作的自我否定，不仅没有π系统的诞生，更不会有法拉第系统、无线向心力和魔板等创新装置的涌现。可以说：研发中心就是在自我肯定与否定的交织中，一步步走到了现在的。

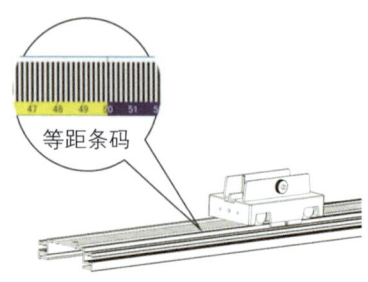

图3-11-2 DIS光电轨道系统

轨道系统的原型设计和专利申报，随后将其推向了一线教学应用（DIS光电轨道系统见图3-11-2。DIS分体式位移传感器和光电轨道系统的介绍详见《物理教学》2012年第11期）。

取得上述研发成果之后，研发中心并未停步。原因并非上述研发成果对教学的支持力度不够。相反，凭借分体式位移传感器，上海乃至全国已经建立起了完整的数字化运动学实验教学体系，打点计时器已经成为古老的传说。光电轨道系统更是独树一帜，将具有时代特色的流行技术——条码识别成功地移用到物理实验教学界，对分体式位移传感器形成了很好的补充。该成果在世教联的会议上展出后大受追捧，甚至成了某些美国教学仪器厂家的"克隆"对象。真正促使研发中心在这个方向上继续努力的，是对技术进步和物理之美的不懈追求。

大道至简。纷繁芜杂的物质世界最令人感到震撼的，就是其背后出人意料的单纯——无论是规律、方法、手段，只要是接近真理的，就一定是简单的而不是复杂的。正如奥卡姆剃刀原则的表述：如无必要，勿增实体。追求运动学实验手段技术方案的进一步简化，就是对物理之美不断追求的集中体现。这也可以看作是研发中心在完成上海市教委交付的基本任务之后的自主升华。

二、研发思路的形成过程

基于对各种运动测量技术优缺点的充分认识，研发中心决定将DIS旋转运动传感器的核心部件——"光电门+轮式挡光片（光栅）"组成的模块移用到轨道小车上，实现"启动就记录"和"运动即测量"。通过摈弃小车对外部测量装置和轨道上特定标识的依赖，让小车本身成为具有计时、测距、数据处理和无线通信功能的综合体。

1. 从光电门到轮式光栅

光电门原理简单、用途广泛，但单个光电门传感器只能用于测量物体运动到达某一特定位置时的数据，属于"点"测量。为将"点"测量拓宽为时间段测量，有人使用多个光电门传感器构造出了一个"光电门阵列"。这种手段的确解决了一些问题，比如测量加速度的效果有了提升。但再多的光电门也无法覆盖物体运动的全过程，这种靠增加测量点来解决问题的机械式思维方式也太显笨拙。其实，如果将思维的着重点加以置换，就如"第九节 DIS光电轨道系统"中所描述的把单片式挡光片变成栅式挡光片或柔性挡光片，通过增加挡光次数提供更多的测量数据，即可实现使用一个光电门测量物体的整个运动过程了。上述方式还适用于运动速度或加速度较大的实验。

由此可见，置换思维虽然简单，却颇有颠覆力！让我们把思维置换继续下去，即可用更简约的手段替代拖着尾巴的栅式挡光片和柔性挡光带。其中一个方法，就是通过轮式光栅，把针对直线运动的测量转换为针对旋转运动的测量，从而最大限度地缩小测量装置对空间的占用。

轮式光栅其实就是光栅与轮盘的合体。其构成演变过程见图3-11-3。尽管轮式光栅在工业领域早有应用，但在物理实验教学领域的应用纪录，却始于研发中心。2002—2003年间，研发中心就尝试了将光电门与自制的轮式光栅结合起来，用图3-11-4所示的方式对小车的运动状况进行测量。

移用技法长盛不衰的秘密：

通过移用，研发中心开发了二维运动学实验系统；通过移用，研发中心开发了静电计和光电数码轨道系统；还是通过移用，研发中心启动了π系统的开发。为什么移用成了当今时代创造技法中使用频率最高的技法？这都是拜信息技术发展所赐啊！在信息革命之前，各种测量装置的接口是不统一的，即便我们想移花接木，也受限于其接口限制，难以实现。而信息革命之后，各种测量装置，尤其是传感器的接口在短时间内形成了高度统一，保障了信息系统对于上述测量装置的有效兼容，因此各种移用才能够成为现实。相信借助移用，我们还能够有更多、更好的创造！

DIS 上海创造——数字化实验系统研发纪实

置换思维与等效替代法则：

根据本文所述，置换思维贯穿了针对运动的测量方法的变革过程。其实，置换思维与物理学强调，同时我们也多次提及的等效替代法则是相通的。而再深入思考一下就会发现，这种置换和替代思维其实来源于数学。所谓代数，不就是使用符号替代具体的数字进行运算吗？想必当年李善兰和韦列亚利两位先生将《Algebra》翻译成《代数学》(1859年)，真的是领会了其中等效替代的真意。而这一思想经过发展，就成了物理学的基本思维方式。像π系统所涉及的将直线运动转化成圆周运动来进行测量，就是等效替代思维的一个应用案例。

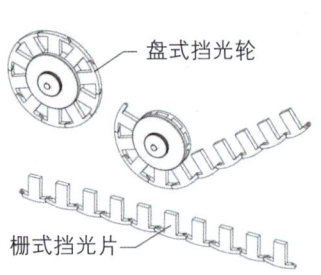

图 3-11-3 轮式光栅

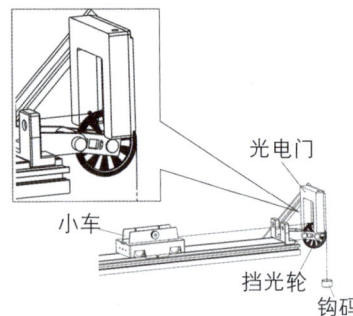

图 3-11-4 对小车的运动状况进行测量

2. 轮式光栅"上车"，"π"系统诞生

有了上述基础，当我们在进行 DIS 旋转运动传感器研发的时候，一下子就被旋转运动测量模块的功能所折服了。该模块的核心就是一只微型双光头光电门加一片高精度轮式光栅。在该光栅直径为 25.5 mm 的金属盘面上，均匀分布着 500 条狭缝。转动一圈，光电门可按照两路方波的上升沿、下降沿获得 2 000 个"挡光、透光"信号。当时我们就意识到：这么精良的器件，除了用于测量旋转运动，显然还可以派别的大用场……

在研发中，我们把该模块的轮式光栅与一个大直径轮盘同轴安装在一起，把该轮盘作为小车的前轮，一辆能够测量自己运动状态的智能化小车的雏形就呈现在眼前了。由图 3-11-5 可见，小车有三个车轮，前轮直接带动挡光轮转动，两个后轮为随同轮。

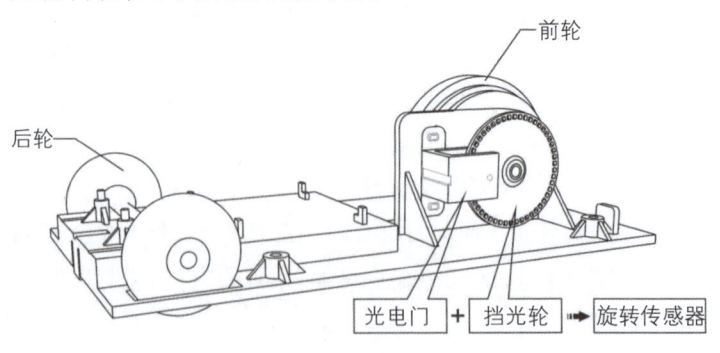

图 3-11-5 小车雏形

鉴于这一研发思路的核心是将小车的直线运动转换成旋转运动加以测量、研究，而将旋转运动的测量结果再还原为直线运动数据的时候，需要在计算机算法内嵌入 $C=2\pi r$ 公式，因此我们将其定名为"π系统"。

三、π系统的定型

从基础设计到最终定型，其间还有相当遥远的路程。研发中心建立π系统的模型之后，对之进行了长达四年的配套和完善工作。这些工作主要分为四个方面。

1. π系统小车

既然研发中心已经将工作目标定为"使小车具备自主测量时间、位移和速度等运动学要素的功能"，所以通过功能的模块化，对小车形成了如图3-11-6所示的结构要求。

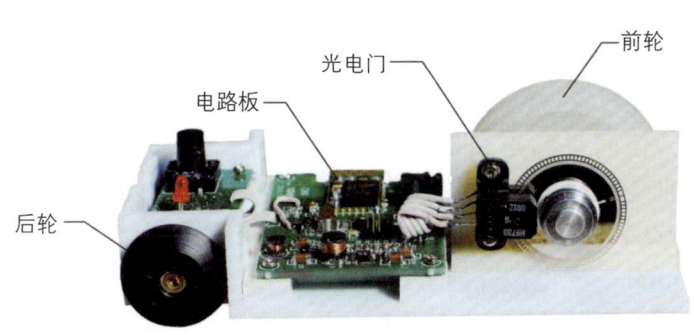

图3-11-6　小车结构图

（1）车体

π系统小车的车体包括车架、外壳和车轮等机械构件。其中，车架需要能让相关的电路安装到位并便于开关使用。外壳除了起到对小车内部结构的封装作用外，还能根据实验用途，预留牵引绳或弹簧挂钩、磁铁嵌入槽（用于弹性碰撞实验）、尼龙搭扣粘贴凹槽（用于完全非弹性碰撞实验）、配重块固定装置（用于验证牛顿第二定律、

要善于挖掘信息技术宝库：

π系统的核心部件，移用自旋转运动传感器。通过移用，该部件实现了从测量旋转运动到测量直线运动的转换。除此之外，我们也可以进一步将其用于其他测量领域：机器人、精密车辆等。总之，现代信息技术给我们提供了太多类似甚至更好的高级部件，就看我们怎么将其与自己的工作相结合了。

组合、组合、再组合：

π系统的核心来自对旋转运动传感器的移用。但整个系统的搭建，则完全靠研发中心对已掌握的成熟技术单元的组合。其中，既有机械组合，也有电路组合，最终形成了教学功能的组合。由此亦可见：我们在创造技法中大力提倡的组合技法，的确非同凡响。学会有机组合，就学会了最基本的创新和创造。

好马配好鞍——π系统的外观设计回眸：

π系统之前，研发中

心所设计的轨道小车基本上都采用直线条，给人以方头方脑的感觉。内部电路定型之后，研发中心上下一致认为应该在π系统的小车设计方面引入现代汽车设计理念，将方头方脑的"北京吉普"改成流线型的"法拉利"。于是就有了本文中收录的超跑风格的小车设计图。

当然，在具体的实践中，为好马配好鞍并非一帆风顺的过程。其中因为电池仓的设计缺陷，该小车的外壳模具经过了反复修改，耗去了不少时间。但有耕耘必有收获：π系统小车带来的用户体验，已经让老师们有了炫酷的感觉。

动能和动量定理）和若干开关的孔位等。车轮的设计要求更为特殊——小车采用三轮结构，前轮与轮式光栅同轴，后轮用于支撑车体。

（2）电路

π系统小车的电原理图如图3-11-7所示。其中，信号处理电路是核心，统辖着其他模块的运行。

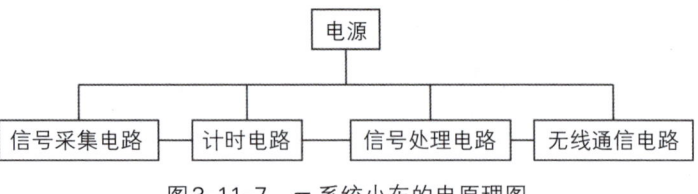

图3-11-7　π系统小车的电原理图

信号处理电路采用单片机，负责将光电门在轮式光栅转动时获得的"挡光、透光"数据进行初级处理，计算出小车的直线位移数据，并将位移数据与对应的时刻进行编码，提供给无线收发电路并控制后者的数据通信。该电路外接"调零"按钮，可对位移进行人工置零，并将任意点设置为位移测量的起始点。

信号采集电路的核心是光电门。前文所述，与小车前轮同轴安装的轮式光栅转动一圈可令光电门产生2 000个"挡光、透光"信号，因此其理论测距分辨力可达0.4 mm。光电门除能够给出运动距离数据之外，还可通过挡光所形成的方波的相位信息给出运动的方向。

计时电路采用石英晶体振荡器，为单片机提供系统时钟。晶体振荡器是实现"启动就记录"和"运动即测量"的核心部件，可以保证光电门与信号处理电路的时间一致性，并可为计算机提供与位移数据对应的时间信号。

无线通信电路由蓝牙发射模块和指示灯构成，嵌在车体内部。

供电电路由锂电池、开关机电路和稳压电路组成。

图3-11-8所示为研发中心根据上述车体和电路要求设计出的小车结构外形图。

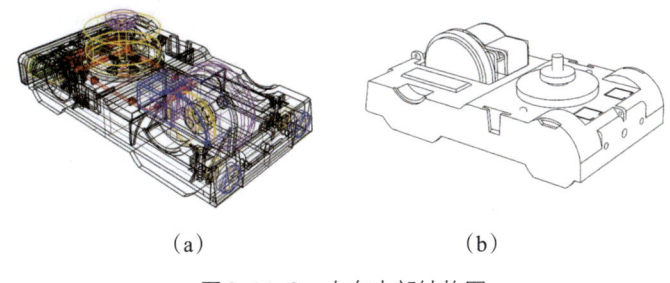

（a）　　　　　　　（b）

图3-11-8　小车内部结构图

2. π系统无线接收模块

无线接收模块用于接收π系统小车发射的蓝牙信号，外形和接口类似U盘，使用时插入计算机的USB接口即可。

3. π系统轨道

π系统小车独特的三轮结构，决定了π系统所用的轨道与DIS多用力学轨道系统使用的轨道有着显著区别——π系统轨道在中心位置设置了一个供单前轮使用的凹槽（图3-11-9），简称"槽式轨道"。

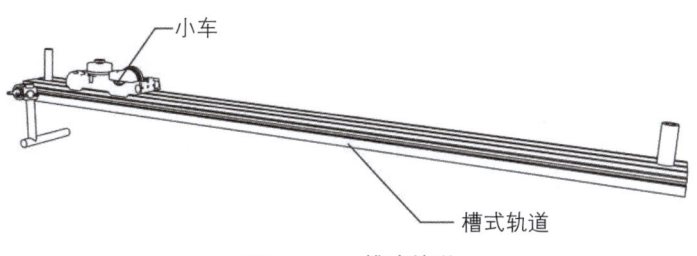

图3-11-9　槽式轨道

4. 实验教学软件

π系统配备有专用软件，可在计算机上实时显示系统的测量数据和计算结果。该专用软件内置公式库和算法库，可对时间、位移等基础数据进行积分等数学运算，能够满足中学和部分大学物理运动学实验数据处理的要求。

π系统小车的基本运行模式如下：当小车在槽式轨道上运动时，与前轮同轴的轮式光栅转动，光电门将挡光形成的信号输出至控制电路，经过处理后再由通讯模块以蓝牙格式输出，接插在计算机USB口上的无线接收模块接收到上述蓝牙信号之后，由专用软件将其转换为可视化图形和数据。

π系统可同时采集两路数据，因而能够在实验中支持两辆小车并行使用，实时获取两辆小车的"位移-时间"数据，并可依据所获的数据，得出两辆小车速度的变化情况。这项功能可以用在完全弹性碰撞和完全非弹性碰撞实验中，满足了测量两车碰撞之后运动状况的实验需求。

四、π系统的实验教学应用

1. 联机和调试

将π系统应用于实验教学，应遵循以下步骤：

（1）将无线接收模块接入计算机，打开π系统专用软件。

（2）将π系统小车放在轨道上，确保其三个轮子均与轨道处于稳定接触的状态。

（3）打开π系统小车上的电源开关，轻按小车上的调零按键，将小车此时所处的位置确定为零点。

（4）轻推小车改变其位置，计算机上即可实时显示小车当前位置与零点之间的距离，并可描绘出"位移-时间"图线。根据所获得的数据，还可计算出小车运行的速度、加速度。

2. 实验案例

（1）验证牛顿第二定律——从v-t图求加速度

作为经典力学最基本的定律之一，牛顿第二定律的验证要点是测量加速度。

如图3-11-9所示，将π系统小车置于倾斜的槽式轨道上，点击专用软件——"从v-t图求加速度"，令小车沿轨道自由下滑，系统即可实时获得v-t图线。在图线上选择某一区域，即可在数据窗口中获得该区域内图线的起始点所对应的初位移、末位移时间差和加速度值[图3-11-10(a)]。

图3-11-10(b)所示为使用分体式位移传感器做同一实验所得的实验图像。两者对比可知，π系统从实验精度和图像线性度上有了较大提升。

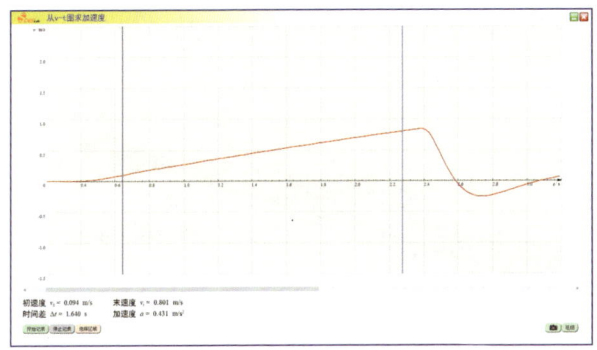

（a）用π系统小车测加速度

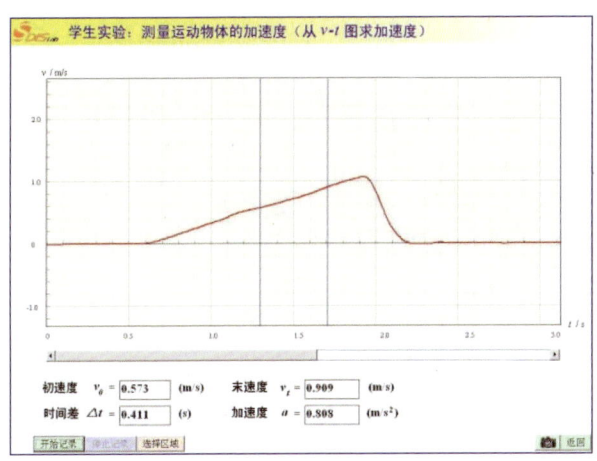

（b）用分体式位移传感器测加速度

图3-11-10

（2）验证动量守恒定律——碰撞中总动量不变

动量守恒定律是最早发现的一条守恒定律，法国哲学家兼数学家、物理学家笛卡尔在这方面作出了重要贡献。验证动量守恒也是高中物理实验中的一个经典内容。

如图3-11-11所示,在槽式轨道上放置两辆质量不同的π系统小车。实验时,两小车磁性缓冲器相对,令小车1运动并与处于静止状态的小车2碰撞,碰撞后两小车交换速度。计算机实时给出每辆小车的"速度-时间"图线,从图像可见弹性碰撞中动量保持守恒(图3-11-12)。如果采用尼龙搭扣缓冲器做实验,能够得出非弹性碰撞同样保持动量守恒的结论(图3-11-13)。

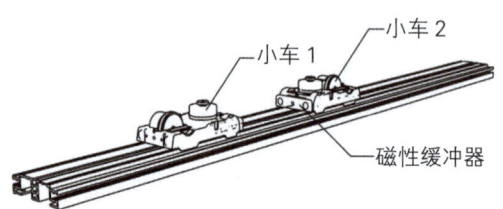

图3-11-11　小车碰撞实验

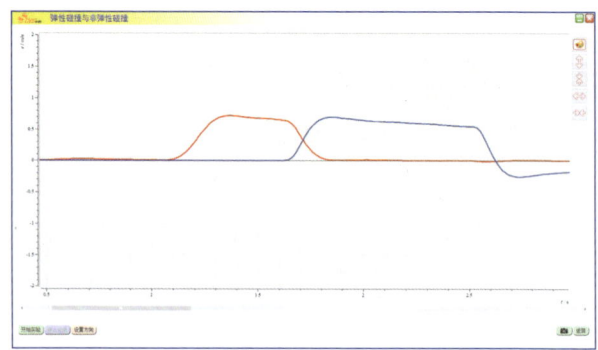

图3-11-12　弹性碰撞时动量守恒

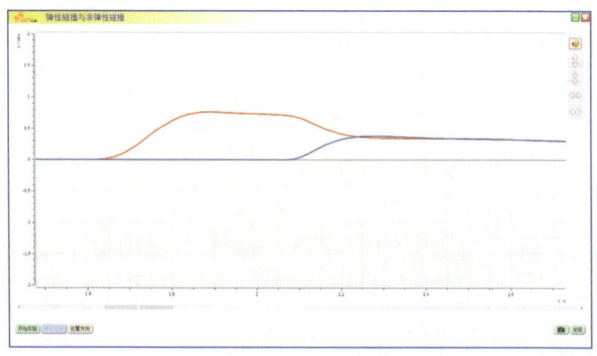

图3-11-13　非弹性碰撞时动量守恒

增大π系统小车2与轨道间的摩擦力（可将软质摩擦片放在小车前端的轨道上）再做实验，可得到总动量不再保持不变的结论。这表明两车相碰后总动量保持不变是有条件的，即两小车所受外力之和为零或近似为零。

使用π系统可以连续记录两辆小车运动中的位移及速度变化情况，此功能首先是DIS分体式位移传感器系统所不具备的。其次，在碰撞实验中，可避免使用光电门时经常遇到的测量点过于接近或远离碰撞点的问题。这些都是对物理实验教学空白的成功填补。

五、研发后记

光阴荏苒。早在南北朝时期，相传当时的科学巨擘祖冲之先生就造出了能够自主测距的记里鼓车（图3-11-14）。人民教育出版社出版1982年第一版的《物理》教材中（图3-11-15），给出了轮式测距的插图。由此可见，将直线运动距离转化为轮子的周长乘以滚动的圈数的思路自古有之。让交通工具具备自主测距能力，先人也早已尝试过。

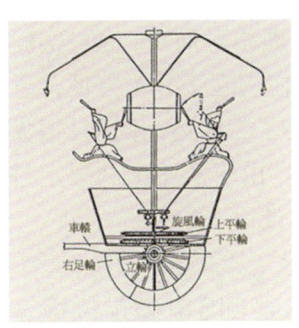
图3-11-14　记里鼓车示意图

图3-11-15　轮式测距

具体到物理实验，从打点计时器到频闪照相，都是利用外部的测量手段对运动物体进行测量，在这些体系之中，运动物体都是被动的、非智能化的。正是因为认识到：物理实验教学领域不应该成为信息技术和思维革新

桃李不言，下自成蹊：

本文的撰写首先基于对π系统研发过程的自我肯定。π系统的教学贡献自不待言，但从历史的角度来审视π系统，可知其一旦定型投入使用，也就站在了等待自我否定的位置上。

的确，π解决了不少实验问题，尤其是碰撞过程中动量守恒的精确测量等难题。但它不是万能的。在信息技术飞速发展、研发人员永不满足的今天，我们已经做好了使用更新更好的技术对π系统进行替代的准备。

的盲区，DIS才得以诞生；而DIS分体式位移传感器之所以能让运动学实验教学水平有所进步，就在于将无线的信号发射源安装到了运动物体之上，使运动物体参与到了测量系统之中。至于DIS光电轨道系统，其所借助的运动物体——光电扫码小车已实现了部分智能化，可以通过与特制轨道系统的互动，实现半自主的计时、测距。而进一步优化运动学实验测量方法的方向，就在于沿着变被动测量为主动测量的路线，抛开外部的测量限制（包括轨道上的条码），强化运动物体——小车针对时间、位移和速度的自主测量功能。于是，就有了上面所述的DIS光电计时测距系统——π系统。

第十二节　DIS电磁定位板的攀登之路

"魔板"——DIS电磁定位板的专用名：

DIS电磁定位板定型之后，同"光电计时测距系统"一样，面临着命名的问题。前文已述，我们将后者命名为了"π系统"，而为前者起了一个更为高大上的名字——"魔板"。与"π系统"命名过程中出现了争议不同，"魔板"的名字基本上是一致通过。估计原因在于DIS电磁定位系统的功能实在强大，定位准确、使用方便，且极具扩展性，因此大家可能都认为它配得上"魔板"这

一、研发背景

在中学物理中很多实验都涉及二维运动，如平抛运动、运动合成等。研究二维运动，传统上使用频闪摄影和电火花描迹等方法。这些方法原理相对简单，但对实验设备、操作方法都有一定的要求，使用起来并不方便。近年来，也有人使用数字化方法解决了二维运动问题，但大都采用基于影像的数字分析技术。由于实验中的限定过多，分析结果的呈现也滞后于实验过程。

二、从DIS二维运动实验器到DIS电磁定位板

研发中心在十年前就开始尝试利用传感、测量技术研究二维运动，并取得了一定成果。研发中心曾在《物理教学》杂志（2012年第1、2期）发表了利用超声波和红外线对运动物体进行实时定位的DIS二维运动实验器（图3-12-1）的论文。该实验器于2009年荣获全国自制教具评选一等奖，并在全

个名字。我们衷心希望广大用户能够充分发挥"魔板"的魔力,开发出更多实验,直至让我们这些研发者们跌破眼镜!

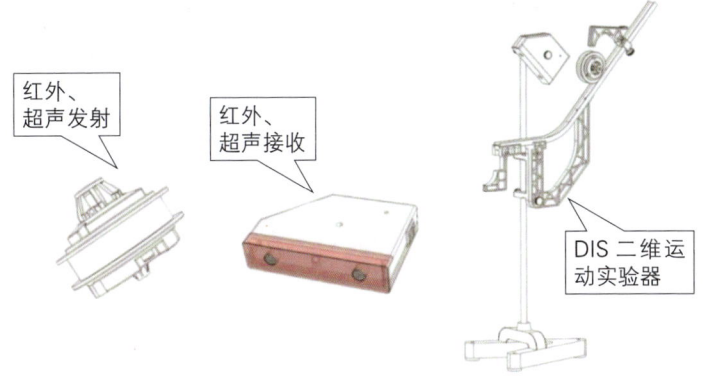

图 3-12-1　DIS 二维运动实验器

国各地的很多大中学校获得了较为广泛的应用。

但随着应用的深入,该版本的二维运动实验器逐步暴露出了因结构、器件和材料等方面原因导致的稳定性和精度等问题,迫使研发中心开始重新寻找更为理想的二维运动实验研究手段。

本着对完美的追求,研发中心在 2013 年之后开始探索研究使用电磁感应对运动物体进行定位的技术,并在一年之后实现了由定位板和信号源组成的"电磁定位板"。该定位板既保留了对二维运动物体的实时定位功能,又在稳定性和精度上超越了原二维运动实验系统,更好地满足了教学要求,并多次在国家级教学比赛中证明了自身价值。

三、DIS 电磁定位板的结构和工作原理

1. DIS 电磁定位板的结构

如图 3-12-2 所示,DIS 电磁定位板由定位板和信号源组成。

(1) 定位板

定位板(包含网格状线圈阵列、数据采集器和 USB 接口)由槽型框架支撑。

(2) 信号源

信号源为圆柱体(外径 30 mm,厚 20 mm),由塑料外壳(顶盖+底座)、3.7 V 可充电锂电池、振荡电路、磁芯线

追求完美与殊途同归:

在对"π系统"的点评之中,我们谈到了研发中心的自我否定,以及通过不间断的自我否定,从而确立新的研发目标,迫使我们自己不断向前的真实经历。而研发中心为什么不断地自我否定呢?答案是——追求完美。在我

们的研发团队心目中,仪器设备的不完美就是实验的不完美,就是教学过程的缺憾和学生的损失。我们不能容忍这种缺憾和损失,所以逼迫自己不断寻求新技术和新的实验解决方案。在这一过程中,有多个殊途同归的案例,比如π系统、分体式位移传感器和光电数码轨道,比如二维运动实验系统与电磁定位板——魔板。你可以说我们是重复了一个课题的研究,但每一个新的成果毕竟都是独立的,都能支持极具特色的实验。比如,同样是研究二维运动,二维运动实验系统在"单摆实验"中表现优异,而电磁定位板在"斜抛运动""圆周运动投影""伽利略理想实验""机械能守恒"等实验中的表现就要好过二维运动实验系统。因此说殊途同归也不完全准确,也许"群峰竞秀"这一表述更为到位。

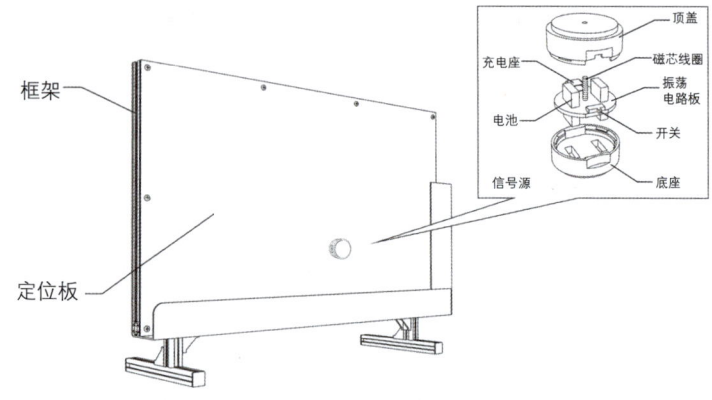

图3-12-2　DIS电磁定位板结构图

圈构成,外壳上设有开关和充电接口。信号源能够通过振荡电路连续发射200 kHz的电磁波,可被用作抛体运动及其他二维运动实验的研究对象。

2. DIS电磁定位板的工作原理

当信号源靠近定位板运动时,板内的线圈阵列会产生感生电动势。测量电路通过检测感生电动势信号峰值,可建立信号峰值与产生该信号峰值的线圈之间的对应关系,从而在水平和垂直方向上确定信号源的位置。通过USB接口将上述定位结果上传至计算机,即可由计算机上运行的软件实时描绘出信号源的运动轨迹。

DIS电磁定位板的具体参数如下:定位范围,578 mm×330 mm;采样频率:最高200 Hz/s;定位精度,小于1 mm。

按照上述工作原理,只要将DIS电磁定位板进行垂直或水平定位并连接至计算机,打开信号源的电源开关,使其在规定的距离之内靠近电磁定位板运动,即可获得信号源与电磁定位板之间的相对位置,并对其运动规律进行研究。

四、DIS电磁定位板在实验中的应用

在下述实验实例中,根据实验要求,配置有相应的附

件,信号源则根据具体实验要求安置,但其顶盖面必须正对电磁定位板(以下各类实验类同)。

1. 抛体运动

抛体运动——平抛(或斜抛运动),可以看作是两个分运动的合运动,一个是水平方向的匀速直线运动,另一个是竖直方向的自由落体运动(或竖直上抛运动)。用电磁定位板可以对抛体运动做直观深入的研究。

(1)平抛运动

如图 3-12-3 所示,把配置的弹射器附件固定在框架左侧的凹槽内,用于弹射信号源,使之做平抛运动。弹射器有三个挡位以对应不同的射程。

研究二维运动? 先给你一个固定的平面:

要研究二维运动,要先让学生理解什么是二维运动。对于脑子里面尚未完全建立空间坐标的中学生来说,这还真不是一件容易的事情。因此,研发中心在2007年起开发的二维运动实验系统,在学生使用的过程中,先得过一个认知关——让学生把抛体的运动,看成是水平运动与垂直运动的合运动。但DIS电磁定位板就不一样了——不是要做二维运动实验吗? 那我们先提供一块二维平板供你研究。学生借助这块平板,能够瞬间认识到:无论是水平还是竖直,这块板就是二维运动的基准平面。

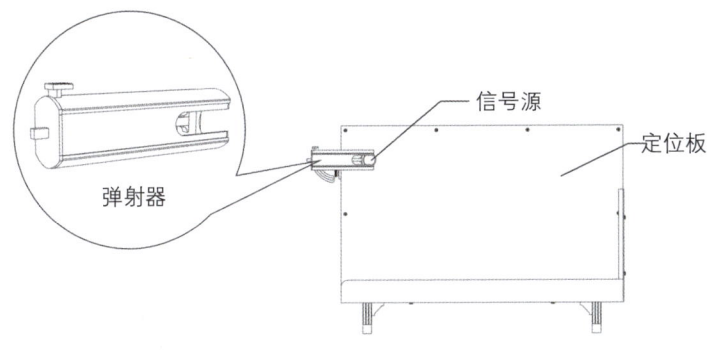

图 3-12-3 DIS 电磁定位板平抛运动结构图

打开专用软件(图 3-12-4),开启信号源的电源开关,弹出信号源使之做平抛运动,可得到软件采集的数据(左侧表格内)及数据点(右侧坐标系内)(图 3-12-5);通过"二次拟合",从拟合图线可见,抛体的运动轨迹符合二次方关系(图 3-12-6)。

利用软件提供的工具,可得到各数据点在 X 轴和 Y 轴上的投影(图 3-12-7)。由 X 轴上各投影点的间距相同,可知水平方向为匀速直线运动;由 Y 轴上各投影点的间距逐渐增大,可知竖直方向为匀加速直线运动;而平抛运动就是在水平方向上匀速直线运动与竖直方向上匀加速直线运动的合成。

上海创造——数字化实验系统研发纪实

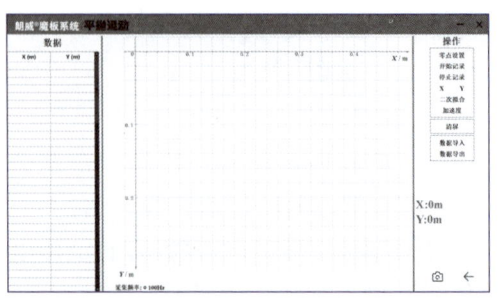

图3-12-4 平抛运动软件界面

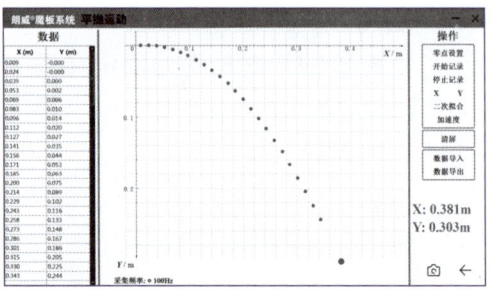

图3-12-5 软件采集平抛运动的数据

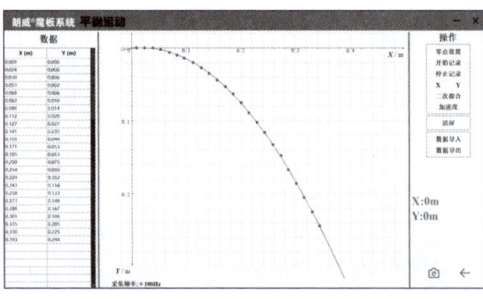

图3-12-6 二次拟合平抛运动图线

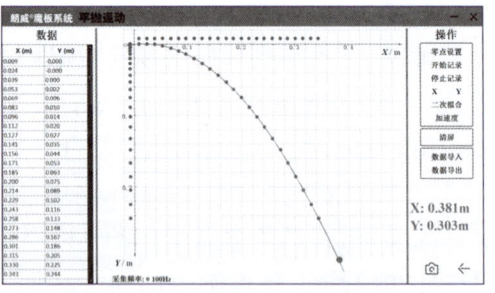

图3-12-7 平抛运动数据点在X轴和Y轴上的投影

做而不厌、教而不倦的平抛运动：

前文已述，研发中心十六年间在平抛运动上倾注了太多心血：2005年定型了平抛运动实验器，其原理是通过测量不同释放高度的抛体的飞行时间和飞行距离来研究平抛；2007年起开始研发二维运动实验系统，所使用的是超声波和红外线技术；到了DIS电磁定位板时代，所用的技术换成了电磁感应和平面定位。

平抛运动何以让研发中心反复"折腾"、乐此不疲？根本原因不在于研发

使用软件，可进一步得出抛体在水平方向和竖直方向上的速度-时间曲线（图3-12-8）。可见水平方向上的速度-时间曲线为一条平行于X轴的直线，说明在水平方向上是匀速直线运动，其加速度接近于零；而竖直方向上

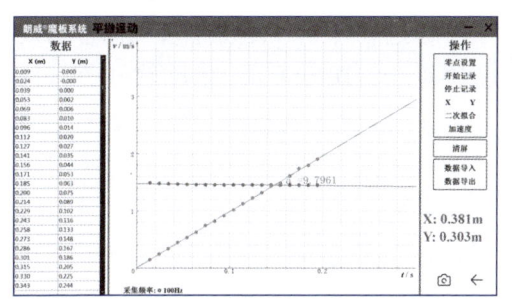

图3-12-8 抛体在水平和竖直方向上的速度-时间曲线

的速度-时间曲线同样为直线,但与X轴呈现一个夹角,说明在竖直方向上是加速直线运动,其加速度即为该直线的斜率,加速度值接近当地的重力加速度值。

(2)斜抛运动

平抛运动只是抛体运动的特例,而斜抛运动则更有普遍性。

如图3-12-9所示,把弹射器组件固定在框架左侧槽内下端,调整组件位置,使其与定位板的水平方向成一定角度。弹出信号源使之做斜抛运动,可得到如图3-12-10所示的抛体的运动数据(左侧表格内)和数据点分布(右侧坐标系内)。

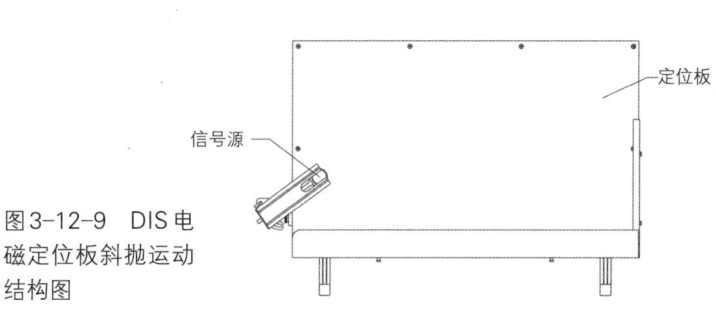

图3-12-9 DIS电磁定位板斜抛运动结构图

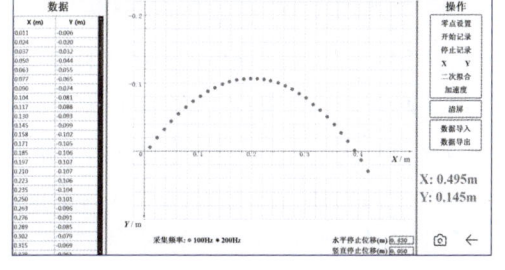

图3-12-10 软件采集斜抛运动的数据

中心的选择,而在于平抛运动实验在中学物理教学过程中的重要地位:平抛是合运动的集中体现;研究平抛,就要打通物理与数学,学生能够顿悟解析几何和平面坐标的物理含义,该实验是让学生具备数理思维的重要桥梁和手段;再者,平抛运动实验难做,传统实验方法弊病太多,严重影响了该实验应有的教育功能。因此,研发中心针对平抛运动一而再、再而三地努力,也就可以理解了。

斜抛运动,变想象为现实:

其实对大部分学生来说,平抛运动不如斜抛运动好玩。平抛运动比较刻板,而斜抛运动则更像炮弹发射——"呼"!"啪"!

因此,除了本文介绍的斜抛的相关因素研究之外,DIS电磁定位板还可以因势利导,让学生研究抛射角度与抛射距离之间的关系、起抛力度与抛射距离之间的关系等,使之成为寓教于乐的典型实验。

通过软件"二次拟合",从拟合图线可见,抛体的运动轨迹符合二次方关系;借助软件,可进一步得到各数据点在X轴和Y轴上的投影(图3-12-11)。由X轴上各投影点的间距相同,可知水平方向为匀速运动;由Y轴上各投影点的间距,可知竖直方向为竖直上抛运动。而斜抛运动就是在水平方向的匀速直线运动与垂直方向的竖直上抛运动的合成。

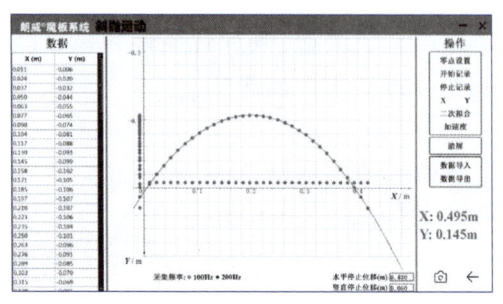

图3-12-11　斜抛运动各数据点在X轴和Y轴上的投影

基于斜抛运动的实验数据,还可得到在斜抛运动中的射高和射程。

2. 单摆

看似简单的单摆运动,其中蕴含着丰富的物理意义。由于传统测量工具所限,以往实验中难以获得对于教学至关重要的信息。

用电磁定位板做单摆运动实验,不仅能测出单摆的周期和重力加速度,还能通过运动轨迹来研究摆球的运动状态。该系统获得的振动图线还可以证明:在摆角很小的情况下,单摆振动时的回复力和位移成正比,且方向相反,这正符合简谐振动的标准定义。

如图3-12-12所示,把配置的单摆附件固定在框架上端的槽内,信号源(摆球)装在摆杆下部夹子内,摆杆上部用双轴承挂于固定柱上端固定装置的槽内,使其摆球能水平摆动。换用不同长度的摆杆,并上下移动固定装置在固定柱上的位置,可研究摆长与周期的关系等实验。

将摆杆拉开一定的角度(小于5°)。开始记录,让信

单摆也可以是刚性摆:

在传统实验中,棉绳下端拴着小球,就构成了单摆。但这只是单摆的一种——柔性摆。在机械装置中,使用更多的则是本实验中所用的刚性摆。从减小偏差、便于观察的角度来说,刚性摆比柔性摆更胜一筹。因此,使用DIS电磁定位板,可以开阔中学生的视野,让他们了解多元化的物理模型和机械装置。

第三章
DIS顶峰攀登

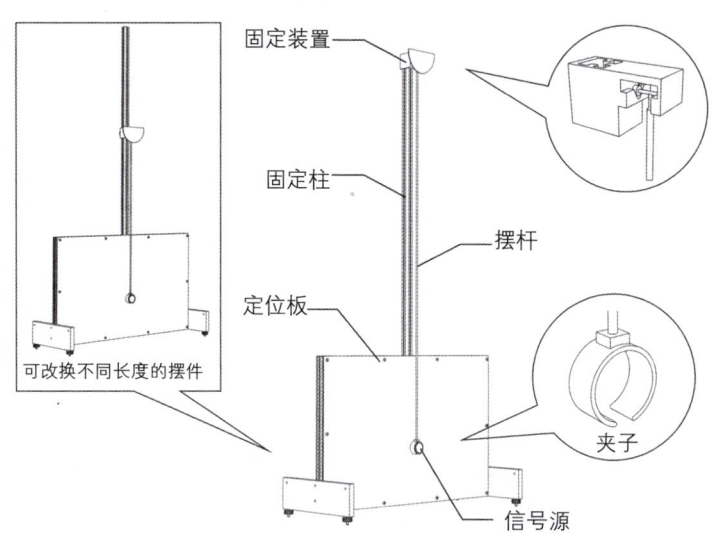

图 3-12-12　DIS 电磁定位板做单摆运动实验的结构图

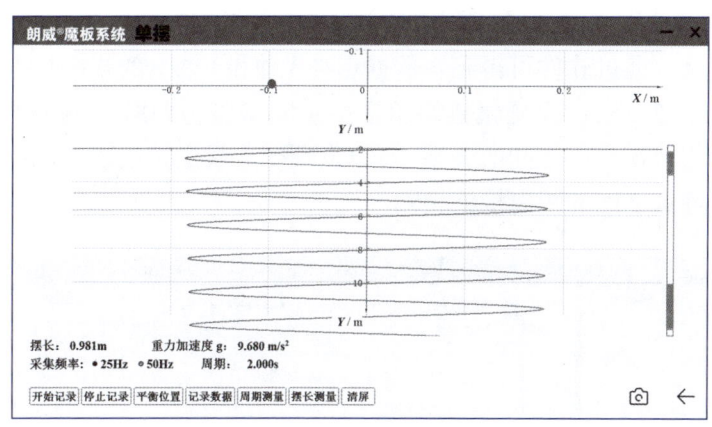

图 3-12-13　单摆运动实验软件采集的数据及水平方向的运动轨迹

号源摆动，可得到软件采集的数据及水平方向的运动轨迹（图 3-12-13）；摆动一段时间后停止记录，可通过软件计算出单摆的摆长、周期和重力加速度。

3. 伽利略理想实验

伽利略根据对运动的观察设想了一个"理想实验"。如果一个做匀速直线运动的物体，没有受到阻力，会保持匀速直线运动不变。有人评论说："伽利略所用的科学推

理想实验需要理想装置：

　　该实验之所以被称为"理想实验"，就是因为实验的设计排除了各种干

扰和阻碍，虚拟了一个在理想环境中运行的物理模型。尽管DIS电磁定位板、轨道和信号源无法完全排除摩擦力和运行过程中的晃动等干扰因素，但相比于其他实验装置，上述因素所造成的干扰已经尽可能地被压缩了，因此实验结果也就能够前所未有地接近理想状况了。

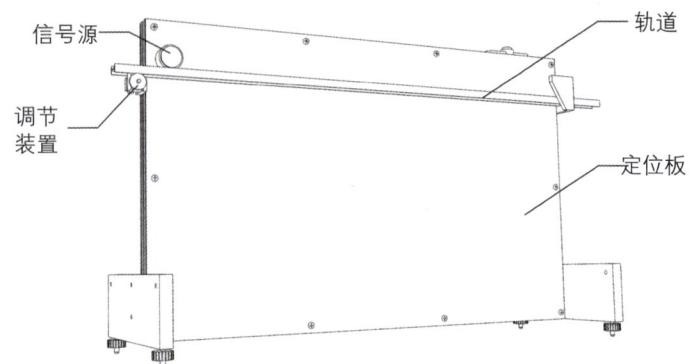

图3-12-14　DIS电磁定位板做伽利略理想实验的结构图

理方法是人类思想史上最伟大的成就之一。"

用DIS电磁定位板设计伽利略理想实验——把配置的轨道架在框架两侧，调节轨道两侧固定装置的高度，可改变轨道倾角（图3-12-14）。

开始记录后，释放信号源使之沿轨道滚下，停止记录。通过软件可得到各数据点在X轴和Y轴上的投影（图3-12-15）。改变轨道倾角多次重复实验，观察轨迹图像与轨道角度之间的关系，可以发现随着轨道接近水平，轨迹点之间的距离接近相同。

铝型材边框的妙用：

使用DIS电磁定位板做运动合成实验，跟使用二维运动实验系统的效果差不多。但是相比于二维运动实验系统在做运动合成实验的时候，需要使用另行配备、精心安装和调试的水平架与垂直限位框，DIS电磁定位板采用铝型材构造的边框可就派上用场了——使用固定栓和转接器，可以很方便地

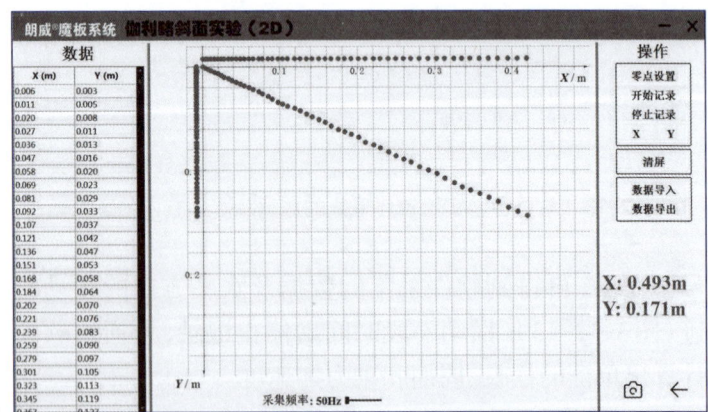

图3-12-15　伽利略理想实验软件可得到各数据点在X轴和Y轴上的投影

4. 运动的合成

若一个物体同时参与两个运动，那么这个物体的实际

运动称为合运动,参与的这两个运动称为分运动。用DIS电磁定位板演示运动合成通常以"位移合成"为代表。

如图3-12-16所示,把配置的"运动合成"附件固定在定位板上端的槽内,滑块向右移动,其竖直滑杆上的信号源会随牵引器参与水平向右和竖直向上的合运动;滑块向左移动,其竖直滑杆上的信号源会随牵引器参与水平向左和竖直向下的合运动,系统描绘出的信号源运动轨迹即为合运动轨迹(图3-12-17)。利用上述牵引装置,DIS电磁定位板还可分别演示水平方向或竖直方向的运动轨迹。

将电动机、轮轴等与定位板结合在一起,根本就不再需要专门的支架系统,这无疑为实验提供了很大便利。

不仅运动合成实验,随后介绍的离心轨道、机械能守恒、阻尼振动、自由落体运动和圆周运动投影等实验都借助了定位板边框的安装和固定功能。这同时也为"结构功能主义"——结构决定功能的思想提供了又一个注脚。

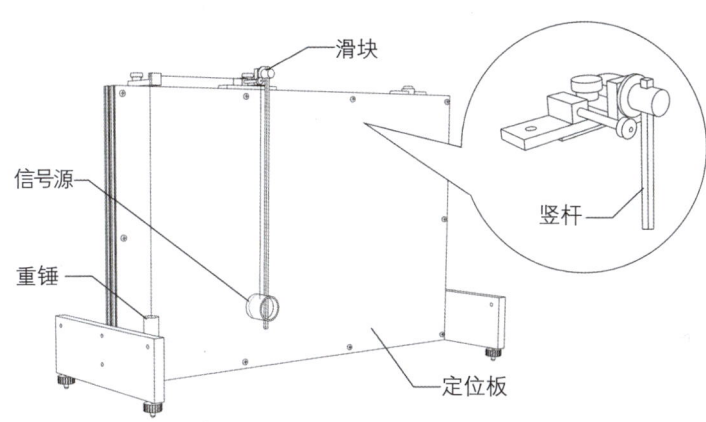

图3-12-16　DIS电磁定位板演示运动合成实验的结构图

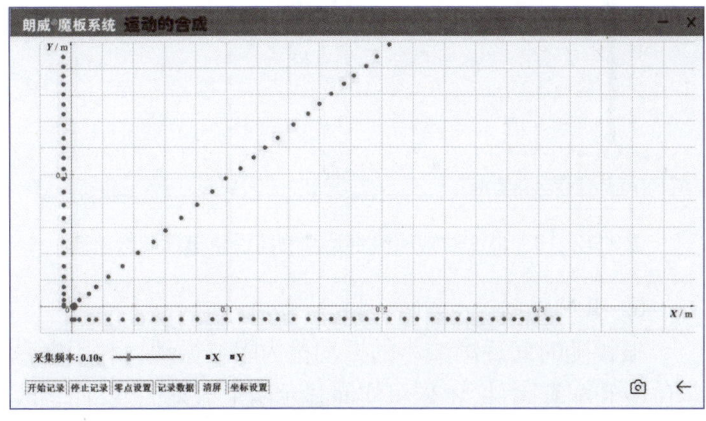

图3-12-17　运动合成实验运动轨迹

5. 离心轨道

离心轨道经常用来研究物体在环形轨道上的运动。DIS电磁定位板的实时定位功能为这一实验提供了更为理想的教学手段。

如图3-12-18所示，把配置的环形轨道竖直架设在定位板框架上，即可演示信号源在竖直环形轨道上的运动。运动物体沿轨道滚动的轨迹见图3-12-19。

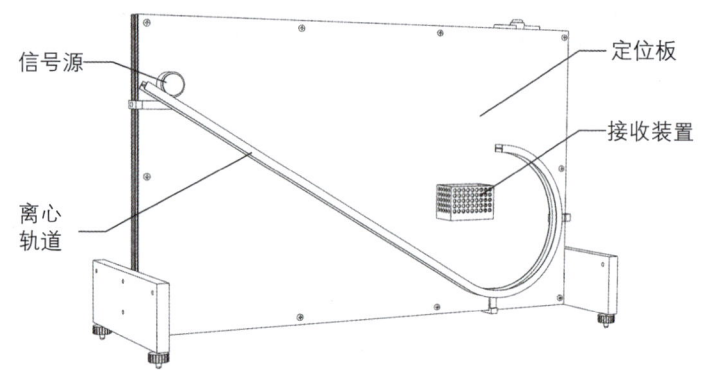

图3-12-18　DIS电磁定位板做离心轨道实验的结构图

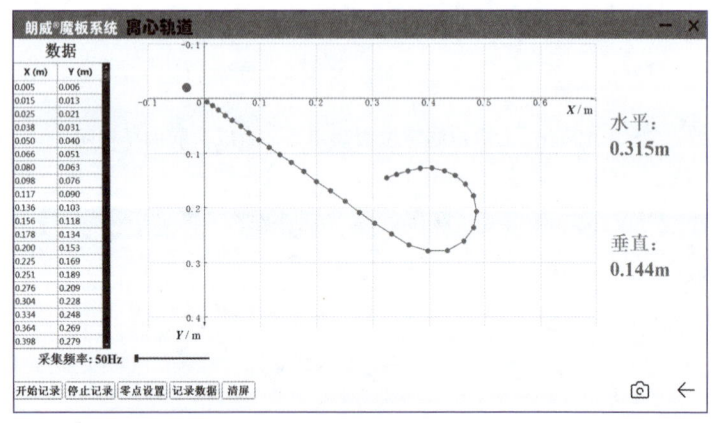

图3-12-19　离心轨道实验中运动物体沿轨道滚动的轨迹

> 在时间轨迹上寻找往复运动的规律：
>
> 单摆运动和阻尼振动，以及后面要介绍的圆周运动，在人们眼里都是

6. 阻尼振动

振幅随时间逐渐减小的振动称为阻尼振动。利用电磁定位板和配套附件，不仅可实时显示阻尼振动图线，而且改变振动弹簧片的长度，还可比较不同的阻尼振动图线。

如图3-12-20所示，将阻尼振动实验器固定架安装在DIS电磁定位板框架上端，把信号源放置在弹簧片末端的卡槽内，使弹簧片摆动起来，即可得到信号源随着时间振动的图像（图3-12-21）。

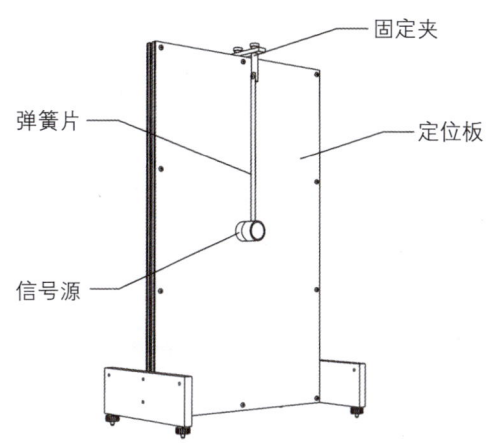

图3-12-20　DIS电磁定位板演示阻尼振动实验的结构图

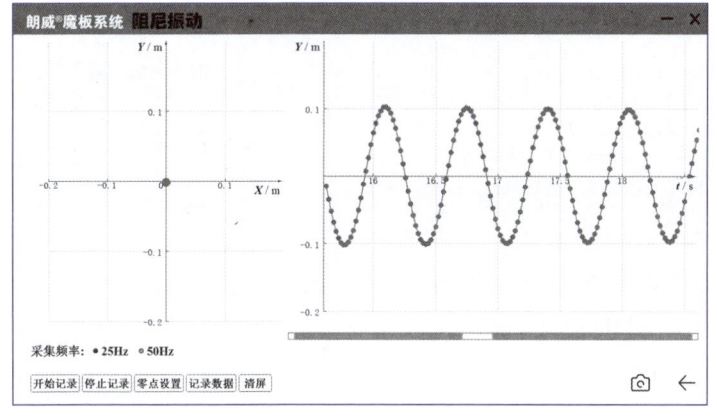

图3-12-21　阻尼振动实验信号源随着时间振动的图像

往复运动。但是，如果给往复运动加上时间坐标，就会绘出优美的正弦曲线。由此也可就能派生出周期、相位等要素了。在DIS系列智能化实验仪器诞生之前，研究单摆的振动图像，只能在单摆之下铺上纸带，给单摆装上沙漏使之能够洒下墨粉，匀速拖动纸带，才能勉强得到一幅振动图像。而要获得阻尼振动图像和圆周运动投影图像，也得采取类似的办法。

使用DIS电磁定位板，可将上述工作大大简化，实验精度大大提高，实验结果可直接输入计算机进行分析。这种技术手段上的跨越带给学生的，就是认知上的跨越。

7. 圆周运动的投影

匀速圆周运动在水平方向上的投影是简谐振动。利用DIS电磁定位板和附件，可将此规律形象直观地显示出来。

在水平放置的定位板两侧架上门式支架，支架中间的电动机可带动信号源做匀速圆周运动,其旋转半径可调(图3-12-22)。将信号源固定在旋转杆末端的卡槽内,打开电源,使旋转支架转动起来,即可得到信号源在软件坐标系内 Y 轴上的投影图像(图3-12-23)。

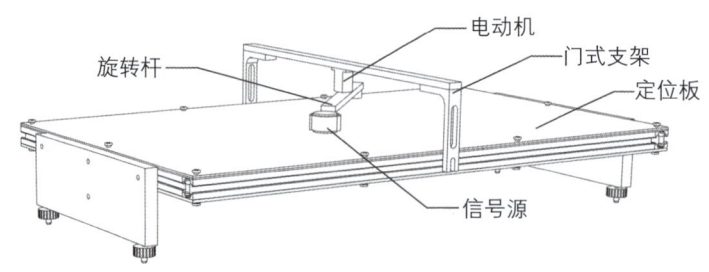

图3-12-22　DIS 电磁定位板做圆周运动的投影实验的结构图

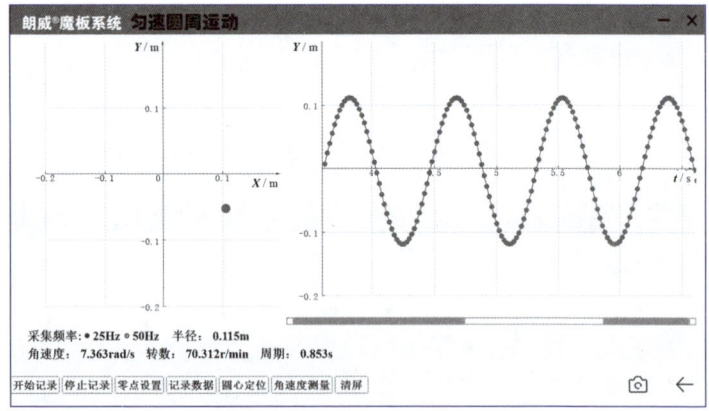

图3-12-23　圆周运动的投影实验信号源在软件坐标系内 Y 轴上的投影图像

借助软件,还可进一步计算出旋转半径、角速度、转速和周期。

8. 机械能守恒

上海高中物理教材设计的研究机械能守恒的实验,可称为"落锤实验"。研发中心开发该实验装置经历了1.0版和2.0版两个阶段,装置中的落锤也由柔性改为了刚性。运动形式一般选用"自由落体运动"。采用定位板做该实验,可定量测定信号源(摆锤)在不同位置的高度和速度,从而计算出不同位置的机械能,最后归纳出机械能守恒定律。用这种具有普遍意义的曲线运动来研究机械能的转化和守恒,可使学生对"能"这一概念的本质内容——转化和守恒产生深刻的印象,并可以为学生在今后的学习中运用能量守恒和转化的观点来认识物理规律、分析物理问题打下基础。

如图 3-12-24 所示,在竖直放置的 DIS 电磁定位板上端框架槽内固定带有旋转臂的机械能守恒实验附件,置于旋转臂底端的信号源可绕旋转轴转动。信号源的旋转半径可调。

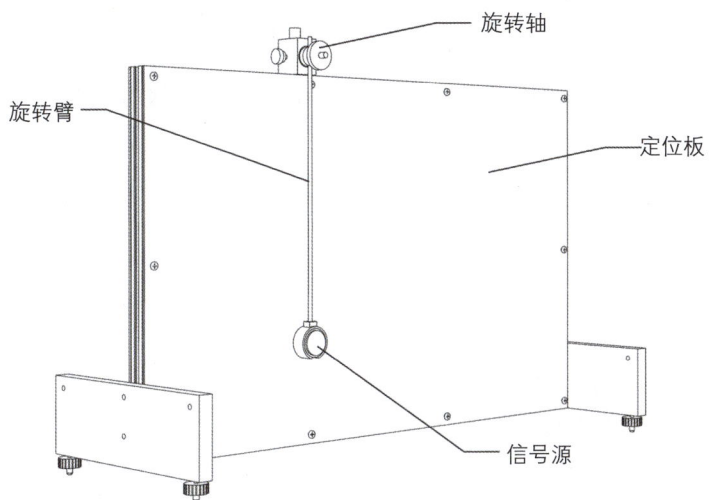

图 3-12-24　DIS 电磁定位板做机械能守恒实验的结构图

开始实验,待获得图 3-12-25 所示的实验结果之后,使用软件的"选择区域"功能,选择轨迹点的最左侧到最右侧的范围。点击"数据计算",可得到动能、势能、机械能的数据,并在右侧的坐标系中显示出变化曲线(图 3-12-26)。从图中可以发现:物体在只有重力做功的情况下,其重力势能(图 3-12-26 中 E_p)和动能(图 3-12-26 中 E_k)可以相互转换,而总的机械能保持不变。

9. 自由落体运动

自由落体运动是匀变速直线运动的一个特例。与其他实验不同,该实验的结果有一定的绝对性——即为当

过不了自由落体实验关的电磁定位板不是好实验仪器:

前文已述:鉴于自由

落体运动实验结果的绝对性,该实验往往成为一系列与运动学有关的实验仪器的试金石。DIS电磁定位板在研发过程中,同样借助该试金石进行了自我磨砺——不仅促进我们修正了软件算法,更迫使我们在配套装置上进行了反复尝试,最终才通过了这一大考,同时也宣告了DIS电磁定位板的最终定型。

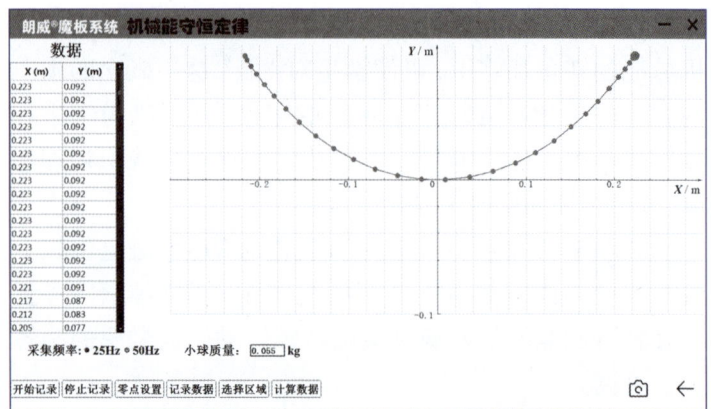

图3-12-25　机械能守恒实验信号源运动轨迹

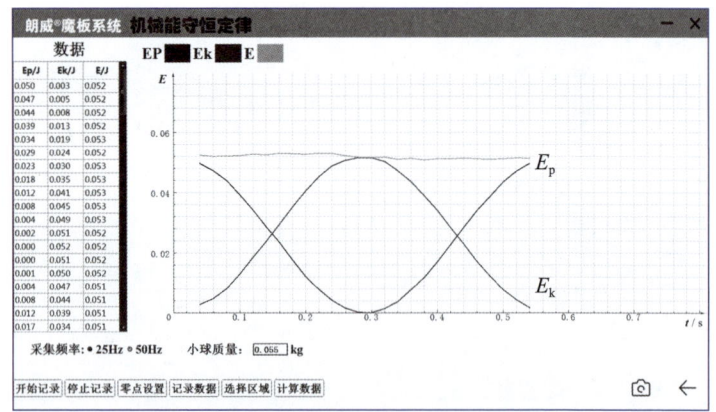

图3-12-26　总的机械能保持不变

地的重力加速度值。因此该实验虽然简单,却往往成为很多教学仪器的试金石。根据笔者多年的教学经验,尽管研究自由落体运动方法众多,但由于实时性不好,或者精度普遍较低,所得到的 g 值往往与理想值相差较大。即便采用研发中心以前开发的"使用分体式位移传感器研究自由落体运动""使用光电门研究自由落体运动"等方法,也会因为实验操作的熟练程度导致实验结果的离散。在DIS电磁定位板的研发过程中,我们一直将研究自由落体运动作为一个硬性标准来对设备的精度和稳定性进行检验。故在该设备定型之后,研究自由落体运动就自然

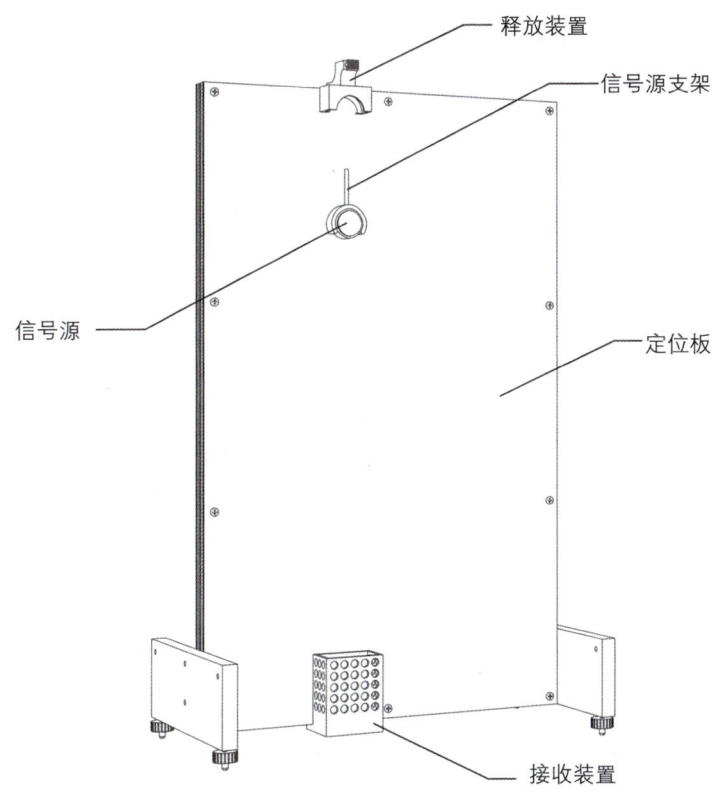

图3-12-27 DIS电磁定位板做自由落体实验的结构图

而然地成了其强项。

将DIS电磁定位板竖直放置,在框架上端槽内固定信号源释放装置。为便于信号源定位和释放,信号源与支架相连,连接装置固定于定位板底部(图3-12-27)。

开始实验,按下释放装置的释放按钮,信号源随信号源支架自由下落,系统可采集到信号源在竖直方向上的运动数据(见图3-12-28左侧表格)。

借助软件,可基于上述数据获得信号源在竖直方向上位移随时间变化的轨迹点及曲线,并计算出加速度值(图3-12-28右侧)。

由上述实验结果可知,信号源在竖直方向做初速度为零的匀加速直线运动,所测得的加速度值与当地重力加速度标准值极为接近。由此也可见,DIS电磁定位板的

DIS 上海创造——数字化实验系统研发纪实

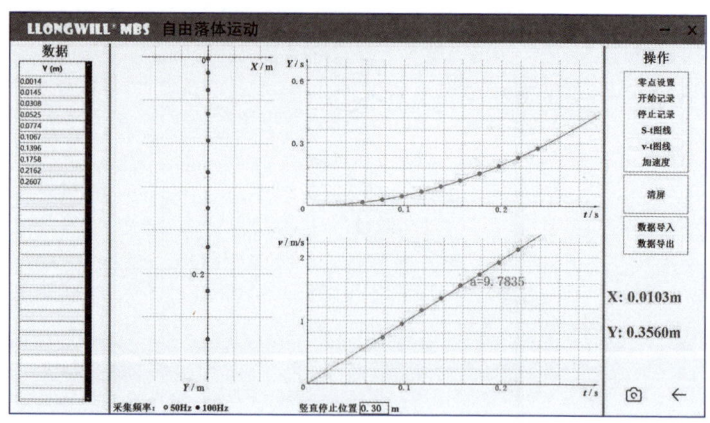

图 3-12-28　自由落体实验软件采集信号源运动轨迹

实验精度和稳定性均达到了一定水平。

五、研发后记

本节的研发后记，先要从 AGV 的定位原理讲起。

AGV 是 Automated Guided Vehicle 的缩写，意即"自动导引运输车"，是指装备有电磁或光学等自动导引装置，能够沿规定的导引路径行驶，具有安全保护以及各种移载功能的运输车。不同类型的 AGV 目前在世界范围内获得了广泛应用。在央视播出的《超级工程 II》系列专题片中，专门有一集记录了厦门港建设的基于 AGV 应用的世界第一个自动化集装箱装载码头。通过影像资料，我们了解到整个码头共有 96 台 AGV 的全天候自动行驶车，该车能够自主导航、自动行驶的关键就是码头地面上密布的磁钉网络。

换句话说，厦门码头首先用磁钉将地面变成了定位板，每一台 AGV 都像上文所述的信号源一样，依靠自身的感应装置与地面的磁钉网络互动，通过感应信号实时获得自身的位置信息，进而实现了自主导航和自动行驶。

看到这里，笔者不禁感叹：殊途同归啊！

二维运动实验的研发需求源于《上海市中学物理课

吹尽狂沙始到金：

自此，我们的点评也就可以告一段落了。在撰写这些论文的过程中，我们已经经历了总结、思考和提升。而在点评这些论文的时候，我们又体会到了什么叫做回望、反思和再创造。

DIS 十六年的研发过程，有太多的东西值得书写。而受限于篇幅，最终能够落在纸面上的，不足其中的十分之一。虽有遗憾，但在我们的努力下，还是把最值得记录和分享的经历展现给了大家。成功失败在这里已不重要，十六年的研发历程本身就程标准（试行稿）》。但因为标准中的表述不是那么具体，因此除了笔者等少数几位教材编者之外，大家都没有把课标要求与具体的二维运动实验研究相关联。2004年，著名物理教学专家何润伟先生向研发中心的副主任李鼎明确提出：在使用DIS分体式位移传感器解决了一维运动的实时测量之后，能否进一步解决平抛、斜抛、运动的合成与分解等二维运动的实时测量问题？同为物理实验研究者，我们自然能够意识到二维运动研究对于物理实验教学的重大意义。何老师提出的这个问题，使得我们深受触动——解决二维运动的实验研究问题，我们何尝不想啊？尽管当时限于技术手段，一时找不到合适的解决办法，但几年下来这个问题始终压在我们心头，自忖：若不能妥善解决此问题，显然有负课标组和何老师等人的重托。

直到2007年初，我们发现了一种在电子白板系统中应用的定位技术——使用超声波和红外线实现对二维运动的连续定位，并果断决定将其移植到DIS二维运动实验研究中来。其成果这就是本节开篇所述的"DIS二维运动实验器"。

但是该系统的核心毕竟是移用自电子白板，而白板的使用环境与实验要求的平抛、斜抛、运动的合成与分解存在极大不同。不说别的，白板系统中的信号源——电子笔是握在人手里的，书写的速度也是有一定限度的。而二维运动中经常被研究的抛体运动是一个水平运动与自由落体的合运动，其末端的切线速度接近5 m/s。要对这样一个信号源进行定位，源自白板的超声波、红外线技术就有点力不从心了。这应该就是DIS二维运动实验系统一系列设计缺陷的来源。

先解决"有没有"，再追求"好不好"。此为循序渐进。

笔者随后认识到：本次移用创新虽然解决了二维运动实验研究手段"有没有"的问题，但要解决"好不好"

是对研发中心的创立者、维护者、运行者们最好的褒奖。在这里，请允许我们用刘禹锡的两句诗来作为全部点评的结尾：**千淘万漉虽辛苦，吹尽狂沙始到金。**

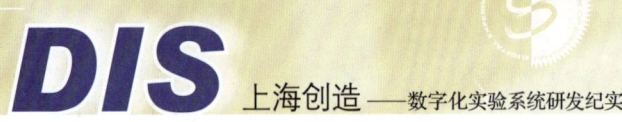

的问题,还需要进行重大的思维转换,并开展扎实的基础研究。

寻觅中,某一显示器的结构和原理启示激发了我们的灵感。电磁定位板的基本思路就这样确定下来了。

相比于厦门港的AGV码头和即将按照厦门港方案建设的上海洋山港、青岛港AGV码头,我们的定位板只不过是一个小片片,但是其工作原理可谓是一脉相承。学生了解了定位板,也就理解了AGV和自动化码头,并且为今后更多的创新和创造奠定了坚实的基础。

保持追求、自我否定——DIS电磁定位板就这样诞生了。

第四章
DIS创造技法
~ 叙词：合 ~

  DIS在全国范围内有着广泛的应用。2014年，DIS项目荣获国家级教学成果（基础教育）一等奖，引发了人们对DIS从初创起步到攀登高峰历程的关注。DIS的成功密码何在？

  存在密码，但无须破解。其实早在1997年，冯容士与陈斐荣合著的《物理实验创造技法和实验研究》一书就给出答案，该书系统地阐述了应用"创造技法"促进物理实验创新的成果与心得。随着DIS研发工作的深入，"创造技法"在实践中的应用得到了梳理、提升和重构，让"物理教学必须与信息技术整合"的课程观得以落地。以"物理实验创造技法——讲述DIS背后的故事"为题的DIS研究成果登上了《物理教学》杂志的2014年度封面，图文对照，是笔者对研发工作历程的深度总结，同时也揭示出DIS的合适载体是"创造技法"。这标志着物理实验"创造技法"成功升级为DIS创造技法。本章将着重介绍DIS创造技法的神奇之处。

第一节 物理实验创造技法及应用

一、"自序"节选——我们的肺腑之语

图4-1-1

《物理实验创造技法和实验研究》（图4-1-1）这本书是笔者与老同学陈燮荣的联袂之作。作者在"自序"[1]中写道：

我们从小就梦想发明，读大学时渴望在物理教学研究上有所建树，参加工作后即投身于物理实验教学的创新活动。在对物理实验的改进、创新的实践中，逐步理解了"创造"的作用，但对创造活动的规律却感到很"玄"。每当同行问及成功的诀窍时，却说不出有关创造的规律性认识。本人曾多次参加国内外教学仪器和自制教具交流活动，每每问及成功者有何奥秘，他们的回答也使我懵然。连创造者自己也说不清创造的奥秘所在，那么，人类的创造活动究竟有没有客观规律呢？

马克思主义的常识告诉我们，人类的发明创造，包括科学发现、技术发明、文艺创作、理论创新，并非"上帝"赐予的灵感所致，而是人脑中思维火花突现的结果。发明创造既然属于人脑的功能，那就必有客观规律可循。当然，探究人类创造活动的规律，势必涉及哲学、逻辑学、心理学、人才学、社会学、教育学、科学学、脑科学、思维学和管理学等自然科学和社会科学，殊非轻易之举。经过各国学者长期艰苦的探索，如今终于初步揭示了人类创造活动的规律。创造学就是一门用

---

[1] 冯容士、陈燮荣.物理实验创造技法和实验研究[M].上海：上海教育出版社，1997：2-7.

第四章 DIS创造技法

于启示人们创造发明思维,引导人们开发创造发明能力以及总结使创造力转化为成果的规律的学问。

创造技法,在国外又称为"创造工程",是创造学研究的重要范畴。它是从发明创造的实践中总结出来的,其特点是:技术方法贯串创造过程,实现创造成果。它是创造学基本原理应用的产物,是创造性教育的重要组成部分。创造技法是富有实践性的,是创造思维作用下形成的一种实用技能,在创造学说中占有极其重要的位置。创造技法普及程度的高低直接影响创造成果的多寡。

要进一步了解什么是创造技法,就先要知道"创造"和"技法"的含义。所谓创造,是指提供新颖的、独特的、具有社会意义的产物的活动。"创"者花样翻新,"造"者从无到有。创造出来的东西必须是以前没有的,同时具有一定社会价值的东西,这就是创造成果的基本特性。"技法"在《辞海》里的注释是"方法和技巧"。方法一词希腊文的原意是"沿着正确的方向前进"。

纵观创造发明的历史,伟大的发明家都有自己独特的研究方法,法国生理学家贝尔纳说过:"良好的方法能使我们更好地发挥运用天赋的才能,而拙劣的方法则可能阻碍才能的发挥。"不注意研究方法的人,他的创造力才华或许会在笨拙的操作方法上被消耗掉。对于一个发明家来说,他必须具备明确的创造意识和正确的发明方法。就像人们想过河,就必须凭借船和桥。没有船和桥,过河就成了一句空话。没有好的方法,发明创造就难以成事。方法对头,可以不走或少走弯路,否则就会事倍功半,徒费辛劳。

有了正确的方法,还有一个针对什么症结采用什么方法的问题。方法的选择、运用,这就是技巧了。所谓技巧,就是灵活巧妙地处理问题或使用某种工具的一套技术。掌握了技巧,创造就不再被认为是偶然发生的或天才的事,而是任何一个发明者熟练地对某个问题使用有效技巧的结果。如果把发明成果比作金子,那么发明技巧就是"点石成金"术。

方法是解决问题的前提,技巧是解决问题的保证,创造技法是使问题得到超乎常规的巧妙解决的有效途径。

物理实验创造技法,是近年来我们运用创造学的理论、方法于物理实验研究,在物理实验革新、改造与创制新教具的过程中,经常运用的一些行之有效、对物理实验创新颇有裨益的创造方法。创新的思维法则以及运用这些法则的技能技巧是无穷的,它们是人类智慧的产物;人类的创造活动永不停息,已经发现、总结以及还将发现、总结出来的创新思考方法,同人类已有的关于自然、社会、人类自身的一切理性的认识一起,构成了知识的汪洋大海。从这个意义上说,物理实验创

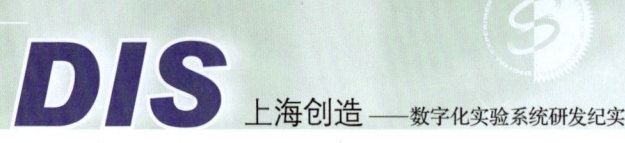

造技法只是沧海一粟。而我们认识、采撷这"一粟",经历了一个不断学习、思考、省悟、实践的过程。

我们致力于物理实验研究之初,由于某个实验有明显的缺陷或不足,要消弭缺陷、补正不足,便要采取新的装置、新的方法,其间冥思苦想,反复试验,自然艰辛不已,倍感成事之艰难。久而久之,我们蓦然发觉,改造、创新一个物理实验,关键在于思路。思路对头,就能在较短的时间内找到提高实验质量的有效办法,能够尽快地拨开迷雾,豁然开朗;思路不对,那就只能在迷雾中瞎走,结果是处处碰壁。

那么,有没有可供遵循的思路模式呢?其实,这正如写文章,虽然文无定法,却还是有为文之道的,得道懂法,就能下笔千言,洋洋洒洒,笔下自有锦绣文章。物理实验创新的正确思路,其实就是一系列可以作用于实验改造的创造方法与技巧。有了这样的感悟之后,我们在实验研究中,就逐步地从不自觉到自觉地去运用创造思考法则,包括模拟技法、强化技法、组合技法等。我们深深感到,这个法那个法,实际上就是思维技术、思维方法。于是创造技法的概念就变得十分明晰了。

就像一个高明的厨师,在加工菜肴的时候,或煮、或炒、或煎、或炸,选择合适,便能做出美味佳肴。面对着一个需要改进的物理实验,选择哪一款创新技法,就显得格外重要了。

例如,"光电效应"是爱因斯坦创立"光子说"的主要例证,也是学生认识光的粒子性的实验基础。由于一般学校不具备定量研究光电效应规律的实验条件,因此做好教材中"紫外线照射锌板使验电器带电"的定性实验,就显得格外重要。课本上给出的实验装置,锌板原来不带电,经紫外线照射后带上正电。但是,中学实验用的验电器灵敏度较低,验电器指针不会张开。为了能显示光电效应现象,一般采用的方法是:预先给锌板带上负电,然后用紫外线照射,则可看到验电器指针逐渐回到零处,表明在紫外光作用下,锌板上的负电荷消失了。"这就是光电效应现象",它似乎顺理成章、水到渠成。其实不然,有的学生会产生疑虑甚至误解。譬如,锌板负电荷的消失,会不会是紫外线的电离作用引起的呢?也有的因此而误认为,光电效应就是特指原先多余的电子被释放的现象。凡此种种,表明该实验不利于揭示物理现象的本质,有碍学生掌握科学的实验方法。

为了改进这个实验,我们应用组合技法中主体附加的组合技巧(即以某一特定的对象为主体,置换或插入其他附加事物),以传统的光电效应装置为主体,附加了一个"静电消除器"(详见本书"组合技法"中"有静电消除器的光电效应演示器——内插式组合")。由于附加装置的作用,锌板附近的带电粒子和从锌板逸出的光电子被清除了,实验获得了成功。

创造技法,提供了改造创新物理实验的有效思维途径,使我们头脑中关于物理实验的方法论思想逐趋完善。而物理实验的成功之作,又使技法本身更加成熟,内涵更加丰富,特点更加鲜明。物理实验创新以及物理实验教学的方法论思想,其意义大体有两个方面:

其一,当我们在赞美成果的时候,更应该赞赏成果背后的那些创造成果的方法。方法是每一个发明者的财富。

在物理教学中,有许多有助于提高物理教学质量的优秀实验成果。这些成果从设计构思到观察效果,无不渗透物理教师艰辛的创造性劳动,但是人们赞誉的、奖赏的只是发明的成果,在浩如烟海的物理实验资料中记录的也只是得奖作品的效能介绍,而他们进行这种创造活动的思考过程却少有记录。就像人们崇拜爱因斯坦的相对论,却很少研究相对论是如何从爱因斯坦大脑里脱颖而出的。

成果自有其本身的价值,而当人们总结、发现那个创造成果的方法时,这一深层次思索的价值,其意义有时候会超过成果的本身。证明"哥德巴赫猜想"的正确性,不过是让人们知道所谓"1+1"是确凿无疑的,而在数学家证明"1+1"的过程中所采用的方法,恐怕价值连城。这正是"哥德巴赫猜想"吸引了一代又一代杰出的数学家为之献身的原因。当代科学创始人默顿根据大量的科学研究认为,人类创造发明也是有规律可循的,对同一研究目标,常有许多人在同一跑道上竞争,而最先到达终点的天才,只是在发明过程上发挥了更大的创造力,他在运用创造方法上胜过了别人。

毫无疑问,通过对物理实验成果的分析及发明人创造思维过程的研究、总结得出的带有规律性的创造方法,可以使人们原来认为十分神秘的、只有科学家和发明家才有的创造构想,成为每一个普通物理教师都可以把握的思维方法。这样,就有可能填平一个普通物理教师与科学发明家之间的鸿沟,这对于提高中学物理教师的整体水平,是有重要意义的。

其二,物理实验教学的对象是学生,当我们研究实验,研究设计实验的思维方法的时候,就必须了解和研究作为教学活动主体的学生接受实验时的思维过程。

例如关于大气压的教学,为使学生确信大气的存在,经常会演示"覆杯"这个传统实验,殊不知这个实验会在学生中产生疑惑:莫不是水把纸片粘住了。

怎样解决这个问题呢?有的老师束手无策,有的老师责怪学生胡思乱想。实际上,"胡思乱想"正是这个年龄段学生的心理特点,他们的智力活动已经具备思

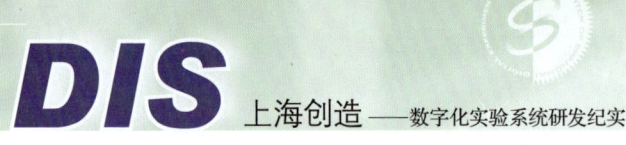

维的独立性与批判性,他们喜欢怀疑和争论。

深悉学生心理的教师,应该知道学生这种思维的独立批判性是不成熟的,容易产生固执和偏激。作为教师,及时地"解惑",使学生信服结论是必要的。但这种信服必须由一个让学生信服的实验来完成。只有这样,学生的思维才能达到一种积极、活跃的状态,才能积极参与课堂教学,提高学习效率。

改造这个"覆杯"实验的任务就明确地摆到了物理教师的面前。要完成这个任务,有两点思考是必要的:一是学生产生疑惑的思维定势要靠什么物理现象来打破?二是可以用什么物理实验创新技法来改造原有的覆杯实验?有了这样的思考,我们不难发现,传统的演示反映了人们的常规思路,即"有大气压——将怎么样";如果反过来想一想"没有大气压强,这个实验将会出现什么现象呢?"在做过传统的覆杯实验后,把覆杯置于玻璃钟罩内,并把罩内空气逐渐抽走,学生会观察到纸片落下。正反结合,强烈的对比强化了结论;正面的肯定和反面的否定使学生的思维从原来"水把纸片粘住了"的疑惑中解放了出来。这种克服思维惯性的逆反思维方式提高了课堂效益。此实验设计虽说不上重大发明,但其教学的价值得到了同行的认可和赞许(详见本书逆向技法中"没有大气压的大气压实验")。

这个实验的改进过程,使我们感到,不仅教师要学习思维学,学生也应学些思维学。因此,实验后教师应引导学生作一点思考:想想实验的结论是怎么得来的,演示实验又是如何设计出来的。所以说,今天对青少年学生作一点中肯的而不是随意的,准确的而不是含糊不清的思维学的教育,恐怕不是锦上添花,而是雪中送炭。

实践证明,把"创造技法"运用于物理实验教学研究,就能不断发现新的研究课题,明确研究目的,缩短研究过程,增强研究过程中的有序性,提高研究成果的实现率。创造技法作为一种新型的、年轻的学科正越来越被人们所重视,发挥越来越大的作用。据有关资料表明,目前世界上有名可查的创造技法,已超过1 000种。人们在创造过程中如果掌握了多种技法,就能比较自觉而不是盲目地进行创造活动,就会提高创造效率,取得更大成果。

二、重温"自序"有三得

深耕物理实验创造技法多年的心路历程,让我们对这项工作有了一个更深入、更系统的了解。重温之余,我们又收获以下三方面的认识。

第四章 DIS创造技法

1. 物理实验创造技法的基本定义

我国对创造理论和技法的研究历史不长，虽已取得不少研究成果，但主动引入创造技法，并以其为实验创新、创造之指导思想的却少之又少。我们并非创造技法的原创者，但作为将其应用于物理实验教学的发起者和深耕者，不妨给物理实验创造技法下一个基本定义：

在教育学、创造学等基础理论的指导下，将创造技法的成功范式与物理实验教学的需求相结合，所形成的对物理实验教学的创新、创造具有极强指导作用的方法与技巧的汇总。

由上述定义可以看出，物理实验创造技法主要有三个特点：

第一，指向性。与其他创造技法的研究和推广相比较，将创造技法的应用聚焦于我们最为关注和擅长的领域——物理实验教学。由"自序"和正文可以看出，我们对于物理实验教学可谓心无旁骛，所举的范例除了实验还是实验。也可以说，创造技法是在物理实验教学领域开展创新创造的有力工具，其应用具有高度的指向性。也正因为指向明确、高度聚焦，才能够做到"小切口、大深度"，并通过出色地解决了一系列实验难题，终结硕果。

第二，灵活性。将创造技法引入物理实验教学，也可以说是思维独特、善于创新的一种表现。当我们面对物理实验难题的时候，创造技法既能够让我们做到独辟蹊径，又常常能让我们实现殊途同归。借助一个创造技法解决多个问题、寻求针对一个问题的多种解决方法，这种随心所欲和游刃有余，可以说是我们孜孜以求的创造乐趣。同时，多种创造技法在我们手里随着时代变迁也实现了逐步升级，这种对创造技法的"再创造"更体现了创造技法的灵活性。

第三，持续性。我们多年如一日关注创造技法在物理实验教学中的应用，从最初接触到尝到"甜头"，终成创新。创造之利器至今已有近四十年之久，在这近四十年中创造技法在我们手中不仅坚持，更有发展，可谓年深日久，且历久弥新。

2. 物理实验创造技法的核心构成

物理实验教学，在当今风起云涌的技术革新大潮之中，看似一个小而又小的领域——论深度，不及动辄使用正负电子对撞机和太空望远镜的基础科学研究；论广度，不及连接千家万户的互联网和通信技术研究；论工程量，难以与劈山填海、飞架虹桥的大项目相提并论；论精密度，无法跟芯片开发、遗传工程等量齐观。面对这么一小块天地，外行人不禁发问：有那么大搞头吗？还非得动用什么创造技法不可吗？我们用实际行动回答了这个问题：物理实验教学，不仅有搞头，而且有大搞头！而要想搞出名堂来，必须借助创造技法！

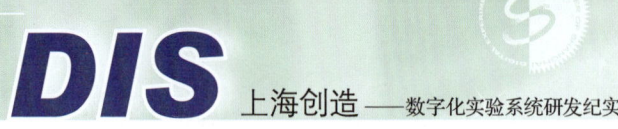

这就涉及一个根本的问题——物理实验创造技法都有哪些核心内容构成。一般认为构成物理实验创造技法的就是那几种技法，但其实这些技法是应用层面的成果，只是事物的表象。特别是我们通过长期、深入地沟通与研讨，认识到：构成物理实验创造技法的核心内容有三条：**问题意识、责任意识和方法意识**。

所谓**问题意识**，就是带着问题去工作，凡事要问为什么。具有问题意识看起来不难，实际则非常难以做到。为什么？人都有思维和行动的惰性，都会对司空见惯的事情产生接纳和容忍，时间稍长就不会将其列入问题，不再产生疑问。成年人经常说：某某人整天问这问那，跟个小孩子似的。这句话有三层含义：第一，爱问、求知是小孩子的天性；第二，人成年以后，好奇心会自然减弱；第三，也是最重要的——成年以后仍然保持好奇心，你就拥有了问题意识，这将成为你发现问题、解决问题并最终异于他人的关键因素！物理实验创造技法，重点是"创造"。针对创造，我们认为：所谓创造，是指提供新颖的、独特的、具有社会意义的产物的活动。"创"者花样翻新，"造"者从无到有。创造出来的东西必须是以前没有的，同时具有一定社会价值的东西，这就是创造成果的基本特性。而创造的前提就是发现问题——发现值得创造的对象。因此，我们借鉴物理实验创造技法，首先要让自己具备强烈的问题意识。只有带着问题去看待我们的日常工作，我们才能够于无声处听惊雷，在习以为常的各种各样事物中窥到值得自己深入挖掘的金矿。

关于**责任意识**，在DIS研究中，我们改进实验方法的目的，是提高课堂效率；而提高课堂效率的目的，是为了改善学生对物理知识的认知。由此可见，为了提高课堂效率而改进物理实验，为了改进物理实验而引入创造技法，构成了一个"目的—手段"链条。在这个链条的终点，就是服务学生。这是作为一名优秀的物理教师需要毕生坚持的责任，也是我们倾力研究创造技法的原动力。

至于**方法意识**，"自序"里表述："技法"在《辞海》里的注释是"方法和技巧"。方法一词希腊文的原意是"沿着正确的方向前进"；当我们在赞美成果的时候，更应该赞赏成果背后的那些创造成果的方法。方法是每一个发明者的财富。由此可见，作为一名富有责任感的物理教师，应该意识到：注重方法，追求通过正确的、高效的方法，事半功倍地解决问题、举一反三地处理问题，才有可能填平一个普通物理教师与科学发明家之间的鸿沟，这对于提高中学物理教师的整体水平，是有意义的。同时，还应该准确地定位方法背后的关键——思维方式和思维过程。"自序"里提到：物理实验教学的对象是学生，当我们研究实验，研究设计实验的思维方法的时候,就必须了解和研究作为教学活动主体的学生接受实验时的思维过程。物理实验创造技法固然强调方法,但并没有终结于方法。方法的背后是规律,规律的底层是科学。科学是可以被认识的,科学的认识过程是有章可循的。也许,这才是物理实验创造技法最想传递的思想,也是创造技法最核心的内容。

3. 物理实验创造技法的形成过程

物理实验创造技法并非从天而降,而是经历了从"创造而无有法",到"于创造中遇其法",再到"活用其法而随心创造"这样三重境界之后,所总结和收获的宝贵精神财富。

所谓"创造而无有法",是针对早期研究探索活动的总结,也是一般人从事创造发明的必经之路。"自序"中写道:在对物理实验的改进、创新的实践中,逐步理解了"创造"的作用,但对创造活动的规律却感到很"玄"。每当同行问及成功的诀窍时,却说不出有关创造的规律性认识。本人曾多次参加国内外教学仪器和自制教具交流活动,每每问及成功者有何奥秘,他们的回答也使我懵然。由此看来,我们之所以能够在自己的事业发展中有些作为,并不在于天赋异禀或未卜先知,而是在于我们经历了与众人一样的挫折与彷徨之后,主动开始了思想的自觉——为创造找规律,为发明找方法,通过有意识、有目的地追求方法上的提升,争取从必然王国走向自由王国,从而握住成功的钥匙。

而正是在这种思维引导下,我们才有了寻找发明创造的规律和方法的强烈愿望,闯入我们视野的创造技法才能够如一道闪电,照亮眼前的世界,并最终成为我们手中持续燃烧的火炬,突破了这个思维屏障。"自序"中写道:物理实验创新的正确思路,其实就是一系列可以作用于实验改造的创造方法与技巧。有了这样的感悟之后,我们在实验研究中就逐步地从不自觉到自觉地去运用创造思维法则,包括模拟技法、强化技法、组合技法等。我们深深感到,这个法那个法,实际上就是思维技术、思维方法。于是创造技法的概念就变得十分明晰了。

钻研物理实验的老师有之,熟悉创造技法的老师有之,但要想将创造技法在物理实验中应用得随心所欲,除了常用、多用以外,还要坚持巧用、活用和发展中使用三大原则。巧用,即非生搬硬套;活用,即为因地制宜;而发展中使用,则是自己做主,不断对技法本身进行升级改造,从而彻底领悟创造技法背后的思想,并让所有方法和技巧都为我所用。因此,才有了以下这段话:创造技法,提供了改造创新物理实验的有效思维途径,使我们头脑中关于物理实验的方法论思想逐趋完善。而物理实验的成功之作,又使技法本身更加成熟,内涵更加丰富,特点更加明显。

心理学将人的心理分为三大过程：认知过程、情感过程、意志过程。在认知过程中主要是智力因素在起作用，而情感过程和意志过程则主要是非智力因素起作用。纵观物理实验创造技法的形成经过，可以看到：两大非智力因素，即主导一个人职业生涯的强烈的情感因素——对物理教学特别是物理实验教学的关注和热爱，以及贯穿这个人工作和生活始终的意志因素——对创新创造坚持不懈、持之以恒的追求，决定了物理实验创造技法的形成和不断完善。

结合我们多年的亲身体会，特别是"鱼骨思维""移用技法"等案例的成功，再参考著名心理学家吉尔福特关于创造性思维的论述：与创造性思维最有关的能力有两类，一类是发散性加工能力，一类是转化能力[1]，我们还可以得出另外一个结论：正是在强烈的情感和坚定的意志驱使之下，我们才最终将创造技法与物理实验成功地结合起来，并形成了指导自己和他人进行创新、创造活动的有力工具。

三、物理实验创造技法概述

笔者研究物理实验创造技法已近四十年，《物理实验创造技法和实验研究》一书的出版（1997年）标志着物理实验创造技法的初步形成。书中详细阐述了九种创造技法：缺点列举技法、逆向技法、强化技法、模拟技法、组合技法、比较技法、需求技法、替代技法和挖掘潜力技法。20多年后，我们再重新回顾一下这些内容，期望对早期的研究成果进行一番梳理。

1. 缺点列举技法

在发明创造领域有一条基本原理："如果某种东西能够使人满意，那就没有什么压力要人们去考虑更好的东西。"缺点列举技法是指通过发掘现有事物的缺陷，且一一列举，然后提出改革或革新的一种技法。列举缺点，就是发现问题，而创造发明就是要解决问题。每发现一个缺点、提出一个问题，也就找到了一个创造发明课题。世界上没有尽善尽美的东西，现在没有，将来也不会有。"金无足赤、人无完人"说的就是这个道理。有些人善于观察、研究、分析，能经常发现许多事物的缺点。也有些人由于情性心理的影响，安于现状，得过且过，对事物存在的缺点熟视无睹，因此失去了一个又一个创造发明的机会。还有一些人，他们也

---

[1] 刘伟.吉尔福特关于创造性才能研究的理论与方法[J].北京：北京师范大学学报,1999,5.

发现了一些事物的缺点,但对这些缺点采取容忍的态度,认为是小事一桩,不值得一提。或者,他们迷信权威,盲目接受,不想、更不敢去质疑和改进。这种对权威的迷信,会束缚人的思想,扼杀人的创造性。因此,我们只有敢于全面地发掘事物的缺陷,才能更好地把缺点一一列举出来。

缺点列举技法简便、易学、有效,把它应用于物理实验教学不仅有助于改进实验的"硬件"——仪器装置,而且还有助于改进实验的软件——方法、方式。

示例包括:测力计的创新设计、萘的熔化实验研究、牛顿管的改进、"匀速运动"实验装置的改进、"运动独立性"演示器的改进、麦克斯韦滚摆演示方法的改进。

2. 逆向技法

每个人几乎都有自己的习惯思路,久而久之,就形成了思维定势。而创新、创造却要求我们跳出思维定势,学会从事物的各个方面,尤其是相反的方面去分析,只有这样,才能见人之所未见,思人之所未思。

逆向技法是改变一般思维程序,把事物反过来看,并由此解决问题,产生新的产品和成果的创造技法。把逆向技法引进实验教学,在教学中将正面、反面两种现象有机结合,交替显示或改变演示程序,可获得殊途同归、事半功倍之效。

示例包括:由热变冷——双金属片实验的新思路、没有大气压的大气压实验、"二力平衡"和"连通器原理"实验演示方法的改进、改抽气为充气——牛顿管实验的一种尝试、反证浮力产生的原因、由低温到高温——扩散云室设计新思路。

3. 强化技法

在物理实验演示中,实验现象一般以多种形式呈现出来。不同的现象对学生的刺激作用也不尽相同。值得注意的是,一些表现关键因素的现象往往不一定以强刺激的形式出现,而表现非关键因素的现象倒有可能给学生较强的刺激,这种本末倒置的状况会直接影响了演示实验的教学效果。

强化技法就是对某些关键因素给予加强,或通过削弱一些非关键因素,使关键因素突出。应用这种技法时,先要研究哪些是关键因素,哪些是非关键因素,然后通过必要的"削弱"和"突出"达到强化的目的。

在物理实验教学中,要求实验关键因素必须处于非常明显的状态,以刺激学生的感官,并尽可能强烈地激发其一探究竟的心理。"强化"就是要增加关键的、需感知部分的强度(称正强化),或者排除一些"无关和次要"的现象(称负强化),突出要研究的对象或现象,显示"隐性"的或"不明显"的现象。这里所讲的"排除""突出"或"显示"就是指的要优于一般,即"强化"对同一物理实验在具

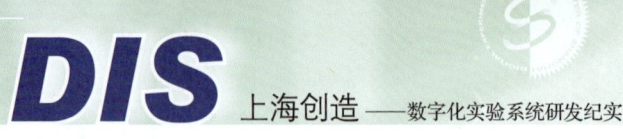

体操作时可采用"正"或"负"的强化手段,也可以同时采用。如光学实验中增加光源亮度为正强化,使房间变暗为负强化,而为达到理想的效果经常是两种手段同时采用。

示例包括:突出主要因素,设计"液体分子间存在空隙"的实验装置;显示"远距离输电"实验中所消耗的能量;强化"真空铃"现象的变化过程;简化装置,直观显示阿基米德定律;可显示电流通过路径的变阻器;多方位刺激,做好"空气有质量"的演示;突出关键因素,研究电磁感应实验;消除非关键因素,延长伏达电池的演示时间。

4. 模拟技法

在日常交流中,人们常用比较熟悉的现象去形象地说明另一个生疏的现象,这可以说是模拟技法的雏形。

在物理概念、物理规律的教学中,学生往往对那些不易观察或不能从外部直接观察到的现象,因缺乏形象的感性认识而产生思维障碍。这时,我们常借助模拟实验来提供给学生熟悉的生动形象的感性材料,从而达到揭示现象本质、点拨学生思维的目的。

示例包括:用扇形纸片模拟双金属片、琴弦发声的模拟、摩擦力模拟器、模拟分子间相互作用力、链式反应模拟实验、跨步电压模拟实验、模拟带电粒子在电场中偏转、模拟密立根油滴实验。

5. 组合技法

美国阿波罗登月计划的领导者韦伯说过:我们所用的技术,都是已有的、现成的,关键在于组合。发明晶体管的肖克莱也认为,所谓创造就是把以前的独立发明组合起来。"组合就是创造",这是日本人提出的口号。

把两个或两个以上的不同结构,巧妙地组合在一起,使它成为个新产品,这种发明方法叫"组合技法"。物理实验教学经常使用这种技法,关键是把各类功能的物品组合起来的新器材,必须讲求实效。千万不要把风马牛不相及的东西硬凑在一起,弄得不伦不类。另外,物理器材的改革和创新是为了教学,它有别于生活用品、生产工具的研制,因而必须符合教学特点,使其能适应实验教学设计的思想方法的需要,否则就不是理想的方案。所以一定要组合得当,组合巧妙。

示例包括:平抛运动演示器——成对组合、水的沸腾实验——异物组合、真空铃实验——元件组合、反射光栅——非切割组合、内聚力演示器——删减组合、有静电消除器的光电效应演示器——内插式组合。

6. 比较技法

依据一定的标准,把彼此有某种联系的事物加以对照,以确定他们的异同,这叫比较。比较的方法,是人们在认知活动中,自觉或者不自觉地广泛应用着的一种方法,通过将两个对象(事物、状态、性质等)相互比较,以确定它们的相同或不同之处,在比较中鉴别,经比较确认。

在物理实验教学中经常是通过一些仪器装置,创设特定的条件,再现某种事物的物理过程或物理现象,用事实的本质来验证教材中提出的某一种理论。但教学实践证实,有时仅仅做到这一点还是不够的,因为单一的实验结果,学生头脑里印象不深,甚至不易理解,同时也可能为类似的生活经验所混淆。很多有经验的教师在实验设计中有针对性地加进相应的实验内容,与原实验进行比较,达到辨异求同,或者同中求异,从而达到打开思路、加深印象、增强说服力的功效。我们也是通过分析这些成果,并归纳整理了大量教学案例,才总结出了物理实验创造技法中的比较技法。

示例包括:反电动势的本质、微小形变的显示、交流电和直流电的比较、两种伏安法测电路的比较、不同质量物体惯性的比较、牛顿第二定律同步比较演示器。

7. 需求技法

需求,就是需要和求索。所谓需要就是人们对某种目标的渴求和欲望,所谓求索就是人们为了达到某种欲望的追求和探索。

一些有志于物理实验教学研究的教师经常会思考这样的问题:"研究什么呢?"要一下子回答这个问题是十分困难的,因为要研究什么并不是创造发明的起点,真正的起点是你在物理实验教学中的需要。物理教师应该经常这样来问自己,物理实验教学中还有什么需要。当你利用某些新装置或新方法满足了教学的某种需要,发明也就完成了。

人们常说:"需要是发明之母。"这句话甚至成了现代发明家的座右铭。事实上,物理实验教学中所取得的一系列成果大都是从人们发现某种需要开始的。

需求技法,就是为了满足提高物理实验教学质量的需求而进行的创造发明活动。需求技法有一条基本原理:亲身感受是认识需求的最简便途径。物理教师都要和学生、教材及实验打交道。当你在进行实验教学时,把自己的感受和对实验教学的期望加以比较,若发现两者有差异,这个差异对你来说就是一种需求,也就确定了努力的方向。因此,可以说"需求是灵感的源泉"。

示例包括:大屏幕教学示波器、惯性演示器、记忆测力计、静电探测器、小孔成像、惯性上抛演示。

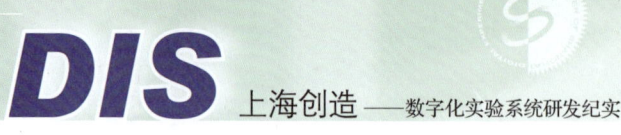

8. 替代技法

中国人用筷子取食已有数百年的历史,方便、卫生的筷子替代了手的功能。

在物理实验教学中,人们经常也采取一些替代的方法,如缺乏现成仪器会找些功能相同的器材代替;一些效果不佳的实验也可用自制教具代替。

物理实验创造技法中的替代技法是通过对原型的观察研究,洞悉其材料结构、工艺造型、功能原理等,在原型的引发下实施创新的技法。替代技法不是消极的顶替和被动的变换,而是一种主动、积极的创造。

替代技法操作过程中由于创造者的条件环境有别,对原型的研究层次差异不一,其创造成果也会千差万别,而这正是创造发明的特点。

示例包括:液体扩散演示的替代、用导电纸替代金属线的电阻定律演示器、用发光二极管替代小灯泡的自感现象示教板、自制多用计替代微小压强计、水导热实验的改进、用滚摆做超重失重实验。

9. 挖掘潜力技法

面对正在琢磨的东西认真思考,这个东西是不是已经得到充分利用?这样多想一想、多画几个问号,就有可能打开创造的思路。这就是创造技法中的"挖掘潜力法"。

将物理实验中的现有材料或器材,尽可能地应用于不同实验之中,显示尽可能多的实验现象,说明不同的物理原理,充分提高实验装置和器材的利用效率,是挖掘潜力技法的主要应用模式。

示例包括:气球、压力锅、废灯泡、"深水炸弹"。

四、针对物理实验创造技法的分析研究

物理实验创造技法共列举了56个实验(或实验方向)。对这56个实验(或实验方向)作一粗略的统计分析,可以获得不少发现。

1. 实验分布

物理学可以细分成力、热、声、光、电磁和原子物理等多个子学科。熟悉物理实验的人都知道,一般老师要么擅长力学实验,要么擅长电学实验,能做到兼顾几个子学科的实验就不错了。可统观九大创造技法对应的56个实验,居然涵盖了所有子学科——力、热、声、光、电磁和原子物理实验。这说明有了物理实验创造技法,可以促成教师对实验教学全领域系统化地把握。

56个实验中,电磁学实验最多,达18个;热学实验和力学实验次之,各为14

个；声学实验3个；光学实验2个；而最为抽象的原子物理实验居然有5个。

再者，这些实验并非作者凭借自己的喜好选定的，之所以要在这些实验中实施创造技法，原因在于上述实验均存在做不好甚至做不了的问题。作为实验教学的研究者，当然首先要针对这些"疑难杂症"下手。

2. 创造成果

使用物理实验创造技法进行改造和提升，上述56个实验的"疑难杂症"普遍得到了解决。除验证了创造技法的有效性之外，还收获了三个方面的成果：搭建出了一批创新实验仪器和装置；摸索出了一系列创新实验方法；形成了针对实验创新的思维模式。

工欲善其事，必先利其器。物理实验创造技法的大部分成果，体现在创新实验仪器和装置方面。据统计，仅基于上述56个实验，我们就开发出了29种创新实验仪器或装置。而且，这些仪器或装置已逐渐成为广大教师们手中的实验利器。时至今日，像经过强化的真空铃、可显示电流通过路径的变阻器等仪器仍具有足够的先进性并能够发挥良好的教学效益，足见创造技法的强大。

另有一些实验，经过物理实验创造技法的处理，虽未形成仪器或装置层面的创新成果，或者说虽未依靠新的仪器或装置来解决固有问题，但凭借现有技术手段的创新应用，却形成了全新的实验方法和解决方案，并取得了令人惊叹的教学突破。比如双金属片实验的新思路、"二力平衡"和"连通器原理"实验演示方法的改进、反证浮力产生的原因等，都对广大教师产生了较大启发。

创新的背后是技法，技法的背后是思维。56个实验的创新案例看下来，细心的读者都会立马学会几招。这是因为我们时刻注重通过实验的创新，号召老师们展开思维的创新。比如在介绍完了"组合技法"及相关案例之后，随即总结道：

爱因斯坦说过，组合作用似乎是创造性思维的本质特性。善于发挥组合作用的人往往都能有所创造。新的组合就是创造。

组合技法是一种内容广泛、灵活多变的技法，所以组合技法包含的形式是多种多样的。只有熟悉组合技法中的多种方式，并对物理概念、规律理解得正确、深刻、全面，且会灵活地运用它们，所设计的实验才能比较充实，才能在物理实验教学中发挥它的作用[1]。

3. 创新技术手段

要想实施创新创造，仅靠一腔热血加上创造技法还是远远不够的。借用目

---

[1] 冯容士、陈燮荣.物理实验创造技法和实验研究[M].上海：上海教育出版社，1997：52.

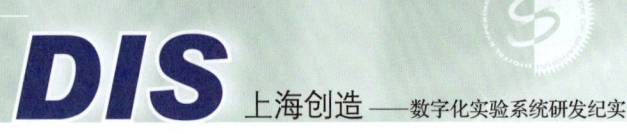

前所流行的STEM教育的思想和方法,可进一步理解和掌握创新创造的过程——从科学原理出发,通过技术手段和工程学方法去解决问题,并能够通过数学加以验证。因此,在涉及物理实验创造技法的时候,作为一名物理教师,应拓展知识结构,在技术和工程学领域有所建树,才能拥有实施创造技法、完成实验创新所必需的具体技术和方法。

第二节 DIS创造技法及应用

纵观历史,人类社会的发展呈现明显的加速态势。尤其到了近现代,不经意之间的一项科技成果或创造发明,就会使存续了几百甚至上千年的某种业态发生重大变化。其中,在信息技术革命的代表——数字化的推动下,实验教学就在最近三十年里发生了天翻地覆的变化。

一、天翻地覆数字化

1. 传统仪器与传统实验

众所周知,某一个物理量、化学量变化时会产生特定的相关效应。利用经验公式或测量数据作基础,建立"物理量、化学量与相关效应"的关联数据库,即可通过对其相关效应的测量实现对该物理量、化学量的测量。比如,利用物体受热后会产生膨胀这一规律,伽利略设计了原始的测温器(约1593年),华伦海特设计了酒精温度计(1709年),阿蒙顿则设计了水银温度计(1714年),从而实现了对温度的测量;而利用电流通过导体时产生的磁效应及相应的磁场力使指针偏转,德国科学家韦伯发明了电流表(1841年)。

从古代至近代,实验仪器的设计与研发都是遵循着上述原理和过程实现的。因此,实验仪器大多拥有"相关效应物-机械联动装置-观察面板"三个构成部分。同时,尽管都具备三个基本构成部分,但由于相关效应物各不相同,为了获取某一个实验数据而设计的实验仪器看起来却千差万别。

基于结构功能主义的认识,上述实验仪器的原理和构成也决定了其使用特征:以被测物本身的变化或其相关效应带来的变化为测量基础;以观察面板上的刻度决定实验数据的精度;以目视为数据感知手段,实验者需要经常基于估读进行数值判断并手动记录;数据记录之后方可进行数据处理。具备上述结构、功能特征的仪器被称为传统仪器。使用传统仪器完成的实验,一般称为传统实验。

2. 数字化仪器与数字化实验

数字化实验仪器,则基本上都是以计算机为综合信息处理平台,以各种传感器为测量端子构成的实验数据实时采集和处理系统。上海市中学物理课程标准将其称之为DIS——Digital Information System。后来加上"Laboratory,即实验室",将其完善为DISLab。数字化实验,即指以数字化实验仪器为主要手段所进行的实验。

与传统实验仪器相比,数字化实验仪器所依据的"相关效应物"就是传感器,即测量某一个物理量、化学量变化时引发的电信号装置。传感器测量的是各种物理量、化学量,但输出的都是电信号,因此传统仪器上的"机械联动装置"随之被电信号传输和数据采集装置所替代,而观察面板也换成了计算机屏幕,并且随之具备了数字、波形和仪表等多模显示功能。

得益于集成电路的进步,各种类型的传感器日益小型化,数字化实验仪器的前端设备可以实现高度统一。相对于传统实验,数字化实验的使用特征也发生了显著变化:以传感器输出的电信号为测量基础;以A/D转化的精度和软件(含底层软件和上位机软件)的设置决定实验数据的精度;以目视为数据感知的主要手段,但支持与目测同步的自动记录和基于程序的数据分析,可即时获得实验结果。

数字化实验是实验教学方法和手段在现代科学技术推动下的产物。数字化实验的出现,首先填补了中学和大学阶段多种实验数据测量的空白,接着又通过实验效率的提升、实验数据存储和分享模式的改变,构成了各方面领先于传统实验的工具体系。目前,数字化实验与传统实验的并行、共存是基础教育阶段理科实验教学的客观现状。

3. 机遇总是给有准备的人

数字化,将实验教学仪器设备拖入了千年未有之变局。这既对传统实验带来了生存压力,又为新的实验仪器和实验手段的发展提供了空前机遇。2002年,当上海市教委准备把握数字化的历史机遇时,一个变革、提高的机遇也落在了我们这些有准备的人身上。而创造技法,也随着DIS的研发和演进而得以升级换代。

二、DIS创造技法概述

二十年前,在《物理实验创造技法和实验研究》一书已有一章论述了"创造技法的灵活多变和交织创新"。这既是对前面物理实验创造技法的总结,又为进

一步的技法升级埋下了伏笔。2014年推出的DIS创造技法,既有以前物理实验创造技法的再应用,也有新技法的初引入。老树新花与新瓶新酒,可谓验证了早年间的灵活多变与交织创新之说。

1. 从弹簧测力计到DIS力传感器——缺点列举法的应用

围绕着力的测量跨越几十年的创新过程,借助DIS计算机平台和实时采集的优势,打造出既能测拉力、又能测压力,且能够显示和记录动态变化过程的理想测力装置——DIS力传感器。主动求变!瞄准弹簧测力计的缺点:只能测拉力不能测压力;不易显示动态变化中的力;不能记录力的变化过程;难以适应碰撞、向心力等实验要求,等等。理想的测力装置需要达到的性能指标随之浮出水面。

弹簧测力计的缺点,造就了DIS力传感器的优势!这就是缺点列举法的新成功。

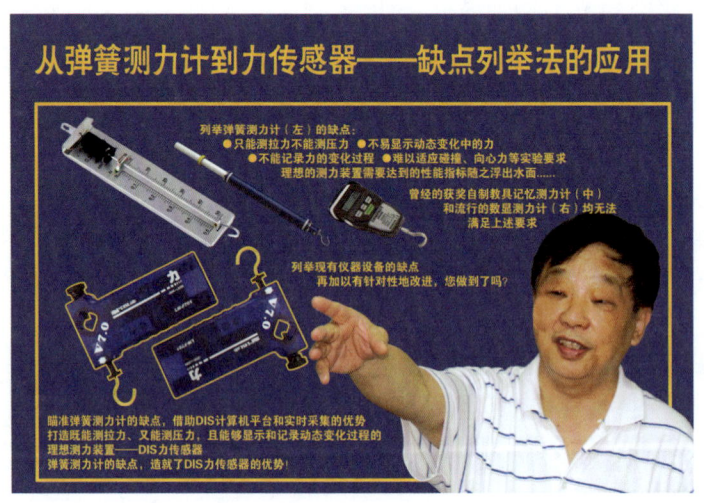

图4-2-1　缺点列举法

2. DIS斜面上力的分解实验器——组合技法的应用

从DIS力的合成与分解实验器到斜面上力的分解实验器的研发过程,实际就是这两种实验器应用组合技法的一种尝试。

DIS力的合成与分解实验器=力传感器+挂臂+固定轴+圆盘+游标+……其设计思路属于简单叠加。而在设计DIS斜面上力的分解实验器时,则果断采用了"组合技法",将力传感器应变片及电路内置于可调角度的旋臂之中,从而构造出了使用了传感器但看不出传感器的智能化实验器材。这说明:组合,就是创新!

再次"组合":如果将数据通信模块小型化并置于其中,实验器材即可直接连

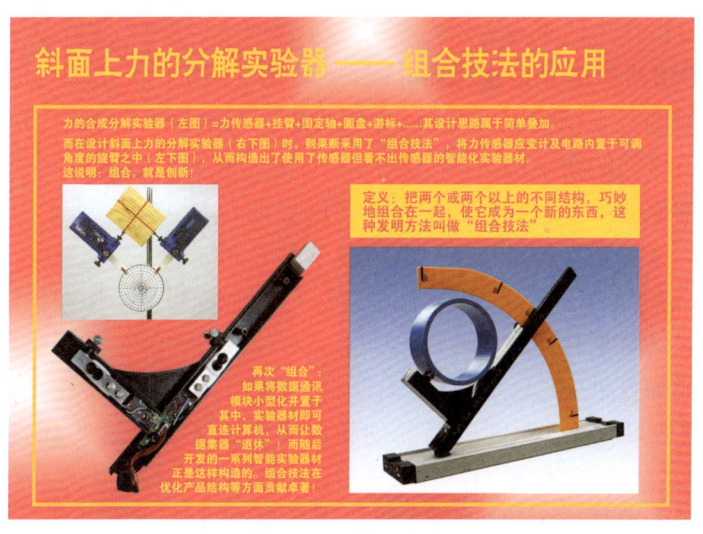

图 4-2-2　组合技法

接计算机，从而让数据采集器"退休"！而随后开发的一系列智能实验器材正是这样构造的。

3. DIS 机械能守恒实验器的升级研发——逆向技法的应用

DIS 机械能守恒实验器 I 的原理是测量摆锤下落时通过光电门的时间，并巧妙利用光电门和摆锤相对位置的改变构建了实验平台。但精确改变上述两者的

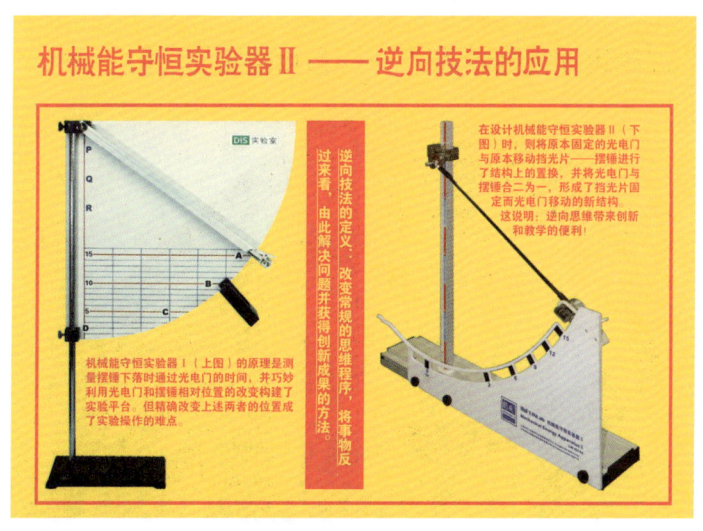

图 4-2-3　逆向技法

351

位置成了实验操作中的难点。

在设计DIS机械能守恒实验器Ⅱ时,则将原本固定的光电门与原本移动的挡光片——摆锤进行了结构上的互换,并将光电门与摆锤合二为一,形成了挡光片固定而光电门移动的新结构。

逆向思维能够给创新和教学带来持续的启迪!

4. DIS二维运动实验系统——移用技法的应用

多年前作者曾写过一篇"玩具移用技法"的论文,并在《物理教学》杂志上刊登。这里的玩具就是移用的"原型"。

随着时代的发展,生活用品、娱乐器材、交通工具、医疗器件、网络通信(软、硬件)等不同领域,甚至不同产品的创新成果层出不穷。这些都是我们移用的"原型"。

物理实验创造技法中的"移用技法"就是通过剖析"原型"的外形特征、技术功能和结构原理移用到物理实验教学中,从而进行发明创造的技法。

移用技法的特点,是从物理实验教学所要达到的目标出发,来寻求被移用的原型,所以移用技法往往不是先有原型,然后让人移用;而是先有问题,然后带着问题去寻找原型,并巧妙地将原型应用到所要解决的问题上。"他山之石,可以攻玉",移用技法正是根据这个道理,在创造活动中来解决物理实验教学中的问题。

在创造活动中,"原型"可以被移用的方面很多,但我们主要按发明物与原型

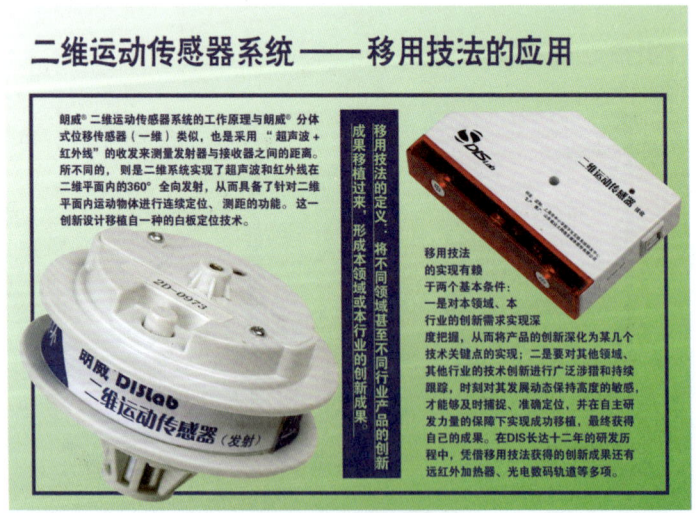

图4-2-4　移用技法

之间的关系,将移用技法分为直接移用、功能移用、技术移用和原理移用等类型。

直接移用:这类原型,因其本身就是根据物理原理设计的,能形象直观地显示物理现象,所以一般"拿来"即可用于物理实验教学。由于它投入少、效果好,经常被物理教师自觉或不自觉地选用。

功能移用:"功能"表示事物的服务目的或效用,"原型"的功能并不只是在设计者所设定的范围内才起作用,借鉴"原型"的功能"为我所用",或把某些潜在的功能挖掘出来,用到物理实验教学中去,实现其功能的扩展,就是一种创造活动。功能移用一般不涉及"原型"的结构原理,而是着眼于其功能在课堂教学中的作用。功能移用时,"原型"的结构有时或多或少会发生某些变化,这正是发明创造活动的特点。

技术移用:有些"原型"就其本身而言,对物理实验教学意义不大,但其结构上的传动装置、通讯方式、操纵系统、控制机构等部件或元素可移用到物理实验教学中。只要抓住原型中某些技术大胆移用,就可促成物理实验教学的创新。

原理移用:有的"原型"本身无法应用于物理实验教学,但其应用的原理完全可以超出原设计者所设定的范围。放手移用这些原理,很可能为物理实验教学提供创新的源泉。

移用技法的实现有赖于两个基本条件:一是对物理实验教学的创新需求实现深度把握,从而将创新深化为某几个技术关键点的实现;二是要对其他领域、其他行业的技术创新保持广泛涉猎和持续跟踪,时刻对其发展动态保持高度的敏感,及时捕捉成熟的技术,准确定位,并在自主研发力量的保障下实现成功移植,最终获得自己的成果。

移用技法的成功案例之一,是DIS二维运动实验系统的研发。该系统的工作原理与DIS分体式位移传感器(一维)类似,也是采用"超声波+红外线"的收发来测量发射器与接收器之间的距离。所不同的是,二维系统实现了超声波和红外线在二维平面内的360°全向发射,从而具备了针对二维平面内运动物体进行连续定位、测距的功能。这一创新设计移用源自一种早期的白板定位技术。在DIS长达十六年的研发历程中,凭借移用技法获得的创新成果还有远红外加热器、光电数码轨道等多项。

学会移用,万物皆为我用!

5. DIS微电流传感器——强化技法的应用

在1.0版技法中,强化技法主要着眼于增加关键的、需感知部分的强度,有头痛医头、脚痛医脚的味道。但有些实验,如温差发电、玻璃导电、单导线楞次定律

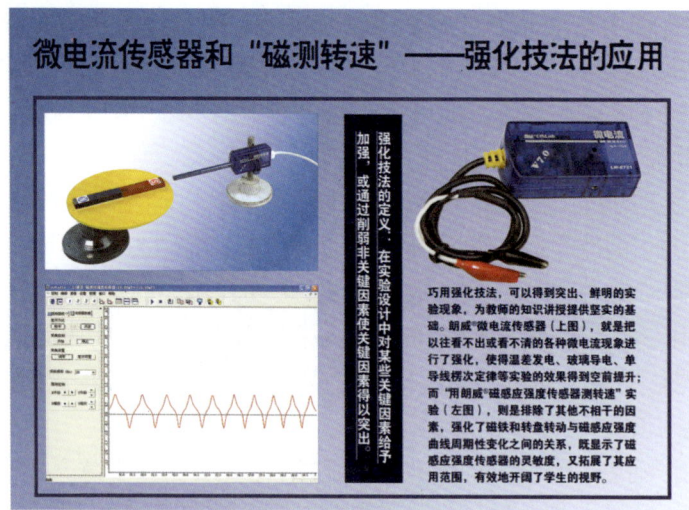

图4-2-5　强化技法

等实验本身的电流极其微弱,而常规的办法又解决不了。

DIS微电流传感器犹如放大镜和显微镜,把以往看不出或看不清的各种微电流现象进行了强化,使实验的效果得到了空前提升。做楞次定律实验时,因传统的电流计灵敏度较低,故所以使用多匝线圈,一般多达数百匝。教学中最理想的实验方案是用单匝线圈,原因在于单匝线圈结构最为简单、最符合教材中对导线切割磁感线产生感应电流的描述,学生容易认知。但如果使用传统的电流表,单匝线圈的楞次定律实验根本无从谈起。而使用微电流传感器,则可以使难题迎刃而解。

微电流传感器还能提供多模显示方式,使感应电流的呈现方式更加符合教学要求,学生不仅可以观察到感应电流,还可以在导线的运动与"电流-时间"图线之间建立起对应关系。

坚持巧用强化技法,可以得到突出、鲜明的实验现象,为教师的知识讲授提供坚实的基础。

6. DIS力传感器的研发和升级换代——需求技法的应用

DIS力传感器从无到有和升级换代的过程,是需求技法的典型案例。

2002年4月,DIS力传感器完成原型设计;2002年8月,DIS力传感器完成初版试模;2003年9月,DIS力传感器4.0版投入使用,其外观设计虽屡经修改,但手柄式的构造一直沿用至今天的8.0版;2007年11月,DIS微力传感器定型;2012年6月,DIS力-倾角双功能传感器定型……

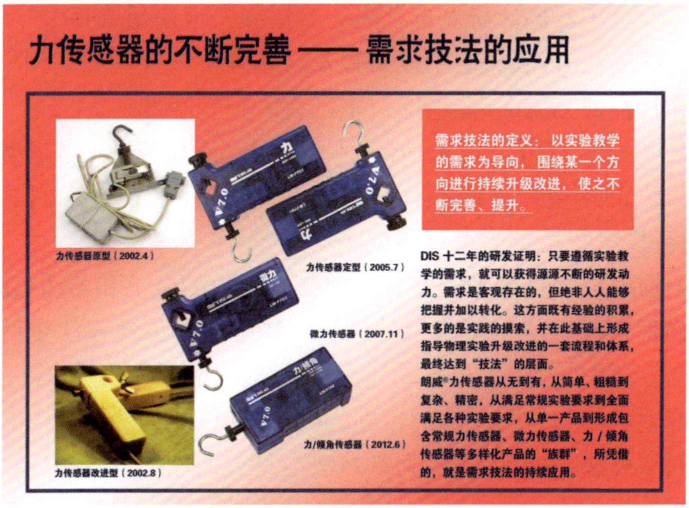

第四章 DIS创造技法

力传感器的不断完善 —— 需求技法的应用

需求技法的定义：以实验教学的需求为导向，围绕某一个方向进行持续升级改进，使之不断完善、提升。

力传感器原型（2002.4）
力传感器定型（2005.7）
微力传感器（2007.11）
力/倾角传感器（2012.6）
力传感器改进型（2002.8）

DIS十二年的研发证明，只要遵循实验教学的需求，就可以获得源源不断的研发动力。需求是客观存在的，但绝非人人能够把握并加以转化。这方面既有经验的积累，更多的是实践的摸索，并在此基础上形成指导物理实验升级改进的一套流程和体系，最终达到"技法"的层面。朗威®力传感器从无到有，从简单、粗糙到复杂、精密，从满足常规实验要求到全面满足各种实验要求，从单一产品到形成包含常规力传感器、微力传感器、力/倾角传感器等多样化产品的"族群"，所凭借的，就是需求技法的持续应用。

图 4-2-6　需求技法

　　需求是客观存在的，但绝非人人都能够把握并加以转化。这方面既有经验的积累，也有实践的摸索，并在此基础上形成指导物理实验升级改进的一套流程和体系，最终达到"技法"的层面。DIS力传感器从无到有，从简单、粗糙到复杂、精密，从满足常规实验要求到全面满足各种实验要求，从单一产品到开枝散叶，形成包含常规力传感器、微力传感器、力-倾角传感器等多样化产品的"族群"，所凭借的，就是需求技法的持续应用。

　　DIS十六年的研发证明，只要遵循实验教学的需求，就可以获得源源不断的研发动力。需求技法在DIS中的应用让我们有了新的感悟：

　　▲需求是在教学活动中被发现的，必须把学生、教材、实验三者合而为一，视作研究的客体，并分析其潜在的需要，发现有价值的课题。需求技法的课题不应限于某种仪器设备，而应贯穿于整个物理实验教学活动。

　　▲通过不同途径，研究创造对象的需求点。这些需求点无非有两个方面：一是物理实验教学本身和需求有差距，希望提升和解决；二是纵观物理实验教学的发展趋势提出需求，这个需求层次较高，实现的难度相对大些。

　　▲评价时要根据创造者的现实条件，分析哪些缺乏可行性？哪些具有现实的可操作性？最后把既可行又较有价值的需求点作为创造的出发点。评价方式宜采用粗线条，因为物理实验教学是以人（学生）、事（教材）、物（实验仪器）为研究客体的工作，需要顾及的因素多而复杂，但毕竟科技含量不高，所以评价无须花费太多时间。但如果缺少这一步，有时也会陷入困境。

7. DIS向心力实验器的研发历程——希望点列举法的应用

希望点列举法在1.0版技法中没有提及。实际上该技法和案例早在多年前已通过讲座、培训、各种交流活动,在同行中已有一定知晓度。

有人说,"人什么都可以失去,唯一不能失去的是希望"。沟通梦想和追求间的桥梁就是人们的希望。人们都有美好的希望,发明者根据人们的希望进行创新,这就是创造技法中的希望点列举技法。

作为一个物理教师在物理实验教学中会有不少的企求和希望,正是这些企求和希望才使物理实验教学有了长足的进步。物理实验创造技法中的希望点列举技法就是根据教学中的实际,对传统的实验教学提出希望,并将其一一列举,从中寻觅可行的希望点作为发明创造的目标,而努力加以实现的技法。

与缺点列举技法一样,希望点列举技法也是人们克服思维障碍,发现问题、提出问题的一类技术,但它更多地运用想象,因此能锻炼人有效地控制思维活动的能力。与希望点列举技法不同的是,缺点列举技法是针对研究对象的缺陷,提出改进的方案,因而这种技法简便可行。但它大多是围绕原事物的本质和总体,属于被动型的技法,它经常用在对原有研究对象的改进上,使其更臻完善。而希望点列举法是一种主动型的创造发明技法,列举希望点需要大胆想象、奇特新颖的构思,有时还要融合原事物的实质和总体,所以这种技法常用来研制新的器材、开发新的物理实验教学模式。

DIS向心力实验器的研发历程,就是沿着"希望点"努力奋进的过程。

图4-2-7 希望点列举法

第四章 DIS创造技法

圆周运动因其特有属性，长期以来困扰着向心力等相关的实验研究。2002—2005年，DIS向心力实验器研发成功，初步解决了测量圆周运动中物体的角速度及其所受的向心力等问题，但传感器的有线连接方式还是在很大程度上左右了产品结构并影响了实验教学的设计。我们运用希望点列举法，将"旋转体与传感器一体化"和"信号传输无线化"等改进要素列为希望点，开始了有针对性的产品重构，最终于2010年定型了DIS无线向心力实验器，并成功获得了国家发明专利。DIS无线向心力实验器可任意改变圆周运动旋转平面与水平面的夹角，内置测量和通信装置，不需连接数据采集器，因而属于DIS智能实验仪器系列。2014年6月4日，DIS无线向心力实验器代表中国首夺世教联年度创新产品大奖。

希望，是前进的动力。找到希望点，不仅有了动力，更有了努力的方向。

8. DIS传感器独立显示模块研发——删繁就简技法的应用

数字化实验诞生以来，"传感器+数据采集器+计算机"的使用模式已经深入人心。但这也带来了广大教师对于传统实验的怀念——什么实验都要拖着计算机和采集器，确实不如传统实验手段简便！DIS实验可以抛开计算机和采集器吗？完全可以！结合部分教学专家的建议，运用"删繁就简"创造技法，研发中心开发出了能让各种DIS传感器脱离计算机、采集器灵活使用的工具——传感器数据显示模块。该模块不仅可独立显示实验数据，还可以将实验数据先存储后上传，极大地方便了基于单传感器测量的DIS实验应用，尤其为户外实验和部分学生分组实验提供了便捷的解决方案。

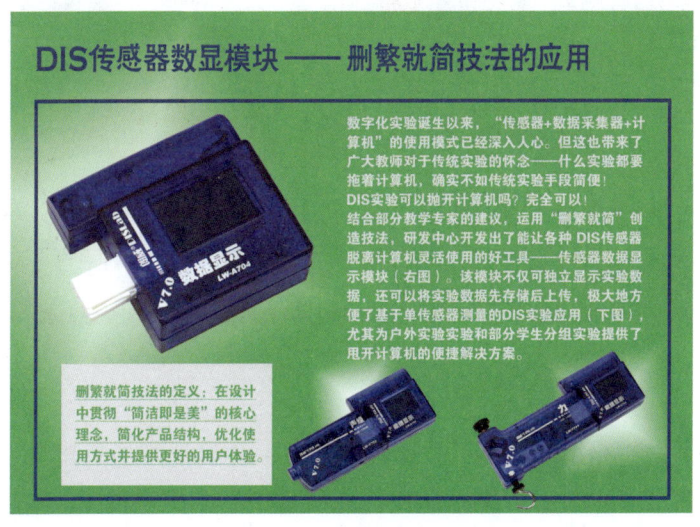

图4-2-8　删繁就简技法

便捷至上,大道至简!我们使用删繁就简技法,在研发中贯彻了"简洁即是美"的核心理念,不仅简化了产品结构,还优化了使用方式,提供了更好的用户体验。

9. DIS逻辑电路实验器——变形技法的应用

变形技法,指的是通过改变传统教具的外形、结构,追求更优异的实验教学效果的创新之法。

变形技法应用的实例是引导DIS逻辑电路实验器的研发。

常见的逻辑电路实验教学是借助示教板完成的。示教板只能看、不能动;只能显示通断,无法提供更多信息。而研发中心设计的DIS逻辑电路实验器做到了模块化、数字化,不仅将逻辑电路核心组件变形为可灵活接插的模块,供学生在实验操作中自由组合,还提供了计算机接口和相应软件,支持了电路中电平信号的显示,使逻辑电路教学提升到了动态、量化的高度。

"变形技法"强调变化,但其创新设计又要始终围绕教学要求展开,这就是"万变不离其宗"。

图4-2-9 变形技法

10. "DIS动能大小的比较"实验的设计——替代技法的应用

"DIS动能大小的比较"实验让我们在研发中感到困惑的是,动能大小比较先要测量速度,但物体运动的速度不好控制,影响了对动能的直接研究。为了测量

第四章
DIS创造技法

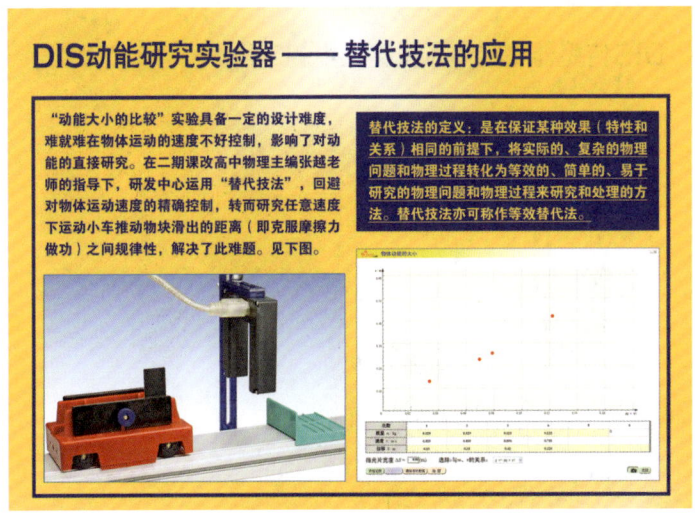

图 4-2-10　替代技法

物体运动的速度,我们没有少花力气,但效果甚微。要解决问题,必须开辟新的途径,寻找新的突破口。在中学物理教材主编张越老师的指导下,我们运用"替代技法",回避对物体运动速度的精确控制,转而研究任意速度下运动小车推动物块滑出的距离(即克服摩擦力做功)之间的规律性。通过替代技法的运用,我们找到了一种新的实验模式。

回顾该实验创新的过程,可见破除旧的模式就是改变事物在心目中既有的形象:一个简单的距离测量替代了烦琐的、难度较高的速度测量。

此实验不仅成为上海二期课改高中物理教材中体现"改变学生学习方式"理念的范例,还开创了我们DIS研究中替代技法应用的先河。

11. DIS传感器在液体内部压强中的应用——嫁接技法的应用

嫁接原指在植物栽培的过程中,造就一个全新的植株体系,实现优化和改良的技术。在实验教学中,将某种新技术以类似嫁接的方式应用于一个相对成熟的实验体系,可以显著提升其教学效能,促进原有实验体系的创新升级。

针对该技法引用的例子,是DIS传感器在压强实验中的应用。中学物理涉及压强的系列实验原本主要侧重定性观察。引入压强传感器之后,不仅保持了原有的相对成熟的实验体系,更增加了定量研究的功能。成功的案例包括液体内部压强实验和马德堡半球实验,以及牛顿管等。

嫁接,使得大量传统实验装置焕发了生机。

DIS 上海创造——数字化实验系统研发纪实

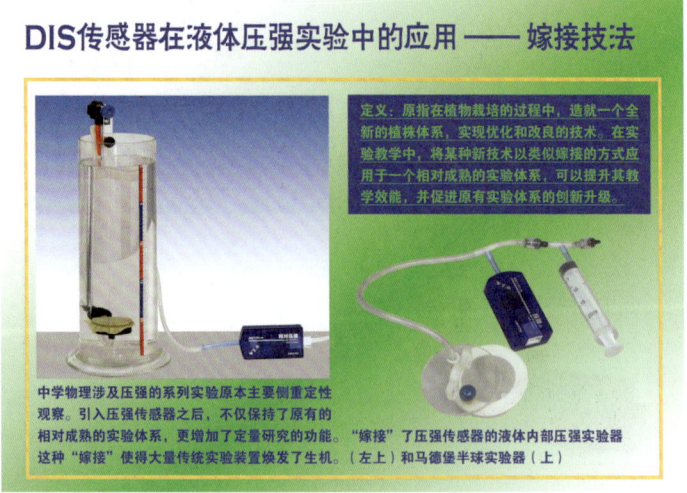

图4-2-11　嫁接技法

12. DIS静电传感器和静电计的开发——系统升级技法的应用

随着DIS研究的深入，我们启动的很多项目都会遭遇瓶颈，如π系统小车、数码轨道、电磁定位板等。突破瓶颈，是一个艰苦但又快乐的过程。

在这种情况下，我们一般要全方位分析原有实验面临的困难和局限，找出其中的关联，并在系统观念的指导下，将关联的难题——即创新点予以提炼和整合，进而对原有实验方案（包含实验手段）进行整体改造、解决难题，我们把它称之为系统升级技法。

DIS静电传感器和静电计的开发就是一个成功的实例。

在教学中静电实验令人生畏。传统的静电计不仅灵敏度低，而且容易漏电，特别是在天气潮湿时更让人不敢使用。经过系统分析，我们发现其症结在于传统静电计电容量小、电压高，不利于保存电荷。仅凭在传统仪器的基础上修修补补解决不了上述问题，只有通过系统升级，在新的结构体系下实现大电容、低电压、改善电荷的保存效果，方可打造一款可靠的静电实验仪器。除了上述系统升级，我们还对显示和通信等多个方面做了诸多改进，才有了DIS静电传感器和静电计的诞生。这两款仪器使师生对静电实验由现象观察上升到定量研究的高度。

在DIS研究中应用系统升级技法成功案例尽管很多，但最让我们欣慰的，则是在研究DIS中不仅获得成果，还拓展了一种使用现代技术进行系统升级的创造技法。

第四章 DIS创造技法

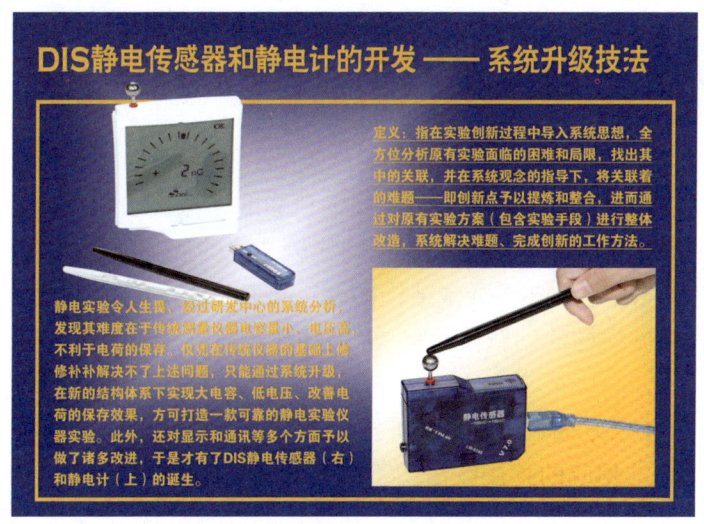

图 4-2-12　系统升级技法

三、物理实验创造技法与DIS创造技法的比较

二十年弹指一挥间,物理实验创造技法也升级为DIS创造技法。将两者进行多方面对比,可得到很多有意义的发现。

1. 变与不变

从物理实验创造技法中的九大技法到DIS创造技法的十二大技法,变化是显而易见的。在DIS创造技法的十二大技法中,传承自物理实验创造技法的有六个,分别是缺点列举法、组合技法、逆向技法、强化技法、需求技法和替代技法。新增的也有六个,分别是移用技法、希望点列举技法、删繁就简技法、变形技法、嫁接技法和系统升级技法。这一方面说明,"老"技法可以历久弥新,在新时代继续发挥作为经典方法的巨大作用;另一方面说明,DIS将实验教学导入了数字化时代,的确也让实验教学的设计、实验仪器和装置的研发进入了一个新阶段,所用的创新方法也因此带上了鲜明的时代特色。

创造技法的变与不变,自有其背后的规律。但我们对于变与不变的处理是:既能够将传统发扬光大,又能够追随时代超越自己。我们认为,借助新技术做出一两件作品不难,难的是做出几十件、上百件的作品,创造出庞大的产品体系,并且将创造的心得总结上升为创造技法。这也充分说明,研究和应用物理实验创造技法,尽管所处的环境发生了变化、所使用的技术发生了变化,但只要我们的内

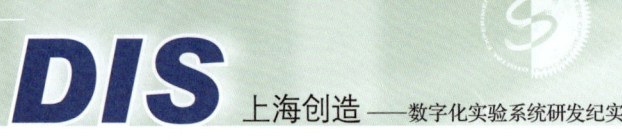

心——问题意识、责任意识和方法意识没有发生变化,就会让我们在DIS的有形成果和无形成果方面取得大丰收。

2. 弱化与强化

从物理实验创造技法到DIS创造技法,有强化也有弱化。

综合来看,弱化者有三方面:带有简便色彩的模拟技法和挖掘潜力技法逐步退出;以实验教学方案设计为主要用途的比较技法的使用频率也大为降低;物理实验创造技法时代主要依靠机械结构的改进进行实验创新。而到了DIS创造技法时代,尽管机械结构的创新依然重要,但相比传感器、微电子和软件来说,已经有了明显的弱化。

强化者亦有三方面:随着DIS研发的深入,越来越多的高新技术开始应用于实验教学,与之相应的移用技法、嫁接技法开始大行其道;随着研发中心技术能力的不断提升,对传统仪器的改造和新仪器的开发呈现出多头并进、欣欣向荣的状态,因此尽管缺点列举技法还在使用,但其逆应用——希望点列举技法也已经被证明行之有效;有鉴于DIS深刻改变了实验教学仪器的原理、方法和基本构成,更为大刀阔斧的删繁就简技法和系统升级技法也就随之发挥了显著作用。

总之,创造技法离不开时代特色和工具制约。从物理实验创造技法到DIS创造技法的升级,正是时代进步、工具发展的产物。

3. 创造技法的创造和应用者的发展变化

创造技法的变化,来自其创造者和应用者自身的变化。十六年来,我们渴求创造、精益求精的内心没有改变,但在角色、身份、技能、知识等方面都有了显著变化。

首先,个人研发变成了团队研发,而且随着DIS的发展,团队有越来越大的趋势,管理难度随之增加。其次,研发的技术工具由先前的车、铣、刨、磨、钻,附带电子电路,变成了依托计算机的软硬件一体化工具,就连硬件研发也要借助软件实现。这对我们来说的确是一个巨大挑战。第三,先前的研发属于自制教具,搞一两台样机就够了,主要是自己在教学中使用外加评奖。而DIS则属于产品级开发,面对的是一个成熟的教育装备市场,面对的是广大用户——教师和学生。因此,有了样机还要小试,之后还有中试定型和工艺定型,随后才是批量生产以及售后服务。因此,研发时除了技术创新,还要考虑产品的一致性、可靠性和易用性。

我们只有胸怀开阔、善于学习,才能实现为教育、教学服务的目标。我们曾在《研发中心十年记》当中写道:"假马力而致千里,假舟楫而绝江河,善假信息技术者,必成大功于实验教学。"我们正是通过一个优秀的团队,实现了对信息技

第四章 DIS创造技法

术的掌握,并且同时也使自己超脱于事事亲力亲为的工匠习惯,成为研发工作背后的发动机和指南针。另外,尽管我们没有从头开始学习过现代信息技术产品的生产过程和质量控制体系,但这并没有影响到我们从实践中提高,从自己的体验中找到产品的不足,并做出相应的改进。这提升和改造了我们自己的思想方法,促进了DIS创造技法的诞生,也可以说,正是围绕DIS的研发、完善和升级的团队作战。

《黄帝四经》曰:"道生法。法者,引得失以绳,而明曲直者也。故执道者,生法而弗敢犯也,法立而弗敢废也。故能自引以绳,然后见知天下而不惑矣。"

《管子》曰:"法出乎权,权出乎道。"

《鹖冠子》曰:"贤生圣,圣生道,道生法。"

可见,法外有道,而道由心生。

创造,是一个由心到物的过程。我们研究、总结并学习物理实验创造技法,首先要在思想深处,体会做一个好教师所需的传道、弘法之心。而创造技法,只不过是教师创造冲动和创新思维的外化和规则化。

创造技法不是一成不变的。发展到DIS创造技法,也由物理实验创造技法时代的"教师+工匠"气质,逐步演变成了兼容并包、融会贯通的"科学家+设计师"的气质;同时,创造技法也从物理实验创造技法时代的"个人秀",蜕变成为DIS创造技法时代的"团队秀"。应用创造技法所收获的成果,也从全国自制教具大赛一等奖级别,升级为拥有发明专利、国家级教学成果一等奖和世界教具联合会创新大奖的层面。

因此,一个有诸多优秀个体组成、拥有杰出领导的团队,一套不断提升完善、自我修正的思想方法——创造技法,以及超过十六年的艰苦努力,共同构成了DIS的成功密码。

从这个角度来说,DIS的明天更值得期待!因为岁月给人增加了智慧,经验让团队更为成熟,思想和方法也在自我更新,而研发中心第四个五年的合作协议已经签订,未来的道路已经铺平。

后 记

上海二期课改于1998年启动,并首次提出了"转变学生的学习方式"和"创建数字化学习环境"等战略目标。在《上海市面向21世纪物理学科教育改革行动纲领》中,明确指出:"积极探索多媒体计算机与物理实验的结合,实现对物理实验的实时控制及对实验数据的自动化采集和处理,以更好地发挥实验教学功能。"在《上海市中学物理课程标准(试行稿)》中,展现了实验教学三项改革要求:一是增强实验的启发性和探究性;二是增加随堂实验和生活中的小实验;三是引入数字化实验系统(Digital Information System,简称DIS),革新实验手段,优化实验教学功能。

2002年,上海市教委组建了由市教委教研室、上海市风华中学和山东省远大网络多媒体有限责任公司(后更名为"山东远大朗威教育科技股份有限公司")三家单位合作的"上海市中小学数字化实验系统研发中心"(简称"DIS研发中心")。这是国内第一个,目前也是国内唯一的中小学数字化实验系统研发机构。"DIS研发中心"的成立标志着数字化实验系统研发的起步。这一年,作者冯容士刚好从校长岗位上退下来,受聘担任研发中心主任;市教研室副主任陆伯鸿与另一位作者李鼎受聘担任研发中心副主任。

从2002年开始至今,DIS的研发与应用已坚守了整整十六年,经历了研发起步、试点改进、推广应用、深化拓展等四个阶段。十六年艰苦攻关的成果,就是目前已蜚声海内外的DIS实验。

DIS,是上海市中学物理学科追求物理教学与信息技术融合的理想之作。因为要实现理想,所以必然对现实形成巨大的超越。同样也因为要实现理想,所以必然带来太多的未知、太多困难,因而必然导致其实现过程颇有不确定性。

后 记

在《上海市中学物理课程标准（试行稿）》中提出DIS实验、由"DIS研发中心"研发DIS实验已经不容易了，而在上海"二期课改"物理教材中呈现DIS实验，进而让广大一线物理老师能够欣然接受DIS实验，则是更为困难的事情！因为这直接会导致一个庞大的教师群体长期形成的教学习惯将发生重大改变。为此，上海市课改办、上海市教委教研室制订了51所试点学校（后来扩充为53所）为期三年的试点计划，"DIS研发中心"开发出了"一键OK"的"傻瓜软件"，这一举措大大降低了一线物理教师对DIS实验的接受难度。市教研室和"DIS研发中心"同时通过举行市、区研讨会、展示会，或举行把DIS实验融合进物理课堂教学中去的听、评课活动，有效地发现了问题、成功地总结了经验，推动了DIS的不间断发展及与物理实验教学的深度融合。

DIS，因为是物理课程与信息技术整合的系统，所以自研发成功后伴随着课程教材的建设和信息技术的更新，经历了多次升级，已从2002年的3.0版升级到了目前的8.0版。每次升级，都代表着新技术的应用、新产品的加入，以及新实验功能的涌现，这是我们期望看到的成果。目前，我们新一代DIS产品基本都实现了对前一代产品的兼容。此举确保了最新成果应用于各个学校DIS实验室的同时，不再让频繁的更新给学校带来负担，这更是我们期望看到的局面。

当前，DIS已覆盖了中学物理中的力、热、声、光、电、磁、原子物理等各个领域，并拥有支持中学物理、化学、生命科学和地理科学实验研究，兼顾小学科学探索的78种传感器、75种配套实验仪器，以及独立使用的12套科学探究系统和STEM产品。

"DIS研发中心"十六年来始终坚持自主研发，追求基于教学实践的产品原创，累计获得专利59项，其中发明专利7项；获得计算机著作权38项，申报软件产品38项。在这一系列密集而高质量的知识产权成果中，有不少成果填补了国内实验教学空白，并在国际上处于领先水平。其中，"DIS无线向心力实验系统"2014年代表中国首次获得世界教具联合会创新产品大奖，DIS"塞灵格"移动式小学科学实验和探究系统则在2018年度再获此国际大奖。

我们经历了DIS从无到有的整个研发过程，感触良多。如何将我们的所感、所想、所言、所为留存下来，与广大物理教师共同分享，是我们一直以来的强烈愿望。因此，借助《上海教育丛书》出版的良机，在《上海教育丛书》编委会主编

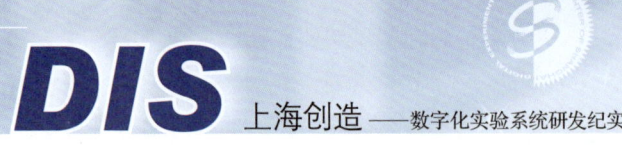

尹后庆、上海市教委教研室主任徐淀芳等领导的关心、指导和鼓励下，我们尽我们之所能撰写了这本有关DIS研发与应用的著作。

书名取为《DIS，上海创造——数字化实验系统研发纪实》。在这本书里，不仅介绍了作为数字化实验教学设备的"DIS"本身，更从观念提出、产品研发、教材呈现、课堂应用等诸多方面对"DIS"进行了深化、丰富和完善。将"DIS"提升到"创造"的高度并归纳为"上海创造"这样一个提法，是对"DIS"所拥有的长达十六年的艰辛历程，以及在这个历程当中所汇聚的上海广大物理教师的辛劳、付出、协作和创造的真实再现。因此，相信本书所编内容对推进中小学实验教学工作应有较大的"实用"和"借鉴"价值。

感谢上海市教委原副主任张民生当年的远见卓识，为DIS研发定下了战略方向；感谢市教委教研室主任徐淀芳、副主任陆伯鸿、物理教研员汤清修等十六年来对研发中心工作的大力支持；感谢市教委副主任倪闽景、复旦附中副校长王铁桦、山东省教科院副院长宋树杰等领导当年以物理教学专家的身份对DIS研发的关键性指导；感谢上海市风华中学领导陈燮荣、孙惠明、颜惠芬、朱瑜等先后对研发中心的悉心关怀；感谢上海二期课改中学物理教材主编张越、徐在新，分册主编刘齐煌、谭玉美等为DIS研发所贡献的教育智慧；感谢王肇铭老师、张溶菁老师、桑嫣老师等教学专家对DIS的信任和支持；感谢研发中心合作三方诸位同仁十六年来同心协力、荣辱与共的工作，尤其要感谢陈开云老师、李朝辉工程师、赵进工程师在DIS设计过程中的突出贡献；感谢《上海教育丛书》编委和各位专家对本书的编写、修改、定稿给予的帮助……最后，特别感谢张民生老师、徐淀芳老师为本书作序，以及上海教育出版社编辑李祥为本书付梓付出的辛勤工作！

书中可能有某些内容存在谬误或表述不当之处，敬请读者给予批评和指正，我们对此感激不尽。

DIS是历史，是现实，更是未来。我们还有很多梦想，DIS研发之路还将继续走下去。

冯容士　李　鼎

2018年10月8日

上海教育丛书

反映先进教育思想和实践经验　传播教育教学智慧
体现上海教育改革发展的成果　引领教育教学改革

1994 年

上海普通教育史(1949—1989)　　　　　　　　　　　17.20 元
　　吕型伟　主编

为了未来——我的教育观　　　　　　　　　　　　　17.00 元
　　吕型伟　著

1995 年

耕耘散记　　　　　　　　　　　　　　　　　　　　10.00 元
　　方仁工　著

语文教学新探——"双分"教学的理论与实践　　　　　9.00 元
　　陆继椿　著

听力残疾儿童的语言教学　　　　　　　　　　　　　12.00 元
　　银春铭　编著

班主任日记　　　　　　　　　　　　　　　　　　　7.90 元
　　黄静华　著

1996 年

和校长教师谈教学　　　　　　　　　　　　　　　　9.00 元
　　陆善涛　著

语文教学与智力发展　　　　　　　　　　　　　　　7.50 元
　　周寿仁　著

幼儿心理素质教育　　　　　　　　　　　　　　　　9.50 元
　　高志方　著

小学生心理辅导札记　　　　　　　　　　　　　　　10.00 元
　　毛蓓蕾　著

1997 年

我和愉快教育　　　　　　　　　　　　　　　　　　10.00 元

倪谷音　著

以物讲理和见物思理——谈谈中学物理的教与学　　　　　　12.60元
　　唐一鸣　著

语文教学谈艺录　　　　　　　　　　　　　　　　　　　　10.80元
　　于　漪　著

青春期教育的实施　　　　　　　　　　　　　　　　　　　11.80元
　　姚佩宽　著

幼教改革新探——"幼儿园综合性主题教育"探微　　　　　　9.80元
　　倪冰如　赵　赫　著

学校家长工作　　　　　　　　　　　　　　　　　　　　　9.30元
　　高　峰　著

沿着未知的道路漫游——上海的OM活动　　　　　　　　　　9.00元
　　陈伟新　陈玲菊　著

中学化学教与学的优化　　　　　　　　　　　　　　　　　10.50元
　　何吉飞　著

少先队的自动化　　　　　　　　　　　　　　　　　　　　14.70元
　　段　镇　沈功玲　著

我教化学课　　　　　　　　　　　　　　　　　　　　　　13.30元
　　黄有诚　著

1998年

走进幼儿绘画世界　　　　　　　　　　　　　　　　　　　9.50元
　　李慰宜　著

文言文的教与学　　　　　　　　　　　　　　　　　　　　12.50元
　　卢　元　著

家庭教育心理　　　　　　　　　　　　　　　　　　　　　11.00元
　　吴锦骠　郭德峰　著

开发潜能　发展个性　　　　　　　　　　　　　　　　　　10.80元
　　恽昭世　著

注重方法　自我发展——谈谈物理尖子学生的培养　　　　　13.50元
　　张大同　曹德群　著

情系操场　　　　　　　　　　　　　　　　　　　　　　　12.70元

李华丰　著

物理实验创造技法和实验研究　　　　　　　　　　　11.50 元
　　冯容士　陈燮荣　著

探索中学英语教学成功之路　　　　　　　　　　　　8.80 元
　　陈少敏　著

思想品德课教学原则与方法　　　　　　　　　　　　9.30 元
　　顾志鸣　张振芝　著

培养数学思维能力的探索　　　　　　　　　　　　　17.90 元
　　陈振宣　著

爱的奉献——工读耕耘手记　　　　　　　　　　　　8.85 元
　　周长根　著

集体的组织与培养——少先队工作回忆笔记　　　　　9.60 元
　　刘元璋　著

献给孩子们的歌　　　　　　　　　　　　　　　　　8.00 元
　　严金萱　著

中学历史课堂教学方法研究　　　　　　　　　　　　14.00 元
　　朱光明　著

1999 年

幼儿园"生存"课程的研究　　　　　　　　　　　　12.70 元
　　姜　勇　徐　刚　著

育人之路二十载——大同中学教改纪实　　　　　　　9.30 元
　　王世虎　陈德生　张浩良　徐志雄　著

心与心的交流——走进小学语文教学的艺术殿堂　　　8.50 元
　　张平南　著

中学数学思想方法的教学　　　　　　　　　　　　　13.00 元
　　戴丽萍　著

跳跃的音符——唱游教学　　　　　　　　　　　　　10.50 元
　　陈蓓蕾　著

和青年教师谈语文教学　　　　　　　　　　　　　　11.00 元
　　钱梦龙　著

让思想政治课充满活力　　　　　　　　　　　　　　8.30 元

浦以安　著

中、外幼儿教育的比较与实践　　　　　　　　　　　　　10.40 元
　　　钱　文　封莉容　主编

数学教师札记　　　　　　　　　　　　　　　　　　　12.50 元
　　　胡松林　著

青浦实验启示录　　　　　　　　　　　　　　　　　　11.00 元
　　　顾泠沅　郑润洲　李秀铃　编

学会参与　走向未来　　　　　　　　　　　　　　　　14.00 元
　　　张雪龙　著

感悟生命——谈中学生物的教与学　　　　　　　　　　7.10 元
　　　王璟玛　著

2000 年

农村教育综合改革与燎原计划　　　　　　　　　　　　12.70 元
　　　俞恭庆　著

小学科技活动课探索　　　　　　　　　　　　　　　　9.50 元
　　　刘炳生　著

面向市场　主动适应——上海市竖河职校办学之路　　　9.30 元
　　　黄应义　著

绿色教育——中学环境教育的实践与认识　　　　　　　12.40 元
　　　周大来　著

2002 年

为了未来——我的教育观(续集)　　　　　　　　　　26.00 元
　　　吕型伟　著

校舍建设 50 载　　　　　　　　　　　　　　　　　　25.00 元
　　　刘期泽　著

2003 年

小班化教育　　　　　　　　　　　　　　　　　　　　16.00 元
　　　毛　放　著

幼儿园"生存"课程的实践　　　　　　　　　　　　　14.00 元
　　　吴荷芬　主编

岁月如歌——上海世界外国语小学的成长故事　　　　　20.00 元

王小平　钱佩红　著

从第二课堂走来——尚文中学教改纪实　　　　　　　　　　　13.00元
　　毛懿飞　管彦丰　吴端辉　著

2004年

课堂，走向儿童——上海市实验小学开放教育再探　　　　　　16.00元
　　杨　荣　等著

2005年

残障儿童心理生理教育干预案例研究　　　　　　　　　　　　14.00元
　　何金娣　贺　莉　编著

继承传统　直面挑战——上海市省吾中学德育工作纪实　　　　15.00元
　　陆雪琴　陈佩云　陈炳福　胡侣元　编著

2006年

理想与现实——我的教育实践　　　　　　　　　　　　　　　12.00元
　　李汉云　著

情理相融创和谐——我当校长20年　　　　　　　　　　　　　15.00元
　　李首民　著

2007年

把德育过程还给学生——黄浦区德育工作纪实　　　　　　　　16.00元
　　曹跟林　李　峻　毛裕介　著

学校课程领导与教师群体发展——上海市长宁区初级职业技术
　　学校的研究与实践　　　　　　　　　　　　　　　　　　17.00元
　　夏　峰　沈　立　编著

女校·女生　　　　　　　　　　　　　　　　　　　　　　　25.00元
　　徐永初　主编

探究学习与教师行为改善　　　　　　　　　　　　　　　　　29.50元
　　吴子健　编著

当好大队辅导员　　　　　　　　　　　　　　　　　　　　　21.00元
　　洪雨露　著

2008年

有效教研——基础教育教研工作导论　　　　　　　　　　　　49.00元
　　赵才欣　著

现代学校解读与建构 　　　　　　　　　　　　　　42.00 元
　　赵连根　等著

2009 年

语文名篇诵读 　　　　　　　　　　　　　　　　　46.00 元
　　唐婷婷　著

用现在竞争将来——上海市南湖职业学校围绕市场办学的实践　　40.00 元
　　张云生　等著

搏动的讲台——我教思想政治课 　　　　　　　　　35.00 元
　　秦　璞　著

资优生教育——乐育菁英的追求 　　　　　　　　　52.00 元
　　唐盛昌　著

2010 年

未成年学生不良行为的发现与教育调适 　　　　　　30.00 元
　　杨永明　等著

园长的故事——幼儿园领导与管理案例 　　　　　　48.00 元
　　何幼华　郭宗莉　黄　铮　编著

视障教育——上海盲校百年印证 　　　　　　　　　57.00 元
　　徐洪妹　编著

愉快学习　有效课堂——愉快教育学科学习设计的实践　　47.00 元
　　徐承博　等著

让每个学生在创造实践中成长 　　　　　　　　　　44.00 元
　　芮仁杰　丁　姗　著

走进游戏　走近幼儿 　　　　　　　　　　　　　　49.00 元
　　徐则民　洪晓琴　编著

我的语文修炼 　　　　　　　　　　　　　　　　　35.00 元
　　王雅琴　著

2011 年

有效教学——金山区课堂教学实践写实 　　　　　　38.00 元
　　徐　虹　等著

教学生活得像个"人"——我的大语文教学 　　　　52.00 元
　　黄玉峰　著

寻找适合每个学生发展的教育之路——徐汇教育优质均衡发展
　　改革纪实　　　　　　　　　　　　　　　　　　　　33.00 元
　　　　王懋功　等著

志高者能远行　　　　　　　　　　　　　　　　　　　　50.00 元
　　　　鲍贤俊　著

满足儿童需要　成就幸福童年　　　　　　　　　　　　　35.00 元
　　　　郭宗莉　著

学校体育之心语　　　　　　　　　　　　　　　　　　　37.00 元
　　　　徐阿根　著

2012 年

陈鹤琴与上海教育　　　　　　　　　　　　　　　　　　49.00 元
　　　　上海市陈鹤琴教育思想研究会　著

腾飞于沃土　　　　　　　　　　　　　　　　　　　　　39.00 元
　　　　任淑秋　刘夏亮　朱　瑛　编著

语文教学谈艺录(修订本)　　　　　　　　　　　　　　　36.00 元
　　　　于　漪　著

科技星星在这里闪烁　　　　　　　　　　　　　　　　　36.00 元
　　　　卢晓明　著

舞蹈追梦　　　　　　　　　　　　　　　　　　　　　　57.00 元
　　　　胡蕴琪　著

治一校若烹小鲜　　　　　　　　　　　　　　　　　　　49.00 元
　　　　卞松泉　著

后"茶馆式"教学　　　　　　　　　　　　　　　　　　　43.00 元
　　　　张人利　著

2013 年

缔造未来　　　　　　　　　　　　　　　　　　　　　　60.00 元
　　　　陈白桦　等著

家庭教育精选百例　　　　　　　　　　　　　　　　　　35.00 元
　　　　仲立新　唐洪平　编著

段力佩与育才中学　　　　　　　　　　　　　　　　　　34.00 元
　　　　陈青云　编著

"人之为人"的教育追求——我的育人思想与办学实践 　　46.00 元
　　仇忠海　著

赵宪初与南洋模范 　　37.00 元
　　高　屹　李雄豪　等编著

见证变革——站在上海基础教育转折点上 　　54.00 元
　　尹后庆　著

2014 年

重规范　强实践　求创新——上海市全面实施中小幼见习教师
　规范化培训纪实 　　48.00 元
　　上海市见习教师规范化培训项目组　编著

陶行知与上海教育 　　52.00 元
　　屠　棠　编著

口述教改——地区实验或研究纪事 　　38.00 元
　　顾泠沅　著

走向新优质——"新优质学校推进"项目指导手册 　　45.00 元
　　胡兴宏　主编

墙外开花墙内香——委托管理与成功教育 　　40.00 元
　　刘京海　著

生态寻梦——崇明县生态教育写真 　　39.00 元
　　黄　强　主编

2015 年

激发成长自觉——"中和位育"引领的求索之路 　　48.00 元
　　张建中　主编

2016 年

师道　匠心——特级教师给学生、家长和教师的 60 堂公开课 　　72.00 元
　　上海市特级教师联谊会　上海教育杂志社　编著

上海课程改革 25 年(1988—2013) 　　49.00 元
　　孙元清　徐淀芳　张福生　赵才欣　著

空间引发的学习变革——上海市市西中学"思维广场"解码 　　38.00 元
　　董君武　方秀红　等著

中学化学教学设计 　　54.00 元

叶佩玉　著

2017 年

让孩子表现自己　让教师发现孩子——以幼儿自主学习为
　核心的低结构活动探索　　　　　　　　　　　　　　52.00 元
　　郑惠萍　编著

宝宝心语　　　　　　　　　　　　　　　　　　　　39.80 元
　　茅红美　主编

让每个学生创意翱翔——头脑奥林匹克活动 30 年　　49.00 元
　　陈伟新　叶品元　等著

教育剧场——女中的创新课程　　　　　　　　　　　36.00 元
　　徐永初　主编

上海教研素描——转型中的基础教育教研工作探讨　　34.00 元
　　陆伯鸿　著

让每一个孩子成为与众不同的自己　　　　　　　　　40.00 元
　　徐红　著

名师之路——上海市"双名工程"的探索与实践　　　68.00 元
　　上海市教师专业发展工程领导小组　著

在玩中与科技结缘——科技幼儿园的办园追求与实践　45.00 元
　　高一敏　著

特色之路——上海民办中小学发展历程　　　　　　　36.00 元
　　胡卫　主编

2018 年

行进在上海数学课程改革路上　　　　　　　　　　　35.00 元
　　邱万作　著

修炼（上）——百位特级谈教师专业成长　　　　　　54.00 元
　　上海市特级教师特级校长联谊会　上海教育杂志社　编

修炼（下）——百位特级谈教师专业成长　　　　　　54.00 元
　　上海市特级教师特级校长联谊会　上海教育杂志社　编

教育信息化——走进自适应学习时代　　　　　　　　46.00 元
　　张治　等著

DIS，上海创造——数字化实验系统研发纪实　　　　76.00 元
　　冯容士　李鼎　著

图书在版编目（CIP）数据

DIS，上海创造：数字化实验系统研发纪实/冯容士，李鼎著.—上海：上海教育出版社，2018.11
ISBN 978-7-5444-8837-2

I.①D… II.①冯… ②李… III.①实验室管理—数字化—概况—上海 IV.①G311

中国版本图书馆CIP数据核字（2018）第268594号

责任编辑　李　祥
封面设计　陆　弦

上海教育丛书

DIS，上海创造
——数字化实验系统研发纪实

冯容士　李　鼎　著

出版发行	上海教育出版社有限公司
官　　网	www.seph.com.cn
地　　址	上海永福路123号
邮　　编	200031
印　　刷	苏州美柯乐制版印务有限责任公司
开　　本	700×1000　1/16　印张 24.5　插页 3
字　　数	440千字
版　　次	2018年12月第1版
印　　次	2018年12月第1次印刷
书　　号	ISBN 978-7-5444-8837-2/G·7319
定　　价	76.00元

如发现质量问题，读者可向本社调换　电话：021-64377165